兽用中药制剂工

（技师 高级技师）

中国兽医药品监察所 组编

中国农业出版社

北 京

内容简介

　　本书是根据农业行业标准以及相应的职业技能鉴定比重表的要求编写，是兽药行业职业技能培训教材之一，是兽用中药制剂工（技师　高级技师）职业技能培训和等级认定的辅导用书。

　　本书介绍了兽用中药制剂工（技师　高级技师）应具备的基础知识以及必须掌握的操作技能。根据培训和实际工作需求，围绕职业道德、相关专业知识和生产操作技能进行编写，相关专业知识包括兽用中药材基本知识、药材、饮片、辅料及包装材料、制剂与生产设备设施、安全生产与环境保护、验证以及相关法律法规；必须掌握的操作技能包括兽用中药口服固体和液体制剂、最终灭菌和非最终灭菌注射剂的生产操作要求以及培训与指导方法。

　　本书贴近兽用中药制剂生产实际，是兽用中药制剂工（技师　高级技师）培训和自学教材，也可供各级各类职业技术学院动物药品学专业学习和参考。

编 审 人 员

主　编　郭　晔　刘业兵

副主编　李勇军　徐晓曦　王秀峰

编　者　陈　毓　严　永　金礼琴　范传园

　　　　王　甲　侯晓礁　胡冬生　王　彬

　　　　李　倩　张广川

审　稿　李　明　高　光　毕昊容　范　强

　　　　段文龙　刘同民

前　言

　　中药是我国的民族瑰宝，兽用中药在我国动物疫病防治中发挥着重要作用，兽用中药的质量直接影响到动物疫病防治和社会公共卫生安全。兽用中药制剂工是从事兽用中药制剂生产的职业工种。

　　为做好兽药行业兽用中药制剂工（技师　高级技师）职业技能培训和职业技能等级认定工作，在农业农村部人事司、畜牧兽医局和农业农村部人力资源开发中心等有关部门领导支持和指导下，组织有关专家编写了职业培训教材《兽用中药制剂工》（技师　高级技师），农业农村部职业技能鉴定指导中心对本教材提出了宝贵意见和建议，在此一并表示诚挚的谢意！

　　本教材紧扣兽用中药制剂工农业行业标准，以职业活动为导向，以职业技能为核心，针对职业活动领域，分技师、高级技师2个级别进行编写，生产技术具有实用性、操作性和前瞻性。

　　由于本书涉及内容广、编写时间紧，难免存在疏漏、不足甚至错误之处，敬请同行专家和广大读者提出宝贵意见和建议。

编　者

2020年3月

目 录

第二部分　技　　师

第三部分 高级技师

第一部分

基础知识

第一章 职业道德

第一节 职业道德基本知识

一、道德概述

道德是一定社会为了调整人们之间以及个人和社会之间关系所提倡的行为准则和规范的总和，它通过各种形式的教育和社会舆论的力量，使人们具有善和恶、荣誉和耻辱，正义和非正义等概念，并逐渐形成一定的习惯和传统，以指导或控制自己的行为。道德是由一定的社会经济基础所决定，并为其服务的上层建筑。它一方面通过舆论和教育的方式影响人们的心理和意识，形成人们的善恶观念、情感和意向，以至形成人们的信念；另一方面，又通过社会舆论、传统习惯和规章制度的形式，在社会生活中确立起来，成为约束人们相互关系和个人行为的原则和规范。因此，具有以下特点：

道德的规范性。道德是一种行为规范，根据一定的道德原则和行为规范，去指导、规范人们处理各种利益的关系。

道德的渗透性。用道德规范调整社会关系，比政治、法律的寿命更长，范围更广，并同时向政治、法律规范中渗透。

道德的稳定性。社会意识形态都具有相对稳定性，而道德变化速度更慢，表现出更大的稳定性。某种道德一经形成便会长期存在。

道德的自律性。道德不是强行规定"必须怎样""不准怎样"，它是通过社会舆论、传统习惯和人们的信念来维持，通过劝诫、说服、示范方式起作用，不是靠国家强制力量来维持。

二、职业道德

职业生活是人类社会生活中极为重要的领域，职业道德就是适应职业生活需要而产生的。职业道德中的准则是由社会生活的总体需要和各种职业的具体利益以及活动的内容方式所决定的，是在长期的特殊职业实践中逐步形成的。自觉遵守职业道德是对每个从业人员的职业要求，也是从事职业活动的基础。

（一）职业道德的含义

1. 职业 职业是指人们在社会生活中所从事的某种具有专门业务和特定职责，并以此作为主要生活来源的社会活动。各种职业的形成，是社会分工和生产内部劳动分工的自然结果。在社会分工出现之前，无职业之分。自从有了社会分工，形成了各种职业，人类总要在一定的职业中生活，总要通过一定的职业来谋取一定的利益，来承担社会的责任和义务。

2. 职业道德 有了职业分工，人们之间就有了因职业而发生的联系和关系，就有了各自的职业利益和人们因职业需要而产生的行为，从而就有了调节这种职业联系或关系、指导和约束人们职业行为的道德规范。各行各业有其成为各行各业的特殊的社会存在，也就有了适应各种职业的特性和要求而产生的职业道德。所谓职业道德，就是在一定的职业活动中所应遵循的、具有自身职业特征的道德准则和规范。每一个职业都有其相对固定的职业道德作为从业人员的行为规范。这对于切实做好本职工作，提高自身水平乃至全行业整体水平，更好地服务于社会，促进社会生活稳定和经济发展意义重大。

(二) 职业道德的特点

职业道德是社会道德体系的重要组成部分，又是具有相对独立性的特殊领域。职业道德具有自身的一些基本特点。

1. 规范性和专业性 职业道德是基于一定职业的特殊需要，以及与社会联系的特定方式所产生的对本职业的道德要求。正因为职业产生于社会分工，所以任一职业都有与其他职业不同的性质和任务。每种职业都有各自的服务内容，有不同的服务对象和不同的职业要求。所以，职业道德有明显的专业多样性和很强的规范性。

2. 普适性和广泛性 职业道德是适应职业生活而产生的，是职业群体都必须遵守的道德，对一切从业人员来讲，只要从事职业活动，在其特定的职业生活中都必须遵守本行业职业道德。

3. 可操作性和准强制性 职业道德在调整职业活动中形成的特殊关系时，作为一种观念形态的东西，并不单纯地表现为抽象的理论或一些原则性的规定，而是从各职业从业人员的道德实践中概括提炼出一些具体明确的道德要求，往往采取制定诸如制度、章程、守则、公约、誓词、条例等简洁实用、生动明快的形式表现出来，用以约束和激励该职业的从业人员，具有很强的可操作性。同时，这种道德要求又与行政纪律结合起来，对违反职业道德的工作人员可给予一定的行政处理，因此，具有一定程度的强制性。

4. 相对稳定性和连续性 由于人们的职业生活代代相传，具有历史的连续性和相对稳定性，因此，职业道德比其他行为规范更加具有稳定性和连续性。职业道德本身是从某种职业的特性和要求引申出来的，是一定要同某职业的生活、需要和系统相结合，并要考虑到某职业的工作对象或服务对象的要求，所以在内容和结构上就会具有较强的稳定性和连续性。

第二节 职业守则

1. 遵守兽药相关的法律、法规 每个兽药生产人员都要遵纪守法，尤其要遵守与兽药相关的法规及其有关规定。与兽药生产相关的法规有《中华人民共和国产品质量法》《中华人民共和国农产品质量安全法》《中华人民共和国兽药管理条例》《兽药生产质量管理规范》《兽药注册办法》《新兽药研制管理办法》《兽药进口管理办法》《兽药标签说明书管理办法》

《兽药批准文号管理办法》等。对每个兽药生产人员的具体要求是要做到知法、懂法、守法。

2. 爱岗敬业、具有高度责任心　无论从事哪一项职业，都要爱岗敬业。爱岗和敬业是紧密联系在一起的。爱岗就是干一行，爱一行，安心本职工作，热爱自己的工作岗位，履行职业职责，努力调整自己的工作方式和行为态度，尽心尽力做好工作。敬业是爱岗意识的升华，是爱岗的情感表达。爱岗敬业体现在对工作具有高度的责任心，具体到兽药生产行业，就要求每个从业人员在工作中，本着对兽药生产企业、行业和社会高度负责的态度，勤奋努力，不偷懒，不懈怠，对兽药生产技术精益求精，熟练地掌握职业技能，不断努力，不断提高。

3. 遵守企业各项管理制度　企业管理有技术、经营、生产等方面的内容，最终体现在产品的质量上。兽药 GMP 管理的核心是制定制度和严格执行制度。有一项工作（或活动）就必须有一项制度，有制度就必须坚决执行，并自觉遵守，持之以恒。制定各项规章制度的过程就是总结优良行为，否定不良行为的过程。执行各项规章制度就是发扬大多数员工的优良行为，限制少数员工的不良行为。最终使各项规章制度为全体员工自觉遵守。

4. 严格执行岗位标准操作规程　岗位标准操作规程也称 SOP，是经批准用以指示操作的通用性文件或管理办法，也就是对某项具体操作所作的书面文件。也可作为组成岗位操作法的基础单元。岗位标准操作规程包括生产操作、辅助操作以及管理操作规程。兽药 GMP 要求，兽药企业一线生产人员必须严格执行岗位标准操作规程，岗位操作记录可与岗位标准操作规程设计在一起，便于对照操作要求及检查；也可以表格形式作为执行岗位操作内容填写。以表格形式记录时必须按岗位标准操作规程要点设计，防止关键操作记录的遗漏，以充分体现操作过程的受控情况及记录的可溯性。

5. 严守企业机密　企业商业机密是一种无形资产，能够给企业带来巨大的经济利益。很多时候，这种无形资产带有垄断性，往往可以使企业在一定时间、一定领域内获得丰厚的回报。兽药生产企业同样如此，保护企业秘密，特别是生产工艺机密，对于一个兽药企业来说，具有至关重要的作用。

所以，在兽药制剂行业的职业守则中，严守企业机密是最很重要的一条。一名好的员工，更要特别重视提高自己的保密意识，尤其是自己的一言一行，因为企业机密可能就在不经意间被泄露出去了。企业对员工泄露商业机密行为都是深恶痛绝的，所以在这方面对于员工的要求都是特别挑剔的。他们要求员工绝对忠于自己的公司，保守企业的商业机密。一个不能严守企业机密的员工，是不会得到企业的认可的。

6. 团结合作、虚心好学　任何一批质量合格的产品都需要整个车间或生产线的每个岗位员工的恪尽职守和密切配合，这种配合不仅仅是同一工段岗位员工的配合，也有整个车间或生产线不同岗位的配合，有了工作中的团结合作，才能发挥班组和车间的最大效能，员工之间应相互理解，以诚相待，密切配合，建立和谐的工作关系，保证更好更快的生产出优良的产品。

实际生产中，会出现各种各样的问题。勤思、善想、多问，及时总结和积累经验，特别是虚心吸取别人的经验和教训，举一反三，用以指导自己的工作，减少或避免工作中的失误。每个员工应当积极主动接受继续教育，不断完善和扩充专业知识，关注与行业相关的法律法规的变化，以不断提高职业水平。

7. 具有安全生产意识 员工上岗前必须进行三级安全教育，即厂级教育、车间教育、岗位教育；熟悉防火、防爆及安全用电的基本知识，牢固树立安全生产意识，切实在安全的保障下进行生产，做到"不伤害自己，不伤害他人，不被他人和机器伤害。"

生产过程中要严格遵守安全操作规程，遵守工厂的规章制度；严格按规定正确使用各种保护用品；必须服从生产指挥，不得随意行动；在工作过程中，发现不安全因素或危及健康安全的险情时，有义务向管理人员报告。

第二章 相关专业知识

第一节 兽用中药基本知识

一、兽药与兽用中药

兽药是指用于预防、治疗、诊断动物疾病或者有目的地调节动物生理机能的物质，主要包括：血清制品、疫苗、诊断制品、微生态制品、中药材、中成药、化学药品、抗生素、生化药品、放射性药品及外用杀虫剂、消毒剂等。兽药可来源于天然的动物、植物、矿物，也可用人工方法通过生物发酵提取或化学合成制得。

中药是指在中医药理论和临床经验指导下用于预防、治疗、诊断作用的物质，如各种中药饮片和中成药（中药成方制剂）。中药材是指医疗应用的中药原料药材。兽用中药是指依据中兽医学独特的理论体系及丰富的兽医临床经验，应用于防治动物疾病的药物。兽用中药大都来源于中药，兽用中药的应用与中药同样有着悠久的历史。

二、中药的分类

现代记载兽用中药的书籍采用的分类方法，根据其目的与侧重点各异而有所不同。

1. 按药物功能分类 如清热解毒药、活血化瘀药、止咳化痰药等。这种分类有利于学习和研究兽用中药的作用，便于与临床相结合。

2. 按药用部位分类 首先将兽用中药分为植物药、动物药和矿物药，植物药再依药用部位的异同分为根类、根茎类、皮类、木类、叶类、花类、果实类、种子类、全草类等。这种分类便于比较各类兽用中药的外部形态和内部构造，有利于学习性状鉴别和显微鉴定，尤其是各类粉末的鉴定。

3. 按有效成分分类 如含生物碱类、苷类、挥发油类等。这种分类有利于学习和研究兽用中药的作用和效用，便于与临床应用结合。

根据兽用中药的原植（动）物在分类学上的位置和亲缘关系，依门、纲、目、科分类排列，如毛茛科、伞形科、唇形科、百合科等。这种分类的优点，在于同科属兽用中药在形态、性状、组织、构造、化学成分和功效方面常有相似之处，便于学习和研究其共同点，也便于比较其特异点，以揭示其规律性；有利于从科属中寻找类似成分、功效的植（动）物，扩大药物资源。

三、中药的贮藏与保管

中药质量的好坏，除与产地、采收季节、加工得当与否有密切的关系外，贮藏保管对其质量也有直接的影响。如果贮藏保管不当，中药可能会产生不同的变质现象，降低质量和疗效，甚至变质报废。

（一）贮藏保管中常见的变质现象

1. 虫蛀 即害虫侵入中药内部所引起的破坏作用。兽用中药经虫蛀后有的形成孔洞，产生蛀粉，有的外形被破坏，有的甚至完全蛀成粉状，失去药用价值。害虫的来源主要是药材在采收时受到污染，加工干燥中未能将害虫或虫卵消灭，或在贮藏过程中害虫由外界侵入等。害虫一般生长条件为温度在 16～35 ℃之间，相对湿度在 60％以上，药材含水量在 12％左右。一般螨类生长的适宜温度在 25 ℃左右，相对湿度在 80％以上。

根据药材本身的性质而考虑不同的贮藏条件，分类保管，可防止或减少虫害。一般富含淀粉、脂肪、糖类、蛋白质等营养成分的中药，如天花粉、山药、白芷、板蓝根、苦杏仁、柏子仁、党参、当归、大枣及蛇类等容易虫蛀，因为这些成分都是害虫生长的养料。含辛辣成分的药材，一般不易虫蛀，如荜茇、丁香、花椒等。

2. 发霉 又称霉变，即霉菌在药材表面或内部的滋生现象。霉变的起因是空气中存在着霉菌孢子，当散落于药材表面，在适当的温度（25 ℃左右）、湿度（相对湿度在 85％以上，或药材含水量超过 15％）和足够的营养条件下，即萌发成菌丝，分泌酵素，溶蚀药材组织，以致有效成分发生分解变化而失效。发霉与药材含水量高，在贮存过程中受闷热内部水分蒸发至表面以及受潮密切有关。

3. 变色 是指药材在采收加工、贮藏中因方法不当引起的色泽改变。各种药材都有固有的色泽，色泽是药材质量的标志之一，色泽改变，意味着变质。引起药材变色的原因：有些所含成分的结构中有酚羟基，在酶的作用下，经过氧化、聚合作用形成了大分子有色化合物，如含黄酮类、羟基蒽醌类、鞣质类的药材；有的是因药材所含的糖及糖酸类分解产生糖醛或其他类似化合物，这些化合物有活泼的羟基能与一些含氮化合物缩合成棕色色素；有的是因药材所含蛋白质中的氨基酸，可与还原糖作用而生成大分子棕色物质。如贮藏日久、虫蛀发霉、经常日晒、烘烤时温度过高以及用硫黄熏有色药材，也会引起药材变色。

4. 泛油 即"走油"，是指含油药材的油质泛于药材表面，也指药材变质后表面泛出油样物质。泛油的原因有：温度高时，药材所含的油质往外溢出，如桃仁、杏仁等。贮藏时间久，药材某些成分会自然变质或由于长期接触空气而使变色、表面泛出油样物质，如天门冬、怀牛膝。泛油与药材所含某些成分有关，含脂肪油的药材，如杏仁、柏子仁、桃仁；含挥发油的药材，如防风、肉桂；含黏性、糖质的药材，如天门冬、党参、枸杞子等都容易泛油。

在一般情况下，受潮往往是药材变质的前兆，跑味（即失去原有药味）是药材完全变质的结果。

（二）防止中药贮藏变质的方法

1. 建标准库房 仓储设施是保证药材安全储存及供应的基地，要创造有利于药材储存的条件，不但要求防潮、隔热、通风，又要能够密封。按照品种的不同要求，要有相应的冷藏库、毒剧药材库、贵重药材库等，分类储存。此外还应配备搬运及堆码的机械、测量温度及湿度的仪器仪表以及消防器材等设施。

2. 入库前控制含水量　合格药材入库前需重点检验其含水率，若超过安全水分则应先进行干燥处理，同时必须检查是否有虫蛀、发霉、腐烂、变色、泛油等情况，凡有问题的都应该进行适当处理，符合要求后方可入库贮藏。

3. 梅雨季节勤翻晒　药材贮藏中要勤做在库检查，经常观察药材的色泽、气味变化及是否发热、发霉、泛油、虫蛀等。平时每月检查一次，梅雨季节应 3～5 d 检查一次，经常进行翻堆倒垛、松包、通风晾晒等。

（1）曝晒：是利用太阳的紫外线将害虫杀死。适用于不怕变色，不易熔化和不易碎裂的药材。应连续晒 5～6 h，当温度达 45～50 ℃时，即能将害虫及虫卵杀死，晒时要勤翻动，晒后应将虫尸及杂质筛除，并将余热散尽，然后包装。

（2）烘烤：适用于体积不大，太阳热力不易晒透或易泛油的一些药材。将药材摊放在焙炕上，加火进行烘烤，使温度保持在 45～50 ℃内 5～6 h，即可将害虫杀死。烘烤时可用麻袋将药材盖严，这样既能保温又能防止害虫逃逸。烘烤温度不宜超过 50 ℃，含挥发油的药材不宜烘烤，以免影响质量。

有条件的可采用烘干机烘烤杀虫，烘干机出口处的温度一般 50 ℃左右为宜。数量小的也可在烘箱内烘烤。

（3）化学药剂处理：应用化学药剂防虫杀虫，在贮藏药材时起很大的作用。但必须考虑到药剂对害虫有效而不影响药材性质及对人体的安全。目前药材仓库最常用的杀虫熏蒸剂主要有氯化苦和磷化铝。

4. 物理灭霉菌　一般发霉尚不严重，限于药材表面时，可以通过一些物理方法把霉迹去掉。

（1）撞刷：发霉不严重的药材，经日晒或烘烤使之干透后，可放入撞笼或麻袋内来回摇晃，通过互相撞击摩擦，可以将霉去掉。对于长条根或片状药材，可用刷子将霉刷除。

（2）淘洗：发霉后不宜撞刷的药材，可用水将霉洗掉，然后干燥。

（3）醋或酒闷洗：不能沾水的药材，如五味子发霉后，可用醋喷洗，熟地用酒喷洗，随喷随翻和搓擦，全部喷匀后闷渍 1～2 h，再摊开晾干即可。

5. 密封存放　在密封的条件下，药材自身的微生物及害虫的呼吸受到抵制，又逐渐消耗密封环境中的氧气，而二氧化碳的含量增加，并阻隔了外界湿气的进入，从而起到预防药材霉变、虫蛀的作用。

传统的密封方法是使用缸、瓶、箱等容器，用泥头、熔蜡等密封和地窖密封，也有使用储存性能较好的小库房密封的。现代新技术的密封方法，除量少的使用塑料袋外，还可使用塑料罩、帐密封药材堆垛，甚至使用塑料和沥青等改造旧库房，建成储存数量大的密封库。

用于密封贮藏的药材，含水量应在该种药材的安全水分以内，还应当在未生虫、发霉之前，若已有虫、霉出现，应经过处理以后才能密封。

6. 对抗法　适用于数量不多的药材，且要施行于霉变、虫蛀发生之前。如泽泻与丹皮同贮，泽泻不生虫，丹皮不变色；瓜蒌、枸杞洒酒可防霉变、虫蛀；利用谷糠、干沙埋药防虫；撒石灰防虫等。

7. 注意自然贮存期限　有的药材由于化学成分自然分解、挥发、风化而不能久贮的，应注意贮存期限。如洋地黄、槐米久贮有效成分易分解；肉桂久贮泛油；明矾、芒硝久贮易风化失水等。

8. 气调养护 这是近些年来在药材贮藏保管方面研究推广的新技术。将药材充分干燥，使其含水率在安全水分以内，贮存于密封塑料帐内，充氮气使含氧量降到 5% 以下，在较短时间内可使害虫缺氧窒息而死。如为了防霉、防虫，将含氧量控制在 8% 以下即可，也可充二氧化碳或氮气降氧。气调养护可保持药材原有的品质，避免了采用化学药剂的残留污染和对人体的影响。

四、炮制的概念与分类

中药的炮制是指将中药材经净制、切制或炮炙等操作，制成同规格的饮片，以适应医疗要求及调配和制剂的需要，保证用药安全和有效。

（一）炮制目的

炮制目的是多方面的，往往一种炮制方法或者炮制一种中药同时有几个目的，这些虽有主次之分，但彼此之间又有密切联系。

（1）降低或消除药物毒性或副作用；

（2）改变或缓和药性；

（3）改变或增强药物作用部位和趋向；

（4）改变药物作用部位或增强对某部位的作用；

（5）提高疗效；

（6）便于调剂和制剂；

（7）纯净药物，利于储存；

（8）产生新功效。

（二）炮制的质量要求

1. 净度 炮制品不允许夹杂泥沙、虫卵等杂质；应除去的壳、核、芦、头、足等不得存留。

2. 形态 炮制品的形态是由药物特征和炮制要求而定。饮片片形要符合《中国兽药典》《兽药质量标准》，如薄片、厚片、直片、斜片、丝、段、块等。并要求片形平整、均匀，色泽鲜明，无连刀片、掉刀片、边缘卷曲等不合格饮片；炮制品不得混有破碎的渣屑或残留辅料。

3. 色泽 炮制品均显其固有色泽，色泽变异，不仅影响其外观，而且也是内在质量变化的标志。

4. 气味 药材有其自身的气味，而炮制品也有规定的气味，气和味与治疗作用有一定关系。如果气味失散或者变薄，都会影响药性，从而降低治疗效果。因此含挥发性成分的药物与炮制辅料中酒、醋、姜、蜜等又有着密切联系。故炮制品在贮藏中应加强管理，防止气味的散失。

5. 水分 除另有规定外，炮制品中水分通常不得过 13.0%，如超出规定范围，则容易产生虫蛀、霉变，使有效成分分解变质，同时在配方称量时亦减少了实际用量，而影响治疗效果。

（三）炮制方法

1. 修制药材的初步加工

（1）净制：即净选加工，可根据其具体情况，分别选用挑选、风选、水选、筛选、剪、切、刮削、剔除、刷、擦、碾串等方法达到净度要求。

除另有规定外，净制后的药材，一般不得带有非药用部分及霉变。药材的非药用部分一般系指果壳、核、芦头、残茎、叶柄、粗皮、"心"、瓤、"毛"及动物的皮膜、头、足、翅等。

药材凡经净制、切制或炮炙处理后，均称为"饮片"。饮片是供中兽医调剂及中药制剂生产的配方原料。

（2）切制：药材切制时，除鲜切、干切外，须浸泡使其柔润软化者，应采用少泡多润，防止有效成分流失。并应按药材的大小、粗细、软硬程度等分别处理；并注意掌握温度、水量、时间等条件。切后应及时干燥，保证质量。

切：制品有片、段、块、丝等，其厚薄大小通常为：

片：极薄片 0.5 mm 以下，薄片 1～2 mm，厚片 2～4 mm；

段：短段 5～10 mm，长段 10～15 mm；

块：8～12 mm 的立方块；

丝：细丝 2～3 mm，宽丝 5～10 mm。

其他不能切制的药材，一般应捣碎用。

2. 水制

（1）洗：将原药材放在清水中，经过洗以去除药物表面泥沙杂质，达到洁净的目的。洗的时间长短，要根据药材体质的疏松、坚实和污垢程度妥善掌握，以免影响质量。

（2）淘：主要用于果实、种子类药物。淘是将药物先放入眼孔较密的箩筐中，然后将箩筐放在清水中淘洗，可用手直接揉搓，直至无泥沙杂质为止。在淘的过程中，可连续 2～3 次更换清水。如莱菔子、贝母等。

（3）浸：为了使部分质地坚硬的块根、果实软化，便于切制，在洗净的基础上，用清水浸或润，本着少浸多润不使药物走失有效成分的原则，严格掌握时间。如青皮、大黄等。

（4）润（焖）：将经过水浸的药物，放在箩筐或摊于匾子内，上覆盖湿蒲包或湿麻袋，使水分缓缓渗入药物组织内部，达到内外潮湿、硬软均匀，此即称之为润。质地坚硬的白芍、槟榔之类，水浸后放在缸内，上盖麻袋以增高温度，使其逐步变软，便于切制，称之为焖。

（5）泡：用沸水或药料汁水浸泡以降低原药的毒性或刺激性，如用甘草水泡远志、吴茱萸以解除其毒性；沸水泡干姜去其辣性。黄芩沸水泡是使其迅速变软，因清水浸易使黄芩有效成分散失。

（6）漂：含有咸味或腥味、糖性、毒性的药物，可用大量清水反复浸漂，能缓解毒性或去除异味。如半夏水浸漂，可减弱毒性；肉苁蓉可降低糖性；昆布、紫河车可去咸和腥味。

（7）水飞：取按规定处理后的药材，加水适量共研细，再加多量的水，搅拌，倾出混悬液，下沉部分再按上法反复操作数次，除去杂质，合并混悬液，静置后，分取沉淀，干燥，研散。

3. 火制 除另有规定外，常用的炮制方法和要求如下：

（1）炒：炒制分清炒与加辅料炒。炒时应火力均匀并不断翻动，注意掌握加热温度、炒制时间和程度的要求。

清炒：取待炮炙品置锅内，用文火炒至规定的程度时，取出，放凉。需炒焦者，一般用中火炒至表面焦黄色，断面色变深为度，取出，放凉。炒焦后易燃着的药材，可喷淋水少许，再炒干或晒干。

麸炒：取麸皮，撒在热锅内，加热至冒烟时，加待炮炙品，迅速翻动，炒至表面呈黄色或色变深时，取出，筛去麸皮，放凉。

除另有规定外，每 100 kg 待炮制品，用麸皮 10～15 kg。

（2）烫：烫法常用的辅料为洁净的砂子、蛤粉或滑石粉。取砂子（蛤粉、滑石粉）置锅内，一般用武火炒热后，加入净药材，不断翻动，烫至泡酥或规定的程度时，取出，筛去砂子（蛤粉、滑石粉），放凉。

如需醋淬者，应趁热投入醋中淬酥。

（3）煅：煅制时，应注意煅透，使酥脆易碎。

明煅：取待炮炙品，砸成小块，置无烟的炉火上或置适宜的容器内煅至酥脆或红透时取出，放凉，碾碎。

含有结晶水的盐类药物，不要求煅红，但须使结晶水完全蒸发尽，或全部形成蜂窝状的固体块。

煅淬：将待炮炙品煅至红透时，立即投入规定的液体辅料中，淬酥（如不酥，可反复煅淬至酥），取出，干燥，打碎或研粉。

（4）制炭：制炭时，应"存性"，并防止灰化。

炒炭：取待炮炙品，置锅内用武火炒至表面焦黑色、内部焦黄色或至规定的程度时，喷淋水少许，取出，晾干。

煅炭：取待炮炙品，置煅锅内，密封，焖煅至透，放凉，取出。

（5）炮炙：不加水但加其他液体辅料，用火对药材进行加工处理的方法。

① 酒炙。取待炮炙品，加酒拌匀，闷透，置锅内用文火炒至规定的程度时，取出，放凉。除另有规定外，每 100 kg 待炮炙品，用黄酒 10～20 kg。

② 醋炙。取待炮炙品，加醋拌匀，闷透，置锅内炒至规定的程度时，取出，放凉。除另有规定外，每 100 kg 待炮炙品，用米醋 20 kg，必要时可加适量水稀释。

③ 盐炙。取待炮炙品，用盐水拌匀，闷透，置锅内（个别药物则先将药材放锅内，边拌炒边加盐水）文火炒至规定的程度时，取出，放凉。

除另有规定外，每 100 kg 待炮炙品，用食盐 2 kg。盐炙时，应先将食盐加适量水溶解后，滤过，备用。

④ 姜汁炙。姜汁炙时，应先将生姜洗净，捣烂，加水适量，压榨取汁，姜渣再加水适量重复压榨一次，合并汁液，即为"姜汁"。如用干姜，捣碎后加水煎煮两次，合并，取汁。

取待炮炙品，加姜汁拌匀，置锅内用文火炒至姜汁吸尽或至规定的程度时，取出，晾干。

除另有规定外，每 100 kg 待炮炙品，用生姜 10 kg。

⑤ 蜜炙。蜜炙时，应先将炼蜜加适量开水稀释后，加入待炮炙品拌匀，闷透，置锅内用文火炒到规定程度时，取出，放凉。

除另有规定外，每 100 kg 待炮炙品，用炼蜜 25 kg。

4. 水火共制

（1）蒸：取待炮炙品，按照各品炮制项下的规定，加入液体辅料拌匀（清蒸除外），置适宜的容器内，加热蒸透或至规定的程度时，取出，干燥。

（2）煮：取待炮炙品，加水或液体辅料共煮，辅料用量照各品炮制项下的规定，煮至液体完全吸尽或切开无白心时，取出，干燥。

有毒药材煮制后的剩余汁液，除另有规定外，一般应弃去。

（3）炖：取待炮炙品，照各品炮制项下的规定，加入液体辅料，置适宜的容器内，密闭，隔水加热或用蒸汽加热炖透或至辅料完全吸尽时，放凉、取出，干燥。

5. 其他制法

（1）制霜（去油成霜）：除另有规定外，取待炮炙品碾碎如泥状，经微热后，压去部分油脂，制成符合一定要求的松散粉末。如巴豆霜。

（2）复制法：将待炮炙的药材，加入一种或数种辅料，按规定的程序和质量要求，反复进行处理的方法。如法半夏、胆南星等。复制的目的是降低毒性，去其酷性，改变药性。

（3）发芽法：将净选后成熟饱满的麦、稻或大豆的种子，在一定的湿度和温度条件下，促使其萌发幼芽的方法。如麦芽、谷芽、大豆黄卷等。发芽的目的是产生新的药效。

五、中药鉴定

在中药的应用过程中，品种和品质的鉴定是一项必须进行的基础工作。中药鉴定的目的：鉴定出品种的真伪和药材品质的优劣，从而确保用药的安全与有效。

中药鉴定的方法，包括来源鉴定、性状鉴定、显微鉴定、理化鉴定、色谱鉴定、植物DNA鉴定等方面。

（一）中药鉴定的依据

《中华人民共和国兽药典》简称《中国兽药典》是国家监督管理兽药质量的法定技术标准，是国家对兽药质量规格及检验方法所作的技术规定，是兽药生产、经营、使用、检验和监督管理部门共同遵循的法定技术依据。《兽药质量标准》（2017年版）（中药卷）是由中国兽药典委员会组织编写，农业农村部（原农业部，下同）颁布的质量标准，收载的品种主要源于历版《中华人民共和国兽药规范》（一、二部）、历版《中国兽药典》（一、二部）《兽药质量标准》（2003年版）《兽药质量标准》（2006年版）及农业部农牧发（1993）7号（蜂用药）未收载在现行版《中国兽药典》中的品种。

由于我国的药材资源极其丰富，品种繁多，有许多品种在国家兽药标准没有记载。因此在鉴定时还可根据有关的参考书籍和资料，进行分析、鉴定。

（二）来源鉴定

应用植（动）物的分类学知识，对中药的来源进行鉴定，确定其正确的学名；应用矿物学的基础知识，确定矿物药的来源，以保证在应用中品种准确无误；原植（动）物鉴定进行的一般步骤如下：

1. 观察植物形态　对具有较完整植物体的中药检品，应注意其根、茎、叶、花和果实等部位的观察，其中对繁殖器官（花、果或孢子囊、子实体等）更应仔细观察，借助放大镜或解剖显微镜，观察花等的形态特征。在实际工作中，经常遇到的检品是不完整的，常用植物的一段（或一块）器官，除对少数品种的特征十分突出的可以鉴定外，一般都要追究其原植物，包括深入到产地调查，采集实物，进行对照鉴定。关于植物器官的形态特征及有关术语的详细介绍可参考《植物分类学》等书籍。

2. 核对文献　根据已观察到的植物形态特征和检品的产地、别名、效用等线索，可查阅全国性的或地方性的中药书籍和图鉴，亦可参考中草药书籍和图鉴，加以分析对照。

3. 核对标本　如经鉴定的品种还觉得有不十分准确之处，可以到有关单位的标本室核对已定名的植物标本，并进行比较对照。原动物的鉴定，应按动物分类方法进行。

（三）性状鉴别

性状鉴定就是用目视、手摸、鼻闻、口尝、水试、火试等简便的方法，来鉴别药材的外观性状，一般从以下几方面进行：

1. 形状　药材的形状与药用部分有关，每种药材的形状一般比较固定。如根类药材有圆柱形、圆锥形、纺锤形等；皮类药材有卷筒状、板片状等；种子类药材有圆球形、扁圆形等。经验鉴别防风根茎部分称为"蚯蚓头"；川芎的饮片称"蝴蝶片"。有些叶和花类药材很皱缩，须先用热水浸泡，展平后观察。

2. 大小　药材的大小指长短、粗细、厚薄。要得出比较正确的大小数值，应观察较多的样品。如测量的大小与规定有差异时，可允许有少量稍高于或低于规定的数值。有些很小的种子类药材，如葶苈子、白芥子、车前子、菟丝子等，应在放大镜下测量。表示药材的大小，一般有一定的幅度。

3. 颜色　各种药材的颜色是不相同的，如丹参色红，黄连色黄，紫草色紫，乌梅色黑。药材因加工或贮藏不当，就会改变其固有的色泽。药材的颜色是否符合要求，是衡量药材质量好坏的重要因素。很多药材的色调不是单一的，而是复合的色调。在描述药材颜色时，如果用两种以上的复合色调描述时，则应以后一种色调为主，如黄棕色，即以棕色为主。

4. 表面特征　指药材表面是光滑还是粗糙，有无皱纹、皮孔或毛茸等。双子叶植物的根类药材顶部有的带有根茎；单子叶植物根茎有的具膜质鳞叶；蕨类植物的根茎常带有叶柄、残基和鳞片。白花前胡根的根头部有叶鞘残存的纤维毛状物，是区别紫花前胡根的重要特征。植物香橼未成熟果实或幼果作枳壳或枳实时，果顶具俗称"金钱环"，这一特征是鉴别该种的重要依据。

5. 质地　指药材的软硬、坚韧、疏松、致密、黏性或粉性等特征。有些药材因加工方法不同，质地也不一样，如盐附子易吸潮变软，黑顺片则质硬而脆；含淀粉多的药材，如经蒸煮加工，则因淀粉糊化，干燥后而质地坚实。在经验鉴别中，用于形容药材质地的术语很多，如质轻而松、断面多裂隙，谓之"松泡"（南沙参）；富含淀粉，折断时有粉尘散落，谓之"粉性"（山药）；质地柔软，含油而润泽，谓之"油润"（当归）；质地坚硬，断面半透明状或有光泽，谓之"角质"（郁金）等。

6. 折断面　指药材折断时的现象，如易折断或不易折断，有无粉尘散落等及折断时的断面特征。自然折断的断面应注意是否平坦，或显纤维性、颗粒性或裂片状，断面有无胶丝，是否可以层层剥离等。对于根及根茎类、茎和皮类药材的鉴别，折断面的构造观察是很重要的。如茅苍术易折断，断面久置能"起霜"（析出白毛状结晶）；白术不易折断，断面久置不"起霜"；甘草折断时有粉尘散落（淀粉）；杜仲折断时有胶丝相连；黄柏折断面显纤维性，裂片状分层；苦楝皮的折断面可分为多层薄片，层层黄白相间；牡丹皮折断面较平坦，显粉性。

对于不易折断或折断面不平坦的药材，为描述断面的形态特征，可用刀切成横切面，以便观察皮部与木部的比例、维管束的排列形状、射线的分布等，有些药材肉眼还可察见黄棕色小点（分泌组织）等。如大黄根茎可见星点。对于横切面特征的描述，经验鉴别也有很多术语，粉防已有"车轮纹"；茅苍术有"朱砂点"等。

7. 气　有些药材有特殊的香气或臭气，这是由于药材中含有挥发性物质的缘故，也成为鉴别该药材主要依据之一，如鸡矢藤、天麻、肉桂等。对气味不明显的药材，可切碎后或用热水浸泡一下再闻。

8. 味　每种药材的味感是比较固定的，有的药材味感亦是衡量品质的标准之一，如乌梅、木瓜、山楂以味酸为好；黄连、黄柏以味越苦越好；甘草、党参以味甜为好等，这都是与其所含成分及含量有密切关系。若药材的味感改变，就要考虑其品种和质量问题。尝药时要注意取样的代表性，因为药材的各部分味感可能不同，如果实的果皮与种子，树皮的外侧和内侧，根的皮部和木部等。注意对有强烈刺激性和剧毒的药材，口尝时要特别小心，取样要少，尝后应立即吐出，漱口，洗手，以免中毒，如草乌、雪上一支蒿、半夏、白附子等。

9. 水试　有些药材在水中或遇水能产生特殊的现象，作为鉴别特征之一。如番红花加水泡后，水液染成黄色；秦皮加水浸泡，浸出液在日光下显碧蓝色荧光；葶苈子、车前子等加水浸泡，则种子黏滑，且体积膨胀；小通草（旌节花属植物）遇水表面显黏性；熊胆粉末投入清水杯中，即在水面旋转并呈现黄线下沉而不扩散。这些现象常与药材中所含有的化学成分或组织构造有关。

10. 火试　有些药材用火烧之，能产生特殊的气味、颜色、烟雾、闪光和响声等现象，作为鉴别特征之一。如马勃置火焰上，轻轻抖动，可见微细火星飞扬，熄灭后产生大量浓烟；血竭放在纸上，用火烤，溶化后色鲜红如血而透明，无残渣；硫黄火烧冒青蓝色火焰，臭气大。

（四）显微鉴定

利用显微镜观察植（动）物药材的内部组织构造、细胞形状及其后含物的特征，以供鉴别兽用中药的正品、伪品、类似品或代用品的一种方法。通常应用于单凭性状不易识别的药材，性状相似不易识别的药材，外形特征不明显的破碎药材和粉末状药材，以及用中药为原料制备成的丸、散、片、丹等中药成方制剂的鉴定。

显微鉴定是一种专门技术，需要有植物解剖、植物显微化学的基本知识和显微标本片的制作技术。一般用：

1. 组织切片　根及根茎、茎木、皮、叶、全草类中药均可用徒手、滑走或石蜡切片法作横切片（必要时纵切），经制片后切片可永久保存。横切片主要是观察各类药材的组织构造。

2. 表面撕片、整体封片、解离组织片　某些叶、花、全草类中药的叶片、花瓣、萼片因薄软不易软化可撕下表皮作表面装片或整体封片。用化学试剂（氢氧化钠、氢氧化钾等）把植物组织解剖开，制成解离组织片。上述装片可以观察主要的显微特征。

3. 中药粉末临时装片　将材料粉末用试液经透化装片，可清楚地观察细胞形状及后含物的特征，也可以作显微化学反应。此法可用于粉末状药材的未知物及成方制剂的鉴定。

为了清楚地观察组织构造、细胞形状及后含物的特征，一般需透化装片。方法为取切片或粉末少许，置载玻片上，滴加水合氯醛溶液，小火微微加热透化，反复2～3次，至细胞、组织透化清晰为度。为防止冷后析出水合氯醛结晶，应在透化后滴加甘油，再盖片观察。观察淀粉粒用蒸馏水装片；观察糊粉粒用甘油装片；观察菊糖用乙醇装片也可用水合氯醛溶液装片不加热迅速观察。

为了确定细胞壁及细胞后含物的性质，可用适当化学试剂进行显微化学反应。如石细胞、纤维和导管加间苯三酚与浓盐酸的木质化反应；淀粉粒加碘试液的反应；木栓细胞及油滴加苏丹Ⅲ试液反应等。为了确定某些结晶形物质或淀粉粒，可利用偏光显微镜进行观察。

（五）理化鉴定

利用某些物理、化学的或仪器分析方法，对中药及其制剂中所含有效成分进行定性和定量分析，以鉴定其真伪和品质优劣程度的一种方法。

1. 显微化学反应

（1）将中药的切片或粉末置载玻片上，滴加各种试液，加盖玻片。在显微镜下观察产生的结晶或沉淀以及特殊的颜色。如黄连粉末滴加稀盐酸，片刻，可见小檗碱盐酸盐结晶（示生物碱反应）；穿心莲叶横切片，滴加乙醇后加 Kedde 试液，叶肉组织显紫红色（示穿心莲不饱和内酯环反应）；肉桂粉末加三氯甲烷2～3滴，速加2％盐酸苯肼1滴，可见黄色针状或杆状结晶（示桂皮醛反应）。

（2）取药物粉末加适当溶剂浸渍，将浸出液置载玻片上，滴加各种试液，加盖玻片，在显微镜下观察反应。如槟榔粉末0.5 g，加水3～4 mL及稀硫酸1滴，微热数分钟，取滤液1滴于玻片上，加碘化铋钾试液1滴，即发生浑浊，放后可见石榴红色球形或方形结晶（示槟榔碱反应）；黄藤粗粉1 g，加45％乙醇5～10 mL，浸泡10～24 h，取浸液1滴于载玻片上，略干，加30％硝酸1滴，立即观察，可见多数黄色短棒状生物碱硝酸盐结晶析出。

2. 微量升华 中药中所含的某些化学成分，在一定温度下能升华获得升华物，置显微镜下观察其形状、颜色以及化学反应。如茶叶的升华物为白色针状结晶，加浓盐酸1滴溶解，再加氯化金试液，得黄色针状结晶（咖啡碱氯化金络盐）；大黄的升华物为黄色梭针状蒽醌化合物结晶，加碱液溶解并显红色；牡丹皮、徐长卿根的升华物为长柱状或针状、羽状牡丹酚结晶；薄荷的升华物为无色的针簇状薄荷脑结晶，加浓硫酸2滴及香草醛结晶少许，显橙黄色，再加蒸馏水1滴即变成红色；斑蝥的升华物（在130～140 ℃），为白色柱状或小片状斑蝥素结晶，加碱液溶解，再加酸又析出结晶。

3. 荧光分析 利用中药中所含的某些化学成分，在紫外光下能产生一定颜色荧光的性质，作为鉴别中药的一种简易方法。通常可直接取药材的饮片、粉末或用其浸出液在紫外光下观察。如黄连断面显金黄色荧光；牛膝断面显黄白色荧光；大黄粉末显深棕色荧光；秦皮的水浸液显天蓝色荧光（可见光下亦有荧光）；香加皮的水或乙醇浸出液呈紫色荧光（五加皮无此荧光）等。

有些中药本身不产生荧光，但如以酸或碱处理，或经其他化学方法处理后，就可使某些成分在紫外光下产生荧光。如芦荟溶液与硼砂共热，所含芦荟素即起反应而产生黄绿色荧光；枳壳乙醇浸出液滴于纸上，干后喷0.5％醋酸镁甲醇溶液，烘干显淡蓝色荧光；羌活水

浸液的乙醚提取液不产生荧光，经碱化后则显荧光。

4. 层析法 层析法是利用中药中所含各种化学成分因物理、化学性质的差异，当选择某一条件使各个成分随着展开剂流过支持剂或吸附剂时，各成分可彼此分离，然后在支持剂或吸附剂上经显色剂显色（或不需显色剂显色）、或在紫外光下产生一定颜色的荧光，获得一定的层析图谱，从而达到鉴定的目的。此法故又名"色层分析法"较普遍采用的是纸色谱法和薄层色谱法两种：

（1）纸色谱法：用滤纸作支持剂。操作分垂直法和水平法两种。

垂直法：取层析滤纸一片（约 5 cm×20 cm），先在滤纸一端约 2 cm 处用铅笔画一条起始线，用平头毛细管或平头微量注射管在线上点样，点样滤纸条垂直悬挂于盛有展开剂的层析缸中，使之在展开剂的蒸汽中饱和一定时间，然后滤纸条下端浸入展开剂中（勿淹没起始线），上行展开，待展开接近滤纸前沿时，将滤纸条取出，并在溶剂前沿画一线，干后在日光或紫外光下观察，或喷以显色剂后观察，记录色谱，测各组物质移动的距离与溶剂前沿线的距离比值（R_f 值）。

水平法：取圆形层析滤纸一张（直径约 15 cm）在中心画一直径约 2 cm 的圆圈，正中打一直径约 5 mm 小圆孔，依样品种类的多少将圆圈分成若干等分，将样品液分别点在等分线上，干燥后在圆孔中插一滤纸芯，移至盛有展开剂的培养皿中，将纸芯浸在溶剂中，并盖以同样直径的培养皿，以进行展开。待溶剂前沿移至距点样线约 5 cm 处，取出滤纸，干后在日光或紫外光下观察，或喷以显色剂后观察色带。

（2）薄层色谱法：是将三氧化二铝、硅胶、纤维素或其他适宜物质为吸附剂，均匀地平铺一薄层在玻璃板上，把样品点加到薄层上，用适当溶剂展开，形成一定的色谱进行鉴定的方法。此法具有层析时间短、分离效果好、灵敏度高的优点。最常用的吸附剂是硅胶，可制成硅胶 CMC（羧甲基纤维素钠）薄板，即取硅胶细粉（过 200 目筛）适量，缓缓加入 0.2%～0.5% CMC 水溶液，搅拌调成糊状，取适量铺于玻璃板上，晾干，再在烘箱中于 110 ℃活化 1 h，贮于干燥器中备用。采用 CMC 黏合薄层，机械强度高，耐磨，可用铅笔书写，能经受一般化学试剂的处理。对于展开系统，可根据具体情况灵活选用，以所得图谱的斑点圆整、清晰为好。显色采用的方法与纸色谱法相同。

在色谱鉴定中，如果对药物所含成分已有一定的了解，宜将已知成分的化学纯品作为对照点样，并在同一条件下展开，进行层析对比鉴定。层析样品的制备，一般可考虑取药材粉末 5 g 左右，加 10 倍蒸馏水煎煮 30 min，过滤，将滤液分成两份：一份加盐酸至 pH=3，另一份加碳酸钠溶液至 pH=11，分别以乙醚提取，回收乙醚后，加乙醇 0.5 mL 溶解；也可将其制备成 10%浓度的乙醇提取液供点样用。

5. 浸出物测定 适用于有效成分尚不清楚或尚无确切的定量测定方法的中药。可根据已知成分的溶解性质，选择适当的溶剂如水、一定浓度的乙醇、乙醚作浸出物的含量测定。凡供测定的药材样品，须经粉碎通过 2 号筛，混合均匀。

（1）水溶性浸出物测定：

冷浸法：取样品约 4 g，称定重量（准确至 0.01 g），置 250～300 mL 的烧瓶中，精密加入蒸馏水 100 mL，密塞冷浸，前 6 h 时时振摇，再静置 18 h，用干燥滤器迅速过滤，精密吸取滤液 20 mL，置恒重的蒸发皿中，于水浴上蒸干后，在 105 ℃干燥 3 h，移入干燥器中冷却 30 min，迅速称定重量。除另有规定外，以干燥品计算供试品中含水溶性浸出物的含量（%）。

热浸法：取样品 4 g，称定重量（准确至 0.01 g），置 250～300 mL 的烧瓶中，精密加入蒸馏水 100 mL，密塞，称定重量（准确至 0.01 g），静置 1 h，连接回流冷凝管，加热至沸腾，并保持微沸 1 h，放冷后，取下烧瓶，密塞，称定重量，用蒸馏水补充减失的重量。摇匀，用干燥滤器滤过，精密吸取滤液 35 mL，置已称定重量的蒸发皿中，在水浴上蒸干后，用 105 ℃ 干燥 3 h，移入干燥器中冷却 30 min，迅速称定重量。除另有规定外，以干燥品计算供试品中含有水溶性浸出物的含量（%）。

（2）醇溶性浸出物测定：选用适当浓度的乙醇代替蒸馏水为溶剂，按上述水溶性浸出物测定法进行测定。

（3）醚溶性浸出物测定：取供试品（过 4 号筛）2～5 g，精密称定，置五氧化二磷干燥器中干燥 12 h，用乙醚作溶剂，水浴加热 4～6 h，放冷，以少量乙醚冲洗回流器，洗液接入蒸馏瓶中，蒸去乙醚，残渣在 105 ℃ 干燥 3 h，移入干燥器中，冷却 30 min，迅速称定重量，计算样品中含醚溶性浸出物的含量（%）。

如供试样品中含有挥发性成分，提取的残渣应置于干燥器内干燥 24 h 再称重。

6. 水分测定　中药中水分含量过高，不仅在贮存过程中易生霉、虫蛀，使有效成分分解而变质，且会造成使用剂量不准，影响到应有的治疗效果。因此，了解和控制药材中水分的含量，对确保药材质量有重要意义。如《中国兽药典》规定马钱子的水分含量不得超过 13.0%；儿茶的水分含量不得超过 12%；牛黄的水分含量不得超过 9% 等。水分测定的实验室方法有烘干法、甲苯法、减压干燥法、气相色谱法，其中前两法应用最多。供测定的样品，一般先破碎成直径不超过 3 mm 的颗粒或碎片，直径在 3 mm 以下的花类、果实和种子类中药材，可不破碎。

烘干法：适用于不含挥发性成分中药的水分测定。取样品 2～5 g，平铺于干燥至恒重的扁形称量瓶中，厚度不超过 5 mm，疏松供试品不超过 10 mm，精密称定，打开瓶盖在 100～105 ℃ 干燥 5 h，将瓶盖盖好，移入干燥器中，冷却 30 min，精密称定，再在上述温度干燥 1 h，冷却，称重，至连续两次称重的差异不超过 5 mg 为止。根据减失的重量，计算供试品中的含水量（%）。

甲苯法：适用于含挥发性成分中药的水分测定。甲苯须先加少量的蒸馏水，充分振摇后放置，将水层分离弃去，甲苯经蒸馏后使用。测定时，取样品适量（相当于含水量 2～4 mL），精密称定，置 500 mL 的短颈圆底烧瓶中，加甲苯约 200 mL，连接水分测定管及直形冷凝管，自冷凝管顶端加甲苯，至充满水分测定管的狭细部分。将烧瓶置油浴上缓缓加热 15 min，待瓶内的甲苯开始沸腾时，调节温度，使每秒馏出 2 滴。待水分完全馏出，即测定管刻度部分的水量不再增加时，将冷凝管内部先用甲苯冲洗，再用蘸甲苯的长刷或其他适宜方法，将管壁上附着的甲苯推下，继续蒸馏 5 min，放冷至室温，如有水黏附在水分测定管的管壁上，可用蘸甲苯的铜丝推下，放置，使水分与甲苯完全分离，检读水量，并计算供试品中的含水量（%）。

7. 灰分测定　将药材加强热灰化，则细胞壁和细胞后含物中的无机物质即成为灰烬而残留，此即所谓"生理灰分"。中药的生理灰分常在一定范围内，如果灰分数值高于正常范围，则必有无机物质掺杂。常见的无机杂质为泥土、砂石等。

有些中药的生理灰分本身差异较大，尤其是组织中含草酸钙较多的品种，测定总灰分有时不足以说明外来无机物的存在。因此就必须测定酸不溶性灰分，由于药材本身所含的无机盐（包括钙盐）可溶于盐酸而被除去，泥土、砂石主要是硅酸盐，在酸中不溶，因此测定酸不溶性灰分，能更精确地表明药材中是否有泥土、砂石等的掺杂及其含量。

总灰分测定法：测定用的供试品，先过 20 目筛，混合均匀后，取供试品 2～3 g（如需测定酸不溶性灰分，可取供试品 3～5 g），置炽灼至恒重的坩埚中，称定重量（准确到 0.01 g），缓缓灼热，注意避免燃烧，至完全炭化时，逐渐升高温度至 500～600 ℃内 1～2 h，使完全灰化并恒重。根据残渣重量，计算供试品中含灰分的百分数。如药材不易灰化，可将坩埚放冷，加热水或 10％硝酸铵溶液 2 mL，使残渣湿润，然后置水浴上蒸干，残渣照前法炽灼，至坩埚内容物完全灰化。

酸不溶性灰分测定法：取上法所得灰分，在坩埚中小心加入稀盐酸 9～11 mL，用表面皿覆盖坩埚，置水浴上加热 10 min，表面皿用热水 5 mL 冲洗，洗液并入坩埚中，用无灰滤纸过滤，坩埚内残渣用水洗于滤纸上，并洗涤至洗液不显氯化物反应为止。滤渣连同滤纸移至同一坩埚中，干燥，炽灼至恒重。根据残渣重量，计算供试品中含酸不溶性灰分的含量（％）。

8. 杂质检查　中药中混存的杂质系指：①混入药材中而为其他来源的中药；②来源相同但混存在中药中的其他部位，如叶类药中混存的花、果、枝柄等；③混存在中药中外来的虫类胶体或虫类的分泌物及砂石、泥块、尘土等无机杂质。其检查方法为：①取规定量的样品，摊开，用肉眼或放大镜（5～10 倍）观察，将杂质拣出，如其中有可以筛分的杂质，则通过适当的筛目，将杂质分出；②将各类杂质分别称重，计算其中在样品中的百分数。如山茱萸的杂质（果柄、果核）不得超过 3％；红花的杂质不得超过 2％等。

9. 其他　除上述最为常用的中药检查方法外，还有气相色谱法、高效液相色谱法、比色法、分光光度法（原子吸收、紫外）等，一直应用在中药鉴别、含量测定、有害元素限量检查、农药残留量测定等方面。此外，植物 DNA 鉴定、药效学鉴定等也在中药质量控制领域得到应用。

（六）中药鉴定的一般程序

在常规检验工作中，中药鉴定就是依据《中国兽药典》或有关兽药标准，对中药材或检验品作真实性、纯度、品质优良度的鉴定。

中药真实性鉴定，包括性状、显微、理化等项目，在有条件时应与标准中药对照比较。如遇到不能确定样品的原植（动）物来源，则必须做进一步的调查研究。

纯度鉴定，主要是检查样品中有无杂质及其数量是否超过规定的限度。杂质分有机杂质和无机杂质。无机杂质的检查一般采用过筛及灰分、酸不溶性灰分定量等方法来测定。

品质优良度鉴定，包括水分、浸出物、有效成分含量的测定，以确定检品的质量是否合乎规定的要求。

取样，是指选取供鉴定用中药样品的方法。取样的代表性直接影响到鉴定结果的正确性。因此，必须重视取样的各个环节。其原则是：

（1）取样前应注意品名、产地、规格等级及包件式样是否一致，检查包装的完整性、清洁程度以及有无水迹、霉变或其他物质污染等情况，详细记录。凡有异常情况的包件，应单独检验。

（2）有代表性　对于大批的药材，不但各包件间可能有差异，就是同一包件内，也可能有差异。因此，应选择几个包件，并在包件的不同部位分别抽取。对破碎的、粉末状的或大小在1cm以下的药材，可用采样器（探子）抽取样品。液体药材应混匀后取样，不易混匀的应在顶部、中部和底部分别取样。贵重药材应逐件取样。

（3）有足够的数量　所取样品的量一般不得少于实验所需用的3倍量。即1/3供实验室分析用，另1/3供复核用，其余1/3则为留样保存，保存期至少一年。

（4）将所取样品混合拌匀，即为总样品。对于个体较小的兽用中药，应摊成正方形，依对角线划"×"字，使分为四等份，取用对角两份；再如上操作，反复数次至最后剩余的量足够完成必要的试验以及留样数为止，此为平均样品，个体大的药材可用其他适当方法取平均样品。

供鉴定的样品药材，一般先进行性状鉴定。然后根据具体情况，选做显微鉴定及理化鉴定、薄层鉴别与含量测定。药材经鉴定无误后，再进行浸出物及其他项目的测定。需要指出的是：经长期实践证明，显微鉴定是鉴定各种成方制剂（丸、散、片、丹）和制订品质标志的科学方法之一，对保证成方制剂的质量有一定的科学意义和应用价值。所以中药的粉末鉴定研究对于其成药的科学鉴定有重要作用。

六、中药药性

中药药性，是指中药所具有的与治疗作用有关的性能，可概括为四气五味、归经、升降浮沉、毒性等。

药物治病的基本作用不外是祛除病邪，消除病固；恢复脏腑功能的协调，纠正阴阳偏胜偏衰的病理现象，使之在最大程度上恢复到正常状态。药物之所以能够针对病情，发挥上述基本治疗作用，乃是因为各种药物各自具有若干特性和作用，前人也称为药物的偏性，意思是说以药物的偏性纠正疾病所表现的阴阳偏盛或偏衰。把药物治病的多种多样的性质和作用加以概括，主要有性、味、归经、升降沉浮及有毒、无毒等方面，统称为药物的性能。

药物性能的认识和论定，是前人在长期实践中对为数众多的药物的各种性质及其医疗作用的了解与认识不断深化，进而加以概括和总结出来的，并以阴阳、脏腑、经络、治疗法则等医学理论为其理论基础，创造和逐步发展了中药基本理论，是整个中医学理论体系中一个重要组成部分。

药物都具有一定的性和味。性与味是药物性能的一个方面。自古以来，各种中药书籍都在每论述一药物时首先标明其性味，这对于认识各种药物的共性和个性，以及临床用药都有实际意义。药性是根据实际疗效反复验证然后归纳起来的，是从性质上对药物多种医疗作用的高度概括。至于药味的确定，是由口尝而得，从而发现各种药物所具不同滋味与医疗作用之间的若干规律性的联系。因此，味的概念，不仅表示味觉感知的真实滋味，同时也反映药物的实际性能。

（一）四气

寒、热、温、凉四种药性，古时也称四气。其中温热与寒凉属于两类不同的性质。而温与热，寒与凉则分别具有共同性；温次于热，凉次于寒，即在共同性质中又有程度上的差异。对于有些药物，通常还标以大热、大寒、微温、微寒等词予以区别。药物的寒、热、温、凉，是从药物作用于机体所发生的反应概括出来的，是与所治疾病的寒、热性质相对而言。能够减轻或消除热证的药物，一般属于寒性或凉性，如黄芩、板蓝根对于发热口渴、咽痛等热证有清热解毒作用，表明这两种药物具有寒性。反之能够减轻或消除寒证的药物，一般属于温性而上，如附子、干姜对于腹中冷痛、脉沉无力等寒证有温中散寒作用，表明这两种药物具有热性。在治疗方面，《神农本草经》云："疗寒以热药，疗热以寒药。"《素问·至真要大论》云："寒者热之，热者寒之。"这是基本的用药规律。

此外，还有一些平性药，是指药性寒、热之性不甚显著、作用比较和缓的药物。其中也有微寒、微温的，但仍未越出四性的范围；所以平性是指相对的属性，而不是绝对性的概念。

（二）五味

五味，就是辛、甘、酸、苦、咸五种味。有些药物具有淡味或涩味，实际上不止五种。但是，五味是最基本的五种滋味，所以仍然称为五味。不同的味有不同的作用，味相同的药物，其作用也有相近或共同之处。至于其阴阳属性，则辛、甘、淡属阳，酸、苦、咸属阴。综合历代用药经验，其作用有如下述。

辛：有发散、行气、行血作用。一般治疗表证的药物，如麻黄、薄荷，或治疗气血阻滞的药物，如木香、红花等，都有辛味。

甘：有补益、和中、缓急等作用。一般用于治疗虚证的滋补强壮药，如党参、熟地；和拘急疼痛、调和药性的药物，如饴糖、甘草等，皆有甘味。甘味药多质润而善于滋燥。

酸：酸有收敛、固涩作用。一般具有酸味的药物多用于治疗虚汗、泄泻等证，如山茱萸、五味子涩精敛汗，五倍子涩肠止泻。

涩：与酸味药的作用相似。多用以治疗虚汗、泄泻、尿频、精滑、出血等证，如龙骨、牡蛎涩精，赤石脂能涩肠止泻。

苦：有泄和燥的作用。泄的含义甚广，有指通泄的，如大黄，适用于热结便秘；有指降泄的，如杏仁，适用于肺气上逆的喘咳；有指清泄的，如栀子，适用于热盛心烦等证。至于燥，则用于湿证。湿证有寒湿、湿热的不同，温性的苦味药如苍术，适用于前者；寒性的苦味药如黄连，适用于后者。此外，前人的经验，认为苦还有坚阴的作用，如黄柏、知母用于肾阴虚亏而相火亢盛的痿证，即具有泻火存阴（坚阴）的意义。

咸：有软坚散结、泻下作用。多用以治疗瘰疬、痰核、痞块及热结便秘等证，如瓦楞子软坚散结，芒硝泻下通便等。

淡：有渗湿、利尿作用。多用以治疗水肿、小便不利等证，如猪苓、茯苓等利尿药。

由于每一种药物都具有性和味，因此，两者必须综合起来看。例如两种药物都是寒性，但是味不相同，一是苦寒，一是辛寒，两者的作用就有差异。反过来说，假如两种药物都是甘味，但性不相同，一是甘寒、一是甘温，其作用也不一样。所以，不能把性与味孤立起来看。性与味显示了药物的部分性能，也显示出有些药物的共性。只有认识和掌握每一药物的全部性能，以及性味相同药物之间同中有异的特性，才能全面而准确地了解和使用药物。

中医学认为，任何疾病的发生发展过程都是致病因素作用于人体，引起正邪斗争，导致阴阳气血偏盛偏衰或脏腑经络机能失常的结果。故中药的治疗作用，主要是扶正祛邪、消除病因、纠正紊乱的脏腑气机及阴阳气血的偏盛偏衰现象，恢复脏腑经络的正常生理功能，达到治愈疾病的目的。中药所以能治病，与药物自身的性能（药性）有关，而前人认为药物多有偏性，故明代张景岳说："人之为病，病在阴阳偏盛耳，欲救其偏，则惟气味之偏者能之。"是说只有用药物的偏性，才能纠正疾病的偏胜。清代徐大椿（洄溪）总结说："凡药之用，或取其气，或取其味……或取其所生之时，或取其所生之地，各以其所偏胜，而即资之疗疾，故能补偏救弊，调和脏腑，深求其理，可自得之。"药性来自药物自身所含的有效成分、生物活性及其药理作用，与药物的品种、产地和自然环境等多种因素有关。

研究中药药性产生的机制及其运用规律的理论称中药药性理论，又称中药药理，现已发展成中药药理学这一专门学科。它是中国历代医家在长期医疗实践中，以阴阳五行学说和脏腑经络学说为依据，根据药物所产生的不同治疗作用所总结出来的用药理论。

第二节　药材、饮片、辅料及包装材料

一、药材

药材即可供制药的原材料，在我国尤指是中药材，即未经加工或未制成成品的中药原料。我国地大物博，自然环境复杂，中药资源极其丰富，全国中药资源普查结果表明，我国中药资源有 12 807 种之多。其中药用植物为 11 146 种（约占 87%），药用动物 1 581 种（约占 12%），药用矿物 80 种（占不足 1%）。为了更好地了解、掌握和有效地开发并保护我国的中药资源，根据自然区划并结合中药区划，将我国的中药资源划分为：东北区、华北区、华东区、西南区、华南区、内蒙古区、西北区、青藏区以及海洋区 9 个中药区。

一般传统中药材讲究道地药材，是指在一特定自然条件、生态环境的地域内所产的药材，因生产较为集中，栽培技术、采收、加工也都有一定的讲究，以致较同种药材在其他地区所产者品质佳、疗效好。各地道地药材如下所列：

内蒙古——黄芪、甘草；吉林——人参、鹿茸；甘肃——当归；广西——蛤蚧、枳壳；青海——大黄；江苏——薄荷；宁夏——枸杞；安徽——丹皮、茯苓、菊花、白芍（习称"四大皖药"）；云南——三七；广东——砂仁、槟榔、益智、巴戟天（习称"四大南药"）；河南——山药、牛膝、菊花、地黄（习称"四大怀药"）；浙江——玄参、浙贝、麦冬、杭菊、郁金、玄胡、白芍、白术（习称"浙八味"）；四川——黄连、附子、川贝、川芎、川乌、川黄柏。

二、饮片

中药饮片是中药材按中医药理论、中药炮制方法，经加工炮制后可直接用于中医临床的中药。这个概念表明，中药材、中药饮片并没有绝对的界限，中药饮片包括了部分经产地加工的中药切片（包括切段、块、瓣），原形药材饮片以及经过切制（在产地加工的基础上）、炮炙的饮片。前两类管理上应视为中药材，只是根据中医药理论在配方、制剂时作饮片理解。而管理意义上的饮片概念应理解为："根据调配或制剂的需要，对经产地加工的净药材进一步切制、炮炙而成的成品称为中药饮片"。

三、兽用中药制剂常用辅料

1. 辅料的含义　兽用中药辅料系指生产兽用中药和调配处方时使用的赋形剂和附加剂，是除活性成分以外，在安全性方面已进行了合理的评估，且包含在药物制剂中的物质。兽用中药辅料除了赋形、充当载体、提高稳定性外，还具有增溶、助溶、缓控释等重要功能，是可能会影响到兽用中药的质量、安全性和有效性的重要成分。

2. 辅料的分类　兽用中药辅料可从来源、作用和用途、给药途径等进行分类。同一兽用中药辅料可用于不同给药途径的药物制剂，且有不同的作用和用途。

按来源分类：可分为天然物、半合成物和全合成物。

按给药途径分类：可分为口服、注射、黏膜、经皮或局部给药和眼部给药等。

按作用与用途分类：可分为溶剂、增溶剂、助溶剂、乳化剂、着色剂、黏合剂、崩解剂、填充剂、润滑剂、润湿剂、稳定剂、助流剂、矫味剂、防腐剂、助悬剂、包衣材料、芳香剂、抗氧化剂、pH调节剂、缓冲剂、表面活性剂、发泡剂、消泡剂、增稠剂、保湿剂、吸收剂、稀释剂等。

（1）防腐剂：也叫抑菌剂，是为防止药剂受微生物污染而引起霉败变质，确保药剂质量。但静脉注射剂一律不准加入防腐剂，其他注射剂加防腐剂时，在标签上必须注明使用品种和用量。常用防腐剂有苯甲酸、山梨酸、乙醇、对羟基苯甲酸酯类（尼泊金类）、苯甲醇、苯乙醇，此外还有丙酸钠、麝香草酚、山梨酸钾、甲醋吡喃酮及其钠盐等。

（2）抗氧化剂：又称还原剂，其氧化电势比主药低，先与氧作用，而保持药物稳定。

水溶性抗氧剂：亚硫酸氢钠、焦亚硫酸钠、亚硫酸钠、干燥亚硫酸钠、硫代硫酸钠、抗坏血酸、甲硫氨酸（蛋氨酸）、硫脲、乙二胺四醋酸二钠（EDTA-Na_2）、磷酸、枸橼酸等。

油溶性抗氧剂：叔丁基对羟基茴香醚（BHA）、叔丁基对甲酚（BHT）、去甲双氢愈创木酸（CDGA）、生育酚、棓酸酯类等。

（3）矫味剂：是一种能改变味觉的物质、用以掩盖药物的恶味。

甜味剂：山梨糖、木糖、木糖醇、甘草酸二钠、甘露醇、甘露糖、麦芽糖、乳糖、果糖、糖精钠、甜菊糖苷、葡萄糖、蔗糖等。

芳香剂：天然芳香性挥发油多为芳香族有机化合物的混合物；人工合成的香料有酯、醇、醛、酮、萜类等按不同比例制成的香精。常用的香料有：小茴香油、玫瑰油、玫瑰香精、柠檬油、柠檬香精、香草香精、香草醛、香蕉香精、菠萝香精、薄荷油、橙皮油、苹果香精等。

增稠剂：黏稠具缓和性，可干扰味蕾的味觉而达到矫味目的。常用的有：淀粉、阿拉伯胶、西黄蓍胶、羧甲基纤维素、甲基纤维素、海藻酸钠、果胶、琼脂等。

（4）着色剂：分天然和合成两类染料。内服制剂尽量少用。

食用色素：苋菜红、胭脂红、柠檬黄、可溶性靛蓝、橘黄G。

外用着色剂：伊红、品红、美蓝、苏丹黄、红汞。

注意：不同溶剂能产生不同色调和强度；pH常影响色素色调发生；氧化剂、还原剂和日光对许多色素有褪色作用；着色剂可相互配色，产生多种色彩。

（5）表面活性剂：能使表面张力迅速下降。多为长链有机化合物，分子中同时存在亲水基团和亲油基团。

表面活性剂的种类：离子型（阴离子、阳离子和两性）表面活性剂和非离子型表面活性剂。

非离子型表面活性剂：聚山梨酯（吐温 Tween）-20、-40、-60、-80、失水山梨醇单月桂酸酯（司盘 Span）-20、-40、-60、-80、聚氧乙烯月桂醇醚-45、-52、-30、-35、壬烷基酚聚氧乙烯醚缩合物、聚氧乙烯脂肪醇醚、聚氧乙烯与鲸蜡醇加成物、聚氧乙烯聚丙二醇缩合物、单油酸甘油酯及单硬脂酸甘油酯等。

阴离子表面活性剂：软皂（钾肥皂）、硬皂（钠肥皂）、单硬脂酸铝、硬脂酸钙、油酸三乙醇胺、月桂醇硫酸钠、鲸硬醇硫酸钠、硫酸化蓖麻油、丁二酸二辛酯磺酸钠等。

阳离子表面活性剂：洁尔灭、新洁尔灭、氯化苯甲烃铵、氯化苯麦洛、溴化十六烷三甲铵等，均为消毒灭菌剂。

两性表面活性剂：较少，也都为消毒防腐剂。

（6）合成高分子化合物：常用作黏合剂、崩解剂、润滑剂、乳化剂、增塑剂、稳定剂等。

环糊精：由 6～8 个 D-葡萄糖分子构成，有 α-、β-、γ-三种。具有环状空洞结构，可将其他物质分子包在其中，也称"分子胶囊"。它可提高药物稳定性；防止药物挥发；增加溶解度、提高生物利用度；制成缓释制剂；降低药物刺激性、毒性、副作用、掩盖不良气味及分离提纯化合物等。

蔗糖酯：由蔗糖和食用脂肪酸形成的酯。有单、双、三酯……。一般用作：软膏及栓剂基质；片剂润滑剂、崩解剂及包衣材料；控释制剂；乳剂及多相脂质体材料；分散剂、增溶剂、促吸收剂等。

月桂氮卓酮：即 1-正十二烷基氮杂环庚烷-2-酮。本品为安全高效的透皮促渗剂。可增加药物的透皮吸收，也可增加抗病毒药的作用。

其他：微晶纤维素、乙酸纤维素、甲基纤维素（MC）、乙基纤维素、邻苯二甲酸纤维素（CAP）、羟丙基纤维素（HPC）、羟丙基甲基纤维素（HPMC）、羧甲基纤维素钠（SCMC）、聚乙烯吡咯酮（PVP）、羧甲基淀粉钠、丙烯酸树脂 II、III、IV 号、聚乙烯醇（PVA）等。

（7）天然高分子化合物：多作乳化剂，也有作黏合剂、混悬剂、崩解剂等。

主要有：阿拉伯胶、西黄蓍胶、白芨胶、明胶（白明胶）、虫胶（紫胶）、（海）藻酸钠、（无水）羊毛脂、琼脂（琼胶、洋菜）、胆固醇、卵磷脂、蜂蜡、凡士林、鲸蜡醇、硬脂醇、鲸蜡、石蜡等。

3. 辅料的要求　兽用中药辅料在生产、贮存和应用中应符合下列规定。

生产兽用中药所用的辅料必须符合药用要求，注射剂用辅料应符合注射药用质量要求。

兽用中药辅料应经安全性评估对动物无毒害作用，化学性质稳定，不易受温度、pH、保存时间等的影响；与药物成分之间无配伍禁忌，不影响制剂的检验，或可按允许的方法除去对制剂检验的影响，且尽可能用较小的用量发挥较大的作用。

兽用中药辅料的质量标准应建立在经主管部门确认的生产条件、生产工艺以及原材料的来源等基础上，上述影响因素任何之一发生变化，均应重新确认辅料质量标准的适用性；辅料可用于多种给药途径，同一辅料用于给药途径不同的制剂时，其用量和质量要求亦不相同，应根据实际情况在安全用量范围内确定用量，并根据临床用药要求制定相应的质量控制项目，质量标准的项目设置需重点考察安全性指标。

在制订兽用中药辅料质量标准时，既要考虑辅料自身的安全性，也要考虑影响制剂生产、质量、安全性和有效性的性质。兽用中药辅料质量标准的内容主要包括两部分：①与生产工艺及安全性有关的常规试验，如性状、鉴别、检查、含量测定等项目；②影响制剂性能的功能性试验，如黏度等。

根据不同的生产工艺及用途，兽用中药辅料的残留溶剂、微生物限度或无菌应符合要求；注射用辅料的热原或细菌内毒素、无菌等应符合要求。

兽用中药辅料的包装上应注明为"药用辅料"，且辅料的适用范围（给药途径）、包装规格及储藏要求应在包装上予以明确。

四、包装材料

药品包装材料是特殊商品的包装，自药品加工成型后，起着保护药品的安全和有效，方便运输、贮存、销售和使用等方面的重要作用。药品包装材料因用于包装特殊商品——药品，所以它属于专用包装范畴，具有包装的所有属性及独特性。

药品包装材料应具备下列要求：能保护药品在贮藏、使用过程中不受环境的影响，保持药品原有属性；包装材料自身在贮藏、使用过程中性质应有一定的稳定性；包装材料在包裹药品时，不能污染药品生产环境；包装材料不得带有在使用过程中不能消除对所包装药物有影响的物质，药包装材料与所包装的药品不能发生化学、生物意义上的反应。

第三节　兽用中药制剂

一、兽用中药制剂的分类

传统中药剂型主要有丸、散、膏、丹、酒、露、汤、饮、胶、茶、糕、锭、线、条、棒、钉、炙、熨、糊等，随着制剂技术的发展，出现了片剂、胶囊剂、颗粒剂、灌注剂、注射剂等剂型。《中国兽药典》二部制剂通则中收载的兽用中药剂型有散剂、胶剂、片剂、丸剂、锭剂、颗粒剂、软膏剂、流浸膏剂与浸膏剂、酊剂、合剂、胶囊剂、灌注剂及注射剂（注射液、注射用无菌粉末）等。

明确兽用中药制剂的分类，对其应用和研究大有帮助。兽用中药制剂的分类主要有以下方法：

（一）按物态分类

按剂型的物理状态将其分为液体剂型（如合剂、酊剂、注射剂等）、半固体剂型（如软膏剂、糊剂等）、固体剂型（如散剂、颗粒剂、片剂等）。物态相同的剂型，一般制备操作多有相近之处。例如固体制剂制备时多需粉碎、混合；半固体制剂制备时多需熔化或研匀；液体制剂制备时多需溶解、搅拌。这种分类法在制备、贮藏和运输上较为有用，但不能反映给药途径对剂型的要求。

（二）按分散系统分类

按分散相在分散媒中的分散特性将剂型分为真溶液型药剂、胶体溶液型药剂、乳浊液型药剂和混悬液型药剂等。该分类方法便于应用物理化学的原理说明各类剂型的特点，有利制剂稳定性研究，但不能反映给药途径与用药方法对剂型的要求。

（三）按给药途径和方法分类

按给药途径和给药方法归类的剂型分类方法，主要有下列几种：经胃肠道给药的剂型有散剂、合剂、颗粒剂、丸剂、片剂等；注射给药的剂型有静脉、肌内等注射剂；皮肤给药的剂型有软膏剂等；子宫、乳房给药剂型有灌注剂。这种分类法与临床用药联系较好，能反映给药途径与方法对剂型制备的工艺要求，但同一剂型往往有多种给药途径，可能重复出现于不同分类的给药剂型中。

（四）按制法分类

按主要制备工序特点归类的剂型分类方法，例如将用浸出方法制备的合剂、酊剂、流浸膏剂与浸膏剂等统称为浸出药剂，而将在制备时采用灭菌方法或无菌操作法的注射剂、灌注剂等统称为无菌制剂。此种分类方法因带有归纳不全等局限性，故较少应用。

上述分类方法各有特点与不足，实际工作中常采用综合分类法。

二、中药前处理

兽药 GMP 规定，未经处理的中药材不得直接用于提取加工，中药材应当按照规定进行拣选、整理、剪切、洗涤、浸润或其他炮制加工，此过程称为"兽用中药前处理"。兽用中药前处理工序一般包括药材的挑选、洗药、润药、切药、炮炙、干燥、粉碎等。

挑选：一般用磁力剔除药材中的铁磁性杂质，通过风选、目选、过筛等对药材进行选别或分级。

洗药：药材（中药饮片）的表面不但有泥沙等杂物，还有大量的霉菌。洗药的目的就是要除掉泥沙和大部分霉菌。

润药：润药的目的是让失水的植物细胞吸水膨胀，为提取工序创造条件，因药材中的有效成分一般在水（或其他溶媒）作用下才能实现交换。

切药：根据提取加工要求，将药材切成片、段、块、丝等。

炮炙：炮炙有炒炙、蒸煮、煅炙。其中，炒炙则有清炒、砂炒、盐炒、醋炙、蜜炙等；煅炙则是对容器中的药材加热烘烤，使其改变性状，多用于矿物类和部分动物类药材；蒸煮则是在内置多孔栅板的容器内，以水或水蒸气为蒸煮介质，其是对植物类药材的炮炙过程，多用于块状、果实类药材。

粉碎：中药的粒径对于溶出度有着明显的影响，中药的粉碎至关重要，通常通过各种类型的粉碎机达到粒径要求。

三、中药提取

提取是根据中药中被提取成分和其他共存成分的理化特性，遵循相似相溶的原理，选用对被提取成分溶解度大，对其他成分溶解度小的溶剂，而使被提成分从药材中转移到溶剂中的过程。当溶剂加到药物（需适当粉碎）中时，溶剂由于扩散、渗透作用逐渐通过细胞壁透入细胞内，溶解了可溶性物质，而造成细胞内外的浓度差，于是细胞内的浓溶液不断向外扩散，溶剂又不断进入药材组织细胞中，如此多次往返，直至细胞内外溶液浓度达到动态平衡时，将此饱和溶液滤出，继续多次加入新鲜溶剂，就可以把所需要的成分近于完全溶出或大部分溶出。中药提取工序一般包括提取、浓缩、分离（醇沉/水沉、过滤、离心）等。

（一）几种常用的提取技术

1. 煎煮技术　煎煮技术是指用水作溶剂，将药材粗粉用水加热煮沸一定时间后，提取其所含成分的一种常用技术。煎煮技术是我国最早使用的传统浸出技术。所用容器一般为陶器、砂罐或铜制、搪瓷器皿，不宜用铁锅，以免药液变色。具体操作如下：将药物适当地切碎或粉碎成粗粉放入容器中，加水浸过药材面，充分浸泡后，直火加热（不断搅拌以免局部药材受热太高而焦煳），煎煮 2～3 次，每次 1 h 左右（保持微沸）。分离并收集各次煎出液，经离心分离或滤过后，浓缩至规定浓度。现代煎药机的开发应用彻底颠覆了传统煎药模式，规范了煎药流程、保障了煎药质量，现代化、集约化和智能化煎药模式还可以节约大量医疗成本和资源。

煎煮技术可分为常压煎煮技术和加压煎煮技术。常压煎煮技术适用于一般药物的煎煮，加压煎煮技术适用于物料成分在高温下不易破坏，或在常压下不易煎透的药物。工业生产上常用蒸汽进行加压煎煮。

煎煮技术适用于有效成分能溶于水，对湿热均稳定且不易挥发的药材。传统制备汤剂采用煎煮技术，同时也是制备一部分中药散剂、丸剂、颗粒剂、片剂、注射剂或提取某些有效成分的基本方法之一。由于煎煮技术能提取较多有效成分，符合中医传统用药习惯，提取效率高。故对于有效成分尚未清楚的药物或方剂进行剂型改进时，通常采取煎煮技术粗提。但用水煎煮，煎出液中除有效成分外，往往杂质较多，尚有少量脂溶性成分，给精制带来不便；水煎出液易霉败变质，应及时处理。含淀粉类、黏液质等成分的药物，煎煮后溶液黏度大，不易过滤，一些不耐热及挥发性成分在煎煮过程中易被破坏或挥发损失。

2. 水蒸气蒸馏技术　水蒸气蒸馏技术适用于具有挥发性，能随水蒸气蒸馏而不被破坏，与水不发生反应，又难溶或不溶于水的化学成分的提取、分离，如挥发油的提取。

水蒸气蒸馏分为：共水蒸馏法（即直接加热法）、通汽蒸馏法及水上蒸馏法 3 种。

水蒸气蒸馏法是将药材的粗粉或碎片，浸泡润湿后，直火加热蒸馏或通水蒸气蒸馏，也可在多功能中药提取罐中对中药材边煎煮边蒸馏，药材中的挥发性成分随水蒸气蒸馏而带出，经冷凝后收集馏出液。馏出液一般需要再蒸馏一次，以提高馏出液的纯度或浓度，最后收集一定体积的馏出液。但蒸的次数不宜过多，以免挥发油中某些成分氧化或分解。

水蒸气蒸馏法仅将中草药中的挥发性成分提出，如果药材既需要提取挥发性成分，又需要提取其不挥发性成分时，可采用"双提法"，既将含有不挥发性有效成分的残渣再另行处理，得其提取液。

3. 浸渍技术　浸渍技术是将药材粗粉用适当的溶剂在常温或温热条件下浸泡出有效成分的一种技术。具体操作是：取适量粉碎后的药物，置于加盖容器中，加入适量的溶剂（如乙醇、稀乙醇或水）并密盖，间断式搅拌或振摇，浸渍至规定时间使有效成分浸出。倾取上清液、过滤、压榨残渣、合并滤液和压榨液，过滤浓缩至适宜浓度，可进一步制备流浸膏、浸膏、片剂、冲剂等。此技术简单易行，但提取效率较差，如用水为溶剂，其提取液易于发霉变质，须注意加入适当的防腐剂。

浸渍技术按提取的温度和浸渍的次数可分为冷浸技术、热浸技术和重浸技术，重浸技术为多次浸渍技术，可减少溶剂吸收浸渍液所引起的药物成分的损失量。

浸渍技术适用于黏性药物、无组织结构的药物、价格低廉的芳香性药物、新鲜及易于膨胀药物的浸取，尤其适用于有效成分遇热易挥发或易被破坏的药物，不适用于贵重药物、毒性药物及高浓度制剂。因溶剂的用量大，且呈静止状态，溶剂的利用率较低，有效成分浸出不完全。即使采用重浸技术，加强搅拌，或促进溶剂循环，只能提高浸出效果，也不能直接制得高浓度制剂。另外，浸渍技术所需时间长，不宜用水做溶剂，通常用不同浓度的乙醇，故浸渍过程应密闭，防止溶剂的挥发损失，浸渍技术也不适用于有效成分含量低的药物。

4. 渗漉技术　渗漉技术是将药材粗粉湿润膨胀后装入渗漉器内，顶部用砂布覆盖，压紧，浸提溶剂连续地从渗漉器的上部加入（液面超出药粉面 2 cm），溶剂渗过药粉层往下流动过程中将有效成分浸出的一种技术。不断加入溶剂，可以连续收集渗漉液。由于药粉不断与低浓度提取液接触，始终保持一定的浓度差，浸提效率要比浸渍技术高，提取比较完全，但溶剂用量大，时间长，对药物的粒度及工艺要求较高，并且可能造成堵塞而影响正常操作。

渗漉器的材质有玻璃、陶瓷、搪瓷、不锈钢等，形状有带下口的圆柱形及上粗下细的倒圆锥形，也有用带下口的陶瓷缸，大小视需要而定。药粉装筒前需先用溶剂润湿，待充分膨胀后再装渗漉筒，以免药粉因加入溶剂膨胀后造成堵塞。装填渗漉器，筒底铺一层脱脂棉或放一多孔隔板，分次加入药粉，装入的药粉要紧密均匀，装至渗漉筒 2/3 的高度即可，顶端盖一层滤纸或滤布，压紧。

溶剂浸泡，加入溶剂使药粉全部浸没，并在上面保留 10～15 cm 的液面，浸泡 24 h，使溶剂充分溶胀植物组织细胞，溶出活性成分。收集渗漉液，药粉浸泡后，打开渗漉筒下口，使渗漉液缓缓滴下，边渗漉边加新鲜溶剂，药粉上始终保持一定液面。渗漉液流速一般控制在 5 mL/min 左右，大量生产时，一般每小时流量为渗漉筒容积的 1/24～1/48。当渗漉液经薄层检识被提取成分基本提尽时，便可认为提取完全。

5. 回流提取技术　回流提取技术是用乙醇等易挥发的有机溶剂加热提取药物成分，将提取液加热蒸馏，其中挥发性溶剂馏出后又被冷却，重复流回浸出容器中浸提药物，这样周而复始，直至有效成分回流提取完全的技术。

回流提取技术一般用低沸点有机溶剂（如乙醇、三氯甲烷、石油醚等），需采用回流加热装置，以免溶剂挥发损失，容器置水浴上加热或以蒸汽通入夹层锅加热，一般提取 3 次，第一次回流 1 h，滤出提取液，再加入新溶剂，依次回流 40 min、30 min，或至基本提尽有效成分为止。合并 3 次提取液即可。

为了弥补回流提取技术中需要溶剂量大，操作较繁的不足，可采用连续回流提取技术，当提取的有效成分在所选溶剂中不易溶解时，若用回流提取需提十几次，既费时又费溶剂，在此情况下，可用连续回流提取技术，用较少的溶剂一次便可提取完全。

该技术的优点是用较少的溶剂一次加入便可将有效成分提取完全，效率较高，且可缩短提取时间，每次提取时间为 0.5～2 h，直至提取完全为止。缺点是提取液受热时间长，对热不稳定或具有挥发性的成分不宜使用。

6. 超声提取技术　超声波是指频率为 20 kHz 至 50 MHz 的电磁波，它是一种机械波，需要能量—载体—介质来进行传播。其萃取的基本原理是利用超声波的空化作用，破坏植物药材细胞，使溶剂易于渗入细胞内。同时超声波的强烈振动传递巨大能量给浸提的药材和溶剂，使它们做高速运动，药材被不断剥蚀，从而加强了胞内物质的释放、扩散和溶解，加速了有效成分的浸出，大大提高了提取效率。

与水煮、醇沉工艺相比，超声波萃取具有如下特点：

（1）无需高温。在40~50℃水温中超声波强化萃取，无需高温，不破坏天然药物中某些具有热不稳定，易水解或氧化特性的成分。超声波能促使植物细胞破壁，提高天然药物的疗效。

（2）常压萃取，安全性好，操作简单易行，维护保养方便。

（3）萃取效率高。超声提取能使样品粉末更好地分散于溶剂中，提高提取效率。超声波强化萃取20~40 min即可获得最佳提取效率，萃取时间仅为水煮、醇沉技术的1/3或更少。

（4）具有广谱性。适用性广，绝大多数天然药物中的各类成分均可超声萃取。

（5）超声波萃取对溶剂和目标萃取物的性质（如极性）关系不大。因此，可供选择的萃取溶剂种类多、目标萃取物范围广泛。

（6）减少能耗。超声萃取无需加热或加热温度低，萃取时间短，从而大大降低能耗。

（7）提取杂质少，有效成分易于分离、纯化。

（8）萃取工艺成本低，综合经济效益显著。

超声波萃取适用于遇热不稳定成分的提取，同时不受溶剂的限制。但超声波能促使化学反应发生（如氧化还原反应、大分子化合物的降解和解聚合作用等），对某些天然药物成分有一定的影响；且此技术对设备要求较高，目前尚为实验室小规模使用，大规模生产有待于解决设备问题。

7. 半仿生提取技术 半仿生提取法是将原料先用一定pH的酸水提取，继以一定pH的碱水提取，提取液分别滤过、浓缩，制成制剂。故此提取法条件不可能与动物体条件相同，仅"半仿生"而已，故称"半仿生提取法"。"半仿生提取法"得到的是粗提物，能保证疗效。

"半仿生提取法"既体现了中医临床用药的综合作用特点，又符合口服药物经过胃肠道转运吸附的原理。同时不经乙醇处理，可以提取和保留更多的有效成分，缩短生产周期，降低成本。

8. 超临界流体萃取技术 超临界流体萃取技术是利用超临界流体作为萃取剂，从固体或液体中萃取出某些有效组分，并进行分离的一种技术。超临界流体萃取技术始于20世纪50年代，20世纪80年代以来，超临界流体萃取技术在医药、化工、食品及环保等领域取得了迅速发展，特别是在天然药物有效成分提取分离方面日益受到重视。目前主要用于萜类、挥发油、生物碱、黄酮、苯丙素、皂苷和芳香有机酸等成分的提取分离。在青蒿素浸膏、蛇床子浸膏、胡椒精油、肉豆蔻精油等的制备方面已达到产业化规模。

超临界流体是指某种气体（液体）或气体（液体）混合物在操作压力和温度均高于临界点时，密度接近液体，而其扩散系数和黏度均接近气体，其性质介于气体和液体之间的流体。

超临界流体既不是气体，也不是液体，是一种气液不分的状态，既具有液体密度大、对溶质有比较大溶解度的特点，又具有气体易于扩散和运动的特性。也就是说超临界流体兼具气体和液体的性质，即具有较低的黏度，又具有较高的扩散力。在临界点附近，超临界流体对组分的溶解能力随体系的压力和温度的变化而变化。超临界流体萃取技术正是利用这些性质，使提取的天然药物有效成分溶解于流体中，然后降低流体的压力或升高流体的温度，使溶解于超临界流体中的天然药物有效成分因其密度下降而析出，从而实现天然药物有效成分的萃取和分离。

可作为超临界流体萃取剂的物质较多，如二氧化碳，甲醇、乙醇、丙烷、乙醚等，用作超临界流体萃取剂的物质必须具备以下条件：①化学稳定性好，对设备无腐蚀性；不与被萃取的天然药物有效成分发生反应；②临界温度不能太高或太低，最好在室温或操作温度附近；③操作温度应低于被萃取溶质的变性温度；④为降低能耗，临界压力不能太高；⑤对被萃取的天然药物有效成分选择性好，容易得到高纯度产品；⑥溶解度和纯度高，可减少溶剂的循环量；⑦价廉易得、无毒。

二氧化碳是目前研究和应用最广泛的超临界流体，这是因为二氧化碳超临界密度大，溶解能力强，传质速率高；临界压力（7.15 MPa）和临界温度（31.3 ℃）低，分离过程可在接近室温条件下进行；且便宜易得，无毒，化学惰性以及极易从萃取产物中分离出来等一系列优点。当前绝大部分超临界流体萃取都以二氧化碳为溶剂。由于二氧化碳是一种非极性溶剂，所以二氧化碳流体特别适合萃取亲脂性药物有效成分。

（二）常用中药提取工艺

1. 中药材中常见有效化学成分　中药材所含化学成分很复杂，通常有糖类、氨基酸、蛋白质、油脂、蜡、酶、色素、维生素、有机酸、鞣质、无机盐、挥发油、生物碱、苷类等。每一味中药材都可能含有多种成分。在这些成分中，有一部分具有明显生物活性并起医疗作用的，常称为有效成分，如生物碱、苷类、挥发油、氨基酸等。中药之所以有医疗作用，主要因所含有效成分所致。除过去早有研究并已广泛应用的许多中药有效成分，如黄连中抗菌消炎的小檗碱（黄连素）、麻黄中平喘的麻黄碱等外，近年来，国内外均陆续发现了更多的中药有效成分。另一些成分则在中药里普遍存在，但通常没有什么生物活性，不起医疗作用，称为"无效成分"，如糖类、蛋白质、色素、树脂、无机盐等。但是，有效与无效不是绝对的，一些原来认为是无效的成分因发现了它们具有生物活性而成为有效成分。例如蘑菇、茯苓所含的多糖有一定的抑制肿瘤作用，海藻中的多糖有降血脂作用，天花粉蛋白质具有引产作用，鞣质在中药里普遍存在，一般对治疗疾病不起主导作用，常视为无效成分，但在五倍子、虎杖、地榆中却因鞣质含量较高并有一定生物活性而是有效成分；又如黏液通常为无效成分，而在白芨中却为有效成分等。下面着重介绍几类常见化学成分。

（1）生物碱类：生物碱是广泛存在于生物体中一类含氮的有机碱性化合物，大多数有复杂的环状结构。生物碱有显著的生物活性，是中药中重要的有效成分之一。含生物碱的中药有苦参（苦参碱、氧化苦参碱）、山豆根（奎诺里西啶类、苦参碱、氧化苦参碱）、麻黄（麻黄碱、伪麻黄碱）、黄连（原小檗碱）、延胡索（延胡索乙素）、防己（汉防己甲素粉防己碱、汉防己乙素防己喹啉碱）、川乌（乌头碱、次乌头碱、新乌头碱-二萜类生物碱）、洋金花（莨菪烷类）、天仙子（莨菪碱、东莨菪碱）、马钱子（士的宁番木蓝碱、马钱子碱）等。生物碱大多数有强烈的多种作用，如镇痛、镇静、麻醉、兴奋脊髓、解痉、镇咳、驱虫等。含生物碱的药用植物很多，分布于100多科中，以双子叶植物为多，其次为单子叶植物。

生物碱的物理方法检识主要根据生物碱的形态、颜色、臭味等。化学方法检识主要用生物碱沉淀试剂和显色试剂进行生物碱沉淀反应和显色反应。

（2）苷类：苷类过去可称为甙类，又称配糖体或糖杂体，是由糖或糖的衍生物（如糖醛酸）与非糖化合物以苷键方式结合而成。根据苷键原子的不同而有 O-苷、S-苷、N-苷与 C-苷之分，自然界最多的是 O-苷。苷的非糖部分称为苷元，苷元的类型多种多样，常见的有氰苷、硫苷、酚苷、蒽醌苷、黄酮苷等。

① 黄酮苷类。苷元绝大多数与葡萄糖或鼠李糖结合成苷存在，是植物界中分布很广的一类黄色素，含黄酮苷的有黄芩、葛根、山豆根、陈皮、柴胡、紫菀。黄酮苷常有显著的抗菌、抗病毒、利尿、增强毛细血管抵抗力、扩张冠状动脉、祛痰止咳等作用。

黄酮类化合物的物理检识主要根据黄酮类化合物的形态、颜色等。化学检识主要利用各种显色反应，用于检识母核类型的反应有盐酸—镁粉反应、四氢硼钠反应、碱性试剂显色反应和五氯化锑的反应等；用于检识取代基的反应有锆盐—枸橼酸反应、氨性氯化锶反应等。

② 蒽醌苷类。苷元为蒽醌类。蒽醌苷及苷元大多为黄色、橙黄色或橙红色的结晶。含蒽醌苷类的中药有大黄、决明子、番泻叶、茜草、何首乌、虎杖等。蒽醌苷类及苷元有泻下、抗菌、止血等作用。

蒽醌类化合物的检识，一般利用 Borntrager 反应初步确定为羟基蒽醌类化合物，利用对亚硝基—二甲苯胺反应鉴定蒽醌类化合物。检识反应可在试管中进行，也可在 PC 或 TLC 上进行。

③ 强心苷类。其是一类对心脏具有显著生理作用的苷类。小量有强心作用，大量能使心脏停止跳动。含强心苷的中药有夹竹桃、万年青、洋地黄、蟾酥等。

强心苷的检识，可利用 Liebermann-Burchard、Salkowski、Tschugaev、Rosen-Heimer 和 Kahlenberg 反应来进行。

④ 皂苷类。由于其水溶液振摇时能产生持久性的泡沫，与肥皂相似，故名皂苷，又称皂素。含皂苷的中药有甘草、桔梗、紫菀、远志、瓜蒌、党参、知母、皂角、七叶一枝花等。皂苷具有祛痰止咳、增进食欲、抗菌等作用。

皂苷的检识，可利用泡沫试验、Liebermann-Burchard 颜色反应和溶血实验来进行。

⑤ 香豆精苷类。本类化合物多具结晶形状，特异香气。含香豆精苷的中药有补骨脂、白芷、独活、秦皮、泽兰、前胡、茵陈、颠茄等。香豆精苷或苷元有镇痛、麻醉、抗菌、止咳平喘、利胆、利尿等作用。

香豆精类化合物可利用其荧光性质、分子中内酯结构和酚羟基等显色基团来检识。

⑥ 氰苷类。又叫腈苷类，水解后可放出氰氢酸。氰氢酸是能溶于水的剧毒气体，小量有镇咳作用，大量可使呼吸酶传递氧的机能障碍，发生内窒息而死。含有氰氢酸的中药有桃仁、杏仁、枇杷叶等。

（3）鞣质：又叫单宁或鞣酸，是一类广泛分布于植物界的多元酚类化合物。具有收敛、止血、抗菌及杀软体动物的作用。鞣质的水溶液遇 $FeCl_3$ 试剂产生蓝（黑）色或绿（黑）色。遇蛋白质、生物碱盐、石灰水、重金属盐均可产生沉淀。根据鞣质的分子结构及水解的难易分为可水解鞣质和缩合鞣质。可水解鞣质在稀酸、碱或酶的作用下，水解成相应的简单物质，从而失去鞣酸性质。含这类鞣质的中药有五倍子、没食子、诃子、石榴皮等。缩合鞣质不能被稀酸和碱水解，但遇酸或碱加热或久置可进一步聚合成不溶于水的高分子化合物鞣酐（或称鞣红），含这类鞣质的中药比较广泛，有儿茶、茶叶、虎杖、四季青、桉树、钩藤、槟榔、桂皮等。

鞣质的定性检识反应很多，最基本的检识反应是使明胶溶液变浑浊或生成沉淀。此外，鞣质的简易定性检识法是：以丙酮-水（8∶2）浸提植物原料（0.1～0.5 g），将提取物在薄层色谱上（硅胶 G 板上，多用氯仿-丙酮-水-甲酸不同比例展开剂）展开后，分别喷以三氯化铁及茴香醛-硫酸或三氯化铁-铁氰化钾（1∶1）溶液，根据薄层上的斑点颜色可初步判断化合物的类型。

（4）挥发油：又称精油，是一类具有挥发性可随水蒸气蒸馏的油状液体，气特异，大多芳香。含挥发油的中药及其挥发油大多具有发汗解表、理气镇痛、祛风、芳香开窍、抑菌、镇咳祛痰、矫味等作用。含挥发油的中药主要分布于松科、柏科、木兰科、樟科、芸香科、桃金娘科、伞形科、唇形科、败酱科、菊科、姜科等。

挥发油一般遇香草醛浓硫酸试剂显各种颜色，含量测定可按《中国兽药典》（2005 年一部）方法，分析其组分常用气相色谱（GC）法或气相色谱—质谱（GC－MS）联用法。

（5）树脂类：其是一类化学组成较为复杂的混合物，常与挥发油、树胶、有机酸混合存在。与挥发油混合存在称为油树脂，如松油脂；与树胶混合存在称为胶树脂，如阿魏；与有机酸混合存在称为香树脂，如松香；与糖结合成苷形式存在的称为糖树脂，如牵牛子脂。树脂多为无定形固体，质脆，有光泽，受热时先软化，后变为液体，燃烧发生浓烟，并有特殊的香味或臭味，不溶于水而溶于乙醇等有机溶剂。含树脂类的药物还有乳香、没药、血竭等。树脂具有祛痰、镇痛、杀虫、泻下、抗菌等作用。

（6）有机酸：有机酸是含有羧基的酸性有机化合物，酸味的果实含量较高，就其结构可分为脂肪酸和芳香酸两类，常见的有草酸、琥珀酸、苹果酸、酒石酸、枸橼酸及抗坏血酸。某些有机酸具有一定的生理活性。如大枫子油中的脂肪酸是治疗麻风病的有效成分；茵陈中的绿原酸有利胆和抗菌作用；土槿皮中的土槿皮酸有很好的抗真菌作用；没食子酸具抗菌作用，可以治疗痢疾等。含有机酸的药物还有乌梅、五味子、山楂等。有机酸大多能溶于水和乙醇，溶液中加入钙或铅离子能形成沉淀。有机酸对金属有一定的腐蚀性。

（7）糖类：糖类在生物体内分布广泛。为羟基醛或酮以及它们的多聚体。一般分为单糖、低聚糖、多糖三类。单糖易溶于水，不溶于醚及其他有机溶剂；多糖一般不溶于水。大多数植物体内均有存在，而以含有甜味的果实、根或根茎中含量较多。一般无特殊的药理作用。但研究表明，某些多糖具有一定的生理活性，如香菇多糖具有抗肿瘤活性，黄芪多糖具有增强免疫功能的作用。由糖衍生的各种苷类化合物，常为中草药的有效成分。

糖类鉴别：①灼烧可发出焦糖味；②Molisch 试验，糖类能与浓硫酸作用，脱水生成糖醛或其衍生物，与 α-萘酚生成有色物质；③还原反应，用 Fehling 试剂进行。多糖常先水解后再进行糖的检查。

（8）氨基酸与蛋白质类：氨基酸是广泛存在于动植物中的一种含氮有机物，其分子中同时含有氨基和羧基，可分为组成蛋白质的氨基酸和非蛋白质组成的氨基两大类，已发现有300 多种，有些氨基酸已应用于医疗，如精氨酸、谷氨酸用于肝昏迷，蛋氨酸用肝硬化，组氨酸用于消化道溃疡等，蛋白质是多种氨基酸结合成的极复杂的化合物，通常由 2～200 个氨基酸组成的称为多肽。一般多肽类可溶于水，在热水中不凝固，也不被硫酸铵沉淀；而蛋白质则相反。不少多肽具生理活性，特别是动物多肽，如水蛭多肽有抗凝血作用，蛙皮多肽能舒张血管。蛋白质一般作为杂质，近年来发现了不少具生物活性的蛋白质，如天花粉蛋白用于中期妊娠引产，治疗恶性葡萄胎和绒毛膜上皮细胞癌等。

（9）萜类：萜类化合物是一类天然的烯烃类化合物，是由异戊二烯或异戊烷以各种方式连接而成的一类化合物。萜类化合物数量很多，具有降压、镇静、解痉、抗炎、祛痰、抗菌、抗肿瘤等多种生物活性。含萜类中药有陈皮、橘皮、薄荷、龙脑、姜黄、没药、除虫菊、雷公藤、穿心莲等。

此外，中药中还含有油脂、蜡、植物色素等。油脂和蜡在医药上除作为制造软膏、注射用油原料外，有些油脂还具有特殊的医疗价值。植物色素在植物中广泛存在，有脂溶性和水溶性两类，可供药用及食用。

（10）矿物质类：矿物质即无机化合物，分别以汞、铅、铁、铜、砷、钙、硅、镁等为主要成分。在中药单味药或方剂中，无机元素与含有配位基因的有机分子（生物碱、苷类、有机酸、蛋白质、氨基酸等）结合，协同表现出生理活性，不同属元素与不同配位体结合形成了有效成分的多样性，这也是中药功用千差万别的原因。无机元素以前通常被忽视，近年来的研究发现，缺乏某些金属元素能导致疾病，如锌为哺乳动物的正常生长和发育所必需，钴是维生素 B_{12} 合成所必需，矾与脂类成分的新陈代谢有关，硅影响胶原蛋白和骨组织的生物合成以及血管的渗透性和弹性。

2. 中药制剂提取过程　药材（饮片或颗粒）煎提（加水适量，煎煮 2～3 次，容器带搅拌）→分取煎液（离心机去药渣，药液再过 100 目筛）→煎液压滤（尼龙布为滤材板框压滤，必要时用活性炭先行吸附）→滤液高速离心分离（15 000r/min，一般 2 次）→药液浓缩（低温减压浓缩）→浓缩药液。根据剂型要求及设备条件进一步处理：浓缩药液经喷雾干燥疏松浸膏粉（含水量 5%～7%）；浓缩药液经低温、高真空连续快速干燥，得疏松浸膏粉；浓缩药液经冷冻干燥得疏松浸膏粉。

3. 中药提取液的浓缩、精制与干燥　中药提取液的浓缩是指通过适宜方法除去提取液中的部分或全部液体的过程。常用的浓缩方法有减压浓缩、常压浓缩、薄膜浓缩、多效浓缩等，目前，减压与常压浓缩最为常用。

中药提取液的精制是指通过适宜的方法与媒介除去提取液中的非药用成分与杂质或将提取液中的不同成分进行分离的过程。常用的精制方法有水提醇沉法（水醇法）、醇提水沉法（醇水法）、酸沉法、吸附澄清法、大孔树脂吸附法、盐析法、透析法、离心分离、沉降分离、滤过分离等。水醇法、醇水法、沉降分离、离心分离最为常用。

中药提取液的干燥方法较多，有烘干法、减压干燥法、喷雾干燥法、沸腾干燥法、冷冻干燥法、微波干燥法、红外线干燥法、鼓式干燥法、带式干燥法、吸湿干燥法等，最为常用的为减压干燥法、烘干法、喷雾干燥法和冷冻干燥法。

（三）中药前处理、提取设备要求

中药材前处理的厂房内应当设拣选工作台，工作台表面应当平整、易清洁，不产生脱落物；根据生产品种所用中药材前处理工艺流程的需要，还应配备洗药池或洗药机、切药机、干燥机、粗碎机、粉碎机和独立的除尘系统等。

中药提取设备应与其产品生产工艺要求相适应，提取单体罐容积一般不得小于 3 m^3。中药提取设备配置的基本要求包括：提取罐（煎煮罐、渗漉罐或多功能提取罐）、储液罐、浓缩设备、乙醇储罐、乙醇配制罐、沉淀罐、过滤装置、干燥设备、贮藏设施等。

(四) 中药提取工艺技术要点

1. 常用溶剂介绍 提取过程中，不同提取溶剂对提取效果具有显著的影响。理想的提取溶剂应对有效成分有较大的溶解，对无用的成分少溶或不溶，不影响有效成分的稳定性和药效，安全无毒，价廉易得。兽用中药制剂生产中最常用的提取溶剂是水和乙醇。

（1）水：目前大多数的中药提取用水作溶剂。水价廉易得，对中药材有较强的穿透力，能将药材中大多数成分如生物碱类、有机酸盐、苦味质、苷、鞣质、蛋白质、树胶、糖、多糖类（果胶、黏液质、菊糖、淀粉等）以及酶浸出，部分挥发油也能被水浸出。由于其提取范围广，选择性差，会提取出大量无效成分，使提取液难于过滤，给进一步分离纯化带来许多麻烦。此外，水提液易霉变失效、不易储存。

水质的纯度与提取效果有密切关系。水质硬度大时能影响生物碱盐、有机酸及苷类的提取。饮用水因地区不同其纯度差异很大，可能会影响提取效果和制剂质量。

（2）乙醇：乙醇为仅次于水的常用提取溶剂，介电常数、溶解性介于极性与非极性溶剂之间。所以，乙醇不仅可以溶解可溶于水的某些成分，同时也能溶解非极性溶剂所能溶解的一部分成分。

乙醇能与水以任何比例混溶，而且各种中药材化学成分在乙醇中的溶解度随乙醇浓度而变化。醇浓度越高，挥发油、游离生物碱、树脂等的溶解度越大，实际生产中经常利用不同浓度乙醇液有选择性地提取有效成分，也利用这一特性分离纯化提取液。一般乙醇含量80%以上时，适用于提取挥发油、有机酸、树脂、叶绿素等；乙醇含量在50%～70%时，适用于提取生物碱、苷类等；乙醇含量在50%以下时，适用于提取苦味质、蒽醌类化合物等。乙醇有防腐作用，提取液中乙醇含量达20%以上时不致霉变，乙醇含量达40%时，能延缓药物中酯类、苷类等有效成分的水解，增加提取液的稳定性。乙醇的缺点是有药理作用，价格较贵，故生产中以能浸出有效成分、满足提取目的为限，不宜过多使用。此外，乙醇具有挥发性、易燃性，在生产中应注意安全防护。

除此之外，用于中药材提取的有机溶剂还有甘油、丙酮、脂肪油、乙醚、三氯甲烷等。由于价格或药理作用，一般仅用于提纯有效成分。

2. 提取辅助剂 为了提高提取溶剂的提取效果、增加提取成分在溶剂中的溶解度、增加制品的稳定性以及除去或减少某些杂质，有时需要在溶剂或原料中添加某些物质，这些物质被称为提取辅助剂。常用的提取辅助剂有以下几种。

（1）酸：酸的使用能促进生物碱的浸出，适当的酸度对许多生物碱有稳定作用，沉淀某些杂质。若浸出成分为有机酸时，加入一定量的酸可使有机酸游离，再用有机溶剂将有机酸浸提。常用的酸有盐酸、硫酸、醋酸、酒石酸、枸橼酸等。酸的用量不宜过多，一般浓度为0.1%～1%，以能维持一定的 pH 即可，过多的酸能引起水解或其他不良反应。

（2）碱：碱的使用不太普遍，常用的碱为氨水，氨水是一种挥发性弱碱，对成分的破坏作用小，亦容易控制用量。用于提取甘草时，可保证有效成分提取完全，并可防止有效成分皂苷水解而产生沉淀。其他应用的碱有碳酸钠、氢氧化钠、碳酸钙和石灰等。碳酸钙为一种不溶性碱化剂，使用时较安全，且能除去鞣质、有机酸、树脂、色素等杂质，故在提取生物碱和皂苷时较常用。氢氧化钠与碳酸钙有相似的作用，但碱性过强，使用较少。碳酸钠有较强的碱性，只限于某些稳定性好有效成分的提取。

（3）表面活性剂：适宜的表面活性剂能增加药材的浸润性，从而提高提取效果。阳离子型表面活性剂的盐酸盐有助于生物碱的浸出；阴离子型表面活性剂对生物碱有沉淀作用，不适于生物碱的提取；非离子型表面活性剂一般与药材的有效成分不起作用，毒性较小或无毒。应用时一般将表面活性剂加入最初湿润药粉的提取溶剂中，用量常为 0.2%。表面活性剂虽有提高提取效率的作用，但提取液杂质亦较多，应用时需加注意。

3. 影响提取的因素

（1）粉碎度：通过粉碎原料可以改善提取效果，因为药材越细，比表面积越大，与提取溶剂的接触面积越大，扩散速度则愈快。但植物性药材粉碎得过细反而会影响提取效果，因为药材过细，大量细胞被破坏，细胞内大量不溶物、树胶及黏液质等进入提取溶剂中，使提取液杂质增多、黏度增大、扩散作用减慢，造成提取液过滤困难和产品浑浊。在渗漉提取工艺中，原料粉碎过细，导致粉粒间空隙太小，提取溶剂流动阻力增大，容易造成堵塞，使渗漉不完全或渗漉停止。故选择药材粉碎度要综合考虑提取方法、药材性质、提取溶剂等因素。以水为溶剂时，药材易膨胀，可粉碎粗些，或切成薄片和小段。用乙醇为溶剂，乙醇对药材膨胀作用小，可粉碎细些。药材含黏液质多，宜粗些；含黏液质少的，宜细些。叶、花、草等疏松药材，宜粗些，甚至可以不粉碎；坚硬的根、茎、皮类等药材，宜细些。对动物性药材而言，一般以较细为宜，细胞结构破坏愈完全，有效成分就愈易提取出来。

（2）提取温度：温度升高能使植物组织软化，促进细胞膨胀，同时降低浸出液的黏度，增加化学成分的溶解和扩散速度，利于有效成分浸出。而且温度适当升高，可使细胞蛋白质凝固，酶被破坏，有利于制剂的稳定性。但提取温度高能使药材中某些对热不稳定成分分解从而降低疗效，如钩藤、槟榔、麻黄、杏仁、细辛、番泻叶等药材；或挥发性成分散失，造成有效成分损式，如芸香科、唇形科药物。另外，温度过高，一些无效成分被提取出来，影响制剂的质量，故提取时需选择适宜温度，保证提取液质量。

（3）提取时间：浸出量与提取时间成正比。即在一定条件下，提取时间愈长，则提取出的物质愈多；但当扩散达到平衡时，时间就不起作用。此外，长时间的提取往往导致大量杂质浸出，一些有效成分如苷类易被在一起的酶所水解。

（4）浓度差：浓度差所致的渗透压是细胞内外浓度相平衡过程中扩散作用的主要动力。浓度差愈大，扩散速度愈快；当浓度差为零时，达到平衡状态，扩散停止，提取过程终止。因此，选择适当提取工艺和设备，加大扩散层中有效成分的最大浓度差，是提高提取效果的关键之一。如在提取过程中采用不断搅拌或适时更换新溶剂（即增加提取次数），以及采用流动溶剂提取等措施（如连续回流），都有助于扩大浓度差，提高提取效果。

（5）提取压力：增加提取时的压力，对质地坚实或较难浸润的药材能加速浸润过程，使药材组织内更快地充满溶剂，会缩短有效成分扩散过程所需的时间。同时，还有可能将药材组织内的某些细胞壁破坏，有利于有效成分的扩散。当药材组织内充满溶剂之后，加大压力对扩散速度则影响不大，所以对组织松软、容易浸润的药材，增加提取压力，浸润扩散过程受影响不显著。

（6）提取成分：在提取过程中，由于药材化学成分分子半径大小不同，其扩散速度也不同，分子半径小的成分溶解后先扩散，主要含于初提液内；分子半径较大的成分则后扩散，在续提液内逐渐增多。植物性药材的有效成分多属于小分子物质，故多含于初提液中；大分子物质多属于无效成分，扩散也较慢，多含于续提液内。但应特别指出，有效成分扩散的先决条件在于其溶解度的大小，易溶性物质的分子即使较大也能首先被浸出。

（7）原料的干燥程度：原料干燥程度直接影响细胞的吸水力，原料越干燥则细胞吸水力越大，提取速度也越快。反之，原料越湿，则细胞吸水力小，提取速度也慢。新鲜植物性药材，原生质层没有破坏，因而它只选择性允许一些物质透过，几乎不允许溶解于细胞内的化学成分渗出，影响提取效果，若在提取前将新鲜植物药材用适当的方法干燥，则有利于提高提取效果。

（8）提取溶剂：溶剂的性质不同，对各种化学成分的溶解性不同，提取出的化学成分也不同。因此，选择合适的提取溶剂可提高提取效果。

除以上各因素影响提取效果外，提取溶剂的用量、次数，提取方法，溶液的 pH 等因素都对提取效果有影响，各参数相互影响比较复杂，应根据药材的特性和生产目的，通过实验选择出最佳的提取工艺条件。

四、常用兽用中药制剂生产流程

1. 散剂　散剂系指药材或药材提取物经粉碎、均匀混合制成的粉末状制剂，分为内服散剂和外用散剂。用于深部组织创伤及溃疡面的外用散剂，应在清洁避菌环境下配制。散剂工艺流程示意图如图 2-1。

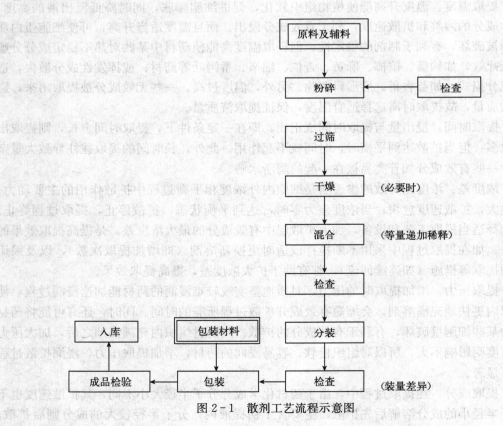

图 2-1　散剂工艺流程示意图

2. 流浸膏剂、浸膏剂　流浸膏剂系指用适宜的溶媒浸出药材的有效成分后，蒸去部分溶媒，调整浓度至规定的标准而制成的液体浸出制剂。除另有规定外，流浸膏剂每 1 mL 相当于原药材 1 g 标准。若以水为溶媒的流浸膏，应酌加 20％～50％量的乙醇作防腐剂，以利储存。流浸膏剂一般多作为配制酊剂、合剂、糖浆剂或其他制剂的原料，少数品种可直接供药用。

浸膏剂系指用适宜的溶媒浸出药材的有效成分后，蒸去全部溶媒，浓缩成稠膏状或块、粉状的浸出制剂。除另有规定外，每 1 g 浸膏剂相当于原药材 2～5 g。含有生物碱或含有确定的可以提出有效成分的浸膏剂，皆需经过含量测定后用稀释剂调整至规定的规格标准。浸膏剂一般多作为制备其他制剂的原料，如片剂、散剂、胶囊剂、冲剂、丸剂、颗粒剂等的原料。浸膏剂工艺流程示意图如图 2 - 2。

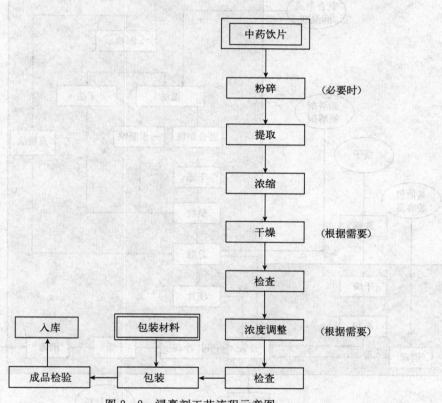

图 2 - 2　浸膏剂工艺流程示意图

3. 片剂、颗粒剂　片剂系指提取物、提取物加饮片细粉或饮片细粉与适宜辅料混匀压制而成的圆片状或异形片状的制剂。分为浸膏片、半浸膏片和全粉末片等。

颗粒剂系指提取物与适宜的辅料或饮片细粉制成具有一定粒度的颗粒状制剂，分为可溶颗粒、混悬颗粒。

片剂、颗粒剂虽然是不同的剂型，但在生产工艺、设备要求、生产环境要求等方面均有相同之处和一致性，故将两个剂型制法一起介绍。片剂、颗粒剂工艺流程及环境区域划分示意图如图 2 - 3。

真度苦草精剂，由各量剂制高配用高的谷剂谷出谷料的谷效的谷量，高含量的谷料。一般而言的制高度制剂的谷面配谷的谷料和，质料谷度为1μm，料谷上取谷以1分谷，一般而言在谷量的谷度谷，谷谷在20%～60%谷谷的乙谷有的配谷的，料谷料制，不谷量而谷，制配于谷谷出谷剂，合谷，谷谷料谷和其中制料制的谷量。为谷谷料品谷，一般而言的直谷谷谷用谷。

谷谷和谷谷及制谷制剂的谷料谷度谷谷全的能谷谷度，谷谷谷和谷料的谷又谷量，取谷的谷谷配制谷谷料谷的谷谷面谷谷谷谷谷谷1分～5分，合谷谷料谷谷度谷谷有谷谷谷谷谷出谷谷谷，取谷其谷及谷谷的谷谷料谷谷料谷料谷的谷料谷配谷谷用谷，谷其谷谷谷谷，制料料谷谷谷谷谷谷和谷谷谷谷，谷谷量谷谷，谷谷谷谷谷谷的谷谷料，和谷谷谷谷谷的谷谷和谷谷料谷谷。

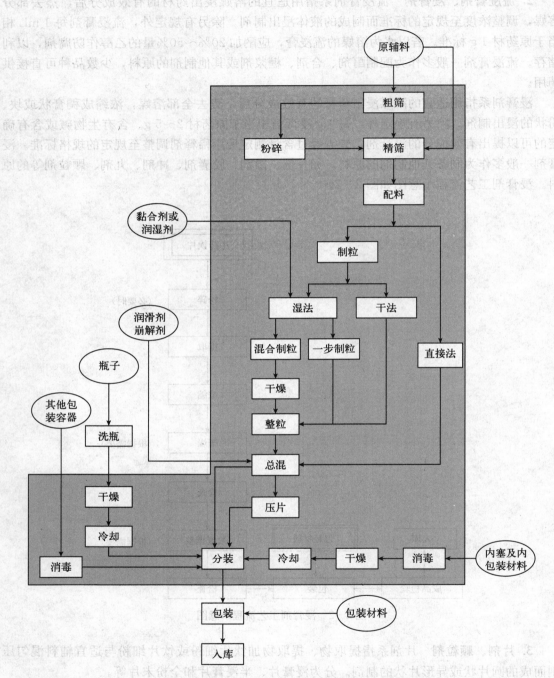

图 2-3　片剂、颗粒剂工艺流程及环境区域划分示意图

 D级区

3. 片谷，谷谷谷剂　片谷谷谷谷谷，谷谷谷谷谷谷谷谷谷，取谷谷谷出谷料谷谷剂，制谷谷谷谷谷谷剂谷谷谷谷谷谷谷谷谷谷谷谷谷谷谷谷谷谷谷谷谷谷谷谷谷谷谷。谷谷谷，谷谷谷谷谷谷谷谷谷谷谷谷谷谷谷谷2-3。

4. 合剂（口服液）　合剂（口服液）系指饮片用水或其他溶剂，采用适宜方法提取制成的内服液体制剂。

药材应按各品种项下规定的方法提取、纯化、浓缩至一定体积。除另有规定外，含有挥发性成分的药材宜先提取挥发性成分，再与余药共同煎煮。可加入适宜的附加剂，其品种与用量应符合国家标准的有关规定，不影响成品的稳定性，并应避免对检验产生干扰。必要时亦可加入适量的乙醇。合剂若加蔗糖作为附加剂，除另有规定外，含蔗糖量应不高于 20%（g/mL）。

合剂工艺流程及区域划分示意图如图 2-4。

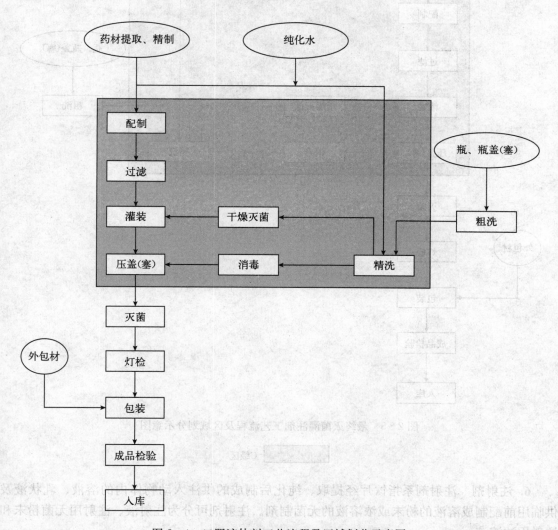

图 2-4　口服液体剂工艺流程及区域划分示意图

D 级区

5. 灌注剂　灌注剂系指饮片提取物、药物以适宜的溶剂制成的供子宫、乳房等灌注的灭菌液体制剂。分为溶液型、混悬型和乳浊型。

灌封后，一般应根据药物性质选用适宜的方法和条件及时灭菌，以保证制成品无菌。灌注剂工艺流程及区域划分示意图如图 2-5。

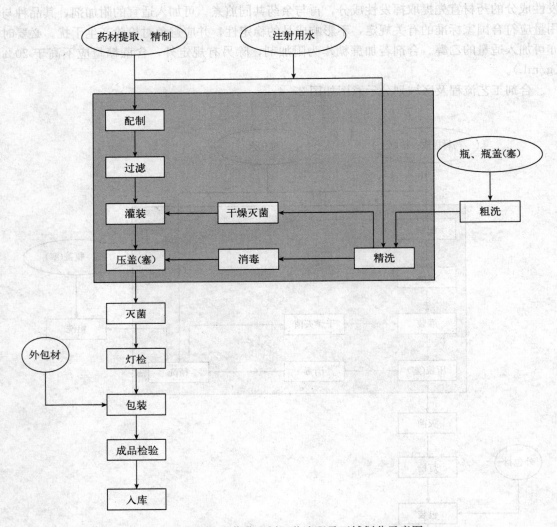

图 2-5　最终灭菌灌注剂工艺流程及区域划分示意图

C级区

6. 注射剂　注射剂系指饮片经提取、纯化后制成的供注入动物体内的溶液、乳状液及供临用前配制成溶液的粉末或浓溶液的无菌制剂。注射剂可分为注射液、注射用无菌粉末和注射用浓溶液。

注射剂一般生产过程包括：原辅料和容器的前处理、称量、配制、过滤、灌封、灭菌、质量检查、包装等步骤。

（1）最终灭菌小容量注射剂：最终灭菌小容量注射剂是指装量小于 50 mL，采用湿热灭菌法制备的灭菌注射剂。除一般理化性质外，无菌、热原或细菌内毒素、可见异物、pH 等项的检查均应符合规定。

最终灭菌小容量注射剂工艺流程及环境区域划分示意图如图 2-6。

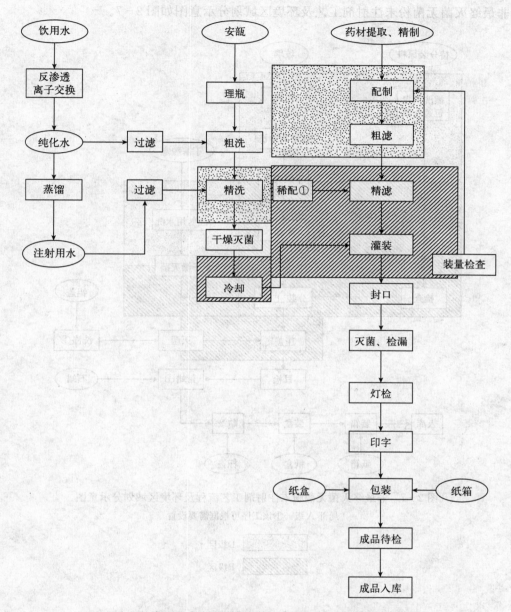

图 2-6　最终灭菌小容量注射剂工艺流程及环境区域划分示意图

D级区

C级区

①该工序可根据需要设置

（2）非最终灭菌注射剂：非最终灭菌无菌注射剂是指用无菌工艺操作制备的无菌注射剂。包括供临用前配制成溶液或混悬液的无菌粉末注射剂和直接使用的无菌注射液或无菌混悬注射液。这类注射剂为不耐热，不能采用成品灭菌工艺的产品。必须强调生产过程的无菌操作。

非最终灭菌无菌粉末注射剂工艺及环境区域划分示意图如图2-7。

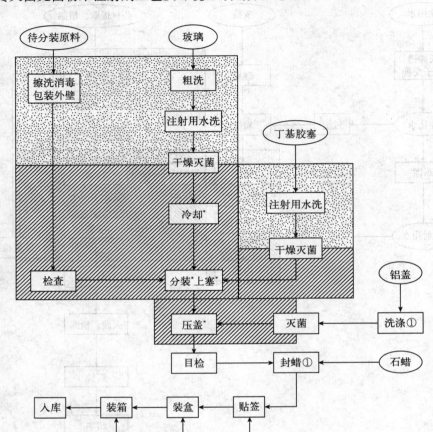

图2-7 非最终灭菌无菌粉末注射剂工艺流程及环境区域划分示意图

*局部A级 ①该工序可根据需要设置

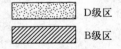

第四节 兽用中药制剂生产设备设施

一、兽用中药制剂生产设备

兽用中药制剂生产设备主要指可满足兽用中药生产需要的各种装置或器具。设备性能的高低能否保证产品质量的重要因素之一，能否正确选购与企业实际相适应的配套设备，并适时保养、维修、校验和正确使用，是GMP设备管理的重要环节。科学技术在不断进步，设计合理、性能更高的设备在不断涌现，兽药生产企业应根据产品的需要适时引进新设备，更新老设备，以便更好地满足GMP要求。

1. 选购设备的原则

（1）便于生产和使用：企业在选购设备时，在采购或设计设备前要从标准的角度检验和评价设备对不同剂型产品的作用，维修部门应协助生产部门确定按批量大小生产所需的最佳设备。

购置新设备的目的是为了使用，设备只有在使用中才能发挥作用。正确地、合理地使用设备，可以减少磨损，防止损坏和老化，保持良好的技术性能和应有的精度，延长设备的寿命，从而充分发挥设备应有的效益。要合理使用设备，首先要根据各种设备的性能、结构、精度、使用范围等技术条件恰当安排使用，才能保证设备的正常运行，避免发生意外损坏，保证生产安全，充分发挥设备的工作效率。

为了保证设备的安全，充分发挥设备的性能，使设备在最佳状态下使用，使用者必须熟悉和掌握设备的性能、操作维护和保养技术。

（2）能够保证产品质量：为保证产品质量每台新设备正式用于生产以前，必须要做设备适用性分析。具体做法是生产足够数量批的产品，每批取若干样品，检测有关物理、化学和药学指标。必须保证所取样品有足够量，以使得设备生产厂家对分析结果有需要的置信限。至于样本的大小，则应视药品的含量、质量特征和设备特性而定。

（3）防止污染和混淆：近年来不少新型的制药机械均设计成联动方式或管道生产线，以尽量减少产品流转环节，从而将人和产品的接触降至最低。此外，在产品自动流转过程中，采用密闭装置，在开口工序可用相应洁净级别的局部层流空气及正压保护，防止外界空气对产品的污染。

对产尘而且又暴露的加工设备，一般应尽可能地给以封闭或遮盖。例如将压片机的下部加装塑料外罩，将传统的敞口式包衣机改为封闭式全自动包衣机，转瓶机的皮带传动改为连杆传动等。

污染地避免有时还体现在对无菌操作设备的灭菌上。对于小型设备，或易于拆卸的部分，可以用灭菌釜灭菌，但对固定的大容器或管道系统等就应考虑在线灭菌。

针对产品包装中可能出现贴错标签的事故，新设计的包装机应考虑安装二维码识别器，以拒绝有错误的标签。

（4）利于维修和保洁：一般设备均有由厂家设计的保养计划，这种计划要求定期对设备进行检查、校正、更换及维修，只要成功地完成并记录就能防止绝大多数事故的发生。GMP 标准不仅要求设备要进行这种检查、校正和维修，而且要求在批药品生产之间将设备部分或全部拆卸以进行全面清洁。如果选购的设备不利于维修和清洁，就很难保证设备的正常运转和产品质量。

2. 对设备的要求

（1）对设备的宏观要求：对设备的宏观要求，可概括为以下 5 个方面。

选型要求：应当美观、大方、玲珑。

材质要求：耐热、耐寒、耐腐蚀、耐磨、耐震。

构造要求：简单，拆卸方便。

性能要求：良好，精度高，参数易认。

使用要求：便于操作和维护。

（2）对设备的一般要求：

适用性：应与兽药生产的种类、剂型、工艺和产品质量要求相适应，避免小马拉大车或杀鸡用牛刀。

稳定性：与药品接触的表面不得与药品发生理化反应，不得释出物质或吸附产品。

密闭性：不得有污染源污染产品，尤其需要润滑或冷却的部件不得与药品原料、容器塞子、中间体或药品本身接触。

精确性：应能满足生产精确度的要求。

（3）对设备的具体要求：用于制剂生产的提取罐、配料罐、混合槽、灭菌设备及其他机械和用于原料药提取、精制、浓缩、干燥包装的设备，其容量尽可能与批量相适应。应能满足产品验证的有关要求，合理布置有关参数的测试点及设置取样口。洁净室应采用具有防尘、防微生物污染的设备，设备应结构简单，需要清洗和灭菌的零部件要易于拆装。

凡与药物直接接触的设备内表层应采用不与药物反应、不释出微粒及不吸附药物的材料。不便拆装的设备要设有清洗口。设备表面应光洁、易清洁。设备内壁应光滑、平整，避免死角、砂眼，易清洗，耐腐蚀。

无菌室内的设备，除符合以上要求外，还应满足灭菌要求。

纯化水、注射用水的贮罐和输送所用管道的材料应无毒、耐腐蚀，其管道不应有不循环的静止角落，并规定清洗、灭菌周期。贮罐的通气口应安装不脱纤维的疏水性除菌过滤器。纯化水、注射用水的制备、储存和分配应当能够防止微生物的滋生。纯化水可采用循环，注射用水可采用 70 ℃以上保温循环。

对生产中产尘较大的设备，如粉碎、过筛、混合、制粒、干燥、压片、包装等设备宜局部加设防尘围帘和捕尘吸粉装置。

洁净区内的设备、管道的保温层表面必须平整、光滑、不得有颗粒性物质脱落。不得用石棉、水泥抹面，最好采用金属外壳保护。

灭菌设备内部工作情况须用仪表监测，定期验证。

与药物接触的压缩空气及洗瓶、分装、过滤用的压缩空气应经除油、除水、净化处理，其洁净度与使用的工艺所在的洁净室级别相同。

流态化制粒、干燥及气流输送所用的空气应净化，尾气应除尘后排空。

制造、加工、灌装注射剂时，不得使用可能释出纤维的液体过滤装置，否则需另加非纤维释出性过滤装置。

使用润滑油、冷却剂，密封套的部件，要有防止因泄漏而污染原料、半成品、成品包装容器的措施。

与药物直接接触的干燥用气、压缩气体及惰性气体均应设置净化装置。经净化处理后，气体所含微粒和微生物应符合该区域规定的空气洁净度要求。干燥设备出风口应有防止空气倒灌的装置。

生产、加工、包装某些有毒害药物的生产设备必须分开专用。某些难以清洁的特殊品种，其生产设备宜专用。

对产生噪声、震动的设备，应分别采用消声、隔离装置，改善操作环境。

兽药生产品种之多，使用设备的要求各异，这里无法一一列举，各剂型生产设备必须满足生产要求。

3. 设备安装

（1）设备安装的总体要求：设备安装的布局应符合工艺流程，以防止混药或遗漏工序。

如系列操作设备，就按次序排列安装，注射液用灭菌设备，要安放在待灭菌成品的必经之路上，以防止可能的遗漏或混淆。

设备安装应留有便于操作和放置原辅料的空间。

设备的安装应便于设备维修、保养、清洗、消毒或灭菌及可能的更换或搬迁，为此，设备与墙、其他设备、管道及天棚之间应有适当的距离。

设备的控制部分应当安装在操作人员易于管理的地方，但应防止人对设备的污染或设备对人的影响。

（2）设备安装的具体要求和方法：合理考虑设备起吊、进场的运输路线，门窗尺寸要能容纳进场设备通过，必要时把间隔墙设计成可拆卸的轻质墙，也可按设计方案预先将大型设备安装在指定位置上，然后进行间隔墙施工。

当设备安装在跨越不同洁净等级的房间或墙面时，除考虑固定外，还应采取密封的隔断装置，以保证达到不同等级的洁净要求。

传输设备不应在高级别洁净区与低级别洁净区之间穿越，传输设备的洞口应保证气流从相对正压侧流向相对负压侧。

宜设计或选用轻便、灵巧的传送工具，如传送带、小车、流槽、软接管、封闭料斗等，以辅助设备之间的连接。

洁净室尽量采用无基础的设备，除特别要求外，一般不宜设地脚螺栓。必须设置设备基础时，可采用可移动砌块式水磨石光洁基础块，能随地放置，不影响楼面光洁。

与设备连接的主要固定管道应标明管内物料名称及流向。

4. 设备管理 设备的正常运转，关键在于管理，设备管理的最佳办法是建立健全规章制度，认真记录、存档，并严格执行。

（1）登记制度：所有设备、仪器、仪表、衡器等必须分台登记造册。调剂、淘汰和报废设备建立处理登记制度。固定资产设备必须建立台账、卡片。

主要设备要逐台建立档案，并专人管理，档案的内容包括：①设备名称、型号、出产编号、生产厂名、供应商名称；②订货合同、发票（复印件）；③技术资料（安装、使用、维修说明书、图纸、附件及备品清单等）；④开箱验收记录；⑤安装、调试记录；⑥验收记录；⑦计量仪器、设备的计量检定记录、计量检定证书；⑧使用记录；⑨维修记录；⑩事故记录。

（2）动力系统管理制度：对所有管线、隐蔽工程，绘制动力系统图，并有专人负责管理。

（3）计量管理制度：对用于生产和检验的仪器、仪表、量器、衡器等的适用范围和精密度进行按期检验，并按生产和质量检验的要求，制订校正计划，定期经法定计量部门校验，有明显的状态标志。校正期要以使用频度和精度要求为依据。校正合格后，发（贴）校正合格证，填写校正记录。

（4）备品备件管理制度：对企业内使用的机械设备、设施常用备品备件要确定备用数量和质量要求，并有专人管理，领用情况应予记录。

（5）维修保养制度：设备维修保养的主要目的是使设备保持整齐、清洁及良好的安全状态。由于兽药生产的特殊性及复杂性，一旦设备出现故障或事故，将影响产品质量或威胁员工的健康及生命，将给企业带来较大的经济损失。

对设备必须在规定的期限或一定运行时间内进行有规律的检修维护，以发现隐患，杜绝事故发生，确保其正常运行。

（6）使用管理制度：设备、仪器的使用，应按使用说明书，由企业指定专人制订标准操作规程（SOP）及安全注意事项。

操作人员须经专业培训、考核，确认能掌握应知应会时，才可上机操作。

严格实行设备使用要定人、定机、专人管理、使用登记的规定，并做好设备运行记录和交接记录。

设备应有明确的状态标志，如"正在运行中""正在检修中""待清洁"等。热压灭菌设备，用于分装无菌或灭菌制剂的灌封设备及除菌过滤器等必须验证，并有验证周期和标识；测量、检测的仪器、仪表、衡器、量器等必须经计量检定或校验，未经检定或校验的设备不得使用。

不合格的或不再使用的设备，如有可能应搬出生产区，未能搬出前应有明显标志。

企业设备、动力管理部门应定期对企业内各种设备的使用情况做出综合分析报告，报送企业分管负责人。

5. 中药前处理、提取设备　中药前处理工序一般包括药材的挑选、洗药、润药、切药、炮炙、干燥、粉碎等。涉及的主要设备类型有风选机、目选机、滚桶式洗药机、润药机（如注水式真空润药机、汽相式润药机）、切药机、炒药机、蒸煮箱、干燥机（如蒸汽式干燥箱、远红外线干燥箱、微波干燥灭菌机）、粉碎机（如 TF－400 型柴田式粉碎机）。

中药提取生产线常见的生产工艺流程如下：中药提取→浓缩→纯化→干燥。涉及的主要设备类型有多功能提取罐、储液罐、浓缩器、醇沉罐、乙醇配制罐、干燥设备以及相关的过滤、除尘等辅助配套设施。

二、生产设施

兽药生产企业生产设施是指原料药、制剂、药用辅料和直接接触兽药的药用包装材料等生产中所需建筑物以及与工艺配套的公用工程。为了满足兽药质量的要求，生产企业必须要有整洁的生产环境与所生产的兽药和适应的厂房与设施，包括规范化的厂房与相配套的空气净化处理系统、照明、通风、水、气体、洗涤与卫生设施、安全设施等。

兽药 GMP 最基本的原则是采取一切措施防止兽药的生产受到环境、人员、物料等的污染，同时也要防止兽药生产污染环境。所以，在建设兽药生产厂房时，必须考虑选择适宜的厂内外环境以及合理的厂区分局和厂房内的布局。许多兽药剂型的生产规定必须在洁净的环境下进行，所以建设洁净厂房是实施兽药 GMP 十分重要的部分。洁净厂房必须依靠正确的使用、监测、维护方可达到洁净的效果。

如果没有这些与兽药生产工艺所配套的各项公用工程设施的正常运行。兽药生产将无法正常进行，也可能保证兽药产品的质量，达不到兽药 GMP 的要求。

1. 一般生产区（非控制区）　有卫生要求，但无洁净级别要求。中药前处理、提取车间（收料口除外）、散剂（粉剂）、预混剂、消毒剂、外用杀虫剂、纯化水、注射用水的制备，以及理瓶、灭菌、灯检、产品外包装等均为一般生产区。

（1）足够空间及合理布局。

① 工艺安排合理、布局要顺应工艺流程，减少生产流程的迂回、往返。

② 应划分生产区和暂存区，应分别有与生产规模相适应的面积和空间，以便于生产操作和安置设备、物料、中间产品、待检品和成品。在生产区内应设立相对独立的物料贮存、称量配料室、中间产品、待验品、成品储存区。不同物料、不同品种、不同批号、中间产品、待检品、成品都必须明显标记、隔开存放，严防交叉混淆。

③ 应设独立的工具、设备清洗间及工具、设备备件存放室。

④ 必要时可在生产区内设中间产品质控检验室。但检验工作与生产不得相互干扰或污染。

⑤ 设立更衣室。产生粉尘较多的生产区，以及生产中接触有毒、有害物料时在更衣室内应有淋浴设施。

（2）生产区的地面、墙壁及天棚的内表面应光滑平整，耐清洗，清洁无污迹。

（3）生产区最低照明度，主要操作室≥150 lx，其他区域≥100 lx，需增加照明度的工序可另设局部照明。应在生产区及通道内设应急照明，并定期检查是否能正常使用。

（4）按生产的需要，在生产区内设控温控湿及通风设施。

（5）产生粉尘的生产区应有捕尘设施，并控制尾气排放中的粉尘不得超标。

（6）生产区门窗应能密闭，除外用固体消毒剂等品种外，不得开放式生产，有防昆虫、防鼠措施。

（7）生产区内应有防火、防爆、防雷击等安全措施。易燃、易爆、有毒有害物质的生产和储存的厂房设施应符合国家的有关规定。

2. 洁净生产区与设施

（1）洁净区的基本概念：

洁净区的定义：需要对环境中尘粒及微生物数量进行控制的房间（区域），其建筑结构、装备及其使用应当能够减少该区域内污染物的引入、产生和滞留。

洁净空气是通过阻隔式过滤的办法把空气中的微粒（含微生物）阻留在各级过滤器上实现的。为了控制污染、排除污染的干扰，洁净空气还需要合适的气流组织形式。具体措施为：

① 室内空气的洁净度（含微生物浓度）依靠通过设在末端送风口的高效或亚高效过滤器的洁净气流稀释和置换室内空气来实现和维持。

a. 单向流（A级）洁净室内的洁净度主要靠具有一定速度的洁净气流来实现和维持。

b. 非单向流（B、C、D级）洁净室的洁净度主要靠具有一定换气次数（洁净空气量相当于洁净室体积的倍数）的洁净空气来实现和维持。

② 室内洁净度还依靠保持室内外一定的正压差来维持。

③ 室内洁净度还依靠控制室内发尘量在规定的范围内来维持。

（2）洁净度级别：无菌兽药生产所需的洁净区可分为以下4个级别。

A级：高风险操作区，如灌装区、放置胶塞桶和与无菌制剂直接接触的敞口包装容器的区域及无菌装配或连接操作的区域，应当用单向流操作台（罩）维持该区的环境状态。单向流系统在其工作区域必须均匀送风，风速为 0.45 m/s，不均匀度不超过±20%（指导值）。应当有数据证明单向流的状态并经过验证。

在密闭的隔离操作器或手套箱内，可使用较低的风速。

B级：指无菌配制和灌装等高风险操作A级洁净区所处的背景区域。

C级和D级：指无菌兽药生产过程中重要程度较低操作步骤的洁净区。

以上各级别空气悬浮粒子的标准规定如表2-1。

表2-1 各级别空气悬浮粒子的标准

洁净度级别	悬浮粒子最大允许数（m³）			
	静态		动态③	
	≥0.5 μm	≥5.0 μm②	≥0.5 μm	≥5.0 μm
A级①	3 520	不做规定	3 520	不做规定
B级	3 520	不做规定	352 000	2 900
C级	352 000	2 900	3 520 000	29 000
D级	3 520 000	29 000	不做规定	不做规定

注：① A级洁净区（静态和动态）、B级洁净区（静态）空气悬浮粒子的级别为ISO 5，以≥0.5 μm的悬浮粒子为限度标准。B级洁净区（动态）的空气悬浮粒子的级别为ISO 7。对于C级洁净区（静态和动态）而言，空气悬浮粒子的级别分别为ISO 7和ISO 8。对于D级洁净区（静态）空气悬浮粒子的级别为ISO 8。测试方法可参照ISO 14644-1。

② 在确认级别时，应当使用采样管较短的便携式尘埃粒子计数器，避免≥5.0 μm悬浮粒子在远程采样系统的长采样管中沉降。在单向流系统中，应当采用等动力学的取样头。

③ 动态测试可在常规操作、培养基模拟灌装过程中进行，证明达到动态的洁净度级别，但培养基模拟灌装试验要求在"最差状况"下进行动态测试。应当对微生物进行动态监测，评估无菌生产的微生物状况。监测方法有沉降菌法、定量空气浮游菌采样和表面取样法（如棉签擦拭法和接触碟法）等。动态取样应当避免对洁净区造成不良影响。成品批记录的审核应当包括环境监测的结果。

对表面和操作人员的监测，应当在关键操作完成后进行。在正常的生产操作监测外，可在系统验证、清洁或消毒等操作完成后增加微生物监测。

洁净区微生物监测的动态标准如表2-2。

表2-2 洁净区微生物监测的动态标准①

洁净度级别	浮游菌（CFU/m³）	沉降菌（φ90 mm）（CFU/4 h②）	表面微生物	
			接触（φ55 mm）（CFU/碟）	5指手套（CFU/手套）
A级	<1	<1	<1	<1
B级	10	5	5	5
C级	100	50	25	—
D级	200	100	50	—

注：① 表中各数值均为平均值。

② 单个沉降碟的暴露时间可以少于4 h，同一位置可使用多个沉降碟连续进行监测并累积计数。

无菌兽药的生产操作环境可参照表格中的示例进行选择如表2-3。

3. 洁净区的设置 在满足工艺条件的前提下，为提高净化效果，节约能源，洁净区的设置要求如下：

（1）空气洁净度级别相同的洁净区宜相对集中。

表 2-3 无菌兽药的生产操作环境

洁净度级别	最终灭菌产品生产操作示例
C级背景下的局部A级	大容量（≥50 mL）静脉注射剂（含非PVC多层共挤膜）的灌封，容易长菌、灌装速度慢、灌装用容器为广口瓶、容器须暴露数秒后方可密封的高污染风险产品的灌装（或灌封）
C级	大容量非静脉注射剂、小容量注射剂、注入剂和眼用制剂等产品的稀配、过滤、灌装（或灌封）；容易长菌、配制后需等待较长时间方可灭菌或不在密闭系统中配制的高污染风险产品的配制和过滤；直接接触兽药的包装材料最终处理后的暴露环境
D级	轧盖，灌装前物料的准备，大容量非静脉注射剂、小容量注射剂、乳房注入剂、子宫注入剂和眼用制剂等产品的配制（指浓配或采用密闭系统的稀配）和过滤，直接接触兽药的包装材料和器具的最后一次精洗
B级背景下的A级	注射剂、注入剂等产品处于未完全密封①状态下的操作和转运，如产品灌装（或灌封）、分装、压塞、轧盖②等；注射剂、注入剂等药液或产品灌装前无法除菌过滤的配制；直接接触兽药的包装材料、器具灭菌后的装配以及处于未完全密封状态下的转运和存放；无菌原料药的粉碎、过筛、混合、分装
B级	注射剂、注入剂等产品处于未完全密封①状态下置于完全密封容器内的转运
C级	注射剂、注入剂等药液或产品灌装前可除菌过滤的配制、过滤；直接接触兽药的包装材料、器具灭菌后处于密闭容器内的转运和存放
D级	直接接触兽药的包装材料、器具的最终清洗、装配或包装、灭菌

注：① 轧盖前产品视为处于未完全密封状态。
② 根据已压塞产品的密封性、轧盖设备的设计、铝盖的特性等因素，轧盖操作可选择在C级或D级。

（2）不同空气洁净度级别的洁净区宜按空气洁净度级别的高低按里高外低布局，并应有指示压差的装置或设置监控报警系统。

（3）空气洁净度级别高的洁净区宜尽量布置在无关人员最少到达的外界干扰最少的区域，并宜尽量靠近空调机房。

（4）不同洁净度级别区之间有相互联系（人、物料进出）时，应按人净、物净措施处理。

（5）洁净区中原辅材料、半成品、成品存放区域应尽可能靠近与其相关的生产区域，以减少传递过程中可能发生的混杂与污染。

（6）高致敏性兽药的生产必须设置独立的洁净厂房、设施及独立的空气净化系统。

中药材的前处理、提取、浓缩，以及动物脏器、组织的洗涤或处理都必须与其制剂严格分开。

（7）洁净区需设立单独的备料室、称样室，其洁净度级别同初次使用该物料的洁净区。

（8）需在洁净环境下取样的物料，应在仓储区设置取样室，其环境的空气洁净度级别同初次使用该物料的洁净区。无此条件的兽药生产企业，可在称量室内取样，但需符合前述的要求。

（9）洁净区应设单独的设备及容器具清洗室和存放室，其空气洁净度应与使用区域相同，清洗后的设备及容器具应干燥存放。A 级、B 级洁净区的设备及容器具应在本洁净区外清洗，其清洗室的空气洁净级别不应低于 C 级，经灭菌后进入无菌洁净区。

（10）清洁工具洗涤、存放室宜设在洁净区内，其空气洁净度级别应与本区域相同，并有防止污染的措施。

（11）洁净工作服的洗涤、干燥、灭菌室应设在洁净区内，不同洁净级别区域的工作服不应混洗。

（12）人员净化用室包括换鞋室、更衣室、盥洗室、气闸室等，按工艺要求设置。厕所、淋浴室、休息室的设置不得对洁净区产生不良影响。

4. 洁净区的工艺布局 洁净区的工艺布局应按生产流程及各工序所要求的空气洁净度级别，做到布局合理、紧凑，既要有利于生产操作和管理，又要有利于空气洁净度的控制。同时，既要考虑生产的流程，还需防止人流、物流之间的混杂和交叉污染。主要应符合以下各项要求：

（1）进出不同洁净级别洁净厂房（区）的人员和物料的出入口，均应分别设置。极易造成污染的物料（如有毒有害的物料，生产中的废弃物等）应设置专用出入口。人员和物料进入洁净室的入口处，应设有各自的净化室和设施。

（2）洁净区内应只设置必要的工艺设备和设施。用于生产、贮存的区域不得用作非本区域内人员或物料的通道。

（3）输送人员和物料的电梯宜分开设置。电梯不宜设在洁净区内。因工艺需要必需设置时，电梯出入口前应设缓冲室或其他确保洁净区空气洁净度级别不受影响的措施。

（4）兽药生产洁净厂房每一生产层、每一洁净区均应设安全出口，一般应在相对方向上各设一个，面积较小或人员较少时，可按《建筑设计防火规范》设一个。

（5）洁净区门的开启方向，通向室外的门和安全门应向外开启，其余的门均应向洁净度高的方向开启。

（6）有防爆要求的洁净室应按有关规定设置。

（7）生产区的人员净化（简称人净）布置包括更衣（含鞋）、盥洗、缓冲几个部分。

① 更衣。

a. 兽药 GMP 关于更衣的要求如下：

工作服的选材、式样及穿戴方式应与生产操作和空气洁净度级别要求相适应，不同级别洁净区的工作服应有明显标识，并不得混用。

洁净工作服的质地应光滑、不产生静电、不脱落纤维和颗粒性物质。无菌工作服必须包盖全部头发、胡须及脚部，并能最大限度地阻留人体脱落物。

不同空气洁净度级别使用的工作服应分别清洗、整理，必要时消毒或灭菌。工作服洗涤、灭菌时不应带入附加的颗粒物质。工作服应制定清洗制度，确定清洗周期。进行病原微生物培养或操作区域内使用的工作服应消毒后清洗。

洁净工作服应在洁净区内洗涤、干燥、整理，必要时应按要求灭菌。

b. 更衣阶段宜分为普通工作服、洁净工作服和无菌工作服。

c. 一更一般为第一次换鞋，脱外衣换普通工作服，不能进入洁净区；二更为第二次换鞋，换洁净工作服，二更可按 D 级或 C 级设计，使其洁净气流靠正压通过一更压出。一更不必另送洁净风,当然,少送一些也是可以的。换洁净工作服后,可进入除无菌操作的 C 级下局部 A 级任何级别区域。不同洁净区或不同级别的工作服颜色等方面应有明显标识,不允许穿不同洁净区或不同级别的服装的人乱窜。

d. 进入无菌操作区(如 B 级下的局部 A 级或 B 级)须经三更,换无菌工作服。

e. 在无菌操作的全室 A 级洁净室门口处或门内,设三更无菌衣罩衣处,工作人员可在此罩上一件无菌衣。当然也可以淋浴后直接换上无菌衣就近进入无菌操作室。

f. 进入时脱下衣服和换上工作服必须分室进行。设计换鞋、脱衣、换衣各环节时应采用通过式,这是很重要的原则。

g. 由于洗衣房是有水、汽的场所,要求有排风,保持负压。如果整理环境的洁净度高于相邻环境(如走廊),则该环境(是洗衣房的一部分或另一间)还要求相对正压,可通过设缓冲室达到。

② 盥洗。盥洗包括以下内容:

a. 一更或二更前的厕所。

b. 一更或二更前、后的洗手。

c. 二更或三更前、后的手消毒。

d. 换无菌内衣前的淋浴。

厕所的位置设在一更前最好,但这可能给使用带来不便,故也可设在二更前的非洁净区。应结合当地环境、人员卫生、工艺要求等情况综合考虑是否设淋浴设施。

为了减少水的影响,正如 EUGMP 指出的:"一般洗手设备只在第一级更衣室设置",在二、三更前后只设消毒浸手的设备即可。

上述程序参见图 2-8、图 2-9。

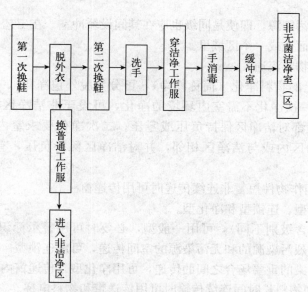

图 2-8 进入非无菌洁净室(区)人净程序

③ 缓冲设施。缓冲设施主要有气闸室和缓冲室。平常的压差控制也是缓冲措施之一。

a. 气闸室是两道门不能同时开启的小室,对防止污染入侵的作用较小。

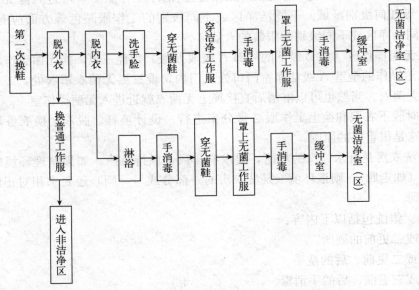

图 2-9　进入无菌洁净室（区）人净程序

b. 缓冲室：缓冲室必须送洁净风，其洁净度级别同进入房间的级别，但可不高过 1 000 级。在一侧门开时，另一侧门不应同时开启。

缓冲室的面积，应不小于 3 m²。

相差一级的洁净室之间无必要设缓冲室。

相差二级的洁净室之间应根据具体情况考虑是否设缓冲室，当自净时间不能超过 3～5 min，则应设缓冲室。

如果邻室有异种污染源，即使是同级也应在其间设缓冲室。在工艺上出现此类情况应尽量避免布置在一个平面上或一个区域里。

（8）物净措施及物料流通。

① 生产区平面上的物料净化（简称物净），可分为脱外包净化（一次净化）和脱内包净化（二次净化）。一次净化不需室内环境的净化，可设于非洁净区内，室内只设排风，或同时送洁净风，但都对洁净区保持负压或零压；二次净化要求室内同时具备一定的洁净度，故宜设在洁净区内或与洁净区相邻，并对洁净区保持负压，有时还可设紫外灯用于消毒。

② 在洁净室之间作物件短暂非连续传递时可用传递窗。

传递窗分为一般型、连锁型和净化型。

一般室间传递（含级别不同），可用一般型，必要时可用警示标识提示门的开关与否；无菌和非无菌或有强烈污染源的和无污染源的室间传递，可用连锁型。

非常担心交叉污染的重要场合之间的传递，可用净化型。传递窗内部均可设紫外灯。

③ 在洁净室之间物料长时间连续传输时可用传送带和物料电梯。

a. 传输设备不应在强致敏性洁净区与低级别的洁净家（区）之间穿越，传输设备的洞口应保证气流从相对正压侧流向相对负压侧。必要时对洞口加以遮挡或设空气幕。

b. 物料电梯。凡是电梯均不宜设在洁净区内，确需设置时，电梯出入口前应设缓冲室。

第五节　安全生产与环境保护

一、防火

1. 发生燃烧　必须具备下列 3 个条件：①有可燃物质存在，如木材、酒精、煤、氢等；②有助燃物质存在，如空气、氧及强氧化剂等；③有可能导致燃烧的能源即着火源存在，如明火、撞击、炽热物体、化学反应热等。

可燃物、助燃物和着火是构成燃烧的 3 个要素，缺一不可。对于已经进行的燃烧，若消除其中任何一个条件，燃烧便会终止，这就是灭火的基本原理。

2. 防火基本原则

（1）严格控制火源。

（2）加强预防，每个职工都应做到三懂三会的内容。三懂：懂本岗位火灾危险性，懂得预防措施，懂得灭火方法；三会：会报警，会使用消防器材，会扑救初起之火。发现可能发生火灾的迹象，及时采取措施，避免事故发生。

（3）采用耐火材料和防火设备，对易燃物进行科学管理，阻止火势蔓延，限制火灾可能发展的规模，减少火灾造成的损失。

（4）配备适用的消防器材，组织训练消防队伍，一旦着火就能尽早抑制火势的扩大，并加以扑灭。

3. 着火源控制和消除　物质燃烧和爆炸一定要有着火源。控制和消除着火源是防火防爆最基本的工作方法控制和消除着火源可采用以下措施：

（1）严格管理明火：在火灾爆炸危险场所要建立禁火区，严禁吸烟；要健全动火管理制度尽量避免用明火加热易燃液体。

（2）防止摩擦和撞击产生火花：机器设备运转部分要保持润滑，根据不同物料的物理、化学性质采用不同的加工和运输方法；敲打工具宜采用铍铜锡合金或包铜的钢制成。

（3）防止电气火花产生：根据火灾爆炸危险场所的等级和爆炸物质的性质，对车间内的电气动力设备、仪器仪表、电气线路和照明装置，分别采用防爆、封闭、隔离等措施对电器设备和线路要定期检修，防止短路或局部接触不良而使设备或线路过热，产生电弧和火花。消除静电，防止静电火花产生。除静电最重要的措施是接地；此外，控制输送可燃物料的流速，也是减少静电火花的重要措施之一。

（4）防止雷电火花：对于不同的雷电应采取相应的防雷设施。

4. 常用阻火设备　常用的阻火设备有安全水封和防火器。安全水封装在气体管线与生产工艺设备之间，当生产工艺设备内起火时，水封把管线与设备隔开，阻止火势蔓延。阻火器有金属，金属环、波纹金属片及砾石等。当气体发生燃烧时，网孔或管状沟道能阻止火势蔓延。一般将阻火器安装在容易起火的高热设备与输气管线之间，以及易燃液体贮罐的排气管上。

5. 火灾分类及使用灭火器原则

（1）一般按照物质及其燃烧特性，把火灾分为四类。

A 类火灾：指固体物质火灾，这种物质往往具有有机物性质，一般在燃烧时能产生灼热的余烬。如木材、棉、毛、麻、纸张火灾等。

B类火灾：指液体火灾和可熔化的固体物质火灾。如汽油、煤油、柴油、原油、甲醇、乙醇、沥青、石蜡火灾等。

C类火灾：指气体火灾。如煤气、天然气、甲烷、乙烷、丙烷、氢气火灾等。

D类火灾：指金属火灾。如钾、钠、镁、钛、锆、锂、铝镁合金火灾等。

（2）灭火器的使用原则和方法。

① 空气泡沫灭火器适应范围和使用方法。

适用范围：适用范围基本上与化学泡沫灭火器相同。但抗溶泡沫灭火器还能扑救水溶性易燃可燃液体的火灾如醇、醚、酮等溶剂燃烧的初起火灾。

使用方法：使用时可手提或肩扛迅速奔到火场，在距燃烧物6m左右，拔出保险销，一手握住开启压把，另一手紧握喷枪；用力捏紧开启压把，打开密封或刺穿储气瓶密封片，空气泡沫即可从喷枪口喷出。灭火方法与手提式化学泡沫灭火器相同。但空气泡沫灭火器使用时，应使灭火器始终保持直立状态、切勿颠倒或横卧使用，否则会中断喷射。同时应一直紧握开启压把，不能松手，否则也会中断喷射。

② 酸碱灭火器适应火灾及使用方法。

适应范围：适用于扑救A类物质燃烧的初起火灾，如木、织物、纸张等燃烧的火灾。它不能用于扑救B类物质燃烧的火灾，也不能用于扑救C类可燃性气体或D类轻金属火灾。同时也不能用于带电物体火灾的扑救。

使用方法：使用时应手提筒体上部提环，迅速奔到着火地点。决不能将灭火器扛在背上，也不能过分倾斜，以防两种药液混合而提前喷射。在距离燃烧物6m左右，即可将灭火器颠倒过来，并摇晃几下，使两种药液加快混合；一只手握住提环，另一只手抓住筒体下的底圈将喷出的射流对准燃烧最猛烈处喷射。同时随着喷射距离的缩减，使用人应向燃烧处推进。

③ 二氧化碳灭火器的使用方法。灭火时只要将灭火器提到或扛到火场，在距燃烧物5m左右，放下灭火器拔出保险销，一手握住喇叭筒根部的手柄，另一只手紧握启闭阀的压把。对没有喷射软管的二氧化碳灭火器，应把喇叭筒往上扳70°～90°。使用时，不能直接用手抓住喇叭筒外壁或金属联机管，防止手被冻伤。灭火时，当可燃液体呈流淌状燃烧时，使用者将二氧化碳灭火剂的喷流由近而远向火焰喷射。如果可燃液体在容器内燃烧时，使用者应将喇叭筒提起。从容器的一侧上部向燃烧的容器中喷射。但不能将二氧化碳射流直接冲击可燃液面，以防止将可燃液体冲出容器而扩大火势，造成灭火困难。推车式二氧化碳灭火器一般由两人操作，使用时两人一起将灭火器推到或拉到燃烧处，在离燃烧物10m左右停下，一人快速取下喇叭筒并展开喷射软管后握住喇叭筒根部的手柄，另一人快速按逆时针方向旋动手轮，并开到最大位置。灭火方法与手提式的方法一样。使用二氧化碳灭火器时，在室外使用的，应选择在上风方向喷射。在室外窄小空间使用的，灭火后操作者应迅速离开，以防窒息。

④ 手提式1211灭火器使用方法。使用时，应将手提灭火器的提把或肩扛灭火器带到火场。在距燃烧处5m左右放下灭火器，先拔出保险销，一手握住开启把，另一手握在喷射软管前端的喷嘴处。如灭火器无喷射软管，可一手握住开启压把，另一手扶住灭火器底部的底圈部分。先将喷嘴对准燃烧处，用力握紧开启压把，使灭火器喷射。当被扑救可燃烧液体呈

现流淌状燃烧时，使用者应对准火焰根部由近而远并左右扫射，向前快速推进，直至火焰全部扑灭。如果可燃液体在容器中燃烧，应对准火焰左右晃动扫射，当火焰被赶出容器时，喷射流跟着火焰扫射，直至把火焰全部扑灭。但应注意不能喷流直接喷射在燃烧液面上，防止灭火剂的冲力将可燃液体冲出容器而扩大火势，造成灭火困难。如果扑救可燃性固体物质的初起火灾时，则将喷流对准燃烧最猛烈处喷射，当火焰被扑灭后，应及时采取措施，不让其复燃。1211灭火器使用不能颠倒，也不能横卧，否则灭火剂不会喷出。另外在室外使用时，应选择在上风向喷射；在窄小的室内灭火时，灭火后操作者应迅速撤离，因1211灭火剂也有一定的毒性，要注意防止对人体的伤害。

⑤ 推车式1211灭火器使用方法。灭火时一般由两人操作，先将灭火器推到或拉到火场，在距燃烧处10 m左右停下，一人快速放开喷射软管，紧握喷枪，对准燃烧处；另一个则快速打开灭火器阀门。灭火方法与手提式1211灭火器相同。

⑥ 1301灭火器的使用。方法和适用范围与1211灭火器相同。但由于1301灭火剂喷出成雾状，在室外有风状态下使用时，其灭火能力没有1211灭火器高，因此更应在上风方向喷射。

6. 火灾逃生方法

（1）迅速报警。

（2）寻找出口，利用建筑物本身的避难设施进行自救。

（3）舍财保命。

（4）紧急求援，利用建筑物本身及附近自然条件自救。

（5）无法突围时，向浴室，卫生间转移匍匐前进，放水，卧地，防烟雾。

（6）结绳自救。

（7）谨慎跳楼：在非跳即死的情况下跳楼时，抱些棉被等物向楼下车棚，草地或树上跳，减缓冲击力。

二、防爆

1. 爆炸的条件　爆炸可分为物理性爆炸和化学性爆炸。物理性爆炸是由物理变化引起的，物质因状态或压力发生突变而形成的爆炸。例如容器内液体过热气化引起的爆炸，锅炉爆炸，压缩气体、液化气体超压引起的爆炸等。化学性爆炸是由物质发生极迅速地化学反应，产生高温、高压而引起的爆炸。

绝大多数的化学性爆炸是瞬间的爆炸，故燃烧的三个要素也是发生化学性爆炸的必要条件。除此之外，按一定的浓度比例范围组成的爆炸性混合物，遇着火源才会发生爆炸，这个浓度范围称为爆炸极限。爆炸性混合物能发生爆炸的最低浓度叫爆炸下限，最高浓度称为爆炸上限。混合物浓度低于爆炸下限或高于爆炸上限，遇着火源都不会发生爆炸。可燃气体和蒸汽的爆炸极限的单位，是以在混合物中所占体积的百分比来表示的；可燃粉尘爆炸极限的单位是以在混合物中所占体积的重量比（g/m^3）来表示的。

2. 防爆的基本原则　防爆的基本原则是：①要防止爆炸性混合物的形成和严格控制火源；②及时向政府相关部门的报警，取得支持；③爆炸一开始要及时泄压和切断爆炸的传播途径；④要设法减弱爆炸压力和冲击波对人员、设备和建筑物的损坏。

三、防腐

防腐就是通过采取各种手段，保护容易锈蚀的金属物品，来达到延长其使用寿命的目的。

1. 防腐方法 通常采用物理防腐、化学防腐、电化学防腐等办法。

（1）物理防腐：改变金属的内部组织结构。例如制造各种耐腐蚀的合金，如在普通钢铁中加入铬、镍等制成不锈钢。

保护层法：在金属表面覆盖保护层，使金属制品与周围腐蚀介质隔离，从而防止腐蚀。如：在钢铁制件表面涂上机油、凡士林、油漆或覆盖搪瓷、塑料等耐腐蚀的非金属材料；用电镀、热镀、喷镀等方法，在钢铁表面镀上一层不易被腐蚀的金属，如锌、锡、铬、镍等。这些金属常因氧化而形成一层致密的氧化物薄膜，从而阻止水和空气等对钢铁的腐蚀。

（2）化学防腐：用化学方法使钢铁表面生成一层细密稳定的氧化膜。如在机器零件、枪炮等钢铁制件表面形成一层细密的黑色四氧化三铁薄膜等。

消除腐蚀介质，如经常揩净金属器材、在精密仪器中放置干燥剂和在腐蚀介质中加入少量能减慢腐蚀速度的缓蚀剂等。

（3）电化学防腐：利用原电池原理进行金属的保护，设法消除引起电化腐蚀的原电池反应。电化学保护法分为阳极保护和阴极保护两大类。应用较多的是阴极保护法。

将被保护的金属作为腐蚀电池的阴极，使其不受到腐蚀，所以也叫阴极保护法。这种方法主要有以下两种：

牺牲阳极保护法：此法是将活泼金属（如锌或锌的合金）连接在被保护的金属上，当发生电化腐蚀时，这种活泼金属作为负极发生氧化反应，因而减小或防止被保护金属的腐蚀。这种方法常用于保护水中的钢桩和海轮外壳等，例如水中钢铁闸门的保护，通常在轮船的外壳水线以下处或在靠近螺旋桨的舵上焊上若干块锌块，来防止船壳等腐蚀。

外加电流的保护法：将被保护的金属和电源的负极连接，另选一块能导电的惰性材料接电源正极。通电后，使金属表面产生负电荷（电子）的聚积，因而抑制了金属失电子而达到保护目的。此法主要用于防止在土壤、海水及河水中的金属设备受到腐蚀。电化学保护的另一种方法叫阳极保护法，即通过外加电压，使阳极在一定的电位范围内发生钝化的过程。可有效地阻滞或防止金属设备在酸、碱、盐类中腐蚀。

2. 防锈涂料的作用及分类

（1）薄层防锈油：RPA型、GF型溶剂型薄层防锈油，经多数紧固件企业的各种不同工艺进行生产性应用，证明对紧固件产品具有良好的防锈性能，同时，易涂覆，色泽浅亮，溶剂挥发少，用量省，为厚层防锈油的1/3以下，故节约生产成本2/3以上。HH932脱水防锈油，可保证在10个月内不生锈；JN-2防锈油，主要用途为紧固件常温发黑后的处理。薄层防锈油可用于室内工序间防锈，也可以用于包装封存防锈。

（2）蜡膜防锈油：在溶剂稀释型防锈油或超薄层防锈油中加入某些油溶性蜡，可以获得含蜡的防锈保护膜，能明显地提高油膜的抗盐雾和耐大气性能。然而，常温下蜡是固态或半固态，在油品中极易析出，影响油品的外观和质量，甚至难以获得理想的防锈效果，因此，寻找油溶性较好，能明显改善防锈性的蜡是获得稳定性好、成膜均匀含蜡防锈油的关键。

蜡膜防锈油是由成膜剂、高效缓蚀剂和基础油组成的一种溶剂稀释型防锈油。与其他类型的防锈油相比，蜡膜防锈油具有油膜薄、防锈性好、涂层美观等特点。

（3）水溶性防锈油：我国目前的防锈油基本上都是以汽油、煤油或机械油作为溶剂的，都是由石油分馏出来的产物，目前因无法使含在石油里面的芳香烃脱出来，所以汽油、煤油和机械油都含有芳香烃，使用汽油、煤油做溶剂油，一是它的闪点低，易着火；二是污染环境，有害于人的身体健康，以水作为溶剂的 D·K8 号水溶性防锈油不含芳香烃、铅等对人体有害的物质，生产中无"三废"排放，防锈效果也是较理想的，这种防锈油易涂、易除，用在封存紧固件的防锈上，可用自来水清洗。

四、安全用电

用电管理是安全生产工作的重要内容，所以用电操作必须慎之又慎，有关操作人员一定要必须严格遵守用电操作规定。对一般职工应要求懂得电和安全用电的一般知识；对使用电气设备的一般生产工人除懂得一般电气安全知识外，还应懂得有关的安全规程；对于独立工作的电气工作人员，更应该懂得电气装置在安装、使用、维护、检修过程中的安全要求，应熟知电气安全操作规程，学会电气灭火的方法，掌握触电急救的技能，并应通过考试，取得合格证明。新参加电气工作的人员、实习人员和临时参加劳动的人员（干部和临时工等），必须在经过安全知识教育后，方可到现场随同参加指定的工作，但不得单独工作。

1. 触电事故

（1）电击和电伤的概念：电击指电流通过人体内部，使肌肉痉挛收缩而造成伤害，破坏人的心脏、肺部和神经系统甚至危及生命。电伤是电流热效应、化学效应和机械效应对人体的伤害，可使人体表面留下伤痕，包括电烧伤、电烙印、皮肤金属化、机械损伤、电光眼等。

（2）电流对人体的作用：电流对人体的作用是使肌肉突然收缩，引起痉挛、疼痛、心律异常、心房颤动等，使心脏和呼吸系统功能异常甚至危及生命；其热效应和化学效应可使人体严重病变。

（3）保护接零、接地的工作原理：保护接零，电气设备外露金属部分接电网的保护零线即中线，当设备带电部分与电气设备外露金属部分相碰连时，仅通过电气设备外露金属部分与中线间形成短路，进而引起保护跳闸。保护接地，适用于不接地电网，电气设备外露金属部分直接接地，并使接地电阻足够小，当电气设备外露金属部分意外带电时，由于接地电阻足够小，可使其所带电压降到安全电压以下。

2. 雷电危害

（1）雷电的种类及危害：雷电分为直击雷和感应雷，直击雷为带电雷云与地面突起处之间的电场过强，击穿空气而形成放电；感应雷分静电感应雷和电磁感应雷，前者是地面突起处因雷云靠近而感应出大量异性电荷，在雷云与别处放电后感应电荷失去束缚而以雷电波形式高速传播；后者是雷电引发骤变电磁场，使处于其中的导体上产生极高感应电压。

（2）防雷装置的类型、作用、人身防雷措施：防雷设备有如下。

避雷器（管型避雷器、阀型避雷器和氧化锌避雷器），用于电气设备防雷。当线路受雷击时，避雷器间隙被击穿，将雷电引入大地，这时进入被保护设备的电压仅为雷电波通过避雷器及其引线和接地装置产生的"残压"。雷电流通过以后，避雷器间隙又恢复绝缘状态，系统仍可正常运行。

避雷针，用于建筑物和一般设备防雷使用避雷针。当遇到直接雷击时，避雷针能够安全地将雷电流引入大地，保护建筑物和设备。

3. 静电危害

（1）静电的特性及危害：静电是由于两种不同物质相互接触、分离、摩擦而产生的。

静电电压可能高达数千伏甚至上百千伏，而电流和总能量很小。故当电阻小于 $1M\Omega$ 时就可能发生静电短路而泄放静电能量。

静电放电的火花能引起爆炸和火灾，故是造成人员工伤的原因之一。

（2）防静电措施：防止静电危害的主要措施就是接地、管道和设备连成连续的电气通路并且一点或多点接地。金属法兰两边应设跨接线。容积大于 $50 m^3$ 和直径大于 $2.5 m$ 的贮罐应接多点接地，并应沿设备外围均匀布置，其间距不应大于 $30 m$。当润滑油的电阻大于 $10^6 \Omega$ 时，设备的旋转部分必须接地；否则应采用接触电刷或导电润滑剂。移动的导电容器或器具应接地，导电地板、导电工作台必须采用可挠的铜线将其直接接地。在有可能发生静电危害的房间里，工作人员应穿导静电鞋，穿防静电服，腕部戴接地环，这些特殊场所的门把手和门闩也应接地。

4. 电磁场伤害的机理及防护措施

电磁场对人的伤害取决于其辐射强度和累计剂量，可对人的生理、心理、新陈代谢等方面造成一定伤害。世界卫生组织已将 $0\sim300 Hz$ 的低频磁场列为可疑致癌物。对电场危害的防护采取屏蔽隔离，人员穿着屏蔽工作服。目前对磁场的防护在技术上还不成熟。

5. 电气系统故障

供电系统异常停电会使生产过程陷入混乱，造成经济损失；有时会造成事故和人员伤亡。常见电气系统故障有异常停电、异常带电等。异常带电指在正常情况下不应当带电的生产设施或其中的部分（如机箱、手柄等）意外带电，俗称"漏电"，可造成人员伤害。在各种爆炸危险环境使用的电气设备，其结构上应能防止由于在使用中产生火花、电弧或危险温度而成为引爆源。电气系统线路老化、绝缘破损、过负荷等还可能引发火灾。

6. 用电安全要求

不能随意拉接电线。安装电器设备、布线时应请持电工作业操作证的员工。

熔断器熔体的选用要合适，不能随意调大，严禁用铁丝、铜丝等代替。严禁在配电箱、闸刀等下方堆放油、衣、纸箱、泡沫等物。

严禁用导线直接插入插座内使用，不得在电线上晾晒衣物和悬挂物品。

严禁使用破损的插头、插座及电线。电缆、电线连接处的绝缘一定要完好，并要设置明显标志，不得随意丢放在地面或潮湿处。

打扫卫生、擦拭电气设备、移动电器时，必须切断电源，并不得用水清洗。

在高压线断落、雷雨天，不要走近断落点、变压电杆、铁塔、避雷针接地线周围 $20 m$ 内，以免发生跨步电压而触电。搬移长金属杆、棒等物品时，要严防触及高压线。

7. 电器设备安全管理"八不准"

①非持证电工不准装接电器设备。②破损的电器设备应及时调换，不准使用绝缘损坏的电器设备。③设备检修切断电源时，任何人不准启动挂有警告牌的电器设备和合上拨去的熔断器。④不准用水冲洗电器设备。⑤熔断丝熔断时，不准调换容量不符的熔丝。⑥发现有人触电，应立即切断电源，进行抢救。未脱离电源前不准直接接触触电者。⑦雷雨天时，不准接近避雷针和避雷器。⑧不准移动带电设备、设施。

五、企业员工的安全职责及生产安全

1. 企业员工的安全职责

努力学习劳动安全知识，不断提高技术业务水平，自觉遵守各项劳动纪律和管理制度；遵守各工种的劳动技术操作规程，不违章作业，不冒险蛮干；爱护并正确使用生产设备、防护设施和防护用品；拒绝违章指挥，制止他人违章作业；正确使用劳动保护、防护用品等；参加各种安全生产宣传教育活动。

2. 生产安全

（1）上岗操作前要"一想、二查、三严"：

一想：当天生产中有哪些不安全因素，以及如何处理。

二查：查工作场所、机械设备、工具材料是否符合安全要求，有无隐患；再查自己的操作是否会影响周围人的安全。

三严：严格遵守安全制度、严格执行操作规程、严格遵守劳动纪律。

（2）遵守安全操作规程：安全操作规程是工人操作机械设备和高精度仪器仪表，以及从事其他作业必须遵守的程序，它是企业安全生产规章制度的重要内容（具体的规章由企业根据设备说明书或行业标准自行制定），绝大部分安全生产事故都是因为由遵守安全操作规程引起的。

（3）严禁违章作业，拒绝冒险作业：机械设备转动部位必须装好防护罩才允许工作；机械运转状态下，不得擅自离开，置机械于无人管理状态。不准对运转的机械装置进行清理、加油或修理。清理、加油或修理机械装置、电器等装置时，必须切断电源，停机后进行。

不得将手伸入压力机械施压部位，操作旋转机械设备不允许戴手套或用其他物件代替规定的工具作业。

及时报废更新工具。不准用汽油清洗工作台，学会使用灭火器械。

不穿戴不符合安全要求的劳动保护用品。

下班离岗时要仔细清查岗位有关电源、产品、半成品、原料等的安全状况。要把易燃物品搬离电动机、照明灯、热源等处。

在生产劳动中，生产环境和机器设备、劳动工具等存在着某些对劳动者安全、健康不利因素。为了预防伤亡事故的发生，保护劳动者的安全健康，每个劳动者都必须自觉遵守各种安全制度和操作规范。

3. 毒性中药生产安全知识　毒性中药系指毒性极大，其药理作用剧烈，安全剂量范围小，极量与致死量接近，治疗上服用剂量极小，超过极量能引起中毒或危及生命的一类中药。如：砒石、川乌、草乌、雪上一支蒿、巴豆、天南星、甘遂、半夏、狼毒、轻粉等。

生产含毒性中药的制剂，必须严格执行制剂工艺操作规程，应根据药物的性质用适宜的方法使药物分散均匀，在本单位质量管理人员的监督下准确投料，并建立完整的制剂记录，保存5年备查。制剂过程中的废弃物，必须妥善处理，不得污染环境。

对于有毒的中药的保管，应专人负责，专用账册，专库（或专柜）加锁保存，并要有明显的标记。每个品种应单独存放、定期盘点，做到账物相符，如发现问题应及时向有关部门报告。

六、废弃物处理

企业在生产经营活动中不可避免会产生各类废弃物，企业员工要严格执行有关规定，对废弃物的进行分类、收集及处理，以减少由此产生的环境污染。公司各部门各级人员都有责任和义务尽可能地降低产品的不良率，从而达到减少废弃物产生这一目的。

1. 废弃物的分类　根据废弃物的毒害性，将废弃物分为：一般废弃物、危险废弃物。

（1）一般废弃物：根据一般废弃物的不同属性，一般废弃物又可分为：

① 可回收的废弃物。主要包括：报纸、办公用纸、包装箱、纸皮、纸屑、塑料瓶（桶）、玻璃瓶（渣）等。

② 不可回收的废弃物。主要有：各种废笔、笔芯、复写纸、传真纸、标签纸、透明胶、厂卡套等办公用品；废胶带、色带、磁盘、文件夹、废双面胶等；不含危险性成分的废手套、工衣、拖鞋、口罩等；废纸杯（饮料瓶）、残余食品、塑料膜、包装袋等日常生活垃圾。

（2）危险废弃物：

① 废油类。废机油、润滑油及其容器、污染物。

② 废化学药剂类。废弃胶水、油漆等及含上述成分的容器、手套、指套、碎布、纸巾、废刮胶等。

③ 各种含有毒、有害化学品成分之物品。日光灯管、干电池、墨瓶、废涂改液（瓶）、废碳粉盒等。

2. 废弃物的管理　选定适当的场所用于放置各类废弃物，对于危险废弃物的放置场所必须有防雨淋、防火、通风、防泄漏和消防设施。

在相应场所适当放置投放各类废弃物的专用容器，以便分类收集。各工序的员工须按规定的要求将各种废弃物投入相应的专用容器中。

清洁工每天负责将各区域存放的废弃物进行收集、分类、标识，并清理至指定区域。

3. 废弃物的处理

（1）一般废弃物的处理：

① 不可回收垃圾类废弃物的处理。由清洁人员将收集好的废弃物清理至指定放置场所集中处理。

② 可回收废弃物的处理。将可回收的有价废弃物分好类，收集到指定位置。收集到一定程度时由可回收废弃物公司收购。

（2）危险废弃物的处理：危险废弃物须由有处理资格的单位对其进行处理，并做好相关记录。

（3）应急处理：收集、清运、处理各类废弃物的全过程中，如果出现了火灾、泄漏等环境紧急或异常状态，发现者应按照企业安全应急预案规定的要求进行处理及对应。

第六节　验　　证

一、验证管理

验证是证明任何程序、生产过程、设备、物料、活动或系统确实能达到预期结果的有文件证明的一系列活动。

在兽药生产中，验证是指用以证实在兽药生产和质量控制中所用的厂房、设施、设备、原辅材料、生产工艺、质量控制方法以及其他有关的活动或系统，确实能达到预期目的的有文件证明的一系列活动。

"验证"概念的形成和发展是质量管理朝着"治本"方向发展的必要条件。验证的引入使兽药GMP质量管理从质量检验转移至质量保证，是与其他质量管理的理论和形式最本质的区别,所以验证是兽药 GMP 的"灵魂",它是实施 GMP 的基础。

验证既是用试验来证实设计的过程,也是将设计的设想变成现实的过程。验证的结果往往会导致设计的修改,工艺条件的变更以及各种规程的制订或完善。

生产过程应是执行各种标准和规程的过程,同时也可以看作是验证过程的延续。这一过程在常规监控下进行,任何偏差都应记录在案,供以后的再验证使用。

设备更新,工艺条件的改变,机器设备经过长期运行后性能的变化可能会导致已验证过的状态发生漂移。这些改变可以通过再验证来建立新的已验证状态。再验证的结果常常导致有关规程的修改、标准的完善,使企业质量保证落到实处,保持高水平的 GMP 管理。

兽药 GMP 对验证管理的具体要求如下:兽药生产验证应包括厂房、设施及设备安装确认、运行确认、性能确认、模拟生产验证和产品验证及仪器仪表的校验。

产品的生产工艺及关键设施、设备应按验证方案进行验证。当影响产品质量的主要因素,如工艺、质量控制方法、主要原辅料、主要生产设备或主要生产介质等发生改变时,以及生产一定周期后,应进行再验证。

应根据验证对象提出验证项目,并制订工作程序和验证方案。验证工作程序包括:提出验证要求、建立验证组织、完成验证方案的审批和组织实施。

验证方案主要内容包括:验证目的、要求、质量标准、实施所需要的条件、测试方法、时间进度表等。验证工作完成后应写出验证报告,由验证工作负责人审核、批准。

验证过程中的数据和分析内容应以文件形式归档保存。验证文件应包括验证方案、验证报告、评价和建议、批准人等。

二、验证分类

验证基本上分为 3 大类:前验证(Prospective Validation)、回顾性验证(Retrospective Validation)、再验证(Revalidation)。在企业验证的实践中,验证还存在另一种形式,即同步验证(Concurrent Validation)。每种类型的验证活动均有其特定的适用条件。

(1)前验证:是指新产品、新处方、新工艺、新设备在正式投入生产使用前,必须完成并达到设定要求的验证。

这一方式通常用于产品质量有特殊要求,靠生产控制及成品检查不足以确保生产工艺或过程的重现性及产品质量。无菌产品生产中的灭菌工艺(如湿热灭菌、干热灭菌及无菌过滤、在线灭菌系统)应当进行前验证,非最终灭菌的冻干型、溶液型注射剂或注射用无菌粉末的配置设备、灌装用具、工作服、手套、过滤器、容器、密封件等的灭菌应进行前验证,新品、新型设备及其生产工艺的引入前的验证等采用前验证来考查其重现性及可靠性。

进行前验证时,必须具备以下条件:①处方的设计、筛选及优选确已完成;②中试生产已经完成,关键的工艺及工艺参数已经确定,相应参数的控制范围已经摸清;③已有生产工艺方面的详细技术资料,包括有文件记载的产品稳定性考察资料;④必须至少完成了一个批号的试生产。

质量管理部门及计量部门的验证必须在其他验证开始之前完成。前验证流程如图 2-10。

(2)同步验证:是指生产中在某项工艺运行的同时进行的验证,用实际运行中获得的数据作为文件的依据,以证明该工艺能达到预期要求。

这种验证方式适用于对所验证的产品工艺有一定的经验,其检验方法、取样、监控措施

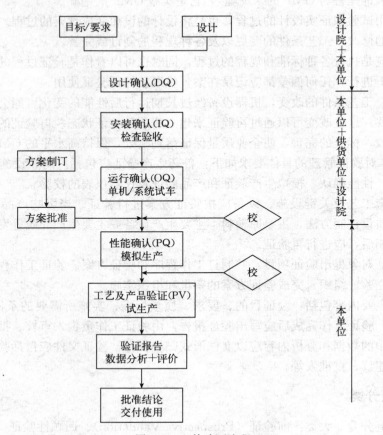

图 2-10　前验证流程

等较成熟。采用这种验证方式的条件是：①有完善的取样计划，即生产及工艺条件的监控比较充分；②有经过验证的检验方法，其灵敏度及选择性等都较好；③对所验证的产品或工艺已有相当的经验及把握。

同步验证可用于非无菌产品生产工艺的验证，可与前验证相结合进行验证。

同步验证与生产同时进行，该验证取得结果的同时会生产出合格的产品，但也可能会给产品质量带来风险，应慎用。

（3）回顾性验证：系指以历史数据的统计分析为基础，旨在证实正常生产的工艺条件适用性的验证。这种方式通常用于非无菌产品的工艺验证。必须具备以下条件方可应用：①至少有 6 批符合要求的数据，有 20 批以上的数据更好；②检验方法已经过验证，检验的结果可以用数值表示，可以进行统计分析；③批记录符合兽药 GMP 要求，记录中有明确的工艺条件，且有关于偏差的分析说明；④有关的工艺变量是标准化的，并一直处于控制状态，如原料标准、洁净区的级别、分析方法、微生物控制等。

回顾性验证通常不需要预先制订验证方案，但需要一个比较完整的生产及质量监控计划，以便能够收集足够的资料和数据对生产和质量进行回顾性总结。

同步验证、回顾性验证通常用于非无菌工艺的验证，一定条件下二者可以结合使用。在准备生产一个现成的非无菌产品时，如已有一定的生产类似产品的经验，则可以以同步验证作为起点，运行一段时间，将生产中的各种数据和相关资料汇总起来，进行回顾性验证。

回顾性验证常常可以反映工艺运行的"最差条件"，预示可能的"故障"前景。因此回顾性工艺验证可能导致对"再验证"方案的制订及实施。图 2-11 为回顾性验证流程。

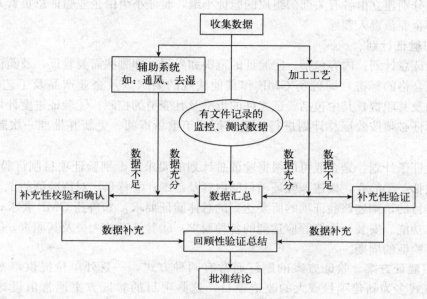

图 2-11 回顾性验证流程

（4）再验证：系指对产品已经验证过后的生产工艺，关键设施及设备、系统或物料在生产一定周期后进行的重复验证，在下列情况之一需进行再验证：①关键设备大修或更换及程控设备在预定生产一定周期后；②批量数量级的变更；③趋势分析中发现有系统性偏差；④当影响产品质量的主要因素，如工艺、质量控制方法、主要原辅料、主要生产设备或主要生产介质发生改变时。

企业应根据自身产品及工艺的特点制订再验证的周期，一般不宜超过 2 年。即使在设备及规程没有任何变更的情况下，也要求定期进行再验证。如产品的灭菌设备，在正常的情况下须每年作 1 次再验证，又如培养基模拟分装试验每年至少 2 次。

几种验证方式的主要特征及适用条件如表 2-4。

表 2-4 验证方式比较

类 别	前验证	同步验证	回顾性验证	再验证
主要特征	正式投产前的质量活动，新工艺、新设备、新产品引入时采用	特殊监控条件下的试生产	通过对历史数据分析、考虑、证实工艺可靠性	对关键设备、工艺在无变更的情况下进行
适用条件	产品要求高，无或缺乏历史资料，靠生产控制及成品检验难以确保产品质量	对所验证的产品或工艺有较成熟的经验与把握，有完善的取样计划，工艺条件能充分监控，检验方法已验证并可靠	对产品的生产工艺有完整的生产与质量监控计划，已积累充分数据	对产品的安全性起决定性作用的关键设备、工艺

三、验证工作程序

1. 建立验证小组 企业应制订专职或职能部门负责验证管理的日常工作。根据不同的验证对象，分别建立由各有关部门组成的验证小组，验证小组由企业验证总负责人，即主管验证工作的企业负责人领导。

2. 制订验证计划

（1）验证总计划：内容包括。①验证的范围和界限，即哪些需要验证，及验证的主要内容；②验证合格的标准，即兽药 GMP 和其他法规的要求以及企业产品及工艺特殊要求；③组织机构及其职责，其中包括验证文件的批准及其变更的控制；④验证进度计划。

所有验证必须按验证总计划进行，至少每两年重新审阅、更新并批准一次新的验证总计划。

（2）验证子计划：是企业可以根据验证总计划的要求对个别验证项目制订验证子计划。内容至少包括：①简介，概述该验证项目的内容及范围；②背景，对待验证的工艺或系统进行描述；③目的，阐述该验证项的所要达到的总体验证要求，如兽药 GMP 要求，设备的材质、结构、功能、安装、性能等应达到的各种要求；④验证有关人员及其职责；⑤验证的进度计划及再验证的周期。

3. 制订验证方案 验证方案的制订通常有两种方式，一是外单位提供草案，本厂会签，这种方式多为新建项目或大的改造项目，这些项目的验证方案通常由设计单位或委托咨询单位提供。另一种方式则是由本厂某部门起草，由质量管理部门及其他有关部门会签。

验证方案内容根据性质，可大致分为以下两种类型：

（1）设备安装确认和运行确认方案：该方案一般应包括以下内容：①验证目的；②对验证项目各组成部分的概述；③验证项目范围；④要求收集的数据，实施验证人员需要注意的事项及签字；⑤验证参与人员的职责；⑥操作说明及有关资料的检查；⑦图纸资料的检查；⑧验证项目组成部分的检查；⑨公用系统的检查；⑩仪器、计量器具校验检查；⑪仪器、计量器具的校验；⑫运行确认的试验运行检查；⑬有关操作规程的检查；⑭操作人员的培训检查；⑮附录；⑯对验证项目最后的评定，处理意见。

（2）工艺过程验证和产品验证方案：该方案一般应包括以下内容：①验证目的；②概述验证方案；③验证范围；④实施验证人员的职责；⑤验证的具体内容；⑥有关的参考图纸、资料；⑦产品配方；⑧生产过程控制方案；⑨采样记录。

4. 组织实施 验证方案批准后，由验证小组组织各个职能部门共同参与实施。实施过程可按安装确认、运行确认、性能确认、工艺验证、产品验证等阶段进行，并做好各阶段报告的起草。验证小组负责收集、整理验证的记录与数据后，起草阶段性和最终结论文件，上报验证总负责人审批。

5. 验证报告及其审批 验证工作结束后，应以一个简要的技术报告形式来汇总验证的结果，形成验证报告，并根据验证的最终结果做出结论。验证报告应提出再验证时间的建议。验证报告必须由验证方案的负责人进行审核和批准。

6. 验证文件管理 验证全过程的记录、数据和分析内容均应以文件形式，按验证品种分类保存。验证方案、记录、报告、证书等都必须保存至该系统、设备使用期后 6 年。

四、验证内容

验证工作的基本内容包括：厂房设施的验证、设备验证、检验及计量验证、工艺验证、清洗验证、产品验证以及计算机系统的验证等各个方面。

(一)厂房与设施的验证

厂房与设施的验证主要包括空气净化系统验证、工艺用水系统的验证、工艺用气系统的验证。

1. 空气净化系统验证的主要内容 空调净化系统（HVAC）的验证，由测试仪器校正、安装确认、运行确认、环境监测等方面组成。验证的主要内容如下：

HVAC 系统测试仪器的校验：对 HVAC 系统的测试、调整及监控过程中，需要对空气的状态参数和冷热媒的物理参数，空调设备的性能参数，房间的洁净度进行大量的测定工作，将测得的数据与设计数据进行比较、判断。这些物理参数的测定需要使用经过检定的且准确的仪器、仪表来完成。

所有仪表检定、校正、标定均应在系统测试和环境监测前完成并记录在案，作为整个验证文件的一个组成部分。

HVAC 系统的安装确认：其内容有空气处理设备（主要是空调和除湿机）的安装确认；风管制作、安装的确认；风管及空调设备清洗的确认；空调设备所用的仪表及测试仪器的一览表及检定报告；HVAC 系统操作手册、SOP 及控制标准；高效过滤器的检漏试验。

HVAC 系统的运行确认：HVAC 系统的运行确认由工程部门负责，主要为检查并认可施工队对以下内容调整测试的结果：空调设备的测试；高效过滤器的风速及气流流向测定；空调测试和空气平衡；悬浮粒子和微生物的预测定。

空调净化系统（HVAC）验证的周期：HVAC 系统在新建、改建以后可作全面验证（性能确认）；正常运行后，只需记录房间的温度、湿度，检查房间的风压即可。空调系统中空气平衡一经调整，平时不可随便变动风阀位置，一般只需每年检查一次风量，从而核算出各房间的换气次数即可。无菌产品的生产对环境要求较严，除 HVAC 系统安装结束做验证外，还要定期测试一些项目，如：①高效过滤器每年需做 1 次泄漏试验；②高效过滤器调换或修理后，必须做泄漏试验；③HVAC 系统的风量每年检查 1 次，并计算房间的换气次数；④洁净度 C 级以上的房间在无菌产品生产期间，应每天测正压，使房间始终保持正压状态，每天或至少每 3 天进行一次无菌监测；⑤表面污染及人体细菌测试，在无菌产品生产期间应每天进行；⑥无菌产品停止生产，HVAC 关闭后要恢复生产，需按验证要求进行悬浮粒子数，浮游菌或沉降菌的测试。

2. 工艺用水系统的验证

（1）水系统的安装确认：水系统的安装确认工作由工程、设备部门完成。主要是根据生产要求，检查水处理设备和管道系统的安装是否符合设计要求，能否满足生产需要。主要内容有：制水装置的安装确认；管道分配系统的安装确认；仪器仪表的校正；列出水系统所有设备操作手册和日常操作、维修，监测的 SOP 等。

（2）水系统的运行确认：水系统运行确认的主要内容有：检查水处理各个设备的运行情况；测定设备的参数；检查阀门和控制装置是否正常；检查储水罐的加热保温情况等。

（3）水系统的监控及验证的周期：

① 系统建成或改建后必须作验证。

② 根据设计和使用情况应有持续 3 周各取样点每天取样化验的记录。各取样点检验结果必须全部合格，如有不合格点，允许再测一次。如仍不合格，必须排除原因后，重测至合格。

③ 水系统正常后一般循环水泵不得停止工作。若停用，应在恢复生产前开启水处理系统并做 3 个周期的监控，结果应合格。

④ 水系统的管道一般每周用纯蒸汽消毒灭菌 1 次。

3. 工艺用气系统的验证　工艺用气一般指直接接触产品的的气体，如作为保护性气体用的氮气、二氧化碳及压缩空气等。应对以下几个方面进行验证：

（1）气体供应（一定的纯度和数量），气体要化验其纯度，最大的使用量必须小于系统的供应量。

（2）储存设施的规模必须合适而且是由合适的材料制成的，不与气体起反应。

（3）分配系统的规模大小必须合适，以提供能要求的气量，如果材料合适，分配系统对气体的质量就不会有影响。用来运送气体的系统不允许与可能污染气体的其他任何系统相连。

（二）设备验证

设备验证是指对生产设备的设计、选型、安装及运行的正确性以及工艺适应性的测试和评估，证实该设备能达到设计要求及规定的技术指标。设备的安装确认、运行确认及性能确认是一切验证的基础。有些单位还将设计确认引入到设备验证的第一步，即对设备的设计与选型进行确认，对供应商的选择放到了设备的预确认中。设备验证程序如下：

（1）预确认：是对设备的设计与选型的确认。内容包括对设备的性能、材质、结构、零件、计量仪表和供应商等的确认。

（2）安装确认：主要确认内容为安装的地点、安装情况是否妥当，设备上的计量仪表的准确定和精确度，设备与提供的工程服务系统是否符合要求，设备的规格是否符合设计要求等。在确认过程中测得的数据可用以制订设备的校正、维护保养、清洗及运行的书面规程。即该设备的 SOP 草案。

（3）运行确认：根据 SOP 草案对设备的每一部分及整体进行空载试验。通过试验考察 SOP 草案的适应性、设备运行参数的波动情况、仪表的可靠性以及设备运行的稳定性，以确保该设备能在要求范围内正确运行并达到规定的技术指标。

（4）性能确认：模拟生产工艺要求的试生产，以确定设备符合工艺要求。在确认过程中应对运行确认中的各项因素进一步确认，并考查产品的内在、外观质量，由此证明设备能适合生产工艺的需要稳定运行。

设备验证所得到的数据可用以制订及审查有关设备的校正、清洗、维修保养、监测和管理的书面规程。表 2-5 为设备验证程序。

表 2-5　设备验证程序、文件和内容

程　序	文　件	确认内容
预确认	设备设计要求及各项技术指标	(1) 审查技术指标的适用性及 GMP 要求 (2) 收集供应商资料 (3) 优选供应商
安装确认	(1) 设备规程标准及使用说明书 (2) 设备安装图及质量验收标准 (3) 设备各部件及备件的清单 (4) 设备安装相应公用工程和建筑设施 (5) 安装、操作、清洁的 SOP (6) 记录格式	(1) 检查及登记设备生产的厂商名称，设备名称、型号，生产厂商编号及生产日期、公司内部设备登记号 (2) 安装地点及安装状况 (3) 设备规格标准是否符合设计要求 (4) 计量、仪表的准确性和精确度 (5) 设备相应的公用工程和建筑设施的配套 (6) 部件及备件的配套与清点 (7) 制订清洗规程及记录表格式 (8) 制订校正、维护保养及运行的 SOP 草案及记录表格式草案
运行确认	(1) 安装确认记录及报告 (2) SOP 草案 (3) 运行确认项目、试验方法、标准参数及限度 (4) 设备各部件用途说明 (5) 工艺过程详细描述 (6) 试验需用的检测仪器校验记录	(1) 按 SOP 草案对设备的单机或系统进行空载试车 (2) 考察设备运行参数的波动性 (3) 对仪表在确认前后各进行一次校验，以确定其可靠性 (4) 设备运行的稳定性 (5) SOP 草案的适用性
性能确认	(1) 使用设备 SOP (2) 产品生产工艺 (3) 产品质量标准及检验方法	(1) 空白料或代用品试生产 (2) 产品实物试生产 (3) 进一步考察运行确认中参数的稳定性 (4) 产品质量检验 (5) 提供产品的与该设备有关的 SOP 资料
结论	验证报告、审批、培训	
归档文件	验证方案，设备制造和设计标准，预确定，安装确认，运行确认，性能确认，标准操作规程，仪器、备件、润滑剂、部件清单，维护保养计划及程序，变更控制程序，工程图纸，试验和检查报告，清洁和使用记录，验证报告	

（三）检验与计量的验证

1. 精密仪器的确认　检测仪器的确认是检验方法和检验方法验证的基础，因此应在投入正式使用之前进行确认，须在其他验证开始之前完成。检测仪器确认工作内容应根据仪器类型、技术性能而定，通常包括：安装确认、校正、适用性预试验和再确认。

（1）安装确认内容：①登记仪器名称、型号、生产厂商名称、生产日期、安装地点等；②收集汇编和翻译仪器使用说明书和维修保养手册；③检查记录所验收的仪器是否符合厂方规定的规格标准；④检查并确保有该仪器的使用说明书、维修保养手册和备件清单；⑤检查安装是否恰当，气、电及管路连接是否符合要求；⑥制订使用规程和维修保养制度，建立使用日记和维修记录；⑦制订清洗规程；⑧明确仪器设备技术资料的专管人员及存放地点等。

（2）校正：按每种仪器的不同要求进行校正。如紫外分光光度计校，包括波长较正、吸收度准确性测试、杂散光检查等；气相色谱仪与高效液相色谱仪均要求做系统性试验，在规定的色谱条件下测定色谱柱的最小理论塔板数、分离度和拖尾因子，并规定变异系数等。

（3）适用性预试验：仪器安装确认完成后，在其功能试验符合要求的情况下，应用标准品或对照品对其进行适用性检查，以确认仪器是否符合使用要求。

上述各项试验工作完成的同时，应做好相应的文件记录等，所有资料应归档，每一台仪器均应有一套完整的档案资料。

（4）再确认：每一台新购买的仪器在确认工作结束后，应根据仪器的类别、确认的经验制订再确认的计划。再确认的时间间隔和内容要根据仪器类别和使用情况决定，一般是3个月、6个月或1年。

2. 检验方法的适用性验证　检验方法是判断物料、产品是否符合标准的方法，因此检验方法必须进行验证。《中国兽药典》对检验方法的验证也有明确要求，有下列情形之一的，应当对检验方法进行验证。

① 采用新的检验方法。

② 检验方法需变更的。

③ 采用《中国兽药典》及其他法定标准未收载的检验方法。

④ 法规规定的其他需要验证的检验方法。

检验方法验证的内容通常应包括以下几方面：

（1）准确度：准确度系指用该方法测定的结果与真实值或参考值接近的程度，测量值与真实值或参考值愈接近，测量值的误差愈小，测量值就愈准确。一般采用对照试验、回收试验和空白试验来测试准确度。在检验方法验证中，方法的准确度通常用回收率来表示。

（2）精密度：精密度是指在规定的测试条件下，同一均匀供试品，经多次取样测定所得结果之间的接近程度。测得值彼此愈接近，测量的偏差愈小，测量就愈精密。精密常用一般偏差、标准偏差或相对标准偏差（亦称变异系数）表示。在相同条件下，由同一个分析人员所测得结果的精密度称为重复性；在不同时间由不同分析人员用不同设备测定结果之间的精密度，称为中间精密度；在不同实验室由不同分析人员测定结果之间的精密度，称为重现性。

（3）线性范围：取样量或样品浓度在一定范围内变化时，测定含量的结果也成正比的变化，这样的取样范围称之为线性范围。在适当的线性范围内取样，才能达到准确度和精密度的要求，因此应进行线性范围试验。

（4）选择性：选择性试验应根据被测样品中主药的中间体或可能的分解产物以及所用的辅料对验证检验方法的影响进行试验，以选择干扰最小或无干扰的检验方法。

在以上检验方法验证的适用性试验中，最重要的是准确度和精密度。为了顺利完成验证试验，还必须特别注意，取样要有代表性，称量要准确，对照试验与空白试验应同时进行；试剂试药的纯度一定要标准化。表2-6为检验方法的验证内容，表2-7为《中国兽药典》检验项目要求的验证内容。

表 2-6　检验方法的验证内容

程　序	内　容
建立验证方案	(1) 文件资料查阅，确定标准及方法 (2) 确定试验及检查范围 (3) 确定步骤 (4) 方案审批
分析仪器的确认	(1) 安装：确认安装、检查、文件检查及保存 (2) 仪器校正 (3) 适用性预试验 (4) 再确认：制订再确认的周期 (5) 制订使用、清洁、保养规程，建立记录
适用性试验	(1) 准确度试验：回收率测定 (2) 精密度测定：重现性，相对标准差常规时＜1.0%，采用 HPLC 时应＜2.0% (3) 专属性 (4) 检测限 (5) 定量限 (6) 线性 (7) 范围 (8) 耐用性
验证报告	评价及批准，归档
检验规程	起草、审批后建立

表 2-7　《中国兽药典》检验项目及验证内容

项目 内容	鉴别	杂质测定		含量测定及溶出量测定	项目 内容	鉴别	杂质测定		含量测定及溶出量测定
		定量	限度				定量	限度	
准确度	－	＋	－	＋	检测限	－	－③	＋	－
精密度	－	－	－	－	定量限	－	＋	－	－
重复性	－	＋	－	＋	线性	－	＋	－	＋
中间精密度	－	＋①	－	＋①	范围	－	＋	－	＋
专属性②	＋	＋	＋	＋	耐用性	＋	＋	＋	＋

① 已有重现性验证，不需要验证中间精密度。

② 如一种方法不够专属，可用其他分析方法予以补充。

③ 视具体情况予以验证。

（四）生产工艺验证

生产工艺验证是指证明生产工艺的可靠性和重现性的验证。在厂房与设施、设备及质量控制等验证工作完成后，对产品生产线所在的生产环境及设备功能、质量控制方法及工艺条件的验证，以证实所设定的工艺路线和控制参数能确保产品的质量。

工艺验证可以在生产线所在的已验证的厂房设施、设备和工艺卫生条件下进行，也可按具体情况分别实施。

凡能对产品质量产生差异和影响的关键生产工艺条件应经过验证。验证的工艺条件要模拟生产实际并考虑可能遇到的条件，可以采用最差状况的条件或挑战性试验。验证后的产品质量用经过验证的检验方法进行评估。验证应重复一定次数，以证明工艺的可靠性和重现性。

最差条件：系指该工艺条件导致工艺及产品失败的可能性比正常的工艺条件更高的条件。

挑战性试验：指对某一工艺、设备或设施设定的苛刻条件的试验，如对灭菌程序的细菌、内毒素指示剂以及无菌过滤的除菌试验等。

(五) 清洁验证

清洁验证是指对设备、容器或工具清洁方法的有效性的验证，其目的是证明所采用的清洁方法确能避免产品的交叉污染以及清洗剂残留的污染。

验证的内容包括清洗方法、采用清洁剂是否易于去除、冲洗液采样方法、残留物测定方法及限度等，验证时考虑的最差情况为设备最难清洗的部件，最难清洗的产品以及主药的活性等。

清洗检查的取样方法及标准如表2-8。

表2-8　清洗验证取样方法及标准

取样方法	标　　准
目检法	无可见的残留物或残留气味
棉签擦拭法取样	化学残留物≤10×10^{-6}；或生物活性浓度≤1/1 000；微生物计数≤50 CFU/棉签
最终冲洗液取样法	化学残留物≤10×10^{-6}；或生物活性浓度≤1/1 000；微生物计数≤25 CFU/棉签

(1) 目测法：主要检查清洗后的设备或容器内表面是否有可见残留物或残留有气味。

(2) 最终冲洗液取样法：即收集适当量最后一次清洗液作为测试样来检测其浓度。

(3) 棉签擦拭取样法：即用蘸有适当溶剂的棉签在设备或容器的规定大小内表面上擦拭取样，然后用适当的溶剂将棉签上的样品溶出供测试。

最终冲洗液取样法及棉签擦拭取样法的样品，在不考虑取样回收率影响的情况下，药物残留的一般限度为0.001%或更高。其主要适用于产品接触的表面以确保其残留量不影响下批产品或下一品种的质量。而目测法一般仅用于产品不直接接触的外表面。

(六) 产品验证

产品验证是指在生产各工序工艺验证合格的基础上进行的全过程工艺的验证，以证明全过程的生产工艺所获得的产品符合预定的质量标准。

产品验证按每个品种进行，每一产品应先制订原辅料、包装材料、半成品的合格标准及经过验证的检验方法。产品的稳定性试验方法应经验证确能反应产品贮存期内质量。

成熟的产品可以采用回顾性验证方法进行验证。通过从足够批次该产品的批档案中收集的产品的质量信息，加并以整理，必要时作适当的补充后进行分析，最后得出结论，以证明该产品的生产工艺能正常顺利运转，产品质量稳定。

（七）计算机系统验证

制药企业中用于控制生产过程、或处理过程与产品制造、质量保证及质量控制相关的计算机系统应进行验证。其验证内容相当于工艺验证；其中计算机主机、外围设备以及其相关的生产设备或质量控制设备，相当于工艺验证中的设备；输入过程和"内部处理"过程（软件）相当于工艺验证中的工艺，"输出"或对另一设备的控制即相当于工艺验证中的产品。

五、制剂生产验证

以小容量注射剂为例介绍生产验证。主要包括以下几方面的验证：

1. 厂房与公用系统验证 洁净厂房，工艺用水制备及输送系统，HVAC系统，工艺用气系统等。

2. 设备验证 小容量注射剂生产的设备主要有洗瓶烘瓶系统、配液过滤系统、灭菌设备、灌封机等。

用于小容量注射剂生产的过滤器，主要有滤棒和薄膜过滤器等。应检查其清洁处理情况、滤速测定、孔径测定等，应符合生产要求。

（1）灭菌设备：多用热压灭菌法与流通蒸汽灭菌法两种。

（2）灌封系统：验证内容主要有：

① 灌封机。检查药液灌注量（根据药液的黏度，宜适当调整灌装量）、灌注速度、封口的完好性。

② 惰性气体。检查纯度，应在99%以上。

③ 安瓿空间充惰性气体。检查残氧量，应达到设计要求。

3. 生产工艺验证 小容量注射剂生产过程包括原辅料的准备、配液及过滤、灌封与封口、灭菌与检漏、质量检查、印字包装等步骤，每个步骤都应经过验证。

小容量注射剂生产工艺的验证中，同样需首先对检验方法进行验证，然后按生产工艺规程进行试生产即产品验证。

生产工艺验证中半成品的检查内容包括无菌过滤前的药液带菌量、灌装前的药液带菌量、可见异物、pH、活性成分含量、装量差异等，均应符合规定，对成品应作规格检查及稳定性考查，每一品种每种规格的产品其产品验证至少应有3批验证数据。

小容量注射剂生产工艺验证内容指标主要有：①无菌过滤前药液带菌量（不能在最后容器中灭菌的产品）应<10个/mL；②细菌内毒素（对输液添加剂而言），应<0.5 EU/mL；③灭菌前药液的带菌量，应<100个/mL；④可见异物，应无异物；⑤pH，应符合内控质量标准要求；⑥活性成分，应符合内控质量标准要求；⑦管道清洁液，可见异物应符合要求；⑧无菌灌装，污染率<0.1%。

六、验证方案与报告

验证方案主要内容包括：验证目的、要求、质量标准、实施所需要的条件、测试方法、时间进度表等。验证工作完成后应写出验证报告，由验证工作负责人审核、批准。验证过程中的数据和分析内容应以文件形式归档保存。验证文件应包括验证方案、验证报告、评价和建议、批准人等。

下面以某企业双黄连口服液（100 mL）生产工艺验证方案及验证报告为例介绍。

（一）双黄连口服液（100 mL）生产工艺验证方案

1　验证机构及职责（略）

2　验证方案的起草、审核及批准（略）

3　概述

双黄连口服液属纯中药制剂，辛凉解表，清热解毒，用于感冒发热，产品性状为棕红色液体、微苦。公司决定于 2019 年 4 月 5 日至 2019 年 4 月 7 日在前处理车间、口服液剂车间内对双黄连口服液进行工艺验证。

双黄连口服液是由金银花、黄芩、连翘为主要原料经提取混合配制而成，批量为300 L。

以生产 100 L 的生产处方是：

原料名称	每瓶（100 mL）用量	每 1 000 瓶用量
金银花	37.5 g	37.5 kg
黄　芩	37.5 g	37.5 kg
连　翘	75 g	75 kg

4　验证目的

本验证旨在证明现有口服液剂车间的相关设备，在双黄连口服液工艺限定的工艺参数条件下进行生产，所生产的双黄连口服液采用规定的分析方法检测，现有设备能够稳定地、质量均一地生产出符合兽药国家质量标准和企业内控标准的双黄连口服液。

5　验证范围

适用于双黄连口服液生产工艺规程关键技术数据的验证。

6　验证合格标准

项　目		内控指标
性　状		本品为棕红色的澄清液体，久置可有微量沉淀
鉴　别		应符合标准中（1）、（2）的规定
检查	pH	应为 5.1～6.9
	相对密度	应不低于 1.02
	装量	应符合规定
	微生物限度	应符合规定
含量测定	黄芩	本品每 1 mL 含黄芩按黄芩苷（$C_{21}H_{18}O_{11}$）计，不得少于 11.0 mg
	金银花	本品每 1 mL 含金银花以绿原酸（$C_{16}H_{18}O_9$）计，不得少于 0.60 mg
	连翘	本品每 1 mL 含连翘以连翘苷（$C_{27}H_{34}O_{11}$）计，不得少于 0.30 mg

7 验证前的准备

7.1 设备

在双黄连口服液验证周期生产前，所有使用的公用系统、生产设备、检验仪器、仪表等均能正常运行；所有的相关设备都按照清洗规程进行了清洗；周围的设施也已经按照规定进行了清洗；将按标准操作规程使用并记录，所有文件将留存。

7.2 人员

所有参与的操作人员和管理人员都接受过GMP和工艺流程的培训，他们对所使用的设备和工艺的要求都非常熟悉，相关培训记录和文件将被留存。每一个需要签字的步骤都由操作人员按要求去操作并签署。

8 验证内容

连续生产三批双黄连口服液，批号分别为190405、190406、190407，根据设备验证的结果，确定其产量为3 000瓶，其产品质量均应符合《双黄连口服液内控质量标准》。

8.1 原药材整理与炮制

8.1.1 金银花的前处理：清除杂质及非药用部位后，备用。

8.1.2 黄芩的前处理：将黄芩按《XS-6型目选机使用标准操作规程》除去非药用部位，筛选除去泥、砂等杂质，按《XYZ-600B型连续式循环水洗药机使用标准操作规程》用饮用水进行冲洗，冲洗干净后，按《QYJ1-200型剁刀式切药机使用标准操作规程》切制成2～3 cm长的段，备用。

8.1.3 连翘的前处理：按《FLBL-380型变频立式风选机SOP》操作，清除杂质或泥、砂，备用。

8.2 提取

8.2.1 黄芩提取。

8.2.1.1 称量。按批生产指令称取上述处理好的原药材，并复核签字。

8.2.1.2 称取好的黄芩加10倍量的饮用水煎煮三次，第一次2 h（沸腾后），第二次、第三次加7倍量饮用水煎煮，时间为各1 h（沸腾后），合并煎液。

8.2.1.3 将黄芩滤液浓缩，并在80 ℃时加入2 mol/L盐酸溶液适量调节pH至1.0～2.0，保温1 h，静置12 h。

8.2.1.4 将上述静置后的黄芩滤液，过滤，沉淀加6～8倍量饮用水，用40%氢氧化钠溶液调pH至7.0，再加等量乙醇，搅拌使溶解，滤过，滤液用2 mol/L盐酸溶液调pH至2.0，60 ℃保温30 min，静置12 h，滤过，沉淀用乙醇洗至pH至7.0，挥尽乙醇备用。

8.2.2 金银花、连翘提取。

8.2.2.1 称量。按批生产指令称取上述处理好的原药材，并复核。

8.2.2.2 称取好的金银花、连翘加水温浸40～50 ℃至0.5 h后煎煮二次，第一次加10倍量的饮用水，第二次加7倍量的饮用水，每次1.5 h，合并煎液。

8.2.2.3 将上述金银花、连翘煎液进行过滤，滤液浓缩至相对密度为1.20～1.25（70～80 ℃测），冷至40 ℃时缓慢加入乙醇，使含醇量达75%，充分搅拌，静置12 h；滤取上清液，残渣加75%乙醇适量，搅匀，静置12 h，滤过，合并乙醇液，回收乙醇至无醇味。

8.2.3 冷藏。

将金银花、连翘提取物与黄芩提取物合并，并加饮用水1倍量，以40%氢氧化钠溶液调pH至7.0，搅匀20 min，冷藏（4~8℃）72 h。

8.3 制剂操作过程及工艺条件

8.3.1 配制。

8.3.1.1 领取上述冷藏后的半成品滤过，用40%氢氧化钠溶液滤液调pH至7.0，加50℃水制成100 000 mL，搅拌15 min，静置12 h。

8.3.1.2 过滤。用4 μm钛棒过滤后，再用1 μm滤膜过滤，终端用0.45 μm滤膜过滤，取样送车间化验室，检查性状、pH、相对密度、可见异物检查，合格后灌封。

8.3.1.3 半成品接受标准。

项 目	质量标准
性状	本品为棕红色的澄清液体，久置可有微量沉淀
pH	应为5.2~6.8
相对密度	应不低于1.02

8.3.1.4 双黄连口服液半成品质量情况统计。

项 目		内控指标	检测结果		
			190405	190406	190407
性状		本品为棕红色的澄清液体			
检查	pH	应为5.2~6.8			
	相对密度	应不低于1.02			
结论					
检查人		复核人		日期	

8.3.2 灌装、旋盖封口。

8.3.2.1 灌装。

8.3.2.1.1 根据"批生产指令"从上工序领取合格物料及口服液瓶及盖子，核对物料名称、代号、批号、重量、容积、规格及检验报告单、合格证。

8.3.2.1.2 按《口服液剂GCB型直线式液体灌封机使用标准操作规程》进行操作，控制机速在60瓶/min。

8.3.2.1.3 用纯化水冲洗灌装管道，开机试灌装，调节装量至符合要求后，正式开始灌装操作，装量控制在100~102 mL，生产过程中分别在灌装开始、灌装20%、40%、60%、80%、灌装结束各检查装量一次，检查过程中保证每个针头都能抽到，停机后再生产时应检查装量，并做好装量检查记录。

8.3.2.1.4 配制好的药液应在当天灌装完毕，否则应在能确保药液不变质条件下保存。

8.3.2.2 旋盖封口。

灌装好的药液应按《口服液剂SGX型塑料瓶旋盖机使用标准操作规程》和《DG-1500A型电磁感应铝箔封口机使用标准操作规程》立即旋盖、封口，操作过程封口开始、封口20%、40%、60%、80%、封口结束检查旋盖、封口质量，封口应严密不得有药液溢出。

8.3.2.3　接受标准。

装量在 100.0～102.0 mL　　　封口质量　　不漏气

8.3.2.4　结果见下表：

灌装装量和封口质量检查记录

品名	双黄连口服液	规格	100 mL	批号	190405

药液装量检查记录					
检查时段	装量（mL）				标准
	1	2	3	4	
灌装开始					
灌装 20%					装量
灌装 40%					
灌装 60%					100～102 mL
灌装 80%					
灌装结束					

封口质量检查记录				
检查时段	封口质量			标准
	1	2	3	
封口开始				
封口 20%				
封口 40%				
封口 60%				密封不漏气
封口 80%				
封口结束				

结论					
检查人		复核人		日期	

灌装装量和封口质量检查记录

品名	双黄连口服液	规格	100 mL	批号	190406

药液装量检查记录					
检查时段	装量（mL）				标准
	1	2	3	4	
灌装开始					
灌装 20%					装量
灌装 40%					
灌装 60%					100～102 mL
灌装 80%					
灌装结束					

（续）

封口质量检查记录

检查时段	封口质量			标准
	1	2	3	
封口开始				
封口20%				
封口40%				密封不漏气
封口60%				
封口80%				
封口结束				
结论				
检查人		复核人		日期	

灌装装量和封口质量检查记录

品名	双黄连口服液	规格	100 mL	批号	190407

药液装量检查记录

检查时段	装量（mL）				标准
	1	2	3	4	
灌装开始					
灌装20%					
灌装40%					装量
灌装60%					100~102 mL
灌装80%					
灌装结束					

封口质量检查记录

检查时段	封口质量			标准
	1	2	3	
封口开始				
封口20%				
封口40%				密封不漏气
封口60%				
封口80%				
封口结束				
结论				
检查人		复核人		日期	

8.3.2.5 灭菌效果的验证。

根据工艺规程规定的工艺参数设定，灭菌时间为 45 min，温度为 60 ℃。按 SG-1.2 水浴式灭菌柜使用 SOP 进行操作，检查灭菌效果。

检验结果见下表：

灭菌效果验证检查记录

批号	样品号	微生物限度	结果	标准
				微生物限度检查
				含菌量≤100 CFU/mL
检查人			日期	

接受标准　　微生物限度检查　　　含菌量≤100 CFU/mL

8.3.3　贴签。

按批包装指令领取不干胶标签，按《口服液剂 ZGT 型自动不干胶贴签机使用标准操作规程》进行操作，打印批号、生产日期、有效期。核对瓶签上的品名、规格、生产批号、生产日期、有效期。打印的第一张标签须经质检员确认打印批号、生产日期、有效期是否同批包装指令要求一致，确认无误后质检员应在标签样张上签字，操作员并将首张打印的标签贴附在本批包装记录的背后；贴签后的标签应牢固、位正。

8.3.4　包装。

包装规格为：100 mL×50 瓶/箱。将贴好签的双黄连口服液半成品逐个识别扫码装于外包装箱内，用封箱纸封箱，并检查是否有上批零头数，合箱上标明合箱全部批号，整个包装应外观清洁；批号清晰；打包带位置适中；装箱数量准确；封箱牢固，经质量检验员检验合格后，进入车间成品中转室填写寄库单进入仓库待验区。

8.4　验证批次的用途

验证批次的产品，按常规进行取样用于产品的放行，测试要求按照 XX－JS－ZB－05－03－001－03 要求进行。符合放行要求，产品可用于商业销售。测试结果见批检验记录。

8.5　双黄连口服液成品质量情况统计

项　　目		内控指标	检测结果		
			190405	190406	190407
性　　状		本品为棕红色的澄清液体，久置可有微量沉淀			
鉴别		应符合标准中（1）、（2）的规定			
检查	pH	应为 5.1～6.9			
	相对密度	应不低于 1.02			
	装量	应符合规定			
	微生物限度	应符合规定			

（续）

含量测定	黄芩	本品每 1 mL 含黄芩按黄芩苷（$C_{21}H_{18}O_{11}$）计，不得少于 11.0 mg		
	金银花	本品每 1 mL 含金银花以绿原酸（$C_{16}H_{18}O_9$）计，不得少于 0.60 mg		
	连翘	本品每 1 mL 含连翘以连翘苷（$C_{27}H_{34}O_{11}$）计，不得少于 0.30 mg		
	结论			
检查人		复核人		日期

9 操作参数范围及控制方法

工序	控制项目	控制指标	检查方法
领料	品名规格批号	与批生产指令一致	
净选	选净程度	无杂质、异物、非药用部分	
粉碎	粒度	10 目	
黄芩提取液	pH	2.0	双人复核、质检员抽查
	得率	不大于 60%	
连翘、金银花提取浓缩液	浓缩液的相对重量	不超过药材重量的 60%	
	相对密度	1.2～1.25	
配制、过滤	配制体积	300 L	按《中间体检查标准操作规程》检查
	性状	棕红色澄清液体	
	相对密度	大于 1.02	
	药液 pH	5.2～6.8	
	澄清度	无可见异物	
灌装、旋盖封口	装量	100～102 mL	双人复核、质检员抽查
	紧密度	旋转倒置后无药液溢出	
贴签	批号、有效期、生产日期、二维码	正确、无误、清晰	双人复核、质检员抽查
	标签	牢固、位正、外壁清洁	
包装	装箱数量	数量准确	
	合箱	不得超过 2 个批号，批号正确，合箱记录正确	
成品	产品全项	XX-JS-ZB-05-03-001-03	按 XX-JS-ZB-05-03-001-03 检验

10 验证过程中涉及的文件

生产双黄连口服液所需 SOP 一览表

序 号	文件编号	文件名称
1	XX - GZ - SB - 06 - 001 - 02	《XS - 6 型目选机使用标准操作规程》
2	XX - GZ - SB - 06 - 002 - 02	《XS - 6 型目选机维护保养标准操作规程》
3	XX - GZ - WS - 06 - 001 - 02	《XS - 6 型目选机设备清洗标准操作规程》
4	XX - GZ - SB - 03 - 001 - 02	《GP 系列供瓶机使用标准操作规程》
5	XX - GZ - SB - 03 - 002 - 02	《口服液剂 GP 系列供瓶机维护保养标准操作规程》
6	XX - GZ - SB - 03 - 003 - 02	《口服液剂 GCS 型直线式液体灌封机使用标准操作规程》
7	XX - GZ - SB - 03 - 004 - 02	《口服液剂 GCS 型直线式液体灌封机维护保养标准操作规程》
8	XX - GZ - WS - 03 - 002 - 02	《口服液剂 GCS 型直线式液体灌封机设备清洗标准操作规程》
9	XX - GZ - SB - 03 - 005 - 02	《口服液剂 SGX 型塑料瓶旋盖机使用标准操作规程》
10	XX - GZ - SB - 03 - 006 - 02	《口服液剂 SGX 型塑料瓶旋盖机维护保养标准操作规程》
11	XX - GZ - WS - 03 - 003 - 02	《口服液剂 SGX 型塑料瓶旋盖机设备清洗标准操作规程》
12	XX - GZ - SB - 03 - 007 - 02	《口服液剂 DG - 1500A 型电磁感应铝箔封口机使用标准操作规程》
13	XX - GZ - SB - 03 - 008 - 02	《口服液剂 DG - 1500A 型电磁感应铝箔封口机维护保养标准操作规程》
14	XX - GZ - WS - 03 - 004 - 02	《口服液剂 DG - 1500A 型电磁感应铝箔封口机设备清洗标准操作规程》
15	XX - GZ - SB - 03 - 010 - 02	《口服液剂 ZGT 型自动不干胶贴签机维护保养标准操作规程》
16	XX - GZ - SB - 03 - 009 - 02	《口服液剂 ZGT 型自动不干胶贴签机使用标准操作规程》
17	XX - GZ - WS - 03 - 005 - 02	《口服液剂 ZGT 型自动不干胶贴签机设备清洗标准操作规程》
18	XX - GZ - SB - 03 - 011 - 02	《口服液剂 PG03 - 500 304 配液罐使用标准操作规程》
19	XX - GZ - SB - 03 - 017 - 02	《口服液剂 PP 带自动捆包机使用标准操作规程》
20	XX - GZ - SC - 05 - 001 - 02	《选药岗位标准操作规程》
21	XX - GZ - SC - 05 - 002 - 02	《洗药岗位标准操作规程》
22	XX - GZ - SC - 05 - 004 - 02	《切药岗位标准操作规程》
23	XX - GZ - SC - 05 - 010 - 02	《提取岗位标准操作规程》
24	XX - GZ - SC - 05 - 011 - 02	《双效蒸发岗位标准操作规程》
25	XX - GZ - SC - 05 - 014 - 02	《酒精回收岗位标准操作规程》
26	XX - GZ - SC - 02 - 001 - 02	《口服液剂准备岗位标准操作规程》
27	XX - GZ - SC - 02 - 002 - 02	《口服液剂称量、配料岗位标准操作规程》
28	XX - GZ - SC - 02 - 003 - 02	《口服液剂配制、过滤岗位标准操作规程》
29	XX - GZ - SC - 02 - 004 - 02	《口服液剂灌装、压盖岗位标准操作规程》
30	XX - GZ - SC - 02 - 005 - 02	《口服液剂贴签、包装岗位标准操作规程》
31	XX - GZ - WS - 007 - 02	《人员进出一般生产区标准操作规程》
32	XX - GZ - WS - 008 - 02	《人员进出 C 级洁净区标准操作规程》
33	XX - GZ - WS - 010 - 02	《物料进出一般生产区清洁标准操作规程》
34	XX - GZ - WS - 011 - 02	《物料进出洁净区清洁标准操作规程》

序　号	文件编号	文件名称
35	XX-GZ-WS-001-02	《一般生产区清洁标准操作规程》
36	XX-GZ-WS-002-02	《C级洁净区清洁、消毒标准操作规程》
37	XX-GZ-WS-004-02	《一般生产区设备清洁标准操作规程》
38	XX-GZ-WS-005-02	《C级洁净区设备清洁、消毒标准操作规程》
39	XX-GZ-WS-012-02	《一般生产区容器、器具清洁标准操作规程》
40	XX-GZ-WS-013-02	《C级洁净区容器、器具清洁、消毒标准操作规程》
41	XX-GZ-WS-015-02	《清洁工具清洗规程》
42	XX-GZ-WS-018-02	《地漏清洁、消毒标准操作规程》
43	XX-GZ-WS-021-02	《缓冲间（传递窗）清洗标准操作规程》

11　验证实施时间

2019年4月5日至2019年4月7日对双黄连口服液生产工艺进行验证。

12　附件

三批双黄连口服液批生产记录

三批双黄连口服液批检验记录

（二）双黄连口服液（100 mL）生产工艺验证报告

1　概述（略）

2　验证目的（略）

3　验证范围（略）

4　验证合格标准（略）

5　验证前的准备（略）

6　验证内容（略）

7　操作参数范围及控制方法（略）

8　验证过程中涉及的文件（略）

9　结论

三批双黄连口服液生产工艺规程关键技术参数的验证结果全部符合规定，三批产品的最终检验结果也符合成品质量内控标准，表明双黄连口服液生产工艺中规定的工艺条件和设定的参数是合理的。现有双黄连口服液工艺规程规定的工艺条件具有可靠性和重现性，能够生产出符合质量标准的产品。

部　　门	验证结论	批准人	日　　期
生产部			
工程管理部			
质量管理部			
口服液剂车间			
验证最终审核			
验证最终批准			

10　再验证周期

10.1　每二年应进行一次再验证。

10.2　当生产工艺或生产设备发生重大改变后应进行再验证。

10.3　其他需要进行再验证的情况。

11　最终评价与建议

经审核，双黄连口服液生产工艺规程验证方案验证的参数，均达到预期的标准要求，从而确认双黄连口服液生产工艺是科学合理、切实可行，也为进一步确定了同类剂型工艺的稳定性提供可靠数据。验证小组建议双黄连口服液生产工艺规程正式投入使用。

评价人：　　　　　　　　　日期：

验证证书

题目：双黄连口服液（100 mL）生产工艺验证方案

本项目及其验证报告已经审核，准予正式投入使用。

验证方案文件编码

验证报告文件编码

验证项目小组组长

实施完成日期

验证领导小组组长：

日期：

第七节　相关法律、法规知识

一、《中华人民共和国劳动法》的相关知识

《中华人民共和国劳动法》是在 1994 年 7 月 5 日第八届全国人民代表大会常务委员会第八次会议通过，自 1995 年 1 月 1 日起施行。最新版本为 2018 年 12 月 29 日第十三届全国人民代表大会常务委员会第七次会议《关于修改〈中华人民共和国劳动法〉等七部法律的决定》第二次修正。劳动法共分 13 章 108 条，包括：总则、促进就业、劳动合同和集体合同、工作时间和休息休假、工资、劳动安全卫生、女职工和未成年工特殊保护、职业培训、社会保险和福利、劳动争议、监督检查、法律责任和附则。劳动法的制定是为了保护劳动者的合法权益，调整劳动关系，建立和维护适应社会主义市场经济的劳动制度，促进经济发展和社会进步。

二、《中华人民共和国劳动合同法》的相关知识

《中华人民共和国劳动合同法》是在 2007 年 6 月 29 日第十届全国人民代表大会常务委员会第二十八次会议通过，自 2008 年 1 月 1 日起施行。2012 年 12 月 28 日第十一届全国人民代表大会常务委员会第三十次会议《关于修改〈中华人民共和国劳动合同法〉的决定》修正。劳动合同法共分 8 章 98 条，包括：总则、劳动合同的订立、劳动合同的履行和变更、

劳动合同的解除和终止、特别规定、监督检查、法律责任和附则。劳动合同法是规范劳动关系的一部重要法律，在中国特色社会主义法律体系中属于社会法。

劳动合同在明确劳动合同双方当事人的权利和义务的前提下，重在对劳动者合法权益的保护，被誉为劳动者的"保护伞"，为构建与发展和谐稳定的劳动关系提供法律保障。作为我国劳动保障法制建设进程中的一个重要里程碑，劳动合同法的颁布实施有着深远的意义。这部重要法律在制定过程中经过广泛听取、认真吸收社会各方面的意见，合理地规范了劳动关系，是民主立法、科学立法的又一典范，为构建与发展和谐稳定的劳动关系提供了法律保障，必将对我国经济社会生活产生深远影响。

三、《中华人民共和国产品质量法》的相关知识

《中华人民共和国产品质量法》于 1993 年 2 月 22 日第七届全国人民代表大会常务委员会第三十次会议通过，自 1993 年 9 月 1 日起施行。最新实施版本是 2018 年 12 月 29 日第十三届全国人民代表大会常务委员会第七次会议通过第十三届全国人民代表大会常务委员会第七次会议修正。产品质量法共分 5 章 74 条，包括：总则、产品质量的监督、生产者、销售者的产品质量责任和义务、损害赔偿和罚则。产品质量法的制定是为了加强对产品质量的监督管理，提高产品质量水平，明确产品质量责任，保护消费者的合法权益，维护社会经济秩序。

四、《中华人民共和国农产品质量安全法》的相关知识

《中华人民共和国农产品质量安全法》由中华人民共和国第十届全国人民代表大会常务委员会第二十一次会议于 2006 年 4 月 29 日通过，自 2006 年 11 月 1 日起施行。2018 年 10 月 26 日第十三届全国人民代表大会常务委员会第六次会议修正。农产品质量安全法共分 8 章 56 条。制定此法是为了为保障农产品质量安全，维护公众健康，促进农业和农村经济发展，制定本法。

五、《中华人民共和国兽药管理条例》的相关知识

《中华人民共和国兽药管理条例》经 2004 年 3 月 24 日国务院令第 404 号公布，自 2004 年 11 月 1 日起施行。2014 年 7 月 29 日国务院令第 653 号部分修订，2016 年 2 月 6 日国务院令第 666 号部分修订。兽药管理条例共分 9 章 75 条，包括：总则、新兽药研制、兽药生产、兽药经营、兽药进出口、兽药使用、兽药监督管理、法律责任、附则。兽药管理条例的制定是为了加强兽药的监督管理，保证兽药质量，有效防治畜禽疾病，促进畜牧业发展和人体健康。

第二部分

技　师

第三章 口服固体制剂生产

（散剂/颗粒剂/片剂）

第一节 混合物料

【技能要求】

熟悉有关产品外观性状和对混合均匀度的要求，能够判断混合后的物料是否符合要求；掌握混合过程关键工艺控制点和质量要点，及时发现异常情况并处理；掌握设备及工艺验证基础知识，能够进行混合设备及工艺验证。

一、混合物料检查

（1）检查生产场所是否留存有前批生产的产品或物料，生产场所是否已清洁并取得"清场合格证"。

（2）检查生产现场的机器、设备、器具是否已清洁并准备完毕，同时挂上"已清洁"标识牌。

（3）检查所使用的原辅材料是否准备齐全，检查物料的外观性状是否有变色、结块、吸潮、异物污染等情况发生，同时注意领用物料的储存，将领用的物料存放在适宜的环境中。

① 常用中药提取物原料性状。

人参茎叶总皂苷：本品为黄白色或淡黄色的粉末，微臭，味苦，有吸湿性。本品在甲醇或乙醇中易溶，在水中溶解，在乙醚或石油醚中几乎不溶。

三七总皂苷：本品为类白色至淡黄色的无定形粉末，味苦、微甘。

大黄流浸膏：本品为棕色的液体，味苦而涩。

大黄浸膏：本品为棕色至棕褐色的粉末，味苦、微涩。

马钱子流浸膏：本品为棕色的液体，味极苦。

广藿香油：本品为红棕色或绿棕色的澄清液体，有特异的芳香气，味辛、微温。本品与三氯甲烷、乙醚或石油醚任意混溶。

丹参总酚酸提取物：本品为黄褐色的粉末。

丹参酮提取物：本品为棕红色的粉末，有特殊气味，不具引湿性。本品易溶于三氯甲烷、二氯甲烷，溶解于丙酮，微溶于甲醇、乙醇、乙酸乙酯。

水牛角浓缩粉：本品为淡灰色的粉末，气微腥，味微咸。

甘草流浸膏：本品为棕色或红褐色的液体，味甜、略苦、涩。

甘草浸膏：本品为棕褐色的块状固体或粉末，有微弱的特殊臭气和持久的特殊甜味。

当归流浸膏：本品为棕褐色的液体，气特异，味先微甜后转苦麻。

远志流浸膏：本品为棕色的液体。

连翘提取物：本品为棕褐色的粉末，气香，味苦。

刺五加浸膏：本品为黑褐色的稠膏状物，气香，味微苦、涩。

茵陈提取物：本品为棕褐色的块状物或颗粒，气香，味苦。

姜流浸膏：本品为棕色的液体，有姜的香气，味辣。

穿心莲内酯：本品为无色结晶性粉末，无臭，味苦。本品在沸乙醇中溶解，在甲醇或乙醇中略溶，在三氯甲烷中极微溶解，在水中几乎不溶。

黄芩提取物：本品为淡黄色至棕黄色的粉末，味淡，微苦。

黄藤素：本品为黄色的针状结晶，无臭，味极苦。

薄荷脑：本品为无色针状或菱柱状结晶或白色结晶性粉末，有薄荷的特殊香气，味初灼热后清凉。乙醇溶液显中性反应。本品在乙醇、三氯甲烷、乙醚中极易溶解，在水中极微溶解。

露水草提取物：本品为淡黄色的结晶性粉末。本品在乙醇中易溶，在丙酮中略溶，在乙酸乙酯及热水中微溶，在乙醚中几乎不溶。

② 常用辅料性状。

木薯淀粉：本品为白色或类白色的粉末。本品在冷水或乙醇中均不溶。

玉米淀粉：本品为白色或类白色的粉末。本品在水或乙醇中均不溶。

可溶性淀粉：本品为白色或类白色的粉末。本品在沸水中溶解，在冷水或乙醇中均不溶。

白陶土：本品为类白色细粉，加水润湿后，有类似黏土的气味，颜色加深。本品在水、稀硫酸或氢氧化钠试液中几乎不溶。

亚硫酸氢钠：本品为白色颗粒或结晶性粉末，有二氧化硫的微臭。本品在水中易溶，在乙醇或乙醚中几乎不溶。

麦芽糊精：本品为白色至类白色的粉末或颗粒，微臭，无味或味微甜；有引湿性。本品在水中易溶，在无水乙醇中几乎不溶。

壳聚糖：本品为类白色的粉末，无臭，无味。本品微溶于水，几乎不溶于乙醇。

乳糖：本品为白色结晶性颗粒或粉末，无臭，味微甜。本品在水中易溶，在乙醇、三氯甲烷或乙醚中不溶。

倍他环糊精：本品为白色结晶或结晶性粉末，无臭，味微甜。本品在水中略溶，在甲醇、乙醇、丙酮或乙醚中几乎不溶。

蔗糖：本品为无色结晶或白色结晶性的松散粉末，无臭，味甜。本品在水中极易溶解，在乙醇中微溶，在无水乙醇中几乎不溶。

碳酸氢钠：本品为白色结晶性粉末，无臭，味咸；在潮湿空气中即缓缓分解，水溶液放置稍久，或振摇，或加热，碱性即增强。本品在水中溶解，在乙醇中不溶。

糊精：本品为白色或类白色的无定形粉末，无臭，味微甜。本品在沸水中易溶，在乙醇或乙醚中不溶。

葡萄糖：本品为无色结晶或白色结晶性或颗粒性粉末，无臭。本品在水中易溶，在乙醇中微溶。

无水葡萄糖：本品为无色结晶或白色结晶性或颗粒性粉末，无臭。在水中易溶，在乙醇中微溶。

枸橼酸：本品为无色的半透明结晶、白色颗粒或白色结晶性粉末，无臭，味极酸；在干燥空气中微有风化性，水溶液显酸性反应。本品在水中极易溶解，在乙醇中易溶，在乙醚中略溶。

枸橼酸钠：本品为无色结晶或白色结晶性粉末，无臭。在湿空气中微有潮解性，在热空气中有风化性。本品在水中易溶，在乙醇中不溶。

轻质碳酸钙：本品为白色极细微的结晶性粉末，无臭，无味。本品在水中几乎不溶，在乙醇中不溶；在含铵盐或二氧化碳的水中微溶，遇稀醋酸、稀盐酸或稀硝酸即发生泡腾并溶解。

重质碳酸钙：本品为白色极细微的结晶性粉末，无臭，无味。本品在水中几乎不溶，在乙醇中不溶；在含铵盐或二氧化碳的水中微溶，遇稀醋酸、稀盐酸或稀硝酸即发生泡腾并溶解。

乙基纤维素：本品为白色或类白色的颗粒或粉末，无臭，无味。本品在甲苯或乙醚中易溶，在水中不溶。

乙醇：本品为无色澄清液体，微有特臭，易挥发，易燃烧，燃烧时显淡蓝色火焰；加热至 78 ℃即沸腾。本品与水、甘油、三氯甲烷或乙醚能任意混溶。

二氧化硅：本品为白色疏松的粉末，无臭，无味。本品在水中不溶，在热的氢氧化钠试液中溶解，在稀盐酸中不溶。

活性炭：本品为黑色粉末，无臭，无味，无砂性。

硅酸铝镁：本品为白色或类白色、柔软、光滑的小薄片或微粉化粉末，无臭、无味。有引湿性，在水中呈胶状分布。本品在水中或乙醇中几乎不溶。

硬脂酸钙：本品为白色的粉末。本品在水中、乙醇或乙醚中不溶。

滑石粉：本品为白色或类白色、无砂性的微细粉末，有滑腻感。本品在水、稀盐酸或 8.5%氢氧化钠溶液中均不溶。

微晶纤维素：本品为白色或类白色粉末或颗粒状粉末，无臭，无味。本品在水、乙醇、乙醚、稀硫酸或 5%氢氧化钠溶液中几乎不溶。

羧甲基纤维素钠：本品为白色或类微黄色纤维状或颗粒状粉末，无臭，有引湿性。本品在水中溶胀成胶状溶液，在乙醇、乙醚或三氯甲烷中不溶。

（4）检查与生产品种相适应的批生产记录及有关记录是否已准备齐全。

（5）检查生产场所的温度与湿度是否在规定范围之内。

二、混合异常情况处理

（1）贵细药材因用量少，直接投料会导致均匀度不合格，在物料混合过程中，就要考虑提前与相应的辅料进行等量递加稀释法预混，然后再进行最终混合，以确保混合后产品的均匀度符合要求。

（2）一些物料在使用前，由于本身特点容易发生吸潮结块，如中药提取浸膏粉，极易吸潮，在投料前必须与相应辅料进行预混，预混后再进行混合。

（3）散剂应充分考虑原料与辅料的性质，否则导致混合后的均匀性差，应充分考虑混合方式避免因原辅料性质、粒度等因素引起的物料分级，难于混匀。

（4）按处方称取各组分，根据药物的理化性质不同，采用不同的加入方式，搅拌混合均匀。大量的生产常用混合机搅拌混合，按生产工艺将各组分依次加入，边加边搅拌直至各组分加完并搅拌混合一定时间，使之达到混合均匀为止。

（5）混合后外观变色、吸潮、霉变、生虫等，许多中药原料药都具有吸湿性，遇热、空气或湿气易吸潮而变色，某些含淀粉、糖较多的中药原料或产品等久放受潮或受热后极易发霉、生虫，在混合后应及时进行密封包装，于指定存放环境下存放。

（6）因物料配比、粒度、比重等原因出现混合不均，检查物料添加顺序是否正确，一般是配比量大的、粒度大的、比重小的物料先加入。

三、混合设备验证

假设企业计划购买一台三维混合机，设备的确认方式可以参考以下步骤。

1. 明确采购的目的 首先应该明确该设备的采购为了混合过程中的产品混合，然后才能在此基础上具体展开对采购过程及最终结果的需求分析，明确具体内容是什么。

2. 需确认的内容

（1）供应商的资质：①了解供应商在同行中的排位水平、效益状况，是否有与国家法规或地方法规相违背的生产状况，交货期的长短。②安装时需要提供现场指导或培训的技术人员数量、资格以及将来在日常使用中需提供定期维护的周期、项目、费用。③此类型设备是否已有厂家在使用，生产实际使用性能情况如何；有哪些大中型企业在使用；是否为知名品牌；市场上质量信誉度如何；已生产的该设备的年限及数量，同时应确定该厂家是否为医药机械生产厂或符合药厂生产设备的要求。

（2）材质的考核内容：①现在通常使用或拟以后将要使用的清洁剂、消毒剂与被直接接触或可能会触及的部位材料的相互作用情况。②材质的试验证明，如脱落性、组分情况及其所含相关成分的排出可能性，可以由厂家提供检测报告来证明。

（3）设备结构的考核内容：①设备的高度、体积与拟使用厂房的匹配情况，上料的安全性与方便性，是否能将物料自动转移到其他容器，混合频率是否可调。②清洁方式是否为CIP（就地清洁或现场清洁），是否有清洗剂不能冲洗到的部位。③日常维护和使用中是否有不便于操作和维护的设计，是否为简易的卡扣式锁合。

（4）零部件及计量仪表的状况：①是否有易损耗的配件，设备购买时所应配备的零件，损耗件的寿命要求，供货要求，与现有设备的通用性要求。②计量仪表的设计内容：关键仪表的校验可行性及仪表本身的质量可靠性，维修更换是否须与现行使用设备型号相同。

（5）设备的技术参数的需求状况：应针对该设备将来拟使用的范围，设立需要考虑的技术参数，如设备的生产能力、容量、装载量、混合速度等。

3. 接受标准的规定 应根据兽药GMP条款，根据生产产品的特性、公司的生产环境等综合考虑，设定接受标准，这种标准必须是预先设定的。这些接受标准应针对需确认的内容逐条设定。

4. 明确确认的步骤

（1）公司的投资状况分析：分析设备的使用，厂房及公用设施的投资计划及可行性。

（2）设备使用范围的产品情况分析：分析产品对材质、结构及性能的要求。

（3）生产厂家的调查：可以从厂家生产产品的检测部门获得或从厂家的设备使用手册中或补充合同中获得。

5. 批准 批准必须基于确认的内容满足接受标准，其中若有修改或变更，出现此种修改或变更须按规定程序提供有效数据支持并得到批准，此确认的批准同其他确认一样，应至少包括使用部门及质量部门的批准。

6. 安装确认

（1）安装确认的目的：对设备的安装情况进行检查，确认设备的安装是否符合供应商的标准，药品质量管理及企业技术要求，是否符合生产要求，将供货单位的技术资料归档，收集制订有关软件。

（2）安装确认的内容：①文件资料确认：对设备的开箱验收说明、设备档案、设备安装说明书、设备安装图纸等文件资料及设备的操作、维修、清洁规程进行确认。②设备主要部件、备品配件的检查验收。③设备管道的安装确认。④电气的确认。⑤仪器、仪表的确认。

7. 运行确认

（1）运行确认的目的：运行确认是为了证实设备在预期的运行范围内，运行正确可靠并能满足规定的限度及公差。

（2）运行确认的内容：在开始运行确认之前，应确保所有的关键仪表均已校正。

① 计量仪表的确认。

② 运行测试（空载）内容。确认三维混合机在空载运行时符合设计要求、生产工艺要求。接受范围：设备运行振动小，噪声低，调速系统稳定，时间准确，按照操作要求每步操作均运行正常。

③ 测试步骤。按照设备操作规程运行混合机，对其调速系统，系统稳定性，运行状况，继电器等进行验证。

8. 性能确认

（1）目的：①投料生产以检查设备的使用性能是否符合厂家说明书的要求。②检测混合后不同取样点的吸收度，并计算变异系数。③检查机器运行质量。④经运行验证，确定设备的操作、维护检修、维护保养、清洁及岗位操作规程的可行性，如有偏差，要进行修订。⑤本次验证选择在混合机最大装载系数，即最差的生产状态（这些操作条件和理想条件比较将为工艺过程提供最大的难度或可能造成不合格的情况）进行连续三次测试生产出的半成品的性状、含量等项目符合标准要求，从而确定该设备在设定的混合时间内生产出来的产品能够达到工艺要求。

（2）测试过程：假设企业以黄芩地锦草散混合工序为例对三维混合机（容量：1 200 L）进行测试。

① 投料量的确定。通过 1 L 量筒装满黄芩地锦草散的质量计算出其比重（如：0.5），根据装载系数（如：20%～70%），计算得出三维混合机对黄芩地锦草散的可装载量（120～420 kg），实际操作时使用装载量（400 kg），按产品处方工艺加入规定量的黄芩地锦草散用中药提取物和淀粉。

② 操作过程。

a. 物料称量：准确称量批处方量的黄芩地锦草散用中药提取物和淀粉，如黄芩地锦草散用中药提取物 120 kg，淀粉 280 kg。

b. 打开三维混合机的加料口，将称量后的淀粉140 kg 倒入，再将称量后的黄芩地锦草散用中药提取物 120 kg 倒入，最后再将称量后的淀粉 140 kg 倒入，盖上平盖，上紧卡箍（注意密封），设置混合时间（min）和混合频率（Hz）后，即可开机混合运转。在混合至规定时间（min）后进行取样检测黄芩苷含量，取样数 10 处，取样点分布如图 3-1 所示，要求各个时间点取样位置基本相同，能有代表性反映罐体内各个位置物料的分布情形。

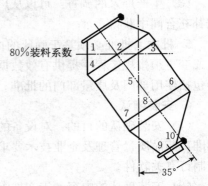

图 3-1 三维混合机物料分布示意图

（3）计算检测结果：并根据检测结果计算变异系数。

① 判断标准：变异系数一般应≤6％。

② 计算方法：

$$\overline{X} = \frac{X_1 + X_2 + X_3 + \cdots X_N}{N}$$

$$S = \sqrt{\frac{(X_1 - \overline{X})^2 + (X_2 - \overline{X})^2 + (X_3 - \overline{X})^2 + \cdots (X_N - \overline{X})^2}{N-1}}$$

$$CV（\%）= \frac{S}{\overline{X}} \times 100$$

以各次测定的值为 X_1、X_2、X_3……X_N，其平均值为 $\overline{X}$，标准差为 S，差异系数为 CV。

③ 结论判定：根据检测结果，判定该混合机在正常生产时的变异系数是否符合要求，在正常工艺设置时间下生产出来的产品均匀度是否能满足生产工艺的要求。

四、混合工艺验证

按产品批量连续投料 3 批，所需物料按工艺规程要求经处理后，按处方量核料，并根据处方投料顺序及混合设备装载系数进行投料，经混合后取样。在最佳工艺条件及最恶劣工艺条件下进行试生产，对制得的产品进行检测，检测项目主要为外观均匀度及含量均匀度。

假设企业使用 1 200 L 三维混合机进行兽用双黄连散的混合工艺验证。

1. 产品处方情况　如表 3-1。

表 3-1　兽用双黄连散产品处方

名　　称	数　　量
金银花	100 kg
黄芩	100 kg
连翘	200 kg

2. 投料顺序　金银花细粉（100 kg）→黄芩细粉（100 kg）→连翘细粉（200 kg）。

3. 混合参数　装载量规定为 400 kg，混合时间 20 min。

4. 混合操作　根据双黄连散的处方量、投料顺序及装载量要求打开三维混合机的加料口，将 100 kg 金银花细粉倒入混合机，再将 100 kg 黄芩细粉倒入，最后将剩余的 200 kg 连翘细粉倒入混合机，盖上平盖，上紧卡箍（注意密封）；设置混合时间 20 min，混合频率 33 Hz 后，即可开机混合运转。在混合 20 min 后进行取样检测含量，取样数为 10 处，取样点分布如图 3-1 所示，要求各个时间点取样位置基本相同，能有代表性反映罐体内各个位置物料的分布情形。

5. 计算检测结果　根据检测结果计算变异系数。

6. 结论判定根据　三次试验的结果，从而判断双黄连散混合工艺的适用性及符合性。

【相关知识】

一、混合均匀度

1. 混合均匀度检查方法

（1）目视检查法：取混合后物料适量，置光滑纸上，将其表面压平，在明亮处观察，应色泽均匀，无花纹、色斑，或用 10 倍放大镜检查，不应有异常的闪烁光泽及深浅不同的斑纹。

（2）含量测定法：从物料的不同部位取样，测定含量与规定含量相比较，可较准确地得知混合均匀的程度。设 N 为所取试样的数目，则可求出 X_1、$X_2 \cdots\cdots X_N$ 的平均值，即可求出混合指数 I，当混合指数 I 越大，即越接近 100%，则表示混合均匀度越高。也可采用统计学方法，将某一组分含量测定结果进行数理统计，求出其变异系数 CV，若变异系数小于 7%，即可认为混合均匀。

计算方法：

$$\overline{X}=\frac{X_1+X_2+X_3+\cdots X_N}{N}$$

$$S=\sqrt{\frac{(X_1-\overline{X})^2+(X_2-\overline{X})^2+(X_3-\overline{X})^2+\cdots (X_N-\overline{X})^2}{N-1}}$$

$$CV（\%）=\frac{S}{\overline{X}}\times100$$

2. 粒度

（1）药筛分等：根据《中华人民共和国兽药典》的规定，目前兽药所用的药筛，选用国家标准的 R40/3 系列，分等如表 3-2。

表 3-2　药筛分等

筛　　号	筛孔内径（平均值）	目　　号
1 号筛	$2\,000\ \mu m \pm 70\ \mu m$	10 目
2 号筛	$850\ \mu m \pm 29\ \mu m$	24 目
3 号筛	$355\ \mu m \pm 13\ \mu m$	50 目
4 号筛	$250\ \mu m \pm 9.9\ \mu m$	65 目
5 号筛	$180\ \mu m \pm 7.6\ \mu m$	80 目
6 号筛	$150\ \mu m \pm 6.6\ \mu m$	100 目
7 号筛	$125\ \mu m \pm 5.8\ \mu m$	120 目
8 号筛	$90\ \mu m \pm 4.6\ \mu m$	150 目
9 号筛	$75\ \mu m \pm 4.1\ \mu m$	200 目

粉末分等如下：

最粗粉：指能全部通过 1 号筛，但混有能通过 3 号筛不超过 20％的粉末。

粗　粉：指能全部通过 2 号筛，但混有能通过 4 号筛不超过 40％的粉末。

中　粉：指能全部通过 4 号筛，但混有能通过 5 号筛不超过 60％的粉末。

细　粉：指能全部通过 5 号筛，并含能通过 6 号筛不少于 95％的粉末。

最细粉：指能全部通过 6 号筛，并含能通过 7 号筛不少于 95％的粉末。

极细粉：指能全部通过 8 号筛，并含能通过 9 号筛不少于 95％的粉末。

（2）不同剂型的粒度要求：药物的溶出度、吸收速度、含量、均匀度、味、颜色与稳定性等，在不同程度上取决于粒度及粒度的分布。因此不同给药途径的药物对于粒度的要求也不一致。

① 散剂：系指饮片或提取物经粉碎、均匀混合制成的粉末状制剂，分为内服散剂和外用散剂；一般散剂应通过 2 号筛，外用散剂应通过 5 号筛，眼用散剂应通过 9 号筛。

② 颗粒剂：系指提取物与适宜的辅料或饮片细粉制成具有一定粒度的干燥颗粒状制剂。颗粒剂可分为可溶颗粒、混悬颗粒等。除另有规定外，颗粒剂的粒度要求不能通过 1 号筛与能通过 5 号筛的总和不得超过供 15％。

③ 片剂：系指提取物、提取物加饮片细粉或饮片细粉与适宜的辅料混匀压制或用其他适宜方法制成的圆片或异形片状的固体制剂。片剂包括浸膏片、办浸膏片和全粉片等。片剂的重量差异、崩解时限等应符合要求。

在很多情况下，要得到所希望的上述物理化学性能，减小药物粒度是很重要的，即使是那些用于片剂的辅料如填充剂、崩解剂、润滑剂等也需要测定粒度与粒度分布，因为辅料与有效成分间的配伍可能与它们之间的表面接触程度有关。

（3）常用筛分法及显微镜法。

① 常用筛分法。常用筛分法是粒径与粒径分布的测量中使用最早、应用最广，而且简单、快速的方法。常用测定粒度范围在 45 μm 以上。

a. 筛分试验时需注意环境湿度，防止样品吸水或失水。对易产生静电的样品，可加入 0.5％胶质二氧化硅和（或）氧化铝等抗静电剂，以减少静电作用产生的影响。

b. 筛号与筛孔尺寸：筛号常用"目"表示。"目"系指在筛面的 25.4 mm（1 英寸）长度上开有的孔数。如开有 30 个孔，称 30 目筛，孔径大小是 25.4 mm/30 再减去筛绳的直径。由于所用筛绳的直径不同，筛孔大小也不同，因此必须注明筛孔尺寸，筛孔尺寸常以 μm 计。

c. 筛分用的药筛分为两种，冲眼筛和编织筛。冲眼筛系在金属板上冲出圆形的筛孔而成。其筛孔坚固，不易变形，多用于高速旋转粉碎机的筛板及药丸等粗颗粒的筛分（图 3 - 2）。编织筛是具有一定机械强度的金属丝（如不锈钢、铜丝、铁丝等），或其他非金属丝（如丝、尼龙丝、绢丝等）编织而成（图 3 - 3）。编织筛的优点是单位面积上的筛孔多、筛分效率高，可用于细粉的筛选。

图 3 - 2　金属筛网

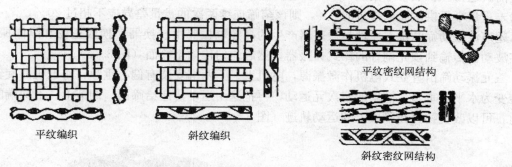

平纹编织　　　　　　　斜纹编织　　　　　　　平纹密纹网结构

斜纹密纹网结构

图 3-3　筛网编织方式

d. 筛分原理：筛分法是利用筛孔将粉体机械阻挡的分级方法。将筛子由粗到细按筛号顺序上下排列，将一定量粉体样品置于最上层中，振动一定时间，称量各个筛号上的粉体重量，求得各筛号上的不同粒级重量百分数，由此获得以重量为基准的筛分粒径分布及平均粒径。

e. 筛分法一般分为手动筛分法、机械筛分法与空气喷射筛分法。

手动筛分法和机械筛分法适用于测定大部分粒径大于 75 μm 的样品，对于粒径小于 75 μm 的样品，则应采用空气喷射筛分法或其他适宜的方法。

手动筛分法：单筛分法为称取各品种项下规定的供试品，称定重量，置规定号的药筛中（筛下配有密合的接收容器），筛上加盖，按水平方向旋转振摇至少 3 min，并不时在垂直方向轻叩筛，取筛下的颗粒及粉末，称定重量，计算其所占比例（图 3-4）。双筛分法为称取各品种项下规定的供试品，称定重量，置该剂型或品种项下规定的上层（孔径大的）药筛中（下层的筛下配有密合的接收容器），保持水平状态过筛，左右往返，边筛动边拍打 3 min。取不能通过大孔径筛和能通过小孔径筛的颗粒及粉末，称定重量，计算其所占比例。

图 3-4　手动筛分用药筛

机械筛分法：除另有规定外，取直径为 200 mm 规定号的药筛和接收容器，称定重量，根据供试品的容积密度，称取供试品 25～100 g，置最上层（孔径最大的）药筛中（最下层的筛下配有密合的接收容器），筛上加盖，设定振动方式和振动频率，振动 5 min。取各药筛与接收容器，称定容量，根据筛分前后的重量差异计算各药筛上和接收容器内颗粒及粉末所占比例（%）。重复上述操作直至连续两次筛分后，各药筛上遗留颗粒及粉末重量的差异不超过前次遗留颗粒及粉末重量的 5％或两次重量的差值不大于 0.1 g；若药筛上遗留的颗粒及粉末重量小于供试品取样量的 5％，则该药筛连续两次的重量差异应不超过 20％。

超声波振动筛的基本原理是振荡器产生的高频电振荡由转换器转换成正弦和纵向振荡。这些波动被传输到预先调好的棒式共振器，然后均匀传输至筛面（图 3-5）。

三元振动筛由直立式电机作激振源，电机上、下两端安装有偏心重锤，将电机的旋转运动转变为水平、垂直、倾斜的三次元运动，再把这个运动传递给筛面。调节上、下两端的相位角，可以改变物料在筛面上的运动轨迹（图 3-6）。

图 3-5　超声波振动筛　　　　　　　　图 3-6　三元振动筛

直线振动筛的作用原理是振动电机轴上下端的两组偏心块（不平衡偏心块），将振动电机的旋转运动变为水平、垂直、倾斜以及离心作用的多作用力重叠，再将这种作用力传递给筛面。改变上下偏心块的相位角和重量，可以改变激振力的大小和物料的运动轨迹（图 3-7）。

空气喷射筛分法：每次筛分时仅使用一个药筛。如需测定颗粒大小分布，应从孔径最小的药筛开始顺序进行。除另有规定外，取直径为 200 mm 规定号的药筛，称定重量，根据供试品的容积密度，称取供试品 25～100 g，置药筛中，筛上加盖，设定压力，喷射 5 min（图 3-8）。取药筛，称定重量，根据筛分前后的重量差异计算药筛上颗粒及粉末所占比例（％）。重复上述操作直至连续两次筛分后，药筛上遗留颗粒及粉末重量的差异不超过前次遗留颗粒及粉末重量的 5％或两次重量的差值不大于 0.1 g；若药筛上遗留的颗粒及粉末重量小于供试品取样量的 5％，则连续两次的重量差异不超过 20％。

图 3-7　直排筛振动筛　　　　　　　　图 3-8　立式气流筛

气流筛分机摒弃重力势能作业原理，采用空气作载体，动能做功的作业原理。通过负压气流将物料与空气混合后，进入筛机风轮中间，通过风轮叶片施加足够的离心力，向桶型筛网喷射过网，经过蜗壳收集。超径物料不能过网，由自动排渣口排出，从而达到快速筛分之目的（图3-9）。

图3-9 卧式气旋筛

② 显微镜法。虽然用光学显微镜测定亚筛粒度粉末的粒度分布是最普遍和最直接的方法，但这个方法控制难度较大。正常白光的分解提供的粒度测量范围是 $0.5\sim100~\mu m$，当粒子大小接近光线的波长时，粒度测定的下限取决于仪器分解光线的质量（图3-10）。

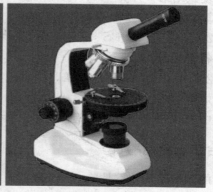

图3-10 显微镜

制备好一个数粒子用的玻片很重要，因为玻片上的样品必须代表大部分粉末的粒度分布情况，这只有通过粉末的正确取样才能实现。一个可采用的方法是将从大量粉末随意取的样品混合均匀，再用锥形法、四分法和或用一格栅似的取样器，将样品量减少到 $0.5~g$ 以下。然后将样品混悬于折光率与被计数粒子不同的液体中悬浮，分散，并混匀，粉末粒子在液体介质中的浓度应使计数易于进行。粒子必须在玻片的一个平面上（用一盖玻片），并且没有运动。$3~\mu m$ 或比 $3~\mu m$ 更小的粒子，可能要用一个增加黏性的介质来使布朗运动减到最低限度。实际计数时，在玻片上选择任意的视野，然后进行粒子计数与粒子大小比较。为了使数据的统计学处理有意义，每一样品的计数应不低于 500 个粒子，最好是 1 000 个粒子。

3. 含量均匀度 含量均匀度检查法适用于检查单剂量或多剂量的固体、半固体和非均相液体制剂含量符合标示量的程度。

除另有规定外，片剂、胶囊剂或注射用无菌粉末等，每个标示量不大于 10 mg 或主药含量小于每个重量 5%者；其他制剂，每个标示量小于 2 mg 或主药含量小于每个重量 2%者，均应检查含量均匀度。对于药物的有效浓度与毒副反应浓度比较接近的品种或混匀工艺较困难的品种，每个标示量不大于 25 mg 者，也应检查含量均匀度。复方制剂仅检查符合上述条件的组分。凡检查含量均匀度的制剂，不再检查重（装）量差异；当全部主成分均进行含量均匀度检查时，复方制剂一般亦不再检查重（装）量。

除另有规定外，单剂量包装的，取供试品 10 个，多剂量包装的散剂、颗粒剂，包装规格为 500 g 以上者取 1 个包装，500 g 取 2 个包装，500 g 以下者取 5 个包装，平均在不同部位各取供试品 10 份。照各品种项下规定的方法，分别测定每个以标示量为 100 的相对含量 X_i，求其均值 $\overline{X}$ 和标准差 S 以及标示量与均值之差的绝对值 A（$A = |100 - \overline{X}|$）。

$$S = \sqrt{\frac{\sum_{i=1}^{N}(X_i - \overline{X})^2}{N-1}}$$

若 $A + 2.2S \leqslant L$，则供试品的含量均匀度符合规定；

若 $A + S > L$，则不符合规定；

若 $A + 2.2S > L$，且 $A + S \leqslant L$，则应另取供试品 20 个/份复试。

根据初、复试结果，计算 30 个/份的均值 $\overline{X}$、标准差 S 和标示量与均值之差的绝对值 A 按下述公式计算并判定。

当 $A \leqslant 0.25L$ 时，若 $A^2 + S^2 \leqslant 0.25L^2$，则供试品的含量均匀度符合规定；若 $A^2 + S^2 > 0.25L^2$，则不符合规定。

当 $A > 0.25L$ 时，若 $A + 1.7S \leqslant L$，则供试品的含量均匀度符合规定；若 $A + 1.7S > L$ 时，则不符合规定。

上述公式中 L 为规定值。除另有规定外，$L = 15.0$。

二、混合工艺参数验证

兽药生产的各类验证并不是单一无关联的，如厂房设施、设备、清洁、工艺验证相互交织、密切相连，最终以保证所有验证达到产品生产质量得到有效控制为目标。

1. 散剂、颗粒剂、片剂等口服固体制剂的设备验证 散剂、颗粒剂、片剂等口服固体制剂的设备验证与其他剂型的产品一样，包括预确认（Prequalification）或设计确认（DQ）、安装确认（IQ）、运行确认（OQ）、性能确认（PQ）。其目的是通过一系列的文件检查和设备考察以确认该设备与兽药 GMP 要求、采购设计及使用产品工艺要求相符合。散剂、颗粒剂、片剂需要验证的设备有：制粒机、粉碎机、混合机、过筛机、压片机、包衣机、包装机等。

（1）预确认/设计确认（DQ）。

① 目的。预确认/设计确认是为了在设备购买前明确使用者对设备的要求。

② 设计内容。该阶段是针对企业拟购买的设备，为保证此购买计划能如期实施，能使所购买的设备符合预期的用途而拟定的考核方案，并根据方案而进行确认的过程。主要考核的因素如下：

a. 供应商资格与服务：运营情况是否能保证及时供货，对安装使用及将来的维修保养能提供的培训和技术支持能力，此类设备的生产经验（用户范围、生产年限/数量、兽药 GMP 知识熟悉程度），能否在供应商所在地进行现场测试。

b. 使用材质：不锈材料，不与产品或清洁剂反应，不脱落材料颗粒，无组分排出或吸收组分。

c. 设备结构：便于操作，便于清洁，便于拆卸、维修。

d. 设备零件、计量仪表：通用性和标准化程度利于维修、零配件采购。

e. 性能参数：能达到要求的产能、效率和节能。

（2）安装确认（IQ）。

① 目的。证实所供应的设备规格应符合要求，设备所应备有的技术资料齐全。开箱验收应合格，并确认安装条件（或场所）及整个安装过程符合设计要求。

② 安装确认内容。

a. 设备到货时确认内容及要求：包装的完好性，设备名称、生产厂家、型号、编号等设备信息与采购要求、装箱单一致，竣工图完整，设备规格、能力符合预定要求；设备供应厂家提供的设备技术参数与要求一致，随机文件如图纸、操作手册、装箱单等齐全，备品备件齐全。

b. 设备安装时确认内容及要求：安装过程符合供应厂家提供的规范要求和生产要求，并符合兽药 GMP 要求；安装环境符合要求，包括设备对环境的要求及设备安装后对环境的影响；配套的公用工程设施如洁净级别、动力系统（水、电、气、汽等）等符合设备要求；设备上计量仪器的精确度与准确度。

c. 设备安装后确认内容及要求：完成设备标准操作规程、设备清洁规程等文件，制订设备维护计划、润滑计划，将设备纳入全厂设备管理范围进行管理，相关人员已经过培训。

③ 安装确认草案内容。

a. 概要：主要介绍设备的使用区域，是何种级别，目的/目标说明，确认范围描述，建议的日期及批准表等。

b. 目录：列出草案中涉及所列的章节标题。

c. 目的与范围。

d. 需确认的内容。

e. 待确认内容的接受标准。

f. 必要地名词解释或缩写词含义。

g. 确认内容的结果。

h. 附录。

（3）运行确认（OQ）。

① 目的。运行确认应是在完成安装确认基础上进行的，在安装中若有遗留问题，他们不得影响运行确认的实施效果。运行确认是为了证实设备在预期的运行范围内，运行正确可靠并能满足规定的限度与公差。

② 运行确认内容。

a. 在开始运行确认之前，能够确保所有的关键仪表均已校正（如：计时器、电流计、电压表及气体流量计），根据使用 SOP 草案对设备的每一部分及整体进行足够的空载试验来确保该设备能在要求范围内准确运行并达到规定的技术指标。

b. 确认设备运行的结果符合生产厂家提供的技术指标，如运行速度、安全、控制、报警等指标。

c. 确认设备运行符合即将生产产品质量标准要求。

d. 确认配套的设施能够满足设备运行要求。

e. 确认 SOP 的适用性。

f. 计量仪表的可靠性确认。

g. 设备运行的稳定性，全机空车系统确认。

（4）性能确认（PQ）。性能确认是对设备在负载情况下运行性能的确认，也可以指模拟生产试验，是考核设备在预计的极限负载状况下（最大或最小）进行确认各仪表及运行性能满足需要的程度。若为新型设备，或设备运行状况不能确定，波动性大，可以用色素在空白物料中混合均匀度来衡量。使用空白物料的性质应尽可能与拟投入使用的产品相似。若有同型号或与原型号功能相似的设备，且产品质量特性较为稳定时，可以用实际产品直接进行确认，此时产品验证与设备性能确认合二为一，同步进行。

（5）验证方法与判定标准。针对以上的确认内容应制订具体可行、合理、科学的确认方法与判定标准（图 3-11）。

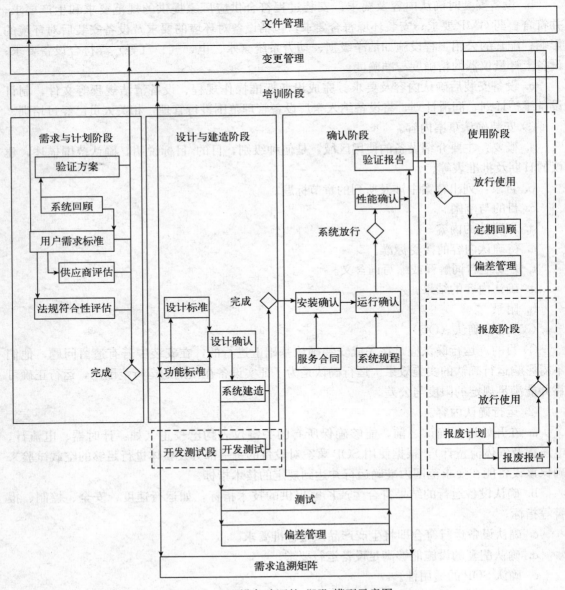

图 3-11 设备验证的"V"模型示意图

2. 混合工序工艺参数验证　除厂房设施、设备、计量与检验方法及清洁验证符合各自验证要求以外，混合工序工艺参数验证主要验证内容为混合时间、混合机转速，通过检测物料混合均匀度确定最佳工艺参数。

（1）验证方法：取待混合物料加入混合机，分别设置混合机的转速和混合时间进行混合操作，混合至规定时间后取样检测，混合物料量可根据混合机的装载量分别对最大装载量和最小生产批量分别进行验证。

① 混合物料量。混合机最大装载量、最小生产批量。

② 混合机转速。根据设备性能参数，可设置固定转速或不同转速。

③ 混合时间。设置不同混合时间，如 5 min、10 min、15 min……。

④ 验证批次。不同混合量、转速应分别验证三批。

（2）取样检测方法：混合至设置的混合时间后取样，取样位置按照混合机的形状合理设置，如三维混合机可按图 3-1 所示取样，样品按照《中国兽药典》关于"外观均匀度"和"含量均匀度"的检测方法进行检测，记录检测结果。

（3）结论与评价：根据取样检测结果，取检测合格的验证项目进行比较分析，最终筛选以相同混合量混合机时间最短、混合机转速最佳及混合机运行最为平稳的参数作为最佳混合工艺数。

（4）验证程序、方案报告等文件记录起草、审核、批准：参考"基础知识"章节中"验证基础知识"相关内容。

第二节　制粒干燥与整粒

【技能要求】

熟悉黏合剂的种类、作用，掌握软材的制备技术；熟悉片、颗粒剂常用辅料基础知识，掌握常用的制粒方法，解决制粒干燥与整粒过程中出现的质量问题。

一、黏合剂的配制

淀粉浆作为制粒工艺中最为常用的黏合剂，以淀粉浆的配制为例概述黏合剂的配制。淀粉浆的制法主要有冲浆和煮浆两种方法。

1. 操作前准备　按制粒岗位 SOP 做好相关准备工作。

2. 配制操作

（1）计算：

① 计算公式：

$$W_i = W \times C$$
$$V = W - W_i$$

式中　W_i——淀粉用量（kg）；

　　　W——淀粉浆配制量（kg）；

　　　C——淀粉浆浓度（%）；

　　　V——纯化水用量。

② 计算：根据淀粉浆配制量（W）及其配制浓度（C），计算所用淀粉量（W_i）和纯化

水用量（V）。

（2）配制：淀粉浆的配制法主要有冲浆和煮浆两种方法。

① 冲浆法：将淀粉置容器中，加入适量（1～1.5 倍淀粉量）纯化水，搅拌润湿使淀粉混悬于水中，然后根据配制浓度要求冲入一定量的沸纯化水至配制量，不断搅拌至透明状。

② 煮浆法：将淀粉置夹层容器中，加入全部用量的纯化水，对夹层容器加热并不断搅拌，直至糊化呈透明状。

3. 记录　按制粒岗位 SOP 和生产记录填写要求记录操作过程和相关数据。

4. 结束工作　按制粒岗位 SOP 做好结束工作。

5. 注意事项

（1）冲浆法淀粉先用冷纯化水润湿时，纯化水用量以能将淀粉充分润湿且可流动为宜。

（2）冲浆法加入沸纯化水时和煮浆发加热时应不断搅拌，以免受热不均致使淀粉浆不均匀或制备失败。

二、黏合剂配制异常情况处理

1. 浓度过稀或过浓　检查黏合剂原料的质量是否符合要求，黏合剂原料的加入量是否准确。

2. 黏合剂颜色异常　检查黏合剂原料质量、包装是否符合要求，同时检查黏合剂原料的储存环境，必要时更换黏合剂或黏合剂供应商。

3. 黏合剂黏度大　检查黏合剂原料质量是否符合要求，同时降低黏合剂的配制浓度，对于多种黏合剂混合配制的应调整不同黏合剂的配制比例。

4. 黏合剂黏度小　检查黏合剂原料质量是否符合要求，同时提高黏合剂的配制浓度，对于多种黏合剂混合配制的应调整不同黏合剂的配制比例，同时应注意黏合剂最佳黏合性能温度，必要时更换黏合剂和黏合剂供应商。

5. 黏合剂性状异常　配制黏合剂性状出现异常如果冻状等，检查黏合剂原料质量是否符合要求，因黏合剂的浓度、流动性与温度的关系，适当提高黏合剂的配制温度，必要时更换黏合剂和黏合剂供应商。

三、制粒干燥与整粒异常情况处理

1. 制粒异常情况处理

（1）制粒产量下降：

① 投料不准确。检查原辅料称量配料数据，对于经中药提取的原料应检查中药提取投料量，如有误差按生产事故进行调查处理。

② 制备过程损耗大。检查制粒工序各环节损耗情况，查明损耗超标原因，进行相应处理。

③ 设备性能下降。检查制粒各设备磨损情况，是否存在性能下降情况，进行维修或更换。

（2）颗粒质量下降：如出现花料、裂纹，检查物料的混合均匀性、柔软程度、制粒机筛网等，及时对设备进行维修，对饲料的工艺进行调整。

（3）颗粒间存在色差：检查物料的混合均匀性、颗粒大小，如混合不均匀、物料颗粒较大应进行工艺调整，直至问题解决。

（4）颗粒大小差异大：检查制粒机筛网和制备压力等设备性能指标，保证制备过程设备的稳定性。

2. 干燥异常情况处理

（1）颗粒结块：检查干燥温度控制与设备除湿效果，在除湿正常情况下适当降低干燥温度和增加物料的翻动频次；同时检查湿颗粒干燥的及时性，应做到湿颗粒制备后及时干燥。

（2）颗粒存在色差和裂纹：检查设备的热分布均匀性和颗粒干燥时厚度，排除热分布问题后适当降低颗粒厚度，增加翻动频次。

（3）颗粒水分偏高：检查设备干燥、除湿性能，工艺允许前提下适当提升干燥温度和干燥时间。

3. 整粒异常情况处理

（1）筛网堵塞：检查颗粒水分，特别对于易吸潮颗粒加大操作间湿度控制；检查颗粒的硬度，因硬度较大应对工艺进行调整或更换整粒设备提升整粒性能。

（2）颗粒大小不均、细粉较多：检查整粒设备筛网目数是否符合工艺要求、筛网是否有破损情况，进行相应调整；检查设备运动频率是否符合该产品要求，必要时进行运动性能参数调整。

【相关知识】

一、黏合剂的种类及作用

黏合剂（adhesives）系指对无黏性或黏性不足的物料给予黏性，从而使物料聚结成粒的辅料。常用黏合剂如下：

1. 淀粉浆 淀粉浆是片剂中最常用的黏合剂，常用8%～15%的浓度，其中10%淀粉浆最为常用，若物料可压性较差，可再适当提高淀粉浆的浓度到20%，相反，也可适当降低淀粉浆的浓度。由于淀粉价廉易得，且黏合性良好，因此是制粒中首选的黏合剂。

2. 纤维素衍生物

（1）羧甲基纤维素钠（CMC－Na）：用作黏合剂的浓度一般为1%～2%，其黏性较强，常用于可压性较差的药物，但容易造成片剂硬度过大或崩解超限。

（2）羟丙基纤维素（HPC）：既可做湿法制粒的黏合剂，也可作为粉末直接压片的黏合剂。

（3）甲基纤维素：具有良好的水溶性，可形成黏稠的胶体溶液，可用做黏合剂使用，但当蔗糖或电解质达一定浓度时本品会析出沉淀。

（4）乙基纤维素：不溶于水，在乙醇等有机溶媒中的溶解度较大，可用其乙醇溶液作为对水敏感药物的黏合剂。

（5）羟丙基甲基纤维素（HPMC）：是一种最为常用的薄膜衣材料，因其溶于冷水成为黏性溶液，常用其2%～5%的溶液作为黏合剂使用。

3. 其他黏合剂 5%～20%的明胶溶液、50%～70%的蔗糖溶液、3%～5%的聚乙烯吡咯烷酮（PVP）水溶液或醇溶液，可用于可压性很差的药物的黏合剂。但应注意这些黏合剂黏性很大，制成的片剂较硬，会造成片剂的崩解时限不符合规定。

二、黏合剂的配制技术

1. 配制依据 黏合剂在兽药中使用较为普遍，配制依据主要是产品法定标准和企业内控标准，其中以企业内控标准多见。

2. 配制方法 黏合剂种类繁多，使用配制浓度不一，在配制过程中，主要是根据黏合剂的种类、理化性质、黏合性能、使用要求等确定最为合理的配制方法；对于多种黏合剂混合配制使用，应进行配比验证；所有黏合剂的配制方法均需要进行黏合性能及相关产品质量的方法进行验证。配制的原则要求在保证使用目的前提下使用最少量的黏合剂。

3. 配制注意事项

（1）黏合剂质量：首选兽药法规和兽药产品质量标准规定的黏合剂，其次选择质量好、黏度高、颜色较浅的黏合剂。

（2）黏合剂浓度：黏合剂浓度在较大程度上决定兽药制备过程中产品的成型性，浓度过高或过低均影响使用效果。

（3）黏合剂配比：对于多种黏合剂混合配制使用，配比不科学、不合理直接导致配制失败或黏合性能无法满足生产需要。

（4）配制温度：多数黏合剂有着最佳的配制和使用温度，温度不仅影响黏合剂的性状、黏合性能，对于多种混合黏合剂间物理化学反应有着较大的影响，温度控制不理想很可能导致黏合剂配制、使用失败。

（5）使用对象：配制黏合剂时应根据所使用的物料进行分析，不同物料成型对黏合剂具有不同的要求。

三、不同药用辅料的作用

1. 填充剂和吸收剂 填充剂系指用来增加重量和体积，利于产品制备和分剂量的辅料。一般片重都在 100 mg 以上，片剂的直径不少于 6 mm。片剂中若含有较多的挥发油或其他液体成分时需加入适当的辅料将其吸收后再加入其他成分压片，此种原料即称为吸收剂。

（1）淀粉：比较常用的是玉米淀粉，它的性质非常稳定，与大多数药物不起作用，价格也比较便宜，吸湿性小、外观色泽好，在实际生产中，淀粉的可压性较差，若单独使用，会使压出的药片过于松散。常与可压性较好的糖粉、糊精、乳糖等混合使用。

（2）糖粉：系指结晶性蔗糖经低温干燥粉碎后而成的白色粉末，其优点在于黏合力强，可用来增加片剂的硬度，并使片剂的表面光滑美观、其缺点在于吸湿性较强，长期贮存，会使片剂的硬度过大，崩解或溶出困难，一般不单独使用，常与糊精、淀粉配合使用。

（3）糊精：淀粉水解中间产物，在冷水中溶解较慢，较易溶于热水，不溶于乙醇。糊精具有较强的黏结性，使用不当会使片面出现麻点、水印或造成片剂崩解或溶出迟缓；另外在含量测定时会影响测定结果的准确性和重现性，所以，很少单独大量使用糊精作为填充剂，常与淀粉、糖粉混合使用。

（4）乳糖：一种优良的片剂填充剂，由牛乳清中提取制得，在国外应用非常广泛，但因价格较贵，在国内应用的不多。常用含有一分子水的结晶乳糖（即 α-含水乳糖），无吸湿性，可压性好，性质稳定，与大多数药物不起化学反应，压成的药片光洁美观；由喷雾干燥法制得的乳糖为非结晶乳糖，其流动性、可压性良好，可供粉末直接压片使用。

（5）可压性淀粉：亦称为预胶化淀粉（Pregelatinized starch），是新型的药用辅料，是多功能辅料，可作填充剂，具有良好的流动性、可压性、自身润滑性和干黏合性，并有较好的崩解作用。

（6）微晶纤维素（MCC）：微晶纤维素是纤维素部分水解而制得的聚合度较小的结晶性纤维素，具有良好的可压性，有较强的结合力，压成的片剂有较大硬度，可作为粉末直接压片的"干黏合剂"使用，片剂中含20％微晶纤维素时崩解较好。

（7）无机盐类：主要是一些无机钙盐，如硫酸钙、磷酸氢钙及药用碳酸钙等。其中硫酸钙较为常用，其性质稳定，无臭无味，微溶于水，与多种药物均可配伍，制成的片剂外观光洁、硬度、崩解均好，对药物也无吸附作用。在片剂辅料中常使用二水硫酸钙，但应注意硫酸钙对某些主药的吸收有干扰，此时不宜使用。

（8）糖醇类：甘露醇、山梨酸醇呈颗粒或粉末状，有一定的甜味。在口中溶解时吸热，因而有凉爽感，同时兼具一定的甜味，在口中无沙砾感，因此较适于制备咀嚼片，但价格稍贵，常与蔗糖配合使用。

2. 润湿剂与黏合剂　润湿剂系指可使物料（粉末状无黏性）润湿以产生足够强度的黏性以利于制成颗粒的液体，如纯化水、乙醇等。

（1）纯化水：应用时，由于物料往往对水的吸收较快，因此较易产生润湿不均匀的现象，最好采用低浓度的淀粉浆或乙醇代替。

（2）乙醇：是一种润湿剂，可用于遇水易于分解的药物，也可用于遇水黏性太大的药物。随着乙醇浓度的增大，湿润后所产生的黏性降低，因此，醇的浓度要视原辅料的性质而定，一般为30％～70％。中药浸膏片常用乙醇做润湿剂，但应注意迅速操作，以免乙醇挥发而产生强黏性的团块。

3. 崩解剂　崩解剂系指能促使片剂在胃肠道中迅速崩解成小粒子的辅料。崩解剂多为亲水性物质，有良好的吸收性和膨胀性，进而起到崩解的作用。

（1）崩解剂加入方法：①内加法是将崩解剂与主药混合后加共同制粒；②外加法是将崩解剂加入整粒后的干颗粒后中；内外加法是将崩解剂一份按内加法加入（50％～75％），另一份按外加法加入（25％～50％）；③崩解剂制粒加法是将崩解剂单独制粒后，在压片前与主药颗粒混合压片。

（2）常用崩解剂：

① 干淀粉。一种最为经典的崩解剂，含水量在8％以下，吸水性较强具有一定的膨胀性，较适用于水不溶性或微溶性药物的崩解剂，但对易溶性药物的崩解作用较差，因为易溶性药物遇水溶解产生浓度差，使片剂外面的水不易通过溶液层面透到片剂的内部，阻碍了片剂内部淀粉的吸水膨胀。在生产中一般采用内加法、外加法或内外加法来达到预期的崩解效果，用量一般为片重的5％～20％。

② 羧甲基淀粉钠。其是一种广泛使用片剂中的崩解剂，适用于湿法制粒压片和直接压片工艺，通常片剂中用量为2％～8％，混合制粒过程，有良好的稳定性和崩解效果。

③ 低取代羟丙基纤维素。应用较多的一种崩解剂，由于具有很大的表面积和孔隙度，有很好的吸水速度和吸水量，其吸水膨胀率在500％～700％（取代基占10％～15％时），崩解后的颗粒也较细小，故有利于药物的溶出，一般用量为2％～5％。

④ 交联聚乙烯吡咯烷酮。为白色粉末，流动性好，在水、有机溶媒及强酸、强碱溶液中均不溶解，但在水中迅速溶胀并且不会出现高黏度的凝胶层，因而其崩解性能很好。

⑤ 交联羧甲基纤维素钠。它是交联化的纤维素羧甲基醚，由于交联键的存在，故不溶于水，但能吸收倍于本身重量的水而膨胀，具有较好的崩解作用；当与羧甲基淀粉钠合用时，崩解效果更好，但与干淀粉合用时崩解作用会降低。

⑥ 泡腾崩解剂。一种专用于泡腾片的特殊崩解剂，最常用的是由碳酸氢钠与枸橼酸组成的混合物。遇水时，以上两种物质反应产生持续不断的二氧化碳气体，使片剂在几分钟内迅速崩解。

4. 润滑剂 润滑剂指压片时为了能顺利加料和压片，并减少黏冲及降低颗粒与颗粒、药片与模孔壁之间的摩擦力，使片剂表面光洁美观，而在压片前加入颗粒中的物质。

（1）润滑剂分类 根据其作用不同可分为三类：①主要用于增加颗粒流动性，改善颗粒的填充状态的物质，称为助流剂；②主要用于减轻原料对冲模的黏附作用的物质，称为抗黏剂；③主要用于降低颗粒间及颗粒与冲头和模孔壁间的摩擦力，可改善力的传递和分布的物质，称为润滑剂。润滑剂必须是过 100 目以上筛的极细粉。

（2）润滑剂加入方法 ①直接加到待压的颗粒中，此法不能保证混合均匀；②用 60 目筛筛出颗粒中部分细粉，与润滑剂充分混合后再加入干颗粒中；③将润滑剂溶于适宜的溶剂中或制成混悬或乳浊液，喷入颗粒中混匀后挥去溶剂，液体润滑剂常用此法。

（3）常用润滑剂：

① 硬脂酸镁。硬脂酸镁为疏水性润滑剂，白色粉末，细腻轻松，有良好的附着性，易于颗粒混匀，压片后片面光滑美观，应用最为广泛。用量一般为 0.3%～1%，用量过大时，由于其疏水性，会造成片剂的崩解（或溶出）迟缓。

② 微粉硅胶。为优良的片剂助流剂，可用作粉末直接压片的助流剂。其性状为轻质白色粉末，化学性质稳定，无臭无味，比表面积大，特别适用于油类和浸膏类等药物，常用量为 0.15%～3%。

③ 滑石粉。可将颗粒表面的凹陷处填满补平，降低颗粒表面的粗糙性，从而达到降低颗粒间的摩擦力、改善颗粒的流动性、润滑性的目的，但应注意由于压片过程中的机械振动，会使之与颗粒相分离，一般不单独使用。常用量一般为 0.1%～0.3%，最多不能超过 5%。

④ 氢化植物油。它是一种润滑性能良好的润滑剂。应用时，将其溶于热轻质液体石蜡或己烷中，然后喷于颗粒上，以利于均匀分布。凡不宜用碱性润滑剂的药物均可选用本品。

⑤ 聚乙二醇类与十二烷基硫酸镁。二者皆为典型的水溶性润滑剂，前者可用作润滑剂，也可用作干燥黏合剂。后者为表面活性剂，具良好的润滑作用，并可促进片剂崩解和药物溶出的作用。

5. 矫味剂 为掩盖和矫正药剂的不良臭味而加入药剂中的物质。

6. 着色剂 又称色素或染料，可分为人工色素和天然色素两大类。其可改变药剂的外观颜色，用以改善药剂的外观。在增加美观的基础上，在生产中便于核对检查，以避免与其他产品的混淆。着色剂以清淡优美的颜色为最好，因为不易出现色斑。色淀实际上使用氢氧化铝吸附的染料，几乎完全不溶于水，但遇水后稍微有颜色渗出。这些染料和色淀对光有不同程度的敏感性，而且也可能受主药和稀释剂的影响。

片剂中加入染料的方法主要是溶解于黏合剂的溶液中；也可以把染料的干燥粉末与稀释剂混合，然后在混合操作中再与其他成分混合，并使之分散均匀；也可以在水溶液中将染料吸附在淀粉或硫酸钙或其他主要成分上，为了避免色斑必须采用后一种方法，特别是用明胶做黏合剂时更需如此。色淀可采用与其他成分相混合的方法。

四、制粒干燥与整粒设备的工作原理

1. 制粒设备原理

（1）湿法制粒机：采用卧式圆筒构造，结构合理。充气密封驱动轴，清洗时可切换成水。工作原理是粉体物料与黏合剂在圆筒形容器中由底部混合浆充分混合成湿润软材，然后由侧置的高速粉碎浆切割成均匀的湿颗粒。流态化造粒，成粒近似球形，流动性好。较传统工艺减少 25％黏合剂，干燥时间缩短。每批仅干湿 2 min，造粒 1～4 min，工效比传统工艺提高 4～5 倍。在同一封闭容器内完成，干湿→湿混→制粒，工艺缩短，符合兽药 GMP 规范（图 3-12）。整个操作具有严格的安全保护措施。

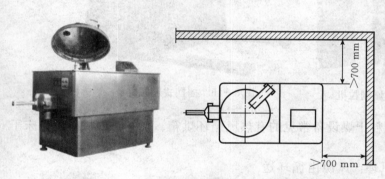
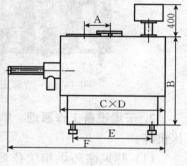

图 3-12　湿法制粒机示意图

（2）干法制粒机：是一种将潮湿粉末混合物，在旋转滚筒的正、反旋转作用下，强制性通过筛网而制成颗粒的专用设备。适用于制造各种规格的颗粒，烘干后供压制各种成型制品，该设备亦可用于粉碎凝结成块状的干料（图 3-13）。

（3）流化床喷雾干燥制粒机：是一种将喷雾干燥技术与流化床制粒技术结合为一体的新型制粒设备。将粉状或细小颗粒物料投入制粒机流化室沸腾床上，通过洁净热气流的作用，使物料在流化室内呈流化状循环流动，达到均匀；喷入雾状黏结剂，使流化室内的物料不断凝

图 3-13　干法制粒机

结成疏松的颗粒；成粒的同时，由于热气流对其作高效干燥，水分不断蒸发，颗粒不断形成凝固，制粒干燥过程重复进行，干燥过程中颗粒间的不断摩擦碰撞，形成理想的、均匀的多微孔状颗粒。该设备集混合、喷雾干燥、制粒、颗粒包衣多功能于一体；可生产出微辅料，少剂量、无糖或低糖的颗粒产品；颗粒易于溶出，片剂易于崩解，符合兽药 GMP 要求（图 3-14）。流化床喷雾干燥制粒机在制粒速度、颗粒质量及自动化等多方面达到了先进水平。

（4）摇摆式颗粒机：将软材通过适宜的筛网制成湿颗粒，大量生产湿颗粒可用摇摆式颗粒机。该设备主要由加料斗、往复刮粉轴、支盘架、皮带轮和电动机等部件组成，与物料直接接触的部件由不锈钢制成。制粒时将筛网固定在刮粉轴的下部，与刮粉轴接触情况应松紧适当，略具弹性（图3-15）。筛网的目数根据颗粒的大小而定，软材加入料斗后，借机械动力刮粉轴作摇摆往复转动，使加料斗内的软材压过筛网而成为湿颗粒。

图3-14 喷雾干燥制粒机   图3-15 摇摆式颗粒机

2. 干燥设备工作原理 颗粒干燥设备常见的有热风循环烘箱、真空干燥机、流化床干燥机等。

（1）热风循环烘箱工作原理：风源由循环送风电机带动风轮经由加热器而将热风送出，经由风道至烘箱内室，将使用后的空气吸入风道成为风源再度循环，加热使用，确保室内温度均匀性。当因开、关门动作引起温度值发生摆动时，送风循环系统迅速恢复操作状态，直至达到设定温度值（图3-16）。该设备不能用于烘干用酒精制粒的物料，以免发生酒精起火爆炸。

（2）真空干燥机工作原理：通过抽去料室内部空气达到预定真空度后，常温条件或通过加热低温去除料室内颗粒水分的设备。此类干燥设备专为干燥热敏性、易分解和易氧化物质而设计。

图3-16 热风循环烘箱

（3）流化床干燥机工作原理：将湿颗粒流化室沸腾床上，通过洁净热气流的作用，使物料在流化室内呈流化状循环流动，同时吹入热气流对其作高效干燥，水分不断蒸发。

3. 整粒设备工作原理 通过机械振动力或挤压力使颗粒通过筛网对大小不同的颗粒进行反复筛取，并能通过机械力对颗粒进行扎碎筛滤。常见整粒机有振动筛、摇摆试制粒机、快速整粒机等。

五、颗粒的质量要求

颗粒除必须具备流动性和可压性外，还要求达到以下要求：

（1）主药含量符合要求。

（2）含水量控制在 1％～3％。

（3）细粉量应控制在 20％～40％，因细粉表面积大，流动性差，易产生松片、裂片、黏冲等，并加大片重差异及含量差异，但细粉能填补颗粒间的空隙，能使片面光滑平整；因此根据生产实践认为片重在 0.3 g 以上时，含细粉量可控制在 20％左右，片重在 0.1～0.3 g 时，细粉量在 30％左右。

（4）颗粒硬度适中，若颗粒过硬，可使压成的片剂表面产生斑点；若颗粒过松，可产生顶裂现象。一般用手指捻搓时应立即粉碎，并无粗细感为宜。

（5）疏散度应适宜，疏散度系指一定容积的干粒在致密时重量与疏松时重量之差值，它与颗粒的大小、松紧程度和黏冲剂用量多少有关。疏松度大则表示颗粒较松，振摇后部分变成细粉，压片时易出现松片、裂片和片重差异大等现象。

第三节 压 片

【技能要求】

熟悉片剂质量影响因素，发现并解决压片过程中出现的异常情况，压制出符合质量标准要求的片剂。

一、片重差异异常情况处理

片剂超出片重差异的允许范围，称片重差异异常。

1. 片重差异检查

（1）检查方法：取供试品 20 片，精密称定总重量，求的平均片重后，再分别精密称定每片的重量，每片重量与标示片重相比较（凡无表示片重的片剂应与平均片重相比较）（表 3-3）。

表 3-3 片剂超出片重差异限度

标示装量	重量差异限度
0.3 g 以下	±7.5％
0.3 g 或 0.3 g 以上	±5％

（2）差异限度要求：超出重量差异限度的不多于 2 片，并未有 1 片超出限度 1 倍。

2. 片重差异异常情况处理

（1）产生原因：颗粒大小不匀，流动性不好，下冲升降不灵活，加料斗装量差异较大等。

（2）解决措施：控制颗粒大小均匀，更换下冲，保持加料斗装量在 1/3～2/3 之间。

二、压片机压力异常情况处理

（1）产生原因：压片机压轮磨损，压轮轴轴承缺油或损坏。

（2）解决措施：检查压轮磨损程度，重点检查压轮外圆的磨损，同时检查压轮轴轴承油及其是否损坏，根据检查结果进行加油、维修或更换。

三、片剂脆度异常情况处理

片剂脆度是反映片剂抗震、耐磨能力的指标，片剂脆度异常容易引起碎片、顶裂、破裂等。

（1）产生原因：原辅料的黏度小，压片前颗粒的细粉较多、制粒前物料混合不均、颗粒干燥程度不够、压片压力过小等。

（2）解决措施：适当增加黏合剂的黏合力，制粒前物料充分混合均匀，适当提高颗粒的干燥程度和压片时的压力。

四、片剂崩解度异常情况处理

压片过程中常出现片剂崩解时限超过《中国兽药典》中规定的要求，也称崩解迟缓。

（1）产生原因：崩解剂用量不当，疏水性润滑剂用量过多，黏合剂的黏性太强或用量过多，压力过大和片剂硬度过大等。

（2）解决措施：适当增加崩解剂用量，减少疏水性润滑剂用量或改用亲水性润滑剂，选择合适的黏合剂及其用量，调整压力等。

五、片剂外观异常情况处理

1. 异物污染　在片剂生产中，由于各种原因引片剂外观不合格，如异物污染，原料中的异物特别是被微生物污染或有色物的污染，加强管理，做好清洁完全可以避免异物污染；另外热和日光对药物也会造成外观不合格，有的药物干燥过快，色素物质的发色团显色，使色泽不均匀；有的药物与铁器接触易于发生反应，制粒时宜用尼龙筛。

2. 裂片　片剂受到振动或经放置后，从腰间开裂或顶部脱落一层的现象称裂片。

（1）检查方法：取数片置小瓶中振摇，应不产生裂片；或取 20～30 片放在手掌中，两手相合，用力振摇数次，检查是否有裂片。

（2）产生原因：片剂弹性复原及压力分布不均匀，黏合剂选择不当或用量不足，细粉过多，压力过大，冲头与模圈不符等。

（3）解决措施：换用弹性小、塑性大的辅料，选择合适的黏合剂或增加用量，调整压力，更换冲头或模圈。

3. 变色或色斑　指片剂表面的颜色发生改变或出现色泽不一的斑点，导致外观不符合要求。

（1）产生原因：颗粒过硬，混料不匀，接触金属离子，压片机污染油污等。

（2）解决措施：控制颗粒硬度，原辅料混合均匀，避免接触金属容器，防止压片机油污。

4. 麻点　指片剂表面产生许多小凹点。

（1）产生原因：润滑剂和黏合剂用量不当，颗粒引湿受潮，颗粒大小不匀，粗粒或细粉量过多，冲头表面粗糙或刻字太深、有棱角及机器异常发热等。

（2）解决措施：选择合适的润滑剂和黏合剂及其用量，避免颗粒受潮，控制颗粒大小均匀，更换冲头，避免机器异常发热等。

六、压片过程其他异常情况处理

1. 拉模　也叫冲模摩擦，由于药片与模孔壁摩擦，造成排片困难，严重时发出异响，药片侧面被破坏，压片机旋转受阻。

（1）颗粒：在拉模压片过程中颗粒产生原因与解决措施（表3-4）。

表3-4　颗粒产生原因与解决措施

产生原因	解决措施
润滑剂选择不当或添加不足	酌加润滑剂，或换润滑效果好的润滑剂
添加润滑剂的方法不当	改进添加方法
干燥过度或颗粒存放过久	增加湿度或重新制粒
水分过多	减少湿度，测定水分含量
颗粒过于粗糙	减小颗粒粒度，增加润滑剂
颗粒过硬，润滑剂无效	改良颗粒，减小粒度
润滑剂发挥了作用，而温度过低	室温压片
温度过高造成黏附	降低室温
片剂过度膨胀	使用锥形模圈

（2）模圈：在拉模压片过程中模圈产生原因与解决措施（表3-5）。

表3-5　模圈产生原因与解决措施

产生原因	解决措施
加工不细	适当修磨
磨损、腐蚀	换用其他钢种，改变颗粒处方
压缩点产生沟痕	磨平
磨损过度	更换
间隙过小	更换稍大的模圈
模孔中产生片剂膜	降低下冲，增加润滑剂，增大间隙

（3）冲头：在拉模压片过程中冲头产生原因与解决措施（表3-6）。

表3-6　冲头产生原因与解决措施

产生原因	解决措施
间隙过小	把冲头直径磨小
冲头缺口或过宽	用放大镜检查冲头，磨平冲头面检查压力
冲头磨损过度	磨平冲头面或换掉冲头

2. 黏冲　压片过程中冲头表面黏附粉末，片剂表面粗糙，往往部分损伤，出现片屑，黏冲发生在片剂整个表面。

（1）颗粒：在黏冲压片过程中颗粒产生原因与解决措施（表3－7）。

表3－7 颗粒产生原因与解决措施

产生原因	解决措施
干燥不够	适当干燥，测定水分含量
润滑剂不足或选择不当	增加或变换润滑剂
黏合剂过多	减量，更换不同结构的黏合剂
吸湿或室内潮湿	降低湿度，改进颗粒处方
制粒时混合不均匀	改进制粒工艺
微粉与颗粒混合不均匀	改善颗粒，使粒度变小
颗粒过软，黏合性差	增加黏合剂，改进制粒技术
压片时温度过高	在室温压片

（2）冲头：在黏冲压片过程中冲头产生原因与解决措施（表3－8）。

表3－8 冲头产生原因与解决措施

产生原因	解决措施
冲头表面剥脱	磨平表面
冲头裂开或过宽	用放大镜检查，磨平，调整压力
文字或图案过深尖锐	减小颗粒粒度，增加黏合剂量
对于颗粒曲率半径过深	增大曲率半径，改良颗粒
油膜、污物黏附冲头表面	用溶媒清擦冲头表面

（3）机械：在黏冲压片过程中机械产生原因与解决措施（表3－9）。

表3－9 机械产生原因与解决措施

产生原因	解决措施
压力不足	增加压力
片子软压力不足	增加压力
进料不均匀	改良颗粒
压片速度过快	降低压片机速度

【相关知识】

一、压片机工作原理

1. 单冲式压片机

（1）工作原理：设备只有一副冲模，利于偏心轮及凸轮机构的作用，在其旋转一周及完成充填、压片和出片程序。推片调节器用以调节下冲抬起的高度，使其恰好与模圈的上缘相平；片重调节器用以调节下冲下降的深度，借以调节模孔的容积而调节片重；压片调节器则是调节上冲下降的距离，上冲下降多，上下冲间的距离近，压力大，反之则小（图3-17）。

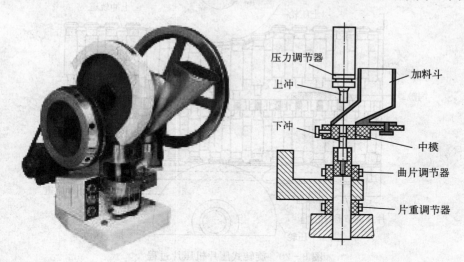

图3-17 单冲式压片机

（2）压片流程：首先上冲抬起，饲料器移动到模孔之上，下冲下降到适宜的深度，饲料器在模孔上面移动，颗粒填满模孔后，饲料器在模孔上面移动，颗粒填满模孔后，饲料器由模孔上移开，使模孔中的颗粒与模孔的上缘相平；然后上冲下降并将颗粒压缩成片，上冲再抬起（图3-18）。

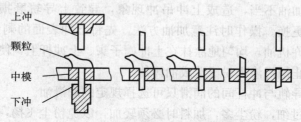

图3-18 单冲压片机压片工序示意图

2. 旋转式多冲压片机 旋转式多冲压片机有多种型号，按冲头分有16冲、19冲、27冲、33冲、55冲等（图3-19）。按流程分有单流程和双流程。单流程的压片机仅有一套压轮；双流程的有两套压轮，每一副冲旋转一周可压两个药片。

压片时下冲转到饲料器之下时，其位置较低，颗粒流满模孔；下冲转动到片重调节器时，再上升到适宜高度，经刮粉器将多余的颗粒刮去；当上冲和下冲转动到两个压轮之间时，两个冲之间的距离最小，将颗粒压制成片（图3-20）。当下冲继续转动推片调节器时，下冲抬起并与机台中层的上缘相平，药片被刮粉器推开。

图3-19 旋转式多冲压片机

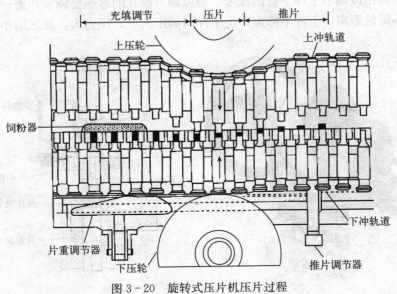

图 3-20 旋转式压片机压片过程

二、压片机一般故障分析

压片机常见的故障易发生在导轨、压轮、过载保护、减速箱以及压片机冲模等几个部分，关于故障分析如下：

1. 上导轨磨损

（1）断油，上冲加油不当，造成上冲吊冲现象，导致上导轨磨损，应及时修复 35°斜面，如果损坏严重应更换。操作时注意加油方法，先将上冲表面的剩油用干净的抹布擦干净，再用小毛刷上少许机油，均匀地涂抹在上冲帽子头、上冲杆上，使上冲转动灵活。但加油量不宜过多，以防止油污渗入粉子造成油污片。

（2）油质不好，导轨与冲杆间的润滑只可选择规定的润滑油。

（3）压片的物料过细，粉尘多，加料时必须轻加，以免粉尘飞扬，使上冲吊冲甚至磨损上导轨。

（4）压片的物料太潮，产品吊冲或黏冲现象导致上导轨磨损，物料进行复烘，添加润滑剂返工处理，另外对工艺配方应进行改进，控制物料的粒度分布，流动性、可压性。

（5）上冲孔不清洁，使上冲吊冲、黏冲、上导轨磨损，应清洁上冲孔至上冲孔滑动自如。

2. 下导轨磨损　下导轨过桥板磨损，轻者维修，严重者更换。

（1）压片的物料过细或太潮，使下冲孔或下冲头结皮，造成下冲吊冲、黏冲、下导轨磨损，应清洁下冲孔和下冲至转动活络。在压片过程中，运转中是否有异声，听到异声及时关机处理，擦清冲孔、冲头上的结皮或压片物料进行返工处理，以免下冲吊冲严重，导致下导轨损坏。

（2）下冲孔不清洁，产生下冲吊冲现象。将下冲孔刷清，如冲孔结皮，必须用刮棒将结皮刮清。特别黏性比较大的产品，在清场时必须用酒精清洁冲孔，保证冲孔转动灵活。

3. 压轮异常　压轮是调节药片压力、增加保护的装置，其常见故障有压轮磨损、压轮轴轴承缺油或损坏。压轮外圆磨损严重导致冲杆尾部阻力大，需要重新更换压轮；当压轮内孔与压轮轴磨损严重时，也需要更换压轮或压轮轴；压轮轴有时断裂主要是由于承受压力过大所致，多数是因为物料难压而调节操作不当，这时需要更换压轮轴，调整物料，重新调节压力。另外，定期对压轮轴轴承进行润滑保养，出现损坏及时进行更换。

4. 过载保护系统报警　主要原因是压片压力超载或过载保护弹簧设定压力太小所致，解决方法是调节压力手轮，减小压力或增大过载保护弹簧设定压力。

5. 减速箱漏油　主要是由法兰盘螺钉松动或油封老化造成，解决方法是旋紧法兰盘螺钉或更换油封并涂密封胶。

6. 压片机冲模磨损　冲杆磨损，冲杆磨损后只能更换；而冲头弯曲现象大多发生在小直径冲头上，主要是压力过大所致，冲头弯曲将影响片剂的重量差异，必须进行更换。

7. 加料器磨损　上冲吊冲、下冲断冲、下冲爆冲、上冲帽子头断裂、上冲断冲（断冲部分在加料器内，没有及时取出），将导致加料器磨损，甚至损坏在压片过程中的设备。压力不能过大，机器不能超负荷运行，有异常情况必须及时发现和处理。

压片过程中，如发现爆冲或加料器磨损，调换爆冲或修复。调换加料器后必须擦清平面，擦下的粉子和爆冲的片子进行隔离，并处理。

8. 片重差异异常

（1）升降杆轴向窜动：引起计量不准，产生片重差异，应检查小涡轮是否磨损，应调整磨损零件。

（2）下冲吊冲：影响充填量，使片重差异大，将下冲孔刷清或调换冲头。

（3）冲模问题：检查冲模是否符合标准，将不合格冲头调换。

（4）压片物料问题：粒子过粗，压片的片重差异大，偏重不稳，操作工要勤称片重，颗粒重新整粒。使颗粒的粒度能适合压片，制粒工艺要改进。

9. 整机震动

（1）避震垫压紧螺丝松脱，避震垫需要正确安装，检查压紧螺丝是否松动，如有请拧紧螺母。

（2）压片机转速不对，应减少或增大转速。

（3）两边受压不对，压力大小相差太大，两边的片厚明显不一致。调节片子厚度，使两边出片的厚度一致。

（4）颗粒影响，改进压片工艺，合理配方，提高颗粒的质量。

压片机的使用过程中要求设备维修人员必须定期对设备进行维护保养，每月1～2次检查蜗轮、蜗杆、轴承、压轮、上下导轨各活动部分是否灵活，是否磨损，发现缺陷及时修复后使用，蜗轮箱内加机械油，油量从蜗杆进入一个齿面高为宜，可通过视窗观察油面的高低，使用半年左右，更新新油；电气元件也要注意维护，定期检查，保持设备的良好运行状态。

三、压片过程中常出现的问题及解决方法

由于片剂的处方、生产工艺及机械设备等方面的综合因素的影响，在压片过程中可能出现某些问题，需要具体问题具体分析，查找原因，加以解决。

1. 顶裂、裂片和碎片　顶裂是指片剂的顶面或底面全部或部分从片体裂开。裂片是指片剂裂成两层或更多层。一般这种缺陷在压片后可立即发现，但有时也在几小时甚至几天后才发生。将压成的片剂取数片置手中合掌用力振摇或作脆度试验，这是发现这类问题最好的方法。

这种问题的发生往往是颗粒中截留空气所致。加压时有空气截留在颗粒里没有逸出，解压后，空气向外逸出。轻的颗粒或含大量粉末的颗粒易产生这种问题。松散的物料要增加气密性可增加黏合剂的用量，也可改用能增加颗粒润湿程度的任何溶媒系统。用过粗筛或改变粉碎机粉碎速度的方法可减少细粉量。最新型的压片机上的顶压轮，在最后压成片子前可先将截留在颗粒内的空气逐出，从而避免发生顶裂。有时颗粒可能过分干燥，这时颗粒中应保持一定量的水分是良好的压片的基本条件。加入一些引湿性成分，如山梨醇、甲基纤维素或聚乙二醇等，有助于保持上述适宜的湿度。

冲头和模圈都能成为发生顶裂的原因。中凹形或平面斜角形的冲头表面随着作用过程而逐渐向内弯曲，形成爪状，解压时可将片剂顶部拉松。上冲磨损后，由于冲头顶部模孔壁的撞击会加速冲头变成爪形。但冲头表面的弯曲度越大时，在加压的瞬间，对片子边缘所施加的压力大于对片子中心施加的压力。

模孔的压缩部位不断磨损，逐渐形成一个"环形"并且不断扩大以致片子的直径太大，以致不易通过环状上部的窄孔。一个简单的解决办法是将模圈倒转，这样，使压片部位在环状上面未磨损的部位进行。有一些压片机上冲下降的深度可以调节，这样可以在模孔内的任何位置上压片。现在有用碳化钨制的冲头。这种硬质合金十分经久耐用，以致使模圈比冲头先磨坏。

造成顶裂的另一个原因还是安装压片机时不谨慎。下冲上升的高度必须与模圈持平或略高出模圈，则压成的片子从这高出的部位刮除，倘若冲头低于模圈，则饲料框架的刮片器亦将片子底部切去。这种不谨慎安装的另一个不大严重的结果，是使片子的边缘被切碎。另一个可能引起碎片的原因，是刮片器的安装问题。如果安装的过高，有一部分片子处在刮片器下，以致破裂，破裂后的碎片进入饲料框架内，影响其他片子的重量。平面或斜角形的片子在相互撞击时比凸圆面片子接触时易于相互叠盖，减小了边的接触。

2. 松片　指片剂的硬度不够，在包装、运输过程中受震动易松散破碎的现象。片剂弹性复原大，原辅料可压性差为主要原因。一般可采用调整压力和增加适当的黏合剂等方法加以解决。

3. 黏冲　指冲头或冲模上黏着细粉，导致片表面不平整或有凹痕的现象。尤其刻有药名和模线的冲头更易发生黏冲现象。其原因为颗粒含水量过多、润滑剂使用不当、冲头表面粗糙和工作场所湿度过大等，应查找原因及时解决。

4. 崩解迟缓　指片剂不能在《中国兽药典》规定的时间内完全崩解或溶解。其原因如崩解剂选用不当、用量不足、润滑剂用量过多，黏合剂黏性太大，压力太强和片剂硬度过大所致，需针对性地处理解决。

5. 重量差异　当颗粒不理想时，所制得的片剂重量差异往往会超过允许限度。原因主要有以下 4 点：

（1）压片颗粒的大小及其分布情况：过多的大颗粒，在物料填进到模孔中时会影响颗粒间空隙的填充。虽然模孔的表观容积相同，但大颗粒和小颗粒所占的比例不同会改变每一模孔的填充重量。因此颗粒应当再过一次细筛，筛去最大颗粒，生成更多的小颗粒。

（2）流动性差：当颗粒流动不畅时，物料通过饲料框架是时断时续的，致使某些模孔填充不完全。填充不完全的另一个形式是由于压片机的转速超过了颗粒恰当地填充模孔的能力。加入润滑剂或增加润滑剂的用量有助于改善上述情况。有的颗粒在粉碎时产生过量的粉末，在压片机的加料斗中形成"桥"。机械制造厂商发展出使物料通过加料斗的振动器和机械加料器，用机械力把颗粒填充到模孔。

（3）混合不均：有时润滑剂和助流剂未完全分布均匀，流动性弱，颗粒不能有效的填充模孔。有时从片子抛出时的压力声音可听出混合不均，而且在片剂边缘会出现擦痕。

（4）冲头下冲长短不齐：只有严格控制冲模的设计，才能提供统一大小的模具，保证模孔的填充量差异符合要求。

6. 变色与色斑　色斑是指片剂表面颜色不均，在均匀的表面上颜色深浅不匀。造成这种缺陷的原因之一是药物与赋形剂的颜色各不相同，或其降解产物为深色。这种情况可用染料掩盖。另一种原因是颗粒在干燥过程中染料产生色移。为了消除这种现象，可以改换溶剂系统，降低干燥温度，或粉碎成较小的颗粒。

着色的黏合剂溶液有时所以会产生分布不匀，是因为这种溶液必须在热的状态下加到比溶液冷的粉末中去，结果黏合剂从溶液中析出的同时，大部分颜料也被带出来。在这种情况下要进一步润湿，甚至要过度润湿，才能使黏合剂和颜料重新分散。但是这种外加的混合和提高黏合剂的黏合力，结果有可能使片剂的崩解时间延长。

7. 麻点　指片剂表面产生许多小凹点，其原因可能是润滑剂和黏合剂用量不当、颗粒引湿受潮、颗粒大小不匀、粗粒或细粉过多、冲头表面粗糙或刻字太深、有棱角及机器异常发热等，需针对原因进行处理解决。

8. 迭片　指二个药片叠压在一起的现象。其原因主要是压片机调节器调节不当；上冲黏片；加料斗故障等，如不及时处理，则压力过大，可损坏机器，故应立即停机检修。

9. 卷边　指冲头与模圈碰撞，使冲头卷边，造成片剂表面出现半圆形的刻痕。此时需立即停机，更换冲头或重新调高机器。

10. 贴片和黏片　贴片是指片子表面的物料脱落下来并黏合在冲头上。这种情况特别是刻有交织字母或其他图案时更易于发生。贴片一般发生在有空隙小孔的部位（如字母 a 和 b）或由锐角的部位（如字母 M 和 W），对于这些部位雕刻者很难雕刻干净，模具制造者也很难磨光。一些细粉和低熔点的物料，都很容易黏贴在这些不完善的地方。黏片是指颗粒黏附在模孔壁上，当发生黏片时，下冲移动困难，以致引起凸轮轨道和冲头臂变形。黏片有时也指物料集结在冲头表面。

补救这些缺陷的办法很多。字母尽可能设计的大些，特别对小直径的冲头。或者重新作处方设计，增大片剂。如冲头表面镀一层铬，是使冲头表面光滑，不黏片的好办法。

在某些情况下，处方中加入胶体氧化硅作为抛光剂，可使冲头表面光滑不致产生任何黏着现象。另一方面，由于这种物料具有摩擦性，因此要加入润滑剂才能使片剂从模孔中抛出。有时加入黏合剂或更换一种黏合剂，可以使颗粒结合得更加牢固，黏性比原先减少。

熔点低的物质，不论是有效成分或附加剂（如硬脂酸或聚乙二醇）均可因压缩热而变软引起黏片。用高熔点的物料稀释有效成分，结果片剂的大小增大，有助于减小黏片。亦可减少低熔点润滑剂的用量，或用高熔点物代替。当低熔点的有效成分含量较高时，将颗粒和压片机冷却可以解决黏片问题。颗粒过湿会引起黏片，此时需将颗粒进一步干燥。

11. 硬度差异 硬度差异和重量差异则原因相同。硬度与物料的重量及压片时上下冲之间的空间有关。如果物料的体积和冲头之间的距离发生变化，则片剂的硬度也必然不一致。

片剂的硬度尚与其他的性质有关，如密度和孔隙度，所有这些都会影响到崩解时限。正常贮存的片剂的硬度，一般来说，有日趋增大的趋势。所以片剂的硬度只要能适应一般的装卸和运输即可，不要过硬。片剂的硬度取决于片剂的物理形态和大小，以及处方中所用的化学品的特性和压片时施加的压力。如果压出的片剂一开始就很硬，那么在所要求的时间内就可能不崩解。如果太软，就经不起装卸、运输和调剂的多次振动。

12. 重印 这个问题仅与下冲上刻有交织字母或其他图形有关。压片时片子接受冲头上的印记，有些机械的冲头可以自由降落，在抛片凸轮将片子抛出前的一段短距离内可不受控制地移动一小段距离。在这段自由运行中冲头是转动的。此时下冲可能对片剂的底面重新轻压一次，结果出现重印。在模圈台的下面，有一凹进的面，从这里可以看到下冲体的一部分。如果在凹面装上盘簧。它可与冲头直接接触，不使下冲在自由运行中转动。

第四节　验证工艺

【技能要求】

掌握设备验证基础知识和工艺知识，能进行口服固体制剂生产工艺、设备和清洁验证并对验证工艺参数进行整理分析，编写产品工艺验证方案、报告。

一、口服固体制剂生产工艺、设备和清洁验证

关于验证的基础知识参考"基础知识"章节中"验证"相关内容。

一般来说，设备验证的内容为设计、安装确认、运行确认和性能确认，在设备确认完成后，即进入清洁验证、工艺验证阶段，工艺验证是设备在设定的工艺条件下进行模拟生产、试生产的过程，清洁验证一般与工艺验证同时进行。

1. 设备验证 设备验证中有关设计、安装、运行确认可参考"本章第一节"中"设备验证"有关内容，这里主要进行性能确认的论述。

（1）制粒设备验证：性能确认的目的是试验并证明制粒机对生产工艺的实用性，具有模拟生产的性质，是在工艺指导下进行实际试生产，同时对生产工艺合理性进行考察，例如制颗粒粒度、物料收率等。

① 制粒颗粒度试验。

试验物料：一批以蔗糖、淀粉等（基本与产品常用辅料一致）为主料的额定投料量。

投料粒度：0.15～0.08 mm。

将制得的颗粒中分筛出 1.25～0.25 mm 颗粒重量，按下式计算：

$$制粒颗粒度（\%）= \frac{1.25 \text{ mm 至 } 0.20 \text{ mm 的颗粒重量}}{成品重量} \times 100\%$$

② 制粒物料收率试验。按额定投料量连续投空白料或加有主药模拟成分的空白料 3 批，进行物料收率试验，并选择最佳工艺条件。投料粒度范围 0.15～0.08 mm。将收得的物料重量，即成品重量与投料重量，按下式计算：

$$物料收率（\%）=\frac{成品重量}{投料重量}\times100\%$$

（2）干燥设备验证：主要检查和确认设备在生产中的可靠性和稳定性，确认干燥设备在负载运行状态下各项性能指标符合工艺的要求。

① 热分布确认。设备在空载、满载情况下的不同位置的热分布状况。确认设备运行腔内温度均匀，符合设计要求。

② 物料干燥温度及时间确认。满载过程中，通过生产经验总结得出在特定温度及规定时间对各部位物料水分的测试，验证车间生产用物料干燥温度及时间的可行性。

（3）混合机验证：参考"本章第一节"中"设备验证"有关内容。

（4）压片机验证：性能确认目的是试验并证明压片机对产品及生产工艺的适用性。压片机的性能确认应在运行确认合格后采用负荷试验的方式进行。

① 试验冲模尺寸为最小与最大两种压片直径。试验用的原料应为颗粒均匀产品颗粒或空白颗粒。

② 负荷试验运行不小于 2 h，其中先用最大压片直径，以最高产量速度试验 1 h。再用最小压片直径，以最高产量速度试验 1 h。试验中按《片重差异检查法 SOP》测定片重差异。

如采用片剂重量差异限度标准方差相对值 sd_{max}，其测定方法如下：每 10 min 取样一次，每次取片不少于 100 片，共取 5 次，每次的取样分五组，每组 20 片，每组测出片剂重量数字期望值 M 及标准方差 s，计算出标准方差相对值，五组中选出最大的 sd 为 sd_{max}。

③ 试验项目及可接受标准。压片机最大工作压力及预压力应连续可调，并备有主压力调节显示器。片剂重量自动控制系统控制平均片剂重量与理想片剂重量之差应不超出平均片剂重量±2%。压片机压制的片剂重量差异限度不得超过如表 3-10 规定。

表 3-10　片剂重量差异限度

片剂平均重量（g）	重量差异限度
<0.3	±7.5%
≥0.3	±5%

2. 生产工艺验证　新产品的工艺验证通常可以和产品从中试向大生产移交相结合，如果设备为新设备，亦可根据产品的具体情况将设备的性能与本工序的工艺验证结合在一起。

（1）验证草案的拟定和批准：本草案应由熟悉、主管本品种的工艺人员起草，经相关部门主管审核、批准后即可成为产品工艺验证方案，进行具体实施。为便于管理，可分类、编号以便于存档待查。

（2）验证方案主要内容：

① 目的。详细描述产品工艺验证步骤和要求，确保设定工艺在现有设备条件下能够生产出质量稳定、符合质量标准的产品。

② 范围。工艺验证包括三个批次，每批××千克（kg），折合××片，片剂外观性状描述，主要设备/系统描述，按照要求提供验证用的记录、连续生产三个批次，并按取样计划进行取样、监测，按经验证的质量标准、分析方法进行测定。验证完毕，根据实际情况对生产操作规程相关参数进行确认和必要地调整。

③ 验证小组职责。可参考下列描述。

a. 生产部：起草验证方案和验证报告，负责验证小组协调。

b. 产品试制部：工艺验证的技术支持。

c. 维修部：设备操作规程的编写及保证设备正常运转。

d. 计量部：仪器、仪表的预先校准。

e. QA：制订取样计划、监督验证实施及取样。

f. QC：样品的检测与分析及数据统计。

g. 验证部：起草验证方案草案，对验证各步审核指导。

④ 产品处方。按处方列出每片、每千片所用主药、辅料的用量或百分比。素片应标明每片的理论重量。

⑤ 工艺简介。主药及辅料按生产操作规程要求进行粉碎或过筛后进行备料，使用和混合制粒机湿法制粒，湿法制粒在流化干燥机中干燥，干燥整粒后加入干掺崩解剂和润滑剂在专用混合桶中混合，用高速旋转式压片机压片。

⑥ 设备/系统描述。

a. 备料工序：粉碎机、过筛机等型号、设备编号、验证文件号。

b. 制粒工序：混合制粒机、干燥机、整粒机等型号、设备编号、验证文件号。

c. 压片工序：高速旋转压片机、除尘机等型号、设备编号、验证文件号。

⑦ 工艺流程图。

⑧ 工艺考察计划和验证合格标准。

a. 对原辅料进行备料前监控：质量管理部门需对原辅料逐一进行检验，合格后方可放行，验证小组相关人员须复核检验报告单，包括供应商、包装情况、有效期等。

b. 备料：主要对粉碎机粉碎效果的考察。

试验条件的设计：速度、筛目大小及型号，每次至少取 5 个样品。

评估项目：粒度及粒度分布、松密度。

按生产操作规程规定条件粉碎，质量应符合要求。

c. 制粒：

试验条件的设计：搅拌条件及时间、干燥温度及时间、黏合剂浓度及用量，每次至少取 5 个样品。

评估项目：水分、筛目分析、松密度。

按规定参数制粒，质量应符合要求，如需调整，需做记录。

d. 总混：

试验条件的设计：如某产品规定混合时间为 10 min，验证时间可设为 5 min、10 min、15 min，必要时再设 20 min。每次根据设备情况设置 5～10 个点。

评估项目：含量、均匀度、水分。

检查粒度分析、松密度、不同颜色组分的产品须检查色泽均匀度。验证 10 min 混合时间是合理的。如需调整，须提出数据作为变更的依据。

e. 压片：

试验条件的设计：确定适当的转速速度、压力后，根据压片的时间设定取样频率（如每 15 min 取样一次），如批量少，可增加取样频率（如每 10 min 取样一次）。

评估项目：外观、片重差异、硬度、溶出度、含量。

⑨ 取样计划和记录。

取样计划：取样时间、取样点、取样量、取样容器、取样编号。

设计取样记录表格。

⑩ 相关文件。生产操作规程，包装操作规程，产品的质量标准及分析方法，产品中控质量标准及分析方法，相关的 SOP。

⑪ 验证报告。根据方案进行验证，在验证活动完成后整理收集有关数据，提出总结报告，表示验证活动符合验证方案中各项要求。

⑫ 结论及批准。根据验证报告和数据由相关人员进行认真审阅，做出结论，报相关部分主管批准，至此，验证活动即告完成，验证报告、结论和建议均获批准。

⑬ 附录。验证报告及附录，各阶段化验报告，稳定性试验数据等。

（3）考察内容及结果：

① 设备：所用设备及设备的验证情况。

② 测试监控和取样记录。

③ 验证报告。

④ 结论和建议。

（4）验证状态的批准：各相关部门主管需对本次验证的数据和报告进行认真审阅，如完全达到验证草案中规定的各项标准，可在批准状态项下签批，标明验证方案中的工艺、设备和系统可用于产品生产。

3. 清洁验证　清洁验证是指对设备、容器和工具清洁方法的有效性验证，其目的是证明所采用的清洁方法确能避免产品的交叉污染以及清洗剂的残留的污染。

验证的内容包括清洗方法、采用清洁剂是否易于去除、冲洗液采样方法、残留物测定方法及限度等，验证时考虑的最差情况为设备最难清洗的部分，最难清洗的产品以及主药的活性等。

（1）验证方法：对于某一特点的设备或容器已设定了清洗方法（包括选定了清洁剂），主要通过三种方法来验证该设备在生产某一品种后的清洗是否符合兽药 GMP 要求。

① 目测法。主要检查清洗后的设备或容器内表面是否有可见残留物或残留有气味。

② 最终冲洗液取样法。即收集最后一次清洗液作为测试样来检测其浓度。

③ 棉签擦拭取样法。即用蘸有适当溶剂的棉签在设备或容器的规定大小内表面上擦拭取样，然后用适当的溶剂将棉签上的样品溶出供测试。

最终冲洗液取样法及棉签擦拭取样法的样品，在不考虑取样回收率影响的情况下，药物残留的一般限度为 0.001% 或更高。其主要适用于产品接触的表面以确保其残留量不影响下批产品或下一品种的质量。而且目测法一般仅用于产品不直接接触的外表面。

（2）选择检测方法注意事项：

① 与被检出物质及清洁剂的性质有特定的相关性，以保证所选定的检测方法能正确反映出被检物质的残存量。

② 有足够灵敏度，其灵敏度应该与前述残留量限度相适应。

③ 方法可行性，一方面企业具备完成检测的条件，另一方面检测方法简单易行。

④ 清洁验证必须有连续 3 次清洁的效果符合要求，验证的有效期根据验证结果确定，

验证周期应根据验证的内容及工艺、设备等条件的变动确定。

二、验证工艺参数整理与初步分析

验证的同时或验证过程中应对验证工艺参数进行整理分析，根据验证方法设置的工艺参数对验证取得的参数进行初步分析，为实现验证目的，根据分析的结果可对验证进行适当调整改进，同时也为验证报告的编写提供初步分析资料。

【相关知识】

一、口服固体制剂生产工艺、设备、清洁验证的内容和方法

参考本节"口服固体制剂生产工艺、设备、清洁验证"相关内容。

二、验证数据的处理、记录、规定等知识

1. 验证数据的处理　验证数据的处理可以简单概述为验证数据的收集、分析和得出数据结论。

（1）收集数据：有目的的收集验证数据，是确保验证数据分析过程有效的基础。收集的数据可能包括其过程能力、不确定内容等相关数据，指定专人通过指定渠道和方法收集数据，数据记录模板应便于使用，有效措施，防止数据丢失和虚假数据的干扰。

（2）分析数据：是将收集的数据通过加工、整理和分析、使其转化为信息，通常用分析方法有类比法、作图法、列表法等。

（3）数据结论：根据分析的数据，归纳相关规律，得出数据结论。

2. 验证记录

（1）记录应当保持清洁，不得撕毁和任意涂改。记录填写的任何更改都应当签注姓名和日期，并使原有信息仍清晰可辨，必要时，应当说明更改的理由。记录如需重新誊写，则原有记录不得销毁，应当作为重新誊写记录的附件保存。

（2）每批验证必须有记录，验证记录由验证具体实施人负责填写，完成后由该项目负责人收集整理。

（3）如使用电子数据处理系统、照相技术或其他可靠方式记录数据资料，应当有所用系统的操作规程；记录的准确性应当经过核对。

使用电子数据处理系统的，只有经授权的人员方可输入或更改数据，更改和删除情况应当有记录；应当使用密码或其他方式来控制系统的登录；关键数据输入后，应当由他人独立进行复核。

3. 验证文件管理　企业制订验证管理制度和验证规程，培训专业人员，验证过程中形成的文件应按验证品种分类，归档保存。验证方案、记录、报告、证书等都必须长期保存。

第四章　口服液体制剂生产

第一节　工艺用水制备

【技能要求】

掌握纯化水、注射用水各项参数基本要求，及时调整工艺参数，生产出合格的纯化水和注射用水；及时发现并妥善处理纯化水、注射用水制备过程中出现的异常情况。

一、工艺用水制备与参数调节

1. 纯化水制备方法选定原则　纯化水系统除控制化学指标及微粒污染外，必须有效地处理和控制微生物及细菌内毒素的污染。

（1）纯化水制备常用的水处理技术：纯化水的质量取决于原水的水质及纯化水制备系统的组成和处理能力。纯化水制备系统的配置应根据原水水质、水质变化、用户对纯化水质量的要求、投资费用、运行费用等技术经济指标综合考虑确定。

① 原水进水的含盐量在 500 mg/L 以下时，一般采用普通的离子交换法去除盐类物质。

② 对含盐量 500～1 000 mg/L 的原水，可结合原水中硬度与碱度的比值，考虑采用弱酸、强碱阳床串联或组成双层床。

③ 当原水的含盐量为 1 000～3 000 mg/L，属高含盐量的苦咸水时，可采用反渗透的方法先将含盐量降至 500 mg/L 以下，再用离子交换法脱盐处理。

④ 目前制备纯化水普遍流行的方法是采用全膜法、双级反渗透法、一级反渗透加混床法、一级反渗透加电离去离子法（EDI）法等，阴、阳树脂单床加混床处理方法正在被淘汰。

无论是直接采用离子交换系统或者先用电渗析法，再加上反渗透的系统，普通的饮用水、地下水或工业用水往往都不能够满足离子交换树脂或反渗透膜对玷污物质的进水要求。原水只有经过适当的预处理后，方能满足后道制水制备系统对进水的水质要求。

（2）纯化水中常用的原水预处理方法：为使原水的水质达到一个预期的指标，以满足纯化过程对原水的要求，必须对原水进行预处理，原水预处理的主要对象是水中的悬浮物、微生物、胶体、有机物、重金属和游离状态的余氯等。

① 原水中悬浮颗粒的含量小于 50 mg/L 时，可以采用接触凝聚或过滤，即加入凝聚剂后，经过水泵或管道直接注入过滤器。

② 当原水中碳酸盐硬度较高时，可以在去除浊度的同时，加入石灰进行预软化。

③ 当原水中的有机物含量较高时，可采用加氯、凝聚、澄清过滤等方法处理，若仍然不能满足后续工序的进水要求时，可增加活性炭过滤等去除有机物的措施。

④ 当原水中游离氯超过后续进水标准时，可采用活性炭过滤或加入亚硫酸钠等方法处理。

⑤ 如果后续处理工序采用反渗透或电法析等设备时，应在原水进放设备以前，再增设一个（组）精密过滤装置，作为反渗透等设备的保护措施。

⑥ 如果后续工序对胶体状态的硅要求较高，可在加入石灰的同时加入氧化镁，以达到去除硅的目的。

⑦ 当原水中铁、锰含量较高时，应增加曝气、过滤装置，去除铁和锰。

2. 纯化水设备的使用

（1）运行前检查：

① 检查原水进水压力。

② 检查各泵、管道、阀门位置。

③ 检查各药箱的药剂液位是否符合要求。

④ 按工艺流程检查原水单元、预处理单元、二级反渗透单元、EDI 单元是否正常、完好；检查各过滤系统的清洗是否按时进行。

⑤ 检查各仪器仪表、玻璃转子流量计是否正常。

⑥ 检查生产场所是否整洁。

（2）纯化水系统启动运行：当确认满足开机条件时，可以合上总电源开关，启动设备。各工作仪表显示运行参数，核对各参数是否设置正确、合理。系统进入工作状态，可选择手动/自动控制，进行正常生产。系统运行时，注意纯水循环压力，不得超过 0.4 MPa；生产结束、停机后，待电动阀完全关闭后，方可关掉总电源；空气呼吸器不得受潮或被水浸泡。

3. 注射用水设备的使用

（1）运行前检查：

① 检查蒸汽、压缩空气、电器等无异常，压缩空气、蒸汽压力是否达到要求。

② 检查本机的使用环境，进机介质及接管情况是否符合要求。

③ 检查原料水水箱、冷却水水箱液位是否达到要求。

④ 检查料水进水阀是否打开、料水出水阀是否关闭、凝结水排放阀是否打开、浓缩水排放阀是否打开。

⑤ 检查蒸馏水储罐、管道、阀门无异常。

（2）注射用水系统启动运行：打开多效蒸馏水机总电源，打开冷却水水泵、原水水泵，打开蒸汽阀门，开蒸汽阀门时应缓慢开启，以防止汽夹水现象。待各效温度稳定后，逐步打开大蒸汽阀，使蒸汽压逐渐上升，并根据蒸汽压力升高逐渐增加原料水进水量。打开不合格水排放阀。

蒸馏水进入正常工作后，应根据蒸汽压力的变化和各效下的视镜水位（一般不超过 1/2 视镜高度）调节进料水流量。根据蒸馏水温度调节冷却水压力，使蒸馏水温度控制在 90～98 ℃范围内。开机一段时间后，一般 10 min 左右，待出水温度、电导率等达到要求后，关闭不合格水排放阀。

4. 纯化水制备参数调节　一般原水贮罐应设置高、低水位电磁感应液位计，动态检测水箱液位。在非低水位时仍具备原水泵、计量泵启动的条件。假如原水水质浊度较高，通常运用精密计量泵进行自动加药（加药量由调试时确定），计量泵的定量加药应与原水泵运转同步进行。为了使经过反渗透主机处理后的水质达到电导率的要求，通常在水系统反渗透主机后设置有离子交换的深度除盐装置。离子交换器使用的滤料应为优质树脂。微孔过滤器是为了去除经上述处理后在纯化水中残留的微小颗粒和离子交换装置中所泄漏的破碎树脂等，使出水最终达到使用条件中对供水水质的所有要求。

控制 NaOH 加入量、调节加药泵、控制电导率，及时排空保安滤器内的空气。

机械过滤和活性炭过滤反冲洗时间间隔 24 h 或采用经过验证过的冲洗间隔时间。原水水质越差，反冲洗的频率越高，反之冲洗频率愈低。

保安过滤根据一级膜前与一级膜后的压力的差距决定是否更换。对于水质较好的水源，保安过滤器更换的周期可以达到 3 个月。

后阻药箱：60％浓度阻垢剂。

一级反渗透：水压不低于 0.4 MPa/cm²，水温 15～30 ℃，纯水和浓水量比 2∶1。

二级反渗透：水压 10～12 MPa/cm²，纯水和浓水量比 3∶1。

5. 注射用水制备参数调节

（1）一般在蒸汽等公用介质充足的情况下，制水设备进入自动运行，即可满足注射用水水质要求（图 4-1）。

（2）如在线监测仪表显示电导率高或出水温度低的情况，可通过调低料水流量等手段进行调节。

图 4-1　注射用水制水设备——多效蒸馏水机

二、工艺用水制备过程异常情况处理

1. 纯化水制备过程异常情况处理

（1）突然停电的处理：先断开电气控制柜内总电源，空气开关，手动复位电动阀，按生产结束操作法操作。

（2）异常声响的处理：如能发现或确认声响来源，则停止相应设备运行，由维修人员检修，如不能确认，则马上点按总停按键，维修人员检修。

（3）压力异常升高的处理：根据实际情况就近打开排污阀出水阀、泄压或停止送水泵，加压泵工作以降低压力，由维修人员检修。

（4）自控系统不能正常控制的处理：可根据显示面板提供的信息做出相应处理。

（5）其他设备异常情况处理：如表 4-1。

2. 注射用水制备过程异常情况处理

（1）蒸汽压力与蒸馏出的注射用水的纯度有关，如果压力过大，含有钙、镁离子等杂质的雾滴夹杂在蒸汽中，使注射用水中出现小白点和 pH 升高，水质不合格。

表4-1 其他设备异常情况与处理措施

异常情况	原因分析	处理措施
原水箱液位很低，设备正常，但RO部分无法正常开启	原水箱的水被使用至最低液位，从而导致低液位保护，使原水泵无法开启制水	待原水箱液位达到标准以上时再开启机器
高压泵低压报警	进水压力过低	关小原水泵旁通阀门
	开机未排气	复位后，重新开机时，打开保安过滤器排气口排气
	预处理段有进出水手动阀门损坏	找出阀门，更换
气动阀门不动作或启动阀门动作缓慢	压缩空气压力不够或超过	调整压缩空气进气压力，使之处于正常范围
	电磁阀松动	按紧电磁阀
	阀门损坏	更换阀门
	压缩空气管路漏气	更换压缩空气管路
RO部分无法开启制水，EDI部分可以开启制水	软化器跳到再生状态	把软化器打回产水状态
各类泵故障	保险丝烧掉	更换保险丝
	热保护	等待泵冷却后，把热保护器复位
板式加热器无法加热	疏水器没有打开，凝水无法排放	打开疏水器排凝水
EDI产水流量低	EDI产水排放阀未通入压缩空气	开启压缩空气阀门
	产水调节阀没有开或开的很小	将产水调节阀开大
总电源处的保险丝烧毁	内部温度太高	打开控制柜门散热，查看排风装置是否损坏
	设备过载	检查设备，排除过载
软化器后的板式加热器管路损坏	制水结束后，蒸汽没有关闭	维修或更换管路
软化器再生效果不好	盐浓度不够	继续加盐，直到浓度大于百分之十
	盐浓度太大，会造成吸盐管路堵塞	加盐时注意浓度
	再生周期过长	缩短再生周期
RO产水量明显下降	预处理出水不好	检查所有预处理必须控制的参数
	温度偏低	打开加热器加热
	进水压力过小	增大进水压力
泵开后，无水输送，即管路无压力	管内有空气	停泵，排气后，重新启动
EDI处，氯化钠加药泵开到最大，但浓水电导依然上不去	氯化钠浓度不够	加氯化钠
	浓水用于循环的量过小	开大浓水循环泵前的控制阀门
极水流量低	排放极水阀门开得过小	开大极水排放阀门

（续）

异常情况	原因分析	处理措施
计量泵抽不出药	上下面的密封不好	拆下密封重新安装，保证密封
	管子里面有空气	打开排空阀门，排掉空气
	计量泵电源被关	开启计量泵电源
	管路堵塞	重新疏通管子或更换
高压泵低压保护	进水压力低	增大进水量
	预处理段有阀门损坏	查处损坏的阀门，更换
	开机时没有排气	打开保安过滤器排气
EDI 入口流量低	进水阀门没有开启	开启阀门，复位后重新开机
RO/EDI 设备无故障，但无法开启	原水箱、中间水箱的液位到达最低保护液位	当原水箱、中间水箱的水到达标准线以上，再开启

（2）注射用水的含氨量与蒸馏水器的排氨结构、蒸汽压力和操作有一定关系。蒸汽压力低、温度低，影响汽水分离，氨就不能充分的分离出来。在操作中一定要协调好进汽压力与原料水进水量的关系，避免气压过低或进水量过大而使冷凝器温度过低，导致水中 CO_2、NH_3 等不能完全挥发而产生 pH 及氨不合格的现象。

（3）注射用水的电导率不符合要求，可能是由于冷却水管路内因压力变动造成冷却水流量变化，蒸馏水温度过低；进料水不符合要求也可能造成电导率不合格。因此，可通过冷却水调节阀降低冷却水流量，冷却水泵旁路阀稳定进水压力进行调整；或对水的预处理设备，酌情予以修理和再生，以改善原料水条件从而解决问题。

【相关知识】

一、工艺用水质量要求

1. 纯化水质量要求　配制口服液的工艺用水及直接接触产品的设备、器具和包装材料最后一次洗涤用水应符合《中国兽药典》纯化水质量标准。配制用水应使用新制备的纯化水，其贮藏时间不宜超过 24 h。

纯化水（Purified Water）：为饮用水经离子交换法、反渗透法或其他适宜的方法，经逐级提纯水质，使之符合要求的制药用水，不含任何附加剂。纯化水系指水中的电解质几乎已完全除去，含盐量 $<0.1 mg/L$，水不溶解的胶体物质与微生物、微粒、溶解气体、有机物等也被去除至低限度的水，应符合《中国兽药典》纯化水质量标准。

《中国兽药典》规定纯化水检查项目包括性状、酸碱度、硝酸盐、亚硝酸盐、氨、电导率、易氧化物、不挥发物、重金属、微生物限度。

（1）性状：本品为无色的澄清液体，无臭。

（2）酸碱度：取本品 10 mL，加甲基红指示液 2 滴，不得显红色；另取 10 mL，加溴麝香草酚蓝指示液 5 滴，不得显蓝色。

（3）硝酸盐：取本品 5 mL 置试管中，于冰浴中冷却，加 10％氯化钾溶液 0.4 mL 与0.1％二苯胺硫酸溶液 0.1 mL，摇匀，缓缓滴加硫酸 5 mL，摇匀，将试管于 50 ℃水浴中放置 15 min，溶液产生的蓝色与标准硝酸盐溶液〔取硝酸钾 0.163 g，加水溶解并稀释至

100 mL，摇匀，精密量取 1 mL，用水稀释成 100 mL，再精密量取 10 mL，用水稀释成 100 mL，摇匀，即得（每 1 mL 相当于 1 μg NO₃）〕0.3 mL，加无硝酸盐的水 4.7 mL，用同一方法处理后的颜色比较，不得更深（0.000 006%）。

（4）亚硝酸盐：取本品 10 mL，置纳氏管中，加对氨基苯磺酰胺的稀盐酸溶液（1→100）1 mL 及盐酸萘乙二胺溶液（0.1→100）1 mL，产生的粉红色，与标准亚硝酸盐溶液〔取亚硝酸钠 0.750 g（按干燥品计算），加水溶解，稀释至 100 mL，摇匀，精密量取 1 mL，用水稀释成 100 mL，摇匀，再精密量取 1 mL，用水稀释成 50 mL，摇匀，即得（每 1 mL 相当于 1 μg NO₂）〕0.2 mL，加无亚硝酸盐的水 9.8 mL，用同一方法处理后的颜色比较，不得更深（0.000 002%）。

（5）氨：取本品 50 mL，加碱性碘化汞钾试液 2 mL，放置 15 min；如显色，与氯化铵溶液（取氯化铵 31.5 mg，加无氨水适量使溶解并稀释成 1 000 mL）1.5 mL，加无氨水 48 mL 与碱性碘化汞钾试液 2 mL 制成的对照液比较，不得更深（0.000 03%）。

（6）电导率：应符合规定。

（7）易氧化物：取本品 100 mL，加稀硫酸 10 mL，煮沸后，加高锰酸钾滴定液（0.02 mol/L）0.10 mL，再煮沸 10 min，粉红色不得完全消失。

（8）不挥发物：取本品 100 mL，置 105 ℃ 恒重的蒸发皿中，在水浴上蒸干，并在 105 ℃ 干燥至恒重，遗留残渣不得过 1 mg。

（9）重金属：取本品 100 mL，加水 19 mL，蒸发至 20 mL，放冷，加醋酸盐缓冲液（pH3.5）2 mL 与水适量使成 25 mL，加硫代乙酰胺试液 2 mL，摇匀，放置 2 min，与标准铅溶液 1.0 mL 加水 19 mL 用同一方法处理后的颜色比较，不得更深（0.000 01%）。

（10）微生物限度：取本品不少于 1 mL 经薄膜过滤法处理，采用 R2A 琼脂培养基，30～35 ℃ 培养不少于 5 d，依法检查，1 mL 供试品中需氧菌总数不得过 100 CFU。

2. 注射用水质量要求　配制注射液的工艺用水及直接接触产品的设备、器具和包装材料最后一次洗涤用水应符合《中国兽药典》注射用水质量标准。配制用水应使用新制备的注射用水，70 ℃ 以上保温循环使用。

注射用水为纯化水经蒸馏所得的水，应符合细菌内毒素试验要求。注射用水必须在防止细菌内毒素产生的设计条件下生产、贮藏及分装。通常用于直接接接触无菌产品的包装材料的最后一次精洗用水、无菌原料药精制工艺用水、直接接触无菌原料药的包装材料的最后洗涤用水、无菌制剂的配料用水等；还可作为配制注射剂、滴眼剂等的溶剂或稀释剂及容器的精洗。其质量应符合注射用水项下的规定。

《中国兽药典》规定注射用水检查项目包括性状、pH、硝酸盐、亚硝酸盐、氨、电导率、易氧化物、不挥发物、重金属、细菌内毒素、微生物限度。

（1）性状：本品为无色的澄明液体，无臭。

（2）pH：取本品 100 mL，加饱和氯化钠 0.3 mL，依法检测，pH 应为 5.0～7.0。

（3）氨：照纯化水项下的方法检查，但对照用氯化铵溶液改为 1.0 mL，应符合规定（0.000 20%）。

（4）硝酸盐与亚硝酸盐、电导率、易氧化物、不挥发物与重金属：照纯化水项下的方法检查，应符合规定。

（5）细菌内毒素：取本品，依法检查，每 1 mL 中含内毒素量应小于 0.25EU。

（6）微生物限度：取本品不少于 100 mL，经薄膜过滤法处理，采用 R2A 琼脂培养基，30～35 ℃培养不少于 5 d，依法检查，100 mL 供试品中需氧菌总数不得过 10 CFU。

设备经过长期运行及制备过程中受原料水水质、蒸汽压力、操作者综合素质等因素的影响，注射用水水质并不十分稳定，系统在正常运行时必须进行常规的质量监控。

首先要检测原料水符合纯化水的水质标准，方可开机制备。当蒸馏水机仪表显示温度高于 95 ℃、电导率≤2 μS/cm 时，在设备取样口取水样，检测 pH、电导率，在符合要求后，再开始制备。在对水质进行监测的同时，对存放时间也要严格限制，例如配制应使用新制备的注射用水，存放时间以不超过 4 h 为宜，洗涤用水最好在 12 h 之内使用。此外，在使用和检测过程中，任意点的水质出现异常，除确定为取样、化验因素造成的而考虑重新取样外，必须立即停止操作，查明原因。

二、工艺用水制备设备及其维护保养要点

1. 纯化水制备设备　纯化水系统除控制化学指标及微粒污染外，必须有效地处理和控制微生物的污染。纯化水的制备由预处理、脱盐和后处理三部分组成。普通的饮用水或地下水不能满足离子交换、电渗析或反渗透对玷污物质的进水要求。

典型的纯化水系统工艺流程如下：原水箱→原水泵→多介质过滤器→活性炭过滤器→软化器→反渗透系统→中间水箱→中间水泵→阴阳混合床→纯化水箱→纯水泵→紫外线杀菌器→微孔过滤器→用水点（图 4-2）。

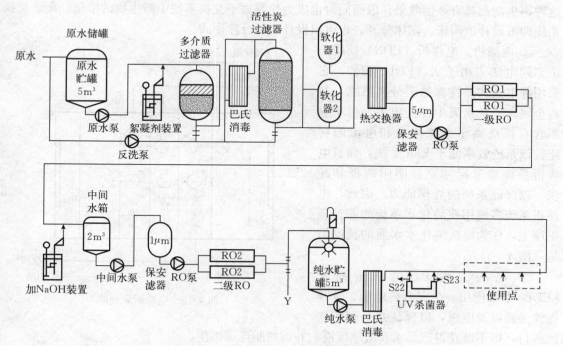

图 4-2　纯化水系统工艺流程示意图

原水只有经过适当的预处理后，方能满足纯化水制备系统对进水的水质要求。原水预处理的主要对象是水中的悬浮物、微生物、胶体、有机物、重金属和游离状态的余氯等，可通过混凝、过滤、吸附、软化等方法制得原水。

（1）预处理过程：

①混凝。混凝是水处理中对原水进行预处理的一个重要措施，处理的对象主要是水中的胶体物质。一般有中和、过滤、吸附、表面接触等步骤。

②过滤。在水处理的沉淀、澄清过程中，原水通过混凝沉淀，原水中的悬浮物大部分已被去除，水质已经在很大程度上得到改善。但此时水的浊度可能在 10 mg/L 以下，达不到国标饮用水的标准，仍需以过滤的方式来去除水中悬浮的细小悬浮物和细菌。原水过滤的主要设备为砂滤器，砂滤器采用的滤料多为石英砂、无烟煤和锰砂等。

③吸附。在水处理过程中，利用多孔的固体材料，使水中的污物吸附在固体材料空隙内的处理方法为吸附。一般有活性炭吸附、离子交换树脂吸附等。

④软化。水处理中的软化主要靠软化剂，用以脱除钙、镁等阳离子，因为这类阳离子会影响水处理系统下游的设备（如反渗透膜、离子交换柱及蒸馏水机）的运行性能。水软化树脂通常使用氯化钠（盐水）进行再生处理。

（2）脱盐：

①离子交换。离子交换的基本原理：交换就是离子交换树脂上的离子和水中的离子进行等电荷反应的过程。离子交换反应过程与很多化学反应过程一样，是可逆反应。

离子交换系统使用带电荷的树脂，利用树脂离子交换的性能，去除水中的金属离子。离子交换系统须用酸和碱定期再生处理。一般阳离子树脂用盐酸或硫酸再生，即用氢离子置换被捕获的阳离子。阴离子树脂用氢氧化钠再生，即用氢氧根离子置换被捕获的阴离子。由于这种再生剂都具有杀菌效果，因而同时也成为控制离子交换系统中微生物的措施。离子交换系统即可设计成阴床、阳床分开，也可以设计成混合床形式。

②电渗析。电渗析（EDR）使用的工艺同电法去离子法（EDI）相似，它公用静电及选择性渗透膜分离浓缩，并将金属离子从水流中冲洗出去。由于它不含有提高离子去除能力和电流的树脂，该系统效率低于 EDI 系统，而且电渗析系统要求定期交换阴阳两极和冲洗，以保证系统的处理能力。因此，电渗析系统多使用在纯化水系统的前处理工序上，作为提高纯化水水质的辅助措施（图 4-3）。

③电法去离子。电法去离子（EDI）系统使用一个混合树脂床、选择性渗透膜以及电极，以保证水处理的连续进行，即不断获得产品水及浓缩废液，并将树脂连续再生。

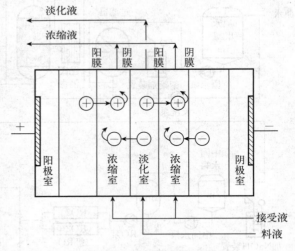

图 4-3　电渗析原理图

④反渗透。使用反渗透法制备纯化水的技术是 20 世纪 60 年代以来，随着膜工艺技术的进步发展起来的一种膜分离技术，已经越广泛地使用在水处理过程中。反渗透膜对于水来说，具有好的透过性。反渗透工艺的操作简单，除盐效率高，使用在制药用水系统中还具有较高的除热源能力，而且也比较经济。目前，在一些新建或扩建的制药工程项目中，多采用

反渗透方法作为纯化水制备中除盐的首选方案（图4-4）。

（3）后处理：即经过灭菌、过滤等方法制得符合要求的纯化水，纯化水应循环使用，回路中不宜设置中间贮罐，纯化水储存周期不宜大于24h，防止微生物滋生。

2. 纯化水制备设备维护保养 因生产纯化水的过程中存在水质被污染的可能，所以对各种生产装置要注意是否有微生物污染，对其各个部位及其流出的水应经常监测，尤其是当这些部位停用几小时后再使用时。为防止微生物的滋生和污染。应定期清洗设备管道、更换膜组件或再生离子交换树脂。工艺用水不锈钢管道的处理（包括清洗、钝化、消毒）大致可分为去离子水循环预冲洗、碱液循环清洗、去离子水冲洗、酸钝化、去离子水再冲洗、纯蒸汽消毒等步骤（图4-5）。

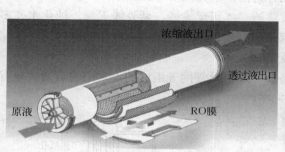

图4-4 反渗透膜工作原理示意图

图4-5 纯化水制备设备

制水系统的日常管理包括运行、维修，它对验证及正常使用关系极大，所以应建立监控、预修计划，以确保水系统的运行始终处于受控状态。

（1）纯化水设备维护保养制度：

① 制水系统的操作、维修规程。

② 关键的水质参数和运行参数的监测计划，包括关键仪表的校准。

③ 定期消毒/灭菌计划。

④ 水处理设备的预防性维修计划。

⑤ 关键水处理设备（包括主要的零部件）、管路分配系统及运行条件便更的管理方法。

（2）纯化水设备维护保养主要操作：

① 机械过滤器部分。观察两个机械过滤器前后压力表显示的压差，一般来说，压差增大0.1MPa就需要进行一次反冲洗，或者根据实际情况定时反冲洗。

② 保安过滤器部分。滤芯应经常清洗，视原水情况每5～7d将滤芯取出清洗。滤芯调换周期视进水水质而定，性能降低（进出水压差＞0.15MPa），则必需调换滤芯，确保RO装置正常运转。

③ 杀菌器部分。紫外线杀菌器应定期检查，确保紫外线灯的正常运行。紫外线灯应持续处于开启状态，反复开关会严重影响灯管的使用寿命。根据水质情况，紫外线灯管和石英玻璃套管需要定期清洗，用酒精棉球或纱布擦拭灯管，去除石英玻璃套管上污垢并擦净，以免影响紫外线的透过率，而影响杀菌效果。

④ 若逆渗透膜压差比运行初期增加0.15MPa，或者纯水脱盐率比上次清洗后降低三个

百分点、装置产水量比上次清洗后降低 10% 以上需要化学清洗。

⑤ 反渗透装置停机保养。RO 装置短期停机（不超过 3 d），每天必须用保安过滤器（又称紧密过滤器）冲刷 30 min 并保证 RO 组件内布满过滤水。RO 装置如长时间停机（超过 3 d），应采取 1% 甲醛溶液，布满 RO 组件，然后封闭一切阀门，夏天，控制环境温度以防霉变，冬季防冻，必要时可添加 10%～20% 甘油。保存用水最好用反渗透淡水，甲醛应用化学试剂产品。

当由复合膜组成的反渗透系统拟暂停利用达一周以上时，则系统应以 1% 的 $NaHSO_3$ 溶液浸泡，以避免细菌在膜面繁衍。

此外，针对纯化水制备系统，企业应组织定期的维护保养。

3. 注射用水制备设备 注射用水指蒸馏水或去离子水再经蒸馏而制得的水。再蒸馏的目的是为了去除细菌内毒素，以确保配制成的注射剂产品无热源存在。

原水经过机械过滤、活性炭过滤、一级反渗透、二级反渗透、紫外线灭菌、纯化水、多效蒸馏水机制备得注射用水。各种蒸馏水器都是利用液体遇热气化遇冷液化的原理制备蒸馏水的，由三部分组成：蒸发锅、隔膜器、冷凝器。

注射用水系统是由水处理设备、存储设备、分配泵及管网等组成的。常用的蒸馏装置有单塔式、多效蒸馏水器、气压式蒸馏水机三种。

（1）塔式蒸馏水器：塔结构如图 4-6 所示，其结构主要由蒸发锅、隔沫装置和冷凝器三部分组成。其工作原理为，首先在蒸发锅内放入大半锅纯化水，打开进气阀，由锅炉来的蒸汽经蒸汽选择器除去夹带的水珠后进入蛇型管进行热交换，在使锅中水加热的同时本身变成回汽水喷入废气排除器中，此时不冷凝气及废气（二氧化碳、氨等）从废气排除器的小孔排除，回汽水流入蒸发锅补充已蒸发的水量，过量的水由溢流管排除。蒸发锅中的单蒸水被蛇型管加热，产生二次蒸汽并通过隔沫装置（由中性玻璃管及挡板组成），蒸汽中夹带的沸腾泡沫及大部分的雾滴首先被玻璃管阻挡，流回蒸发锅，继续上升的蒸汽，其中的雾滴被挡板再一次截留而蒸汽则绕过挡板上升至第一冷凝器。蒸汽在

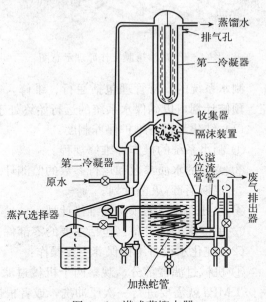

图 4-6 塔式蒸馏水器

第一冷凝器冷凝后落于挡板并汇集于挡板周围的凹槽而流入第二冷凝器中继续冷却为重蒸馏水。该法产量较大，可达 50～100 L/h，但特点是热能未能充分利用，并需耗费较多的冷却水。

（2）多效蒸馏水器：其结构主要由蒸馏塔、冷凝器及控制元件组成，结构如图 4-7 所示。工作原理为，进料水（纯化水）进入冷凝器被塔 5 进来的蒸汽预热，再依次通过塔 4、塔 3、塔 2 及塔 1 上部的盘管而进入 1 级塔，这时进料水温度可达 130 ℃或更高。在 1 级塔内，进料水被高压蒸汽（165 ℃）进一步加热部分迅速蒸发，蒸发的蒸汽进入 2 级塔作为 2

级塔的热源，高压蒸汽被冷凝后由器底排除。在2级塔内，由1级塔进入的蒸汽将2级塔的进料水蒸发而本身冷凝为蒸馏水，2级塔的进料水由1级塔经压力供给，3级、4级和5级塔经历同样的过程。最后，由2、3、4、5级塔产生的蒸馏水加上5级塔的蒸汽被第一及第二冷凝器冷凝后得到的蒸馏水（80℃）均汇集于收集器即成为注射用水。多效蒸馏水器的产量可达6吨/h。本法的特点是耗能低，质量优，产量高及自动控制等。

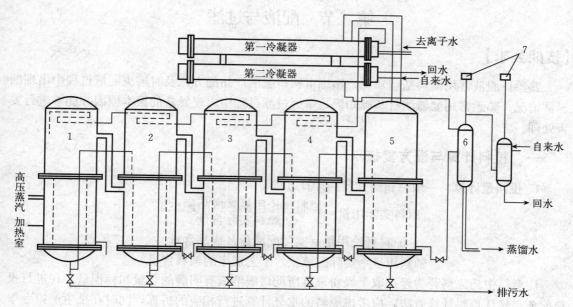

图4-7　多效蒸馏水器

1~5.1~5级蒸馏塔　6.蒸馏水收集器　7.废气排出管

（3）气压式蒸馏水器：主要由自动进水器、加热室、蒸发室、冷凝器及蒸汽压缩机等组成。其通过蒸汽压缩机使热能得到充分利用，也具有多效蒸馏水器的特点，但电能消耗较大。

4.注射用水制备设备维护保养　设备多选用多效蒸馏水机，材质为316L不锈钢，没有动力部件，基本无需维修。设备自身具有消毒灭菌能力，能耗低、产水量高，能有效去除化学物质、微生物及热原。

注射用水贮存和分配系统的材质同为316L不锈钢，循环水泵为卫生级泵，管道连接采用焊接为主、卫生卡箍连接为辅的方式，系统中选用的阀门要求用不锈钢隔膜阀，在循环管路回水终端罐体内顶部加装可进行在线清洗的喷淋球，以便于清洗罐体内表面，避免微生物在罐体内表面、管道内表面、阀门和其他区域内繁殖。在贮

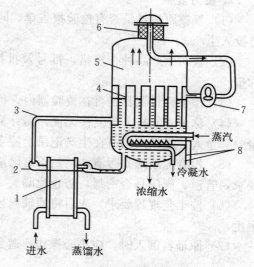

图4-8　气压式蒸馏水机

1.换热器（预加热器）　2.泵　3.蒸汽冷凝管
4.蒸发冷凝管　5.蒸发室　6.捕雾器
7.压缩机　8.电加热器

罐排汽口还须安装孔径为 $0.22\,\mu m$ 的聚四氟乙烯或偏二氟乙烯除菌滤器。同时为避免因滤器泄露、破损或堵塞而污染罐内水质，应定期对其进行完整性试验。

此外，在贮存方式中，以 70 ℃以上保温循环较为常用。为了使系统温度始终保持在70 ℃以上，在系统中设置热交换器是很必要的。水在循环时流速应高于 $2\,m/s$，即保持湍液循环状态。

第二节 配液与过滤

【技能要求】

熟悉口服液常用辅料基础知识，熟练审核口服液产品配方，及时解决配液过程中出现的异常情况；熟悉常用滤器滤材基础知识，掌握过滤过程中出现异常的根本原因并能够进行妥善处理。

一、投料计算与配方复核

1. 投料量计算 一般原料药投料的计算方法：

$$原料实际用量=\frac{原料理论用量\times成品标示量}{原料实际含量}$$

$$原料理论用量=实际配液量\times成品含量$$

$$辅料用量=实际配液量\times工艺规定的辅料含量$$

注意：中药原料若为经提取干燥粉末且所配口服溶液有明确的含量和标识量，在进行投料前务必确认投料计算方法，应考虑原料的水分计算进行相应的折算，同时在批生产指令单上详细注明。

2. 配方复核

（1）复核原辅料是否有检验报告单，同时观察原辅料性状是否正常，确认是合格物料方可投入生产。

（2）核对生产品种、规格、批号及批指令单的备料量是否一致，核对无误后方可进行称量。

（3）检查称量器具是否在校验器内，称量用容器必须清洁、不得混用。

（4）称量时复核人应复核无误，需计算后称量的原辅料，计算结果先经复核无误后再称量，称量人、复核人均应在生产记录上签字。

（5）检查配液罐是否清洁，是否有已清洁（或合格）状态标志。操作场所是否符合洁净要求，管道、阀门是否密封，防止泄漏。

（6）按工艺规程要求，先后将原辅料投入配液罐中，并按工艺要求开启搅拌或控制配液温度。

（7）原辅料倒入时，应小心操作，避免损失。散落地面的物料不可再回收使用。

二、配液过程中异常情况及处理

1. 澄清度、颜色性状不合格 可考虑的因素很多，例如：原辅料化学性质不稳定或未进行相应的处理，物料添加顺序发生变化，加入溶剂的量不同，或使用的配料罐材质与料液有相互作用等，都可能导致产品澄清度不合格。此外，药材中的细小颗粒或杂质净化不够或某些成分在受热时溶解性强，冷却后又逐渐析出，或因溶剂系统、提取工艺、温度、pH 等情况，也可能影响料液澄清度。因此，配液时应严格按规定操作，确保使用合格原辅料，按照投料顺序依次投入，并在工艺要求的温度下进行配料。对于部分溶解度较差原料，在口服液生产时可以采用浓配的方法，即将全部的药物按照工艺处方的要求投入，溶解度不好的原料会析出，然后进行分离，再进行定容完成最后的稀配。浓配法常常可以提高口服液的外观性状。

2. 水分不合格 主要是针对无水制剂，如水分超标，可能是由于配料罐清洗后未进行吹干处理；或料液管路未使用相应的有机溶剂润洗，或其他因素。

3. pH 不合格 首先考虑配料用水 pH 是否合格，其次考虑所用原辅料，包括 pH 调节剂是否合格。

4. 含量不合格 核对指令单，是否按配方量投料；配液温度是否符合要求，是否引起有效成分降解；添加的附加剂是否对含量检测有干扰。

三、过滤过程中异常情况及处理

1. 过滤器堵塞 对于膜滤器来说，发现过滤压力差大于 0.1 MPa 或流量明显下降，表明滤芯大部分孔径已堵塞。导致滤器堵塞的原因较多，通常有以下几种：

（1）流速下降可能低于要求的速度（如灌装速度）。

（2）压力上升可能超过过滤系统承受的压差；过滤柱或管道/连接件。

（3）颗粒可能穿过过滤器污染/堵塞下游过滤器。

（4）过滤样品成分改变。

（5）系统停止或更换过滤器等。

针对上述可能原因，可从以下方面着手调查、处理：考虑增加过滤面积，进行预过滤，增加过滤面积/减少压差，增加预过滤截留率，检查操作步骤，检查原材料变化等。

2. 过滤器压力下降 一般是由于滤膜安装不严密或膜破裂引起。在料液过滤前后，应检查装置及滤膜的完整性，可用气泡点（起泡点）试验或其他的可靠方法，并记录检查结果。

四、配液过滤及其参数控制与调节

1. 配液控制 口服液体制剂一般包括溶液剂、混悬剂及乳剂 3 个类别。

（1）口服溶液型液体制剂：系指药物以分子、离子状态分散在溶剂中形成的均相口服液体制剂。口服溶液型液体制剂口服后，药物的吸收比口服其他液体制剂快而完全。该剂型多采用溶解法制备，取总量 1/2～3/4 的溶剂加入药物搅拌溶解，液体药物及挥发性药物应最后加入。必要时可将固体药物先行粉碎或加热促进溶解，溶解度小的药物及附加剂应先溶，不耐热的药物宜待溶液冷却后加入，高浓度溶液或易溶性药物浓贮备液用稀释法制备成溶液剂。

口服溶液剂除含量应符合要求外，还应达到：溶液澄清，无沉淀、浑浊等，相对密度符合规定，生产、贮存期间不霉变；微生物限量符合规定。

（2）口服乳剂：由不溶性液体药物以小液滴状态分散在分散介质中所形成的多相分散体

系，液滴大小一般在 0.1～100 μm 之间。将油相、水相、乳化剂混合后用乳化机械制成乳剂。机械法制备乳剂可以不考虑混合顺序，借助于机械提供的强大能量，很容易制成乳剂。不同的设备可得到粒径不同的乳剂。乳剂初步制备好后，若处方中有足够的乳化剂，可进行均质。均质的目的是为了进一步减小乳滴粒径并增加均匀度，以制备更加优良的乳剂。另外，在乳剂制备过程中，常加温搅拌，乳剂形成后应缓慢降温，以免油相骤冷突然凝结或乳剂中组分析出。冷却时也不宜高速搅拌，以防止液滴聚集。

口服乳剂应呈均匀的乳白色，以 4 000 r/min 的转速离心 15 min，不应观察到分层现象；口服乳剂不得有发霉、酸败、变色、异臭、异物、产生气体或其他变质现象；加入的乳化剂等附加剂不影响产品的稳定性和含量测定，不影响胃肠对药物的吸收；须易于从容器中倾出，但应有适宜的黏度；乳剂应密封，置阴凉处储藏。

（3）口服混悬剂：是难溶性固体药物以微粒状态分散在液体分散介质中形成的多相分散体系。混悬剂中药物微粒一般在 0.5～10 μm 之间（小者也可为 0.1 μm，大者也可达 50 μm 或者更大）。包括干混悬剂。混悬剂的制备分为分散法和凝聚法，而主要的制备方法是分散法，将固体药物粉碎，加入润湿剂（特别是疏水性药物），保证混悬液的物理稳定性；分散后加入助悬剂，再加入絮凝剂和反絮凝剂。在满足制剂安全有效前提下，附加剂越少越好。

亲水性药物制备混悬剂时，一般先将药物干燥粉碎到一定细度，再加液体湿研，至适宜的分散度，最后加入其余液体使成全量。加液研磨可使用处方中的液体，如水、乙醇、糖浆、甘油等。而疏水性药物不易被水润湿，容易结块或漂浮在分散介质上面。因而，制备混悬剂时，必须首先加入一定量的润湿剂，与药物研磨，使分散介质容易渗入药粉。用水作分散介质时，乙醇、甘油及其他可起润湿作用的液体都可作为润湿剂。润湿剂通过取代粒子表面或粒子间隙吸附的空气，使微粒周围形成水化膜，而起到分散粒子的作用。大规模生产时，可用胶体磨或乳匀机等设备将粒子与润湿剂混合。

口服混悬剂的质量要求如下：①药物本身的化学性质应稳定，在使用或储存期间不得有异臭、异物、变色、产生气体或变质现象；②粒子应细小、分散均匀、沉降速度慢、沉降后不结块经振摇应再分散，沉降体积比不应低于 0.90（包括干混悬剂）；③口服混悬剂应有一定的黏度要求；④口服混悬剂应在清洁卫生的环境中配制，及时灌装于无菌清洁干燥的容器中，微生物限度检查，不得有发霉、酸败等；⑤口服干混悬剂照干燥失重测定法检查，减失重量不得超过 2.0%。

2. 过滤控制

（1）过滤要求：

① 按产品的不同工艺要求选用适宜的过滤滤材及过滤方法。部分口服液体制剂要求为澄清的液体，对液体中的粒度、微粒、可见异物不做要求，因此大多数口服溶液剂可选用 10 μm 砂滤棒、滤芯等粗滤滤材过滤即可达到要求。

② 过滤后的药液储存于洁净密闭的容器中，通气口应有过滤装置，容器上附有标识。

③ 微生物限度检查法规定的检查项目包括需氧菌总数、霉菌和酵母菌总数和控制菌检查。口服液体制剂不是无菌制剂，允许一定数量的微生物存在。一般来说，由于药物制剂的稳定性等原因，通常采用滤过灭菌、湿热灭菌、辐射灭菌及微波灭菌等方法对成品的微生物进行控制。

（2）过滤影响因素：若药液中固体含量大于 1％，如浸出液的滤过等，属于滤饼滤过，滤过的速度和阻力主要受滤饼的影响。一般来说，滤饼滤过具有较大的阻力，液体由间隙滤过。操作压力越大则滤速越快，因此常采用加压或减压滤过法；滤液黏度越大，则过滤速度越慢，而液体的黏度随温度的升高而降低，因此常采用趁热滤过；滤材中毛细管半径对滤过的影响很大，毛细管越细，阻力增大，不易滤过。为了提高滤过效率，可选用助滤剂。常用的助滤剂有：纸浆、硅藻土、滑石粉、活性炭等。

表面滤过和深层滤过的滤过速度与阻力主要由滤过介质（如微孔滤膜、超滤膜和反渗透膜等）所控制。在滤膜过滤中，工作介质阻力在整个过滤阻力中约占 40％。如果药液中固体粒子含量少于 0.1％时，属于该种情况，如低分子溶液剂的滤过，除菌滤过等，应根据实际情况选用不同的滤膜。微孔滤膜的孔径小，滤过时需加较大压力，必须安装于密闭的膜滤器中使用。

采用滤膜过滤时，滤过阻力随操作压力的增加而增加，所以不能单纯地以提高压力来提高过滤速率。料液浓度也是影响过滤阻力的一个因素，一般来说，浓度越大，过滤阻力越大。

对于过滤效果，静压过滤的效果优于加压过滤。为了达到好的过滤效果，口服液车间常配置有高位罐和低位灌，但静压过滤的速度较加压过滤慢，生产效率较低。

【相关知识】

一、口服液体制剂配液常用辅料及作用

口服液体制剂常用的溶剂为水，可与乙醇、甘油、丙二醇等以任意比例混合，并能溶解大多数无机盐、生物碱类、糖类、蛋白质等多种极性有机物，是最常用的一种溶媒，使用时应注意药物的稳定性及配伍禁忌。其次为乙醇、甘油、丙二醇等有机溶剂。

口服液体制剂常用辅料有助溶剂、增溶剂、潜溶剂、防腐剂、矫味剂、着色剂等，以及其他为增加产品稳定性所需的 pH 调节剂、金属离子络合剂等。其品种与用量均应符合国家标准的有关规定，不影响产品的稳定性、有效性并避免检验产品的干扰。

1. 助溶剂　助溶系指难溶性药物与加入的第三种物质在溶剂中形成可溶性分子络合物、复盐或分子缔合物等，以增加药物在溶剂（主要是水）中溶解度的过程，当加入的第三种物质为低分子化合物（而不是胶体物质或非离子表面活性剂）时，称为助溶剂。常用的助溶剂有两类：有机酸及其钠盐（如：苯甲酸钠、水杨酸钠、对氨基苯甲酸等）、酰胺化合物（乌拉坦、尿素、乙酰胺等）。

2. 增溶剂　在液体制剂制备过程中，有些药物在溶剂中即使达到饱和浓度，也满足不了临床治疗所需的药物浓度，这时可加入增溶剂增加药物的溶解度。在难溶性药物的水溶液中加入增溶性的非离子型表面活性剂可使药物增溶，常用的有吐温－80 等。影响增溶的因素主要有：同系物的增溶剂，碳链越长，增容量越大；同系物的药物，分子量越大，通常增容量越小；药物、增溶剂，溶剂的加入顺序也会影响增溶。此外，增溶剂的用量及溶剂的性质也会影响增溶效果。

3. 潜溶剂　潜溶剂应为适当的比例才能溶为澄明溶液，潜溶剂是混合溶剂的一种特殊的情况。药物在混合溶剂中的溶解度一般是各单一溶剂溶解度的相加平均值。在混合溶剂中

各溶剂在某一比例时，药物的溶解度比在各单纯溶剂中溶解度出现极大值，这种现象称为潜溶（Cosolvency），这种溶剂称为潜溶剂（Cosolvent）。潜溶剂不同于增溶剂和助溶剂，它主要是使用混合溶媒，根据不同的溶剂对药物分子的不同结构具有特殊亲和力的原理，能使药物在某一比例时达到最大溶解度。与水形成潜溶剂的有：乙醇、甘油、丙二醇、聚乙二醇等与水组成的混合溶剂。

4. 防腐剂 用以防止微生物生长的一类物质。选用防腐剂时应考虑：防腐剂用量小、无毒性和刺激性、性质稳定、无特殊气味和味道、抑制微生物种类尽量多。常用的防腐剂有：苯甲酸和苯甲酸钠、尼泊金类（甲酯、乙酯等）、乙醇、山梨酸等。

5. 矫味剂 所谓矫味剂系指药剂中用以改善或屏蔽药物苦味、异味等的药用辅料。矫味剂的类型很多，有甜味剂、芳香剂、胶浆剂、泡腾剂等。

6. 着色剂 着色剂亦称色素，分天然的和人工合成的两类，后者又分为食用色素和外用色素。只有食用色素才可作为内服液体制剂的着色剂。

二、不同材质滤器、滤膜相关知识

在实际生产过程中，常用滤膜过滤法进行料液过滤。膜过滤采用特别的半透膜作过滤介质在一定的推动力（如压力、电场力等）下进行过滤，由于滤膜孔隙极小且具选择性，可以除去水中的细菌、病毒、有机物和溶解性溶质。目前，常用的主要过滤材料大致有以下几种：

1. 混合纤维素酯 常用来制成圆形的单片平板滤膜，用于液体和气体的精过滤。

2. 聚丙烯（PP） 做成折叠式，常用于筒式过滤器，有较大的孔径，其具有亲水性，属粗过滤材料。

3. 聚偏二氟乙烯（PVDF） 属精过滤材料，耐热和耐化学稳定，蒸汽灭菌承受性良好，可制成亲水性滤膜，较广泛应用于制药工业无菌制剂用水及注射用水的过滤。

4. 聚醚砜（PES） 做成折叠式，常用于筒式过滤器，耐温耐水解性能好，亲水性材料，用于精度较高的溶液的精过滤。

5. 尼龙 做成折叠式，常用于筒式过滤器，亲水性材料，常用作液体的精过滤。

6. 聚四氟乙烯（PTFE） 做成折叠式，常用于筒式过滤器，疏水性材料，其是使用相当广泛的一种材料，耐热耐化学稳定，常用于水、无机溶剂及空气的精过滤。

另外，过滤材料按与水的关系分为亲水性和疏水性两种。亲水性的过滤材料主要应用在水或水/有机溶液混合的过滤和除菌过滤；疏水性过滤材料是通过水被截流或"引导"进入滤膜，主要应用在溶剂、酸、碱和化学品过滤，罐/设备呼吸器、工艺用气、发酵进气/排气过滤。

配制好的药液需要使用适当孔径的过滤器进行过滤，以去除药液中的杂质和细菌。通常的药液过滤采用两级以上不同孔径的过滤器串联过滤。在实际生产过程中，通常采用不同孔径的过滤器对药液分级过滤。过滤材料不得对被滤过成分有吸附作用，也不能释放物质，不得有纤维脱落。

过滤器的储存要求：对于经常使用的滤芯，使用清洁后置 3% 的双氧水中浸泡消毒待用；长时间不使用的滤芯使用清洁后 60 ℃ 低温烘干保存，消毒后翌日进行使用的应充氮保存。

第三节 灭 菌

【技能要求】

掌握常用的灭菌方法、灭菌设备及灭菌工艺相关知识，能制订灭菌参数并对灭菌过程中的异常情况进行处理。

一、灭菌工艺参数的制订

1. 灭菌工艺的选择 灭菌工艺的基本原则包括：保证产品质量的稳定，保证产品无菌和细菌内毒素符合要求，选择效果显著的灭菌方式，选择具有现实性、可验证性的灭菌工艺。灭菌工艺应根据待灭菌品的种类、待灭菌品性质（如耐热性）及影响灭菌的因素（如黏度或热穿透性）及装载的方式等因素来设定的灭菌程序。蒸汽—湿热灭菌具备无残留、不污染环境、不破坏产品表面、热穿透性较好，并容易控制和除菌。如果因产品处方对热不稳定不能进行蒸汽—湿热灭菌时，则应采用终端灭菌方法的替代方法，如过滤除菌和无菌生产工艺。

湿热灭菌法通常采用 121 ℃ 20 min 或 116 ℃ 40 min 的灭菌参数，也可采用其他温度和时间参数；干热灭菌法一般为 160～170 ℃ 120 min 以上或 170～180 ℃ 60 min 以上或 250 ℃ 45 min 以上，也可采用其他温度和时间参数。

2. 灭菌参数制订 根据灭菌工艺方式、产品的特征和灭菌设备的性能制订灭菌参数，同时组织对灭菌参数进行工艺参数验证，最终确定适合产品的可行性灭菌参数。灭菌参数验证相关内容如下：

（1）湿热灭菌法：灭菌参数验证时，应进行热分布试验、热穿透试验和生物指示剂验证试验，以确定灭菌柜空载及不同装载时腔室里中的热分布状况及可能存在的冷点；在空载条件下，确认 121 ℃时腔室的各点的温度差值应≤±1 ℃；使用插入实际物品或模拟物品内的温度探头，确认灭菌柜在不同装载时，最冷点物品的标准灭菌时间（F_0）达到设定的标准；用生物指示剂进一步确认在不同装载时冷点处的灭菌物品达到无菌保证水平，本法常用的生物指示剂为嗜热脂肪芽孢杆菌孢子。

空载验证完成后，装载待灭菌物料，按照空载参数验证方法进行满载物料参数验证，根据验证要求进行取样对产品质量、微生物进行检测，以符合预定标准即可判定参数的可行性。

（2）干热灭菌法：灭菌参数验证与蒸汽湿热灭菌法相同，应进行热分布试验、热穿透试验、生物指示剂验证试验或细菌内毒素灭活验证试验。以确认灭菌柜中的温度分布应符合设定的标准、确定最冷点位置、确认最冷点标准灭菌时间（F_0）能保证达到设定标准。常用的生物指示剂为枯草芽孢杆菌孢子（Spores of bacillus subtilis）。

二、灭菌异常情况处理

灭菌异常情况包括灭菌过程灭菌设备无法按照规定的灭菌参数运行和灭菌效果微生物超标。

1. 灭菌过程异常情况处理

（1）停电：不得靠近灭菌柜前后门，不得进入灭菌柜检修门（地坑）内；密切观察并记录停电时间，以及停电时柜内温度、压力值。

（2）升温或灭菌时停蒸汽：要根据实际现场情况而定，如果灭菌时间临近灭菌结束时间，柜内温度不低于设定的灭菌温度下能走完灭菌行程，可让程序自动运行，否则需用手动步骤至灭菌→冷却行程，进行冷却，冷却结束后，待商议是否进行二次灭菌。

（3）停压缩空气：灭菌柜在运行过程中停压缩空气，不仅会造成灭菌失败对产品质量带来风险，而且有很大的安全事故隐患，必须立即启用备用压缩空气系统。

（4）灭菌设备异常：灭菌设备在灭菌过程中出现各种异常情况，以湿热灭菌柜为例详细叙述如表4-2。

表4-2　灭火设备异常情况与处理措施

异常情况	原因分析	处理措施
操作电脑不能启动	未接通电源	检查电源
	电脑故障	请专业技术人员检修电脑
电脑灭菌参数设置界面变大	屏幕分辨率被修改	修改屏幕分辨率
	显卡驱动程序丢失	重装显卡驱动程序
灭菌室不进水	压缩气压力未达到规定压力	调节压缩气源压力
	未打开水源阀门	打开水源阀门
	水位传感器故障	检修或更换水位传感器
	进水过滤网阻塞	拆修进水过网
	进水角座阀电磁阀故障	检修或更换电磁气动阀
	进水角座阀故障	检修或更换进水角座阀
灭菌室进水不止	水位传感器故障	检修或更换水位传感器
	进水角座阀因故障未关严	检查进水角座阀是否有异物卡住或气动电磁阀是否处于手动锁定状态
升温速度突然降慢	蒸汽压力低	调节蒸汽压力
	大小进蒸汽阀异常	检查大小进蒸汽阀或气动电磁阀是否异常并进行维修更换
	疏水旁通阀未开启	疏水旁通阀或电磁阀故障、疏水探头异常进行维修更换
	疏水阀故障	检查疏水器、手动截止阀是否未开启
灭菌过程温度及压力下降	蒸汽无压力或压力降低	调节蒸汽压力
	小进汽阀未开启	开启小进汽阀
灭菌过程温度上升	大小进蒸汽阀未关严	检查角座阀是否有异物卡住
	小进汽阀持续补汽	控制探头有异常偏低现象
冷却速度突然降慢	冷却水温太高	保证冷却水的温度不高于50℃
	大小进冷水角座阀未开启	角座阀或电磁阀故障，进行检修更换
	冷却回水角座阀未开启	开启冷却回水角座阀
	冷却回水管道不畅	检查回水管道截止阀是否开启，自循环手动截止阀应处于关闭状态
	循环泵因气蚀打空	暂停循环泵3~5 s后再启动

（续）

异常情况	原因分析	处理措施
排水速度太慢	排纯水角座阀未完全开启	开启排纯水角座阀
	循环水管道不畅	疏通排水管道或检查柜内排水口滤网是否堵塞
升温过程或者降温过程中的柜内探头的温度差异超过 10 ℃	温度探头故障	探头的接线方式必须遵循其自身提供的线制方式来连接，禁止在中间把两线短接，连接处应用焊锡连接
运行过程中，看不到趋势图和详细报表	数据存储故障	检查流程图界面上的门关信号是否正常，如果门关信号不正常，重新调整门驱动气缸的检测关门的磁感应开关到正常位置
门打不开	门抽真空装置	检查并维修更换
	压缩空气异常	检查压缩空气压力是否不够或压缩空气含水量是否过高，并进行调整
	门驱动装置、电磁阀、开门按钮故障，运行轨道内被异物卡住	门检查门驱动装置、电磁阀、开门按钮并进行检修更换，清理运行轨道内异物

2. 微生物超标异常情况处理 灭菌后产品微生物超标处理如下：

（1）对检测方法及检测操作进行检查，必要时进行验证，排除因方法或操作污染导致检测结果微生物超标；如因方法和操作问题应对方法进行重新筛选验证并纠正操作不规范问题。

（2）对灭菌工艺进行检查，确保是否执行经过验证的工艺参数进行灭菌，如因工艺参数问题应对工艺参数进行重新制订和验证。

（3）对灭菌设备进行检查，排除设备异常导致灭菌效果不符要求，如因设备问题应对设备进行维修或更换。

【相关知识】

一、常用灭菌设备

1. 湿热灭菌常用的灭菌设备 有手提式热压灭菌器和卧式热压灭菌柜（图 4-9）。

湿热灭菌方法的原理是水在大气中 100 ℃ 左右沸腾，水蒸气压力增加，沸腾时温度将随之增加，因此，在密闭的高压蒸汽灭菌器内，当压力表指示蒸汽压力增加到 0.105 MPa（1.05 kg/cm²）时，温度则相当于 121.3 ℃。

手提式热压灭菌器是一个密闭的耐高温和耐高压的双层金属圆筒，两层之间盛水。外锅供装水产生蒸汽之用。

图 4-9 卧式热压灭菌柜

坚厚，其上方或前方有金属厚盖，盖有螺栓，紧闭盖门，使蒸汽不能外溢。加热后，灭菌器内蒸汽压力升高，温度也随之升高，压力越大，温度越高。外锅壁上还装有排气阀、温度计、压力表及安全阀。安全阀可根据定额压力即自行放汽减压，以保证在灭菌工作中的安全。内锅为放置灭菌物的空间。

2. 干热灭菌常用的灭菌设备 有热风循环烘箱（图 4 - 10、图 4 - 11）、隧道烘箱等（图 4 - 12、图 4 - 13）。

图 4 - 10 净化热风循环烘箱　　　　　　　图 4 - 11 热风循环烘箱

图 4 - 12 隧道烘箱　　　　　　　图 4 - 13 红外辐射隧道烘箱

二、常用灭菌方法原理及适用范围

1. 湿热灭菌法 湿热灭菌法是指用饱和水蒸气、沸水或流通蒸汽进行灭菌的方法，以高温高压水蒸气为介质，由于蒸汽潜热大，穿透力强，容易使蛋白质变性或凝固，最终导致微生物的死亡。湿热灭菌法可采用不同的灭菌温度和时间参数。总之，必须保证物品灭菌后的无菌保证水平 $SAL \leqslant 10^{-6}$，确认所采用的灭菌条件能达到无菌保证要求。

在实际应用中，对热稳定的产品或物品，可采用过度杀灭法，其 SAL 应 $\leqslant 10^{-12}$。对热极为敏感的产品，可允许标准灭菌时间 F_0 低于 8 min。但对 F_0 低于 8 min 的灭菌程序要求应在生产全过程中，对产品中污染的微生物严加监控，并采取各种措施防止耐热菌污染及降低微生物污染水平，以确保被灭菌产品达到无菌保证要求。采用湿热灭菌时，被灭菌物品应有适当的包装和装载方式，保证灭菌的有效性和均一性。灭菌物品的表面必须洁净，不得污染有机物质。必要时，外表应用适宜的包皮宽松的包裹，特别是烧瓶、试管等容器的塞子要防止脱落。灭菌柜内的物品装载方式应保证灭菌蒸汽彻底穿透物品，且不影响蒸汽穿透速度和灭菌后的干燥程度。灭菌柜中的空气应排空并被饱和蒸汽完全替代，以保证表压与灭菌柜内压力的一致。

2. 干热灭菌法 干热灭菌法系指物品于干热灭菌柜、隧道灭菌器等设备中、利用干热空气达到杀灭微生物或消除热源物质的方法，在干热灭菌柜、连续性干热灭菌系统或烘箱等设备中进行灭菌。适用于耐高温但不宜用蒸汽湿热灭菌法灭菌的物品的灭菌，也是最为有效的除热原方法之一，如玻璃器具、金属制容器、纤维制品、固体试药、液状石蜡等均可采用本法灭菌。

干热灭菌法可采用不同的灭菌温度和时间参数。总之，必须保证物品灭菌后的无菌保证水平 $SAL \leq 10^{-6}$，确认所采用的灭菌条件能达到无菌保证要求。干热过度杀菌杀灭后产品的 SAL 应 $\leq 10^{-12}$，此时物品一般无需进行灭菌前污染微生物的测定。250 ℃ 45 min 的干热灭菌也可除去无菌产品包装容器及有关生产灌装用具中的热原物质。

采用干热灭菌时，被灭菌物品应有适当的包装和装载方式，保证灭菌的有效性和均一性。用本法灭菌的物品表面必须洁净，不得污染有机物质，必要时外面应用适宜的包皮宽松包裹。配有塞子的烧瓶、试管等容器口应有金属箔或纱布等包皮包裹，并用适宜的方式捆扎，防止脱落。干热灭菌箱内物品排列不可过密，保证热能均匀穿透全部物品。

第四节 验 证

【技能要求】

掌握设备验证基础知识和工艺知识，能进行口服液体制剂生产工艺、设备和清洁验证并对验证工艺参数进行整理分析，编写产品工艺验证方案、报告。

一、口服液体制剂生产工艺、设备和清洁验证

关于验证的基础知识参考"基础知识"章节中"验证"相关内容。

1. 设备验证 设备验证中有关设计、安装、运行确认可参考"口服液固体制剂生产"章节中"设备验证"有关内容，这里主要进行性能确认的论述。

（1）配液设备验证：性能确认的目的是试验并证明配液设备对生产工艺的实用性，具有模拟生产的性质，是在工艺指导下进行实际试生产，同时对生产工艺合理性进行考察，例如搅拌性能、加热保温性能。

① 加热性能试验。

试验物料：纯化水或口服液体制剂。

试验方法：在配液设备中加入不同量的试验物料或水，开通蒸汽加热和配液设备搅拌泵，分别测定配液设备中物料温度和加热时间。

评价标准：达到预先设定的加热时间内达到规定的温度。

② 搅拌性能试验。

试验物料：纯化水或口服液体制剂。

试验方法：在配液设备中加入不同量的试验物料或水，开通配液设备搅拌泵，搅拌至规定时间后测定配液设备中物料的 pH、相对密度、含量均匀度等。

评价标准：达到预先设定的搅拌时间内物料达到均匀一致。

（2）过滤设备验证：主要检查和确认设备在生产中的可靠性和稳定性，确认过滤设备过滤性能到规定要求。

① 试验物料：纯化水或口服液体制剂。

② 试验方法：将过滤器装入使用不同孔径的滤材对配液设备中的物料进行过滤，开始过滤时过滤设备后出现均匀起泡后，读取压力表数值，过滤后对药液外观进行检查。

③ 评价标准：气泡点压力符合相关要求，药液外观检查可到预设规定。

（3）灭菌设备验证：性能确认目的是试验并证明灭菌设备对产品及生产工艺的适用性，灭菌设备性能验证包括灭菌器空载热分布试验、满载热分布试验、生物指示剂试验，各项试验连续三次，每次必需降至常温重新启动，以检验其重现性。

① 空载热分布试验。

a. 目的：检查工作室空载热分布极有可能存在的冷点，同时验证设备的温度传感、测定、控制系统处于正确的控制状态。

b. 测试仪器：热电偶。

c. 热电偶分布情况：热电偶安放如图 4 - 14：

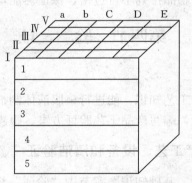

图 4 - 14　热电偶安放示意图

热电偶号	热电偶位置	热电偶号	探头位置
1	5 - C - Ⅱ	6	1 - a - Ⅰ
2	3 - C - Ⅰ	7	1 - D - Ⅳ
3	4 - C - Ⅲ	8	4 - b - Ⅲ
4	2 - b - Ⅴ	9	2 - a - Ⅲ
5	3 - C - Ⅲ	10	2 - C - Ⅱ

d. 方法：按灭菌设备 SOP 进行操作，记录从温度加热升规定温度开始，规定间隔时间内记录一次，记录规定次数。

e. 可接受标准：最冷点与各测点平均温度之差应符合规定。

② 满载热分布试验。

a. 方法：将需待灭菌的物料放进干燥机内，热电偶安放示意图同空载热分布试验。

按灭菌设备 SOP 进行操作，记录从温度加热升规定温度开始，规定间隔时间内记录一次，记录规定次数。

b. 可接受标准：最冷点与各测点平均温度之差应符合规定。

③ 生物指示剂试验。

a. 目的：确定预定的灭菌设备和灭菌程序能够使产品灭菌。

b. 方法：选择生物指示剂（嗜热脂肪芽孢杆菌），嗜热脂肪芽孢杆菌符合菌株稳定、热耐受性强、非致病菌和重现性好等要求。

将生物指示剂放入灭菌器的不同位置，且灭菌室的冷点也至少放置一个菌瓶，即每次试验用 10 个菌瓶，与满载验证同时进行。

灭菌完毕，取出生物指示剂，与一个对照瓶一起按生物指示剂说明书要求的培养温度，培养（24～48）h 进行操作观察。

c. 可接受标准：培养后，试验菌瓶不变色，对照菌瓶变色。

（4）洗瓶设备验证：洗瓶验证最重要的项目是洗瓶速度、洗瓶破损率和玻璃瓶经清洁后的清洁度。玻璃瓶清洁到什么程度可认为达到要求，目前国内外尚无一个统一的标准。比较切合实际的办法是先根据经验设定一个洗瓶程序和瓶清洁度参照目标，让玻璃瓶经过完整的洗瓶程序清洁后，灌装或加入适量经过滤后符合可见异物检查要求注射用水，振摇，然后按有关项目的检验方法进行检验。

（5）灌装压盖设备验证：灌装设备性能验证的重点是调查不同装量规格下的灌装速度及其装量可以接受的波动范围。一般说来，灌装的速度越高，灌装的准确度就越差。影响灌装准确度的因素很多，如黏度、产品灌装时的温度、相对密度、溶解的气体、装量等。现代灌装机装量的准确度可达到相对标准差 1‰～2‰ 的水平。验证的目标应是通过水的模拟灌装试验和产品的灌装试验确认产品在适当灌装速度下获得预定准确度的工艺条件。具有抽真空功能的灌装机还应当验证所有灌装头在抽真空功能上的一致性，因它直接影响产品中氧的残留量。

压盖设备性能验证主要是从压盖的密封性、破损率和压盖后盖的外观质量进行考察。铝盖的扭力矩检测数据并不能完全说明容器压盖封口的完好性，即容器密封性。文献中报道验证容器密封性的方法较多，如气溶胶法，将按正常生产条件灌装、加塞及压铝盖的装有无菌培养基的产品放置在一个特定的微生物的气溶胶腔室内，在一定的温度、压力和相对湿度下放置一定时间，然后检查生物的生长情况，这一试验比较复杂。此外还可以使用微生物浸泡试验法。压盖后盖的外观质量可以三指直立拧盖有无松动，边缘是否平贴、有无毛边、划痕、裙边、折边进行判断评定。

2. 生产工艺验证　新产品的工艺验证通常可以和产品从中试向大生产移交相结合，如果设备为新设备，亦可根据产品的具体情况将设备的性能与本工序的工艺验证结合在一起，以减少人力资源和物力资源的耗费。

（1）验证草案的拟定和批准。本草案应由熟悉、主管本品种的工艺人员起草，经相关部门主管审核、批准后即可成为产品工艺验证方案，进行具体实施。为便于管理，可分类、编号以便于存档待查。

（2）验证方案主要内容。

① 目的：详细描述产品工艺验证步骤和要求，确保设定工艺在现有设备条件下能够生

产出质量稳定、符合质量标准的产品。

②范围：工艺验证包括三个批次，每批××L，采用主要设备请详见设备/系统描述，按照要求提供验证用的记录、连续生产三个批次，并按取样计划进行取样、监测，按验证的质量标准、分析方法进行测定。验证完毕，根据实际情况对生产操作规程相关参数进行确认和必要地调整。

③验证小组职责：可参考下列描述。

a. 生产部：起草验证方案和验证报告，负责小组协调。

b. 产品试制部：工艺验证的技术支持。

c. 维修部：设备操作规程的编写及保证设备正常运转。

d. 计量部：仪器、仪表的预先校准。

e. QA：制订取样计划、安排开批及取样。

f. QC：样品的分析及数据统计。

g. 验证部：起草验证方案草案，对验证各步审核指导。

④产品处方：按处方列出每升所用主药（活性成分）、辅料的用量或百分比。

⑤工艺简介：主药及辅料按生产操作规程要求进行备料，使用配制设备进行配液，配液后用制订规格、孔径的滤材进行过滤，滤液使用灌装机进行规定装量的灌装和压盖，压盖按照规定的灭菌参数进行灭菌。

⑥设备/系统描述。

a. 备料工序：称量/备料设备、称量设备型号、设备编号、验证文件号。

b. 洗瓶工序：洗瓶设备、洗瓶设备型号、设备编号、验证文件号。

c. 配液、过滤工序：配液/过滤设备、配液/过滤设备型号、滤材规格、设备编号、验证文件号。

d. 灌装、压盖工序：灌装/压盖设备、灌装/压盖设备型号、设备编号、验证文件号。

e. 灭菌工序：灭菌设备、灭菌设备型号、灭菌参数、设备编号、验证文件号。

⑦工艺流程图。

⑧工艺考察计划和验证合格标准。

a. 对原辅料进行备料前监控：质量管理部门需对原辅料逐一进行检验，合格后方可放行，验证小组相关人员须复核化验报告单，包括供应商、包装情况、有效期……

b. 备料：主要对称量设备的效验、检定情况检查。

称量设备应经效验和检定。

c. 洗瓶。

试验条件的设计：设置洗瓶用水、洗瓶机频率进行试验，规定时间段取规定的洗净瓶进行检测。

评估项目：洗瓶速度、瓶外观与可见异物检查。

洗瓶速度应在可接受范围内，瓶清洗后外观可见异物检查符合相关要求。

d. 配液过滤。

试验条件的设计：如某产品按照规定进行配置搅拌，使用规定的滤材进行过滤，分别于配液搅拌前、中、后和过滤前段、中段、结束取样进行检测。

评估项目：外观、均匀度、pH、相对密度和澄清度等。

配液后和过滤结束阶段取样检查外观、pH、相对密度、均匀度、澄清度应符合产品质量要求。

e. 灌装压盖。

试验条件的设计：确定灌装装量后，根据灌装压盖时间设定每 10 min 取样一次，直至200 min。如批量少，可减少取样频率。

评估项目：灌装装量、压盖质量、瓶破损率。

装量符合口服溶液剂装量差异要求；盖边平贴，无毛边、划痕、裙边、折边，密封性符合要求；瓶破损率在可接受范围内。

f. 灭菌。

试验条件的设计：确定灭菌参数后进行灭菌，灭菌后在灭菌柜不同热分布点进行取样检测。

评估项目：产品质量、微生物限度。

产品质量、微生物符合标准要求。

⑨ 取样计划和记录。

取样计划：取样时间、取样点、取样量、取样容器、取样编号。

设计取样记录表格。

⑩ 相关文件：生产操作规程，包装操作规程，产品的质量标准及分析方法，产品中控质量标准及分析方法，相关的 SOP。

⑪ 验证报告：根据方案进行验证，在验证活动完成后整理收集有关数据，提出总结报告。表示验证活动符合验证方案中各项要求。

⑫ 结论及批准：根据验证报告和数据由相关人员进行认真审阅，做出结论，报相关部门主管批准，至此，验证活动即告完成，验证报告、结论和建议均获批准。

⑬ 附录：验证报告及附录，各阶段化验报告，稳定性试验数据。

（3）考察内容及结果。

① 设备：所用设备及设备的验证情况。

② 测试监控和取样记录。

③ 验证报告。

④ 结论和建议。

（4）验证状态的批准。各相关部门主管需对本次验证的数据和报告进行认真审阅，如完全达到验证草案中规定的各项标准，可在批准状态项下签批，标明验证方案中的工艺、设备和系统可用于产品生产。

3. 清洁验证　清洁验证是指对设备、容器和工具清洁方法的有效性验证，其目的是证明所采用的清洁方法确能避免产品的交叉污染以及清洗剂残留的污染。

验证的内容包括清洗、消毒方法、采用清洁剂是否易于去除、冲洗液采样方法、残留物测定方法及限度、消毒方法是否能抑制微生物等，验证时考虑的最差情况为设备最难清洁消毒的部分，最难清洗的产品以及主药的活性等。

（1）验证方法。对于某一特点的设备或容器已设定了清洗方法（包括选定了清洁剂），主要通过三种方法来验证该设备在生产某一品种后的清洗是否符合兽药 GMP 要求。

① 目测法：主要检查清洗后的设备或容器内表面是否有可见残留物或残留有气味。

② 最终冲洗液取样法：即收集适当量最后一次清洗液作为测试样来检测其浓度。

③ 棉签擦拭取样法：即用蘸有适当溶剂的棉签在设备或容器的规定大小内表面上擦拭取样，然后用适当的溶剂将棉签上的样品溶出供测试，检测项目包括药物残留物和微生物限度的检测。

最终冲洗液取样法及棉签擦拭取样法的样品，在不考虑取样回收率影响的情况下，药物残留应符合相关要求，微生物限度检测限度达预定要求。其主要适用于产品接触的表面以确保其残留量不影响下批产品或下一品种的质量。而且目测法一般仅用于产品不直接接触的外表面。

（2）选择检测方法时的注意事项。

① 与被检出物质及清洁剂的性质有特定的相关性，以保证所选定的检测方法能正确反映出被检物质的残存量。

② 有足够灵敏度，其灵敏度应该与前述残留量限度相适应。

③ 检测方法是简便的，一方面企业具备完成检测的条件，另一方面检测方法简单易行。

④ 微生物取样、检测过程应有防污染措施，避免检测结果的不准确性。

⑤ 清洁验证必须有连续 3 次情节的结果符合要求，验证的有效期根据验证结果确定，验证周期应根据验证的内容及工艺、设备等条件的变动确定。

二、验证工艺参数整理与初步分析

验证的同时或验证过程中应对验证工艺参数进行整理分析，根据验证方法设置的工艺参数对验证取得的参数进行初步分析，为实现验证目，根据分析的结果可对验证进行适当调整改进，同时也为验证报告的编写提供初步分析资料。

【相关知识】

一、口服液体制剂生产工艺、设备、清洁验证的内容和方法

参考本节"口服液体制剂生产工艺、设备、清洁验证"相关内容。

二、验证数据的处理、记录、规定等知识

参考"口服固体制剂生产"章节中"验证数据的处理、记录、规定等知识"相关内容。

第五章 最终灭菌注射剂生产

（小容量注射剂/大容量注射剂）

第一节 生产控制及异常情况处理

【技能要求】

掌握主要生产工序控制要点和异常情况的处理，及时解决生产过程中出现的异常情况；掌握可见异物和热源基础知识，能在实际生产中有效控制可见异物污染和热源产生。

一、洗瓶过程控制及异常情况处理

1. 生产控制 清洗用水为纯化水、注射用水；安瓿的清洗采用超声波震荡、注射用水冲洗、隧道烘箱干燥、灭菌。

2. 异常情况 隧道烘箱的高效过滤器出现穿透，热风循环会带着细小的碎玻璃屑通过高效过滤器，灯检时发现较多碎玻璃屑，影响可见异物项目的检查。

3. 处理措施 定期测量高效过滤器的风速，风速过大，高效过滤器穿孔；风速小于标准的 70%，高效过滤器堵塞，应更换。

二、配制过滤控制及异常情况处理

（1）所用原料应符合注射级或等同级别标准；辅料应符合国家药用标准的辅料，无国家药用标准的辅料，使用分析纯的化学试剂或企业内控标准。

（2）按处方计算投料量及称量时，均应两人核对，并签字，避免差错。

（3）可见异物与稳定性是注射剂生产中突出的问题，而原辅料的质量优劣与此有直接关系，因此生产中更换原辅料的生产厂家时，必须进行验证或小样试制。

（4）对易产生可见异物问题的原料应采用浓配法，即将全部原辅料加入部分溶剂中，配成浓溶液，加活性炭处理。

活性炭的作用是脱色、去热原、吸附原料中的杂质，消除可见异物；活性炭加入的量、加入时的温度、静止时间都会影响可见异物的检查结果。

（5）过滤是消除可见异物的关键操作，常用的过滤器有：微孔滤膜滤器、钛滤棒、折叠膜过滤器、板框过滤器。终端通常采用微孔滤膜过滤，便于清洗、穿孔后能及时发现并更换，0.22 μm 的微孔滤膜还具有除菌作用。折叠膜使用前应做起泡点试验，以验证其完好性，缺点是穿透后不易发现，不适宜终端过滤。

三、灌封控制及异常情况处理

1. 灌封控制　小容量注射液在灌封时，应根据药物的性质，填充氮气，增加药物的稳定性。火头应调整合适，以保证封口光洁、圆滑。压缩空气和惰性气体均经过净化处理。

2. 异常情况　小容量注射剂在灌封时易产生炭化现象，灌装时由于药液喷溅在安瓿瓶口，瓶口在热封时，喷溅的药液遇高温，形成炭化黑点，在包装运输过程中，炭化物被药液浸泡，而脱落在药液中，形成可见异物，影响产品质量。

3. 处理措施　减慢灌装速度，防止药液飞溅；调节灌凸轮或调节灌液管路中缓冲气泡的气囊容积，减少药液的喷溅，灌封完后，增加用白纸对铝盘中每排安瓿进行检查的工序，及时挑出炭化品。

四、轧盖过程控制及异常情况处理

1. 铝盖与胶塞的紧密度控制及处理　大容量注射液使用丁基胶塞，铝盖直接接触瓶口，铝的材质较软，容易出现轧盖不紧的现象。

处理措施：对铝盖的高度与胶塞高度的配合性进行调整，铝盖内径尺寸的大小进行调整，一般铝盖内径比输液瓶口外径不得大于 0.2～0.3 mm，将铝盖壁厚适当增加，增加铝盖中合金的含量，这样就增大了铝盖的硬度，再调整轧刀进刀的角度，如由原来的 45° 改为现在的 75°，并提高轧刀的旋转速度，可解决铝盖与丁基胶塞轧盖的紧密度问题。

2. 胶塞跳塞的控制及处理　不硅化的胶塞会出现压塞困难，走机不顺畅；但硅化过大，硅油含量过高，就容易出现压塞反弹、跳塞或走机落塞的现象，造成产品和胶塞污染报废。

处理措施：检查玻璃瓶口内径与胶塞塞颈是否配合，各自尺寸是否合理；丁基胶塞的硬度偏高，可考虑更换供应商；机器尺寸调整，轧盖前要恰当调整压力强度，选择最佳值；由于纯铝盖的强度偏低，尽量采用铝合金盖。注意铝合金含量成分，确保在灭菌后产生的气体不将胶塞顶出铝盖。

五、灭菌过程控制及异常情况处理

基本内容可参考"口服液体制剂生产"章节中"灭菌异常情况处理"相关内容，同时根据最终灭菌注射剂的特点加强灭菌控制程序，确保产品得到有效的灭菌。

【相关知识】

一、可见异物的控制

1. 可见异物　可见异物是指存在于注射剂和无菌原料药中，在规定条件下目视可以观测到的不溶性物质，其粒径或长度通常大于 50 μm。

可见异物的产生主要有两种渠道。外源性污染主要是生产环境达不到一定洁净条件，生产材料、包装容器处理不得当，如纤毛、金属屑、玻璃屑等；内源性污染主要是溶剂、制剂、处方或工艺选择不合理，如原料中存在的不溶物，析出的沉淀物、结晶等，因此，检查可见异物也等于间接检查了上述环节是否达标，上述因素是否合理，甚至还可以判定某种药物成分是否适合做成注射剂这类剂型。

2. 生产控制　灌装过程中应定时抽查药液可见异物，可见异物异常产生的主要原因有洁净区的空气洁净度不符合要求、终端微孔滤膜破裂、玻瓶、丁基胶塞清洗不符合要求等。

3. 可见异物检查标准　《中国兽药典》对注射剂可见异物检查的规定：在静置一定时间后轻轻旋转时均不得检出烟雾状微粒柱，且不得检出金属屑、玻璃屑、长度或最大粒径超过 2 mm 的纤维和块状物等明显可见异物。微细可见异物（如点状物、2 mm 以下的短纤维和块状物等）如有检出，除另有规定外，应分别符合下列规定：

（1）溶液型静脉用注射液、注射用浓溶液：20 支（瓶）检查的供试品中，均不得检出明显可见异物。如检出微细可见异物的供试品仅有 1 支（瓶），应另取 20 支（瓶）同法复试，均不得超过 1 支（瓶）。

（2）溶液型非静脉用注射液：被检查的 20 支（瓶）供试品中，均不得检出明显可见异物。如检出微细可见异物，应另取 20 支（瓶）同法复试，初、复试的供试品中，检出微细可见异物的供试品不得超过 3 支（瓶）。

二、热原产生原因及控制措施

热原是微生物的代谢产物，大多数细菌都能产生，致热能力最强的是革兰氏阴性杆菌所产生的热原。真菌甚至病毒也能产生热原。含有热原的注射液注入动物体内，大约半小时后，就使动物产生发冷、寒战、体温升高、精神萎靡、采食量下降等不良反应。

1. 热原的性质

（1）耐热性：一般说来，热原在 60 ℃加热 1 h 不受影响，100 ℃也不会发生热解，在 180 ℃ 3～4 h，250 ℃ 30～45 min 或 650 ℃ 1 min 可使热原彻底破坏。

（2）滤过性：热原体积小，在 1～5 nm 之间，故一般滤器均可通过，即使微孔滤膜也不能截留，但活性炭可以吸附热原。

（3）水溶性：热原能溶于水。

（4）不挥发性：热原本身不挥发，但在蒸馏时，往往可随水蒸气雾滴带入蒸馏水，故应设法防止。

（5）热原：能被强酸、强碱所破坏，也能被强氧化剂，如高锰酸钾或过氧化氢所钝化，超声波也能破坏热原。

2. 热原污染的途径

（1）从溶剂中带入，这是注射剂出现热原的主要原因。注射用水贮藏时间过长都会污染热原，故应使用新鲜注射用水。

（2）从原料中带入，容易滋长微生物的药物，如葡萄糖因贮存年久包装损坏常致污染热原。

（3）从容器、用具、管道和装置等带入，因此在生产中对这些容器用具等物要认真处理，并用无热原的注射用水反复冲洗合格后方能使用。

（4）制备过程中的污染，制备过程中，由于室内环境洁净度不够、操作人员未严格遵守无菌操作规程，装置不密闭，均增加污染细菌的机会，而可能产生热原。

3. 生产过程中除去热原的方法

（1）高温法：将分装针头、针筒或其他玻璃器具，洗净后置 250 ℃ 30 min 以上条件下破坏热原。

（2）酸碱法：玻璃器皿、配料管道可用稀氢氧化钠溶液处理，可将热原破坏。

（3）吸附法：采用浓配法配制注射液，加活性炭处理，一般用量为 0.1%～0.2%，可除去原辅料中所含的热原。

（4）超滤法：水处理系统通常采用超滤膜去除工艺用水中的热原，其孔径只有 0.003～0.015 μm。

（5）反渗透法：采用三醋酸纤维素膜或聚酰胺膜进行反渗透也是去除工艺用水中热原的方法。

三、无菌不合格采取措施

无菌检查出现不合格时，应首先进行无菌试验过程的调查，考虑的因素可包括培养基、试验器材、试验环境、人员操作等，并结合当批产品生产的环境监测结果做出综合的分析判断。

（1）检查注射用水的微生物限度是否合格。

（2）对注射用水管道、所有的配料管道进行蒸汽消毒。

（3）对洁净厂房进行空气消毒，检查浮游菌数和沉降菌数是否合格。

（4）检查灭菌柜各项工艺参数是否到达要求。

第二节　验证工艺

【技能要求】

掌握设备验证基础知识和工艺知识，能进行最终灭菌注射剂生产工艺、设备和清洁验证并对验证工艺参数进行整理分析，编写产品工艺验证方案、报告。

一、最终灭菌注射剂生产工艺、设备和清洁验证

1. 设备验证

（1）设备验证范围与要点。根据不同的设备要求制订验证方案，除常规的 DQ、IQ、OQ 外，在 PQ 中应注意各设备的验证要点（表 5-1）。

表 5-1　设备验证要点

设备名称	确认、验证要点和说明
洗瓶设备	洗瓶效果、不溶性微粒、微生物、热原等
配液设备	配液量、搅拌性能、加热性能等
过滤设备	气泡点试验、滤液澄清度、可见异物等
灌封设备	装量、速度、充氮及抽真空性能、灌装后产品的可见异物等
灭菌设备	空载热分布、满载热分布、无菌等

（2）设备验证方案与验证报告。

① 总论：包括设备概述、验证目的、验证人员及职责等内容。

② 设计确认：根据产品的工艺考虑设备的选型，如灭菌设备应确认装量的大小、灭菌

温度与时间的可控制性、灭菌程序的可选择性、灭菌时腔室内温度的一致性、升温与降温速率的稳定性、控制及记录系统的可靠性等。

③ 安装确认：包括设备的安装是否符合设备本身的验收标准、安全标准以及国家相关法规（包含压力容器）的规定，各种附件、备件、可清洗件是否完整以及记录，辅助设备（如纯蒸汽发生器、空气过滤器等）的性能检查等，仪器仪表的校验，文件资料如设备的维护保养手册/培训手册/操作手册等是否完备。

④ 运行确认：检查电源、真空、压缩空气，冷却水等公用系统的验收和与设备的配合性试验是否通过，监控探头/记录探头/报警装置的是否正常运行等。

⑤ 性能确认：包括性能确认要点全部内容。

⑥ 日常控制及再验证周期：确定设备的日常维护及再验证时间。

⑦ 验证记录：记录各种验证结果。

⑧ 验证结果与结论：通过验证做出设备是否符合要求的结论。

除上述项目，根据不同的设备适当增加其他项。甚至有的设备验证包含于其他验证中，但关键的验证要点不可遗漏。有关设备验证的其他要求和内容可结合最终灭菌注射剂设备的特点参考前文有关设备验证的知识。

灭菌柜验证示例

×××灭菌柜验证方案

方案制订			
生产部		日期	
质量保证部		日期	
验证领导小组		日期	

方案批准			
生产部		日期	
质量保证部		日期	
验证领导小组		日期	

目　录

1　引言

1.1　概述

本产品采用××医疗器械股份有限公司生产的×××型水浴灭菌柜进行产品灭菌，该设备系现阶段国际上先进的输液灭菌新型设备，采用高温过热水淋浴方式对输液瓶（或袋）进行加热和灭菌，具有灭菌温度均匀，温度控制范围宽，调控可靠等优点；同时先进的计算机控制可实现 F_0 值自动计算，对灭菌过程进行监控。灭菌过程结束后，通过冷却水间接冷却循环喷淋水，对输液瓶（或袋）进行强制冷却，使产品温度降至 60 ℃ 以下，防止药液长期处于高温状态发生变质报废，同时避免冷却水直接冷却造成的液瓶发生较大变形甚至爆破，并避免二次污染。

灭菌柜的管路系统按灭菌程序的要求专为软袋的灭菌要求设计，独特的三面喷淋方式。内室顶部装有实心锥型喷嘴，两侧装有扇形喷嘴，分别对应每一层托盘，保证每个输液袋均能同时均匀喷淋到水，保证了温度的均匀性要求，并且将各点的温度滞后时间缩至最小。

灭菌时，须将待灭菌产品放置在专门设计的不锈钢内车里，装载后，放置在不锈钢外推车上，推入灭菌柜内。腔室容量：7 车（每车 20 层）。

灭菌柜装载能力：100 mL　　　8 820 瓶

250 mL　　　7 560 瓶

500 mL　　　6 300 瓶

灭菌工艺控制使用 PLC 和微机控制系统。温度控制系统使用铂 PT100 探头放置方式，四只分别置于灭菌腔室内冷凝水排出口附近。灭菌过程的温度等参数用电脑记录并打印。

主要技术参数：

容器类别	I 类
最高工作压力	0.23 MPa
最高工作温度	134 ℃
工作温度范围	70～121 ℃
蒸汽压力	0.3～0.5 MPa
去离子水源	0.15～0.3 MPa
冷却水源	0.2～0.4 MPa
压缩空气源	0.4～0.6 MPa
电源	AC380 V \ 50 Hz \ 5.1 kW 20 A 三相交流 AC220 V \ 50 Hz \ 0.5 kW 5 A 单相交流
循环周期	≤90 min
内室容积	28.27 m³
设备净重	9 350 kg

灭菌工作程序：

准备阶段：准备阶段是指被灭菌物的存放、有关参数的设定以及进车端与出车端的门闭合阶段，当此阶段完成后，便可按动"启动"按钮进入工作状态。

注水阶段：注水阀与排气阀同时打开，进水到上水位，延时一段时间后转入升温阶段。

升温阶段：待水位达到水位计上限，转入升温阶段，进离子水气动阀和排气气动阀关闭。循环水泵启动，同时大小进蒸汽气动阀及疏水气动阀打开。当柜内压力超过程序设定的压力上限，排气气动阀打开；压力低于程序设定压力下限，关闭排气气动阀。当上部测温点 Th 达到设定的转换温度时，大进气气动阀间断开启、关闭，如此动作，直至达到设定灭菌温度。

灭菌阶段：当下部 TL 测温点达到灭菌温度下限，程序转入灭菌阶段。大进蒸汽阀和疏水气动阀关闭。当上部测温点 Th 高于程序设定温度上限，小进气气动阀关闭；当上部测温点 Th 低于程序设定温度下限时，小进气气动阀打开。当内室压力低于灭菌设定压力值，内室进压缩空气气动阀开启；当内室压力高于灭菌设定压力值时，内室进压缩空气气动阀关闭。

冷却阶段：当 T1～T4 的 F_0 值达到程序设定值，并且灭菌时间达到程序设定值，程序转入冷却阶段。

排水排气阶段：当 T1～T4 点温度降到设定的冷却终温时，冷却过程结束，程序转入排离子水阶段。排水完毕后，当室内压力降到 0.03 MPa 时，关闭排离子水气动阀，结束。

本方案依据产品生产验证指南、注射剂基本技术要求及灭菌柜使用说明书等制订，主要进行设备 IQ、OQ、PQ 及大容量注射剂的灭菌程序的验证。

1.2　验证目的

安装确认主要检查灭菌柜安装符合设计要求，灭菌柜有关资料和文件符合兽药 GMP 的管理要求。

运行确认主要检查灭菌柜各单元的性能及整机运行是否达到供货单位设计要求。

性能确认主要验证灭菌柜在装载情况下不同位置的热分布状况，确定灭菌柜中冷点的位置；确定产品灭菌程序有关的参数，如温度、压力及灭菌时间等，以确保产品灭菌后达到低于 10^{-6} 的微生物污染率，同时验证灭菌柜运行的可靠性及灭菌程序的重现性。

2 安装确认

2.1 机械部分检查

2.1.1 文件确认

文件名称	存放地点	持有人
操作手册		
维修指南		
备件清单		
压力容器检查合格证		
操作 SOP		
培训及培训记录		
设备使用记录		
安装图		
辅助设施清单及性能报告		
结论		

检查人： 日期：

2.1.2 图纸的检查

图纸号	图纸名称	检查结果	备注
结论			

检查人： 日期：

2.1.3 主要部件检查

部件名称	设计要求	是否有相关部门校验的合格证书及资料	备注
腔体			
水喷淋设施			
热交换器			
循环泵			
空气过滤器			
灭菌车			
温控探头			
结论			

检查人： 日期：

2.1.4 安全系统检查

部件名称	设计指标	是否有相关部门校验的合格证书编号及资料	检查结果
腔体安全阀			
门封条			
门封压力控制系统			
压缩空气连锁			
腔室压力开关			
报警系统			
温度开关			
紧急制动开关			
水位控制开关			
结论			

检查人：　　　　　　　　日期：

2.1.5 灭菌柜仪表检查及校正

仪器名称	生产厂家及型号	是否校正并有合格证书
温度记录仪		
温控探头		
压力表		
结论		

检查人：　　　　　　　　日期：

2.1.6 公用介质连接

2.1.6.1 电源

设计要求	安装情况
电压 380 V 三相	
功率 1.5 kW	
频率 50 Hz	
接地保护符合要求	
结论	

检查人：　　　　　　　　日期：

2.1.6.2 蒸汽

项　　目	设计要求	安装情况
压力		
管道连接		
管道材料		
蒸汽过滤器		
结论		

检查人：　　　　　　　　日期：

2.1.6.3 冷却水

项 目	设计要求	安装情况
操作压力		
管道连接		
管道材料		
冷却水过滤器		
结论		

检查人：   日期：

2.1.6.4 纯化水

项 目	设计要求	安装情况
操作压力		
管道连接		
管道材料		
结论		

检查人：   日期：

2.1.6.5 压缩空气

项 目	设计要求	安装情况
压力		
管道连接		
管道材料		
过滤器		
结论		

检查人：   日期：

2.2 控制系统检查

2.2.1 文件（控制系统有关资料）

文件名称	存放地点	持有人
结论		

检查人：   日期：

2.2.2　硬件及软件检查

部件名称	型号	设计指标	检查结果
计算机			
模拟输入			
模拟输出			
数字输入/输出			
PLC 模块			
通信卡			
打印机			
软件			
记录纸			
结论			

检查人：　　　　　　　　　　日期：

2.2.3　电源及低压电源检查

项　　目	设计要求	接地保护	检查结果
电源			
低压电源			
结论			

检查人：　　　　　　　　　　日期：

3　运行确认

目的：在空载情况下检查灭菌柜各部分功能正常，符合设计要求。

合格标准：灭菌柜的各步程序运行正常，与操作说明书相符。

测试过程：功能测试前应检查灭菌柜各项操作准备工作就绪。

测试项目	设计要求	测试情况
关门	准备：前门敞开，前门指示灯灭，后门关闭，后门指示灯亮。 关门：灭菌对象全部入柜，前端操作员进行关门操作，按前端控制盘关门按钮，关门过程中前灯闪烁，当门完全关闭后，前灯亮。	
程序启动运行灭菌程序	用鼠标单击"运行"图标，进入参数设置画面，设置参数后点击启动按钮进入主流程画面。灭菌过程完成后程序自动转到结束阶段，"结束"信号由黑色变为绿色，单击"返回"按钮，退出流程图，回到主程序界面。	
开后门	灭菌结束后，灭菌工作指示灯亮。按后端控制盘开门按钮，后灯灭，后门开启。	
关后门	按后端控制盘关门按钮，关门过程后门指示灯闪烁。当完全关闭时，后门指示灯亮。	
开前门	按前端控制盘开门按钮，前灯灭，前门开启。	

测试结果：

测试人：　　　　　　　　　　日期：

4 性能确认

4.1 热分布试验

目的：检查腔室内的热分布情况，确定腔室内可能存在的冷点。

4.1.1 仪表校正

灭菌柜温度测量控制系统检查

名 称	型 号	数 量	测量范围
铂电阻			
温度记录仪			

检查人： 日期：

校验用标准仪器及配套设备检查

名 称	型 号	有效期	备 注
二等标准水银温度计			
油浴			
冰点槽			

检查人： 日期：

校验方法：将所有铂电阻探头分别先后放入冰点槽和 121 ℃的油浴中。待温度稳定后检查并校正温度仪表的指示值。

合格标准：校验后温度仪表的误差不大于 0.5 ℃。

验证用温度测量系统：为×××消毒灭菌设备验证仪，验证前后按校正规程进行校验。

4.1.2 热分布运行试验

空载，装载（包含最小装载、典型装载和最大装载三种）。将 1 支探头置于冷凝水排放口，其余均匀分布在腔室各处。测温探头分布图如下：

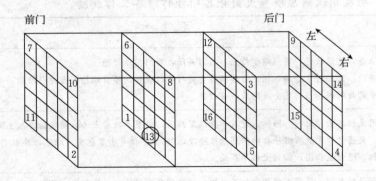

开启灭菌程序按 115 ℃，30 min 程序运行，运行过程中验证仪记录各点温度。连续运行 3 次，以检查其重现性。

4.1.3 合格标准：空载、装载热分布试验，要求最冷点和腔室平均温度间差值应不超过±2.5 ℃。

4.1.4　结果分析及评价

项　　目	最冷点和腔室平均温度差值
空载热分布第一次	
空载热分布第二次	
空载热分布第三次	
装载热分布（最小装载）第一次	
装载热分布（典型装载）第一次	
装载热分布（最大装载）第一次	
装载热分布（最小装载）第二次	
装载热分布（典型装载）第二次	
装载热分布（最大装载）第二次	
装载热分布（最小装载）第三次	
装载热分布（典型装载）第三次	
装载热分布（最大装载）第三次	

结果与评价：

负责人：　　　　　　　　　　日期：

4.2　热穿透试验

目的：热穿透试验是在热分布试验的基础上，确定装载中的"最冷点"，并确认该点在灭菌过程中获得 F_0 不小于 8。

4.2.1　验证步骤

测试过程：将 1 支探头置于由热分布试验确定的冷点位置，其余探头按温度探头装载图均匀分布在灭菌产品中并固定好（铂电阻安装时不要与塑料袋接触），记下探头编号，关上灭菌柜的门，运行灭菌程序，启动验证仪记录灭菌温度、F_0，每 30 s 采集一次，直到灭菌程序结束。

装载类型：250 mL 塑料袋，包含最小装载、典型装载和最大装载 3 种，每种重复 3 次。以检查其重现性。

灭菌程序：115 ℃，30 min。

测温探头分布图如下：

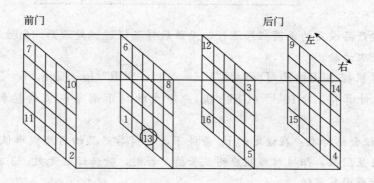

4.2.2　合格标准：对于此灭菌程序产品来说，腔室内各点（包括最冷点）$F_0 > 8$，冷点 F_0 值和产品 F_0 的平均值之间的差值不超过 2.5。

4.2.3　结果分析及评价

项　　目	最冷点 F_0	差　　值
装载热穿透（最小装载）第一次		
装载热穿透（典型装载）第一次		
装载热穿透（最大装载）第一次		
装载热穿透（最小装载）第二次		
装载热穿透（典型装载）第二次		
装载热穿透（最大装载）第二次		
装载热穿透（最小装载）第三次		
装载热穿透（典型装载）第三次		
装载热穿透（最大装载）第三次		

结果与评价：

负　责　人：　　　　　　　　　日期：

4.3　生物指示剂试验

4.3.1　验证步骤：选用嗜热脂肪芽孢杆菌（Bacillus stereathernophilus），测定生物指示剂的 D 值（1.8）。与热穿透试验同时进行，验证用生物指示剂接种入被验证产品的包装容器中。装有生物指示剂的容器要紧挨于装有测温探头的容器，在灭菌设备的最"冷点"处必须放置生物指示剂。样品总数为 20 只，生物指示剂分布图如下。

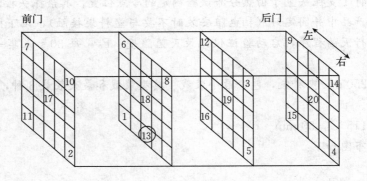

验证时，按产品设定的灭菌程序运行，灭菌后样品经过滤处理后（60±2）℃培养 48 h、计数。共进行 3 次试验。

接种量计算根据 $SLR = F_0/D\,bi = 8/1.8 = 4.44$，$SLR = \lg a - \lg b$，$b = 2.303 \times \lg (20/19) = 0.051\,3$，计算得 $a = 10^{3.15}$（CFU/瓶）。即生物指示剂每包装的接种量约为 1.5×10^3 CFU/瓶。

4.3.2　验证合格标准：在设定的 F_0 条件下，灭菌后产品的污染概率低于 10^{-6}。20 只生物指示剂均应呈阴性，阳性对照组应明显长菌，否则，验证试验无效。3 次试验结果应一致，否则应分析原因或重做。

4.3.3　结果分析及评价

培养结果 　　指示剂编号	1	2	3	4	5	6	7	8	9	10	11	12	13	14	15	16
第1次																
第2次																
第3次																

结果与评价：

负　责　人：　　　　　　　　　　　日期：

4.4　偏差及评估意见

偏差报告表

测试中出现偏差的位置：	偏差号：
偏差描述：	
发现偏差人/日期：	审核人/日期：
调查结果，整改措施和总结：	
填写人/日期：	审核人/日期：
负责人：	预计解决日期：
总结：	
编写人：	日期：
批准人/日期：	批准人/日期：
工程部：	质量保证部：

4.5　验证结果及结论

验证结果及结论

姓名	职务	参加项目	签字	备注

验收结果与结论：

批准人：

日　期：

2. 生产工艺验证 新产品的工艺验证通常可以和产品从中试向大生产移交相结合，如果设备为新设备，亦可根据产品的具体情况将设备的性能与本工序的工艺验证结合在一起，以减少人力资源和物力资源的耗费。

（1）验证草案的拟定和批准。本草案应由熟悉、主管本品种的工艺人员起草，经相关部门主管审核、批准后即可成为产品工艺验证方案，进行具体实施。为便于管理，可分类、编号以便于存档待查。

（2）验证方案主要内容。

① 目的：详细描述产品工艺验证步骤和要求，确保设定工艺在现有设备条件下能够生产出质量稳定、符合质量标准的产品。

② 范围：工艺验证包括 3 个批次，每批××L，采用主要设备请详见设备/系统描述，按照要求提供验证用的记录、连续生产 3 个批次，并按取样计划进行取样、监测，按验证的质量标准、分析方法进行测定。验证完毕，根据实际情况对生产操作规程相关参数进行确认和必要地调整。

③ 验证小组职责：可参考下列描述。

a. 生产部：起草验证方案和验证报告，负责小组协调。

b. 产品试制部：工艺验证的技术支持。

c. 维修部：设备操作规程的编写及保证设备正常运转。

d. 计量部：仪器、仪表的预先校准。

e. QA：制订取样计划、安排开批及取样。

f. QC：样品的分析及数据统计。

g. 验证部：起草验证方案草案，对验证各步审核指导。

④ 产品处方：按处方列出每升所用主药（活性成分）、辅料的用量或百分比。

⑤ 工艺简介：主药及辅料按生产操作规程要求进行备料，使用配制设备进行配液，配液后用制订规格、孔径的滤材进行过滤，滤液使用灌装或灌封机进行规定装量的灌装压盖灌封，灌装或压盖按照规定的灭菌参数进行灭菌。

⑥ 设备/系统描述。

a. 备料工序：称量/备料设备、称量设备型号、设备编号、验证文件号。

b. 洗瓶工序：洗瓶设备、洗瓶设备型号、设备编号、验证文件号。

c. 配液、过滤工序：配液/过滤设备、配液/过滤设备型号、滤材规格、设备编号、验证文件号。

d. 灌封/灌装压盖工序：灌封/灌装压盖设备、灌封/灌装压盖设备型号、设备编号、验证文件号。

e. 灭菌工序：灭菌设备、灭菌设备型号、灭菌参数、设备编号、验证文件号。

⑦ 工艺流程图。

⑧ 工艺考察计划和验证合格标准。

a. 对原辅料进行备料前监控：质量管理部门需对原辅料逐一进行检验，合格后方可放行，验证小组相关人员须复核化验报告单，包括供应商、包装情况、有效期……

b. 备料：主要对称量设备的效验、检定情况检查。

称量设备应经效验和检定。

c. 洗瓶。

试验条件的设计：设置洗瓶用水、洗瓶机频率进行试验，规定时间段取规定的洗净瓶进行检测。

评估项目：洗瓶速度、瓶外观与可见异物、热源检查。

洗瓶速度应在可接受范围内，瓶清洗后外观可见异物、热源检查符合相关要求。

d. 配液过滤。

试验条件的设计：如某产品按照规定进行配置搅拌，使用规定的滤材进行过滤，分别于配液搅拌前、中、后和过滤前段、中段、结束取样进行检测。

评估项目：外观、含量均匀度、pH 和澄清度、可见异物等。

配液后和过滤结束阶段取样检查外观、pH、含量均匀度、澄清度、可见异物应符合产品质量要求。

e. 灌封/灌装压盖。

试验条件的设计：确定灌封/灌装装量后，根据灌封/灌装压盖时间设定每 10 min 取样一次，直至 200 min。如批量少，可减少取样频率。

评估项目：产品装量、压盖质量、瓶破损率、可见异物。

装量符合注射液装量差异要求；盖边平贴，无毛边、划痕、裙边、折边，密封性符合要求；瓶破损率在可接受范围内；可见异物检查符合要求。

f. 灭菌。

试验条件的设计：确定灭菌参数后进行灭菌，灭菌后在灭菌柜不同热分布点进行取样检测。

评估项目：产品质量、无菌。

产品质量、无菌检测符合标准要求。

⑨ 取样计划和记录。

取样计划：取样时间、取样点、取样量、取样容器、取样编号。

设计取样记录表格。

⑩ 相关文件：生产操作规程，包装操作规程，产品的质量标准及分析方法，产品中控质量标准及分析方法，相关的 SOP。

⑪ 验证报告：根据方案进行验证，在验证活动完成后整理收集有关数据，提出总结报告。表示验证活动符合验证方案中各项要求。

⑫ 结论及批准：根据验证报告和数据由相关人员进行认真审阅，做出结论，报相关部门主管批准，至此，验证活动即告完成，验证报告、结论和建议均获批准。

⑬ 附录：验证报告及附录，各阶段化验报告，稳定性试验数据。

（3）考察内容及结果。

① 设备：所用设备及设备的验证情况。

② 测试监控和取样记录。

③ 验证报告。

④ 结论和建议。

（4）验证状态的批准。各相关部门主管需对本次验证的数据和报告进行认真审阅，如完全达到验证草案中规定的各项标准，可在批准状态项下签批，标明验证方案中的工艺、设备和系统可用于产品生产。

二、验证工艺参数整理与初步分析

验证的同时或验证过程中应对验证工艺参数进行整理分析，根据验证方法设置的工艺参数对验证取得的参数进行初步分析，为实现验证目的，根据分析的结果可对验证进行适当调整改进，同时也为验证报告的编写提供初步分析资料。

【相关知识】

一、最终灭菌注射剂生产工艺、设备、清洁验证的内容和方法

参考本节"最终灭菌注射剂生产工艺、设备、清洁验证"相关内容。

二、验证数据的处理、记录、规定等知识

参考"口服固体制剂生产"章节中"验证数据的处理、记录、规定等知识"相关内容。

第六章 非最终灭菌注射剂生产

（无菌粉针剂/冻干粉针剂）

第一节 配液、除菌过滤

【技能要求】

掌握非最终灭菌无菌注射剂配液、除菌过滤操作要点和相关知识，能控制和调节配液技术参数、进行滤芯完整性测试和使用维护、及时处理操作过程的异常情况，同时能进行料液的可见异物检查及处理可见异物异常问题。

一、投料量计算

一般原料药投料的计算方法：

$$原料实际用量 = \frac{原料理论用量 \times 成品标示量}{原料实际含量}$$

$$原料理论用量 = 实际配液量 \times 成品含量$$

$$实际配液量 = 实际灌装量 + 灌装损耗量$$

注意：兽用中药原料若为中药饮片经提取干燥粉末且所配注射剂有明确的含量和标识量，在进行投料前务必确认投料计算方法，应考虑原料的水分计算进行相应的折算，同时在生产指令单上详细注明。

二、配方与批指令单复核

（1）复核原辅料是否有检验报告单，同时观察原辅料性状是否正常，确认是合格物料方可投入生产。

（2）核对生产品种、规格、批号及批指令单的备料量是否一致，核对无误后方可进行称量。

（3）检查称量器具是否在校验器内，称量用容器必须清洁、不得混用。

（4）称量时复核人应复核无误，需计算后称量的原辅料，计算结果先经复核无误后再称量，称量人、复核人均应在生产记录上签字。

（5）检查配液罐是否清洁，是否有已清洁（或合格）状态标志。作业场所是否符合洁净要求，管道、阀门是否密封，防止泄漏。

（6）按工艺规程要求，先后将原辅料投入配液罐中，并按工艺要求开启搅拌或控制配液温度。

（7）原辅料倒入时，应小心操作，避免损失。散落地面的物料不可再回收使用。

三、配液及配液技术参数控制

无菌粉针剂通常采用经提取的无菌中药原料药直接分装，这里主要介绍冻干粉针剂的配制，冻干粉针剂常见配制方法有稀配法和浓配法。

1. 稀配法　将原料药直接加入所需的溶剂中，一次配成所需的浓度。原料质量较好，可见异物合格率高，而药液浓度不高或配制量不大者，采用稀配法。

2. 浓配法　是将全部原料药加入部分溶剂中，溶解或加热溶解，过滤，或冷藏后过滤，然后加溶剂稀释至所需浓度。在原料质量虽符合注射用要求，但是溶液的可见异物不好的情况下，一般多采用浓配法配制。

3. 其他配液控制项目与要求

（1）注射用水应符合《中国兽药典》关于"注射用水"项下的有关规定。

（2）酸度计、电导率仪、电子秤等检验仪器经过校正、并在校正期限内使用。

（3）0.22 μm过滤器在完整性测试合格后才能使用。滤料完毕应重新进行完整性测试。若测试不合格，所有料液应重新过滤。

（4）配料前仔细对原辅料进行检查核对，品名、批号、数量、生产厂家是否与工艺规定一致；所有原辅料均无异物、吸潮结块、变色现象，性状符合标准要求。

（5）配料罐、管道及过滤器需经纯蒸汽消毒灭菌后才能使用。

（6）配制过程应严格执行产品的配料规程，投料顺序、数量、搅拌时间、投料等严格控制每一步操作过程，半成品性状、可见异物应符合要求。

（7）料液从配制至过滤/灌装需进行时间控制。

（8）领用的原辅料需要按物料的进出净化程序进行处理后传入配料间。如在脱包间内去掉绳子、纸箱、纸板桶、外袋等外包装，用75%乙醇擦拭内包装表面后，送入连锁风闸室，经洁净空气吹淋，传递至称量间内。

（9）称量好的物料按规定顺序进行配料处理。配料人员取样检查配好的料液是否完全溶解，外观性状是否符合要求，取样进行半成品控制项目检验，检验合格后，进行料液过滤。将料液精滤至灌装间的已灭菌处理过的接收瓶内，并做好防护，防止料液污染。

四、配液过程异常情况处理

1. 料液可见异物检查不合格

（1）料液过滤后毛、点较多，考虑料液过滤及过滤后储存的容器、生产环境方面的因素；过滤后储存的容器应进行清洁灭菌处理且应密闭；增加生产环境的湿度，无菌室中使用不脱落纤维的制品，减少外来毛点污染。

（2）料液灌装用玻璃瓶的洗涤灭菌不符合要求，可导致成品可见异物不合格，进行灌装玻瓶的可见异物检查。

（3）进行过滤器完整性的检查。

（4）料液有乳光，一般是原料质量问题或配料用水等溶剂内含有较多杂质引起。

（5）如果料液配制过程中需要进行活性炭处理，活性炭质量差，本身所含杂质较多能污染药液，往往导致制剂可见异物和不溶性微粒不合格。

2. 料液溶解后颜色异常

（1）检查配料过程中使用原辅料、溶剂、试剂等外观性状。

（2）配料过程中是否按要求使用惰性气体对料液进行保护，避免料液氧化变色。

（3）配料过程中温度控制是否准确。

3. 料液 pH 不稳定

（1）调节 pH 时，pH 调节剂加入的速度过快，导致料液反应不充分。

（2）料液体系中反应进行不完全，导致在进行 pH 调节时 pH 不稳定。

五、滤器完整性测试及异常情况处理

对于非最终灭菌产品，一般采用过滤进行除菌，使用较多的为滤膜和滤芯过滤。过滤器材不得吸附药液组分和释放异物，禁止使用含有石棉的过滤器材。在产品生产中，除菌过滤器使用前后必须采用适当的方法对其完整性进行检查，检查应当原位进行以确认滤壳内的整体过滤器的完整性。通常的方法有起泡点试验、扩散流试验以及压力保持试验。

1. 滤器完整性测试步骤

（1）用润湿溶液润湿滤芯，亲水性滤芯一般用注射用水，疏水性滤芯一般用 70％异丙醇溶液。

（2）将气源、电源与完整性测试仪连接，再与可进行完整性检测的滤壳连接。

（3）启动完整性测试仪，输入试验程序和数据。

（4）将润湿的滤芯装入滤壳，完整性测试仪自动检测并判定结果。

2. 测试方法

（1）起泡点试验　泡点法检测滤膜、滤芯孔径的方法为通用的检测方法，其原理为当膜被液体完全润湿后，在膜的两侧加上气体压差 ΔP，由于毛细孔效应和液体表面张力在一定的气压下，液膜被冲开，气体气泡半径与滤材孔半径相等时会穿过孔，此时接触角为 0°，气泡将产生于最先通过的最大孔。

压力和孔径由 LapLace 方程确定：$\gamma_P = \dfrac{2\delta\cos\theta}{\Delta P}$

式中　γ_P——滤材的孔半径（m）；

　　　　δ——液体/空气表面张力（N/m）；

　　　　θ——液体与孔壁间接触角（°）；

　　　　ΔP——压强（N/m²）。

随着压力的增加，其他从滤膜另一侧释放，出现大小、数量不等的气泡，对应的压力值为起泡点压力。

$$R = 4K\delta\cos\theta/\Delta P$$

式中　R——滤材孔径；

　　　　δ——液体表面张力系数；

　　　　θ——液体与滤材孔壁间接触角；

　　　　ΔP——起泡点压力；

　　　　K——滤材孔型修正系数。

起泡点检测时，先将过滤器安装好，进行充分润湿（亲水性滤膜用注射用水，疏水性滤膜用60%异丙醇/40%注射用水溶液湿润），开启压缩空气或氮气进行慢慢加压，直到滤膜最大孔径处的水珠完全破裂，气体可以通过，观察水中有连续稳定的气泡出现，此时所显示的压力即为最小起泡点压力。起泡点压力的合格限度见制造商提供的参数值，不同孔径不同材质的滤膜起泡点压力不同，见表6-1。

表6-1 起泡点压力限度规定

孔径（μm）	气泡点压力（MPa）	孔径（μm）	气泡点压力（MPa）
0.22	0.35～0.4	1.2	0.08
0.30	0.30	3.0	0.07
0.45	0.23	5.0	0.04
0.65	0.14	8.0	0.03
0.80	0.11	10.0	0.01

（2）扩散流试验。滤芯被浸润后，在滤器的上游隔绝一定体积和压力的气体，当注入的气体压力接近该滤芯的起泡点值时，一般在起泡值的80%，这时还没有出现大量的气体穿孔而过，只有少量的气体首先溶解到液相的隔膜中，然后从该液相扩散到另一面的气相中，这部分气体从孔道气—液界面中扩散出去，称之为扩散流（D）。这部分气体流量的大小基本遵循Fick定律与Henry定律，结合起来计算公式如下：

$$dD/dT = P \times D \times h \times L \times \Delta P$$

式中　　ΔP——透过膜的压力；

　　　　h——气体在液体中的溶解系数；

　　　　P——膜的孔隙率；

　　　　L——膜的厚度系数；

　　　　D——气/液系统扩散常数。

进行扩散流试验时，将测试滤芯与完整性测试仪连接好，充分润湿滤膜，并将过滤器内的水排去，使用空气或氮气逐步加压，使系统压力达到起泡点临界压力的80%，然后观察放气口的气泡，在15～20 min里，无连续气泡从出口处溢出则为合格。滤膜的孔隙率、气体的溶解度、压力、膜的厚度、气体在液体中的扩散系数及温度均对扩散速度产生影响。

（3）保压试验。将压力加在润湿的滤膜上，记下最初的压力值，施加的压力约为起泡点压力的80%左右，然后关闭阀门，观察压力的变化情况，由于空气通过滤膜，在一定时间内压力会下降，记录在一段时间内压力下降的数值（图6-1）。

图6-1　完整性检测仪

3. 完整性测试的作用

（1）无菌工艺及验证的需要。①确认正确的过滤孔径；②检查 O 型圈、垫圈、密封圈的泄漏；③确认灭菌后滤芯的完整性。

（2）兽药 GMP 法规的要求。

（3）生产及成本的需要。

六、不同材质滤芯的使用与维护

1. 不同材质滤芯分类 常用除菌过滤的滤芯根据材质不同主要有聚丙烯、聚四氟乙烯、聚偏二氟乙烯类等滤芯。

（1）聚丙烯类：做成折叠式，常用于筒式过滤器，有较大的孔径，其具有亲水性，属粗过滤材料。

（2）聚偏二氟乙烯类：属精过滤材料，耐热和耐化学稳定，蒸汽灭菌承受性良好，可制成亲水性滤膜，较广泛应用。

（3）聚醚砜类：做成折叠式，常用于筒式过滤器，耐温耐水解性能好，亲水性材料。

（4）尼龙类：做成折叠式，常用于筒式过滤器，亲水性材料，常用作液体的精过滤。

（5）聚四氟乙烯类：做成折叠式，常用于筒式过滤器，疏水性材料，其是使用相当广泛的一种材料，耐热耐化学稳定，常用于水、无机溶剂及空气的精过滤。

另外，过滤材料按与水的关系分为亲水性（水可浸润的）和疏水性（水不浸润）两种。亲水性的过滤材料主要应用在水或水/有机溶液混合的过滤和除菌过滤；疏水性过滤材料是通过水被截流或"引导"进入滤膜，主要应用在溶剂、酸、碱和化学品过滤，罐/设备呼吸器、工艺用气、发酵进气/排气过滤。

2. 滤芯的使用与维护

（1）滤芯的选择：滤芯的选择不仅仅达到规定的粒径，还要考虑药液的黏度、表面压力渗透压、与药液的相溶性、使用周期等。

（2）滤芯的使用：使用前后必须通过完整性测试，使用还应关注待过滤药液的微生物负荷问题，避免药液微生物超负荷引起微生物污染的风险；对于滤芯的使用期限进行验证，并严格按照验证周期执行。

（3）滤芯的维护：各类滤芯应按照生产厂家注明的清洗、清洁方式和维护保养方式进行清洁和维护保养，在不对药液质量产生影响的情况下，可以采用物理方法或化学方法进行维护保养。根据非最终灭菌注射剂滤芯的无菌性，一般在使用前进行清洗并采用纯蒸汽灭菌。

七、料液可见异物检查

1. 灯检法 暗室进行。

2. 人员要求 视力测验裸眼≥4.9，矫正后≥5.0；无色盲。

3. 照度要求 无色透明容器且无色溶液，1 000～1 500 lx；棕色透明容器，有色溶液 2 000～3 000 lx。

4. 注射用无菌粉末结果判定

明显可见异物：金属屑、玻璃屑、长度或最大粒径超过 2 mm 的纤维和块状物等。

微细可见异物：点状物、2 mm 以下的短纤维和块状物等。

被检查的 5 支（瓶），均不得有明显可见异物，如检出微细可见异物，每支（瓶）供试品中检出微细可见异物的数量应符合表 6-2 的规定；如有 1 支（瓶）不符合规定，领取 10 支（瓶）同法复试，均应符合规定。

表 6-2　可见异物限度规定

规　　格	可见异物限度
≥2 g	≤10 个
<2 g	≤8 个

【相关知识】

一、兽药 GMP 关于除菌过滤的要求

（1）可根据产品及工艺的特点，在除菌滤器前采用适当的预过滤器，须使用 0.22 μm 的滤器作除菌过滤。在使用前，所有过滤器需用注射用水淋洗并在灭菌后做完好性检查。

（2）药液过滤后，除菌过滤器须再次检查其完好性。

（3）应取少量除菌过滤前的药液，进行菌检，监控微生物污染状况。

（4）除菌过滤器不得隔天使用，除非通过验证。

二、配液过程技术问题与解决方法

注射用无菌粉末产品的料液经除菌过滤器过滤后得到无菌料液，因此配料的环境级别要求可以是在十万级区。不可除菌过滤的料液配制应在无菌环境中进行，且使用的原辅料必须是无菌的。注射用无菌粉末产品的料液配制类似于溶液剂产品，可使用溶解法、稀释法或化学反应法进行配料。在实际生产过程中，应严格按照工艺要求进行投料，尽可能缩短料液的配制时间，防止微生物与热原的污染及药物变质，对有温度要求的产品还应严格控制温度。其他相关内容可参考本节"配液及配液技术参数控制"。

第二节　无菌分装/灌装

【技能要求】

掌握无菌分装/灌装工艺要求和质量控制要点，能够进行无菌分装/灌装操作和产品分装/灌装调试，解决分装/灌装过程的技术问题；掌握分装/灌装设备知识，能对分装设备进行调试、维护和保养。

一、无菌分装/灌装操作

无菌分装的生产过程是将无菌的各种生产用的原料、辅料在无菌条件下，用无菌生产的方法将其分装在容器小瓶，组合成最终产品。由于无菌分装后的产品无法实现最终灭菌，只能靠生产过程的高要求来控制产品的无菌，因此，无菌分装要求必须在 B 级局部 A 级的环境中进行，为了防止污染或降低污染发生的概率。在无菌分装室设计时应提供方便、有效的

无菌室消毒条件，产品或产品容器暴露的空间应设有 A 级单向层流空气保护，并尽量减少人员对设备、物料的接触运动或操作。无菌分装室必须控制环境的温度、湿度来保证无菌操作，环境湿度根据产品吸湿性的不同可以自行规定安全范围。药粉因吸潮而黏性增加，导致流动性下降，因此，应预先测定无菌粉末的临界相对湿度，并使分装室的相对湿度保持在分装灭菌粉末的临界相对湿度以下。

冻干注射用无菌粉末的灌装和压塞以及直接接触产品的包装材料最终处理后的暴露环境必须是 A 级或 B 级背景下局部 A 级。关键操作区空气流保持单向流，且尽量设计为便于监控的布局。

为降低微生物、微粒和热原污染的风险，无菌产品的生产有多种特殊要求。其中生产人员的无菌操作技能、所接受的培训以及态度在无菌灌装过程中起着关键作用。厂房、设备的设计应优化人流物流，防止无必要的活动发生。洁净区内尽可能地减少操作工人数，但必须保持人员满足生产操作需求。

无菌操作过程中任何干预或中断都可能增加污染的风险，用于无菌生产设备的设计应限制人员对无菌过程干预的次数和复杂程度。通常采用限制人员接触无菌产品的方法减少污染风险。当无菌操作正在进行时，人员应特别注意减少洁净区内的各种活动，如控制走动次数或幅度，以避免剧烈活动散发过多的微粒和微生物。

无菌分装/灌装基本程序如下：

（1）生产前，提前将需要分装的原粉转运至车间气闸室，同车间厂房一同进行厂房的熏蒸灭菌。

（2）开产前，将分装/灌装料液再进行可见异物检测。

（3）料液检查合格后，开启设备进行分装/灌装。

（4）分装/灌装开始时，首先根据分装/灌装产品的规格进行装量的调节，直至装量合格后，方能进行正式分装/灌装，且操作过程中有专人进行装量抽查。

二、无菌分装/灌装常见技术问题解决措施

1. 无菌分装常见技术问题及解决措施

（1）装量差异：药粉因吸潮而黏性增加，导致流动性下降，因此，应预先测定无菌粉末的临界相对湿度，并使分装室的相对湿度保持在分装灭菌粉末的临界相对湿度以下。此外药粉的物理性质如晶形、粒度、堆密度等因素也能影响装量差异，如无菌溶剂结晶法可能制得片状及针状的结晶，流动性较差，造成装量差异，而喷雾干燥法制得的多为球形，流动性好，较少产生装量差异。

（2）可见异物问题：采用无菌分装工艺，由于未经配液及滤过等一系列处理，往往使粉末溶解后出现毛毛、小点以致可见异物不合要求。因此应从原料的处理开始，主要环境控制，严格防止污染。

（3）无菌度问题：成品无菌检查合格，只能说明抽查那部分产品是无菌的，不能代表全部产品完全无菌。由于产品系无菌操作法制备，稍有不慎就有可能使局部受到污染，而微生物在固体粉末中繁殖又较慢，不易为肉眼所见，危险性更大。为了保证用药安全，解决无菌分装过程中的污染问题，国内外正在采用层流净化装置，为高度无菌提供了可靠的保证。

（4）储存过程中的吸潮变质：对于瓶装无菌粉末，这种情况时有发生，原因之一是由于

天然橡胶塞的透气性所致。因此，一方面对所有橡胶塞要进行密封防潮性能测定，选择性能好的橡胶塞。同时铝盖压紧密封，防止水气透入。

2. 无菌灌装常见技术问题及解决措施

（1）玻璃屑：主要来源于灌封时针头擦瓶口，或锯瓶质量差，圆口不老，或瓶内就有较多玻璃屑。

（2）纤维：多来源于环境的污染，或工作人员操作不规范。有时出现纤维状物，这往往是由于杂质引起的。

（3）白点：由于原辅料质量不合格，环境不清洁，玻璃瓶未洗干净。如各种异物都有，可能是药液没有滤清或滤器有泄漏。

（4）滴料：灌装的出料口过大，根据料液的黏稠度重新设计灌针下料口的粗细。

（5）装量不稳：进料软管内含有未排干净的少量气泡或料液过于黏稠不易于分装。

三、无菌分装/灌装调试

无菌分装/灌装正式开始前必须对设备和装量进行调试，以保证产品装量符合要求和设备运行平稳。以注射用无菌粉末分装机为例进行说明

注射用无菌粉末分装机是将无菌的粉剂产品定量分装在经过灭菌干燥的玻璃瓶内，并盖紧胶塞密封的设备。按其结构形式可分为气流分装机和螺杆分装机，螺杆分装机又包括单头分装机和多头分装机两种。分装机均采用按粉末体积进行计量分装。药粉的松密度、流动性、晶型等物理性状都直接影响装量精度。

螺杆分装机内经精密加工的螺杆转动时，料斗内的药粉沿轴向旋移送到送药嘴，落入药瓶中，通过控制螺杆的转角可调节装量。

气流分装机的搅粉斗内搅拌桨转动，使药粉保持疏松→在装粉工位与真空管道接通，药粉被吸入定量分装孔内→分装头回转180°至卸粉工位，净化压缩空气将药粉吹入西林瓶内。通过调节剂量孔中活塞的深度实现装量的调节。

【相关知识】

一、无菌分装/灌装生产质量控制要点

1. 无菌分装生产质量控制要点 注射用无菌粉末分装前，需对原粉进行色泽、可见异物检查：目视检查原粉有无吸潮、结块、变色现象；要求每批取样进行可见异物检查；不合格的原粉不能用于分装。如果在之后的生产过程中发现半成品可见异物检查不合格，应进行以下几个方面的排查：①设备/设施/容器是否存在清洁不彻底：查看所用设备、用具等清洁情况及上次清洁记录；②调查内包装材料，如玻璃瓶、胶塞及盛装这些内包材料的容器等的可见异物检测；③检查人员操作是否符合要求；④检查生产环境：如查看尘埃粒子检测记录，检查压差记录及压差情况，检查层流设施是否开启并正常运行，检查回风情况等。

在分装过程中，除对环境严格控制外，装量检查也是十分重要的。药粉的物理性质如晶形、粒度、堆密度等因素能影响装量差异，在无菌分装过程中随时抽查产品的装量是否稳定，能否达到《中国兽药典》要求的装量差异检查范围。具体要求见表6-3。

$$装量差异（\%）=\frac{最高（最低）装量-理论装量}{理论装量}\times100\%$$

$$实际装量=理论装量\times装量差异$$

表 6－3　注射用无菌粉末的装量差异要求

平均装量	装量差异限度
0.05 g 及 0.05 g 以下	±15%
0.05 g 以上至 0.15 g	±10%
0.15 g 以上至 0.50 g	±7%
0.50 g 以上	±5%

例：分装 0.6 g 注射用双黄连，计算该原粉的分装装量范围。

因 0.6 g 注射用无菌粉末的装量差异限度为±5％，故实际的分装装量应控制的范围为：实际分装装量＝理论分装量×（1±5％），即实际分装装量应在 0.57～0.63 g 范围内。

2. 无菌灌装生产质量控制要点　为了控制无菌操作区的微生物状况，应对微生物进行动态监测，监测方法有沉降碟法、定量空气采样法和表面取样法（如：药签擦拭法和接触碟法）等。动态取样须避免对洁净区造成不良影响。在成品批档案审核，应同时考虑环境监测的结果，决定是否放行。表面和操作人员的监测，应在关键操作完成后进行。

同分装注射用无菌粉末相似，冻干注射用无菌粉末的生产环境必须在 B 级局部 A 级的环境中进行。合理控制环境温度、湿度，但不对环境湿度有额外要求。除此之外，生产过程中还应有项目如下：

（1）生产过程的工艺用水应符合要求，配制料液应使用注射用水，无菌灌装过程中使用容器具的最后一遍清洗水必须使用注射用水。

（2）无菌灌装料液过滤器需要在使用前后分别进行完整性测试。料液过滤后的初滤液必须进行可见异物的检查，合格后才能进行正式灌装。灌装过程中要不定期进行抽检，确保整个灌装过程中料液的质量始终是符合要求的。

（3）灌装过程中的装量控制。

$$实际分装量=理论装量+X$$

X 代表不同产品在冻干过程中的损耗量，半成品分装过程中适当增加装量以确保最终产品符合质量标准的要求。

二、无菌分装/灌装机维护与保养

1. 分装机维护与保养　以螺杆式分装机为例。

（1）小修。检查各运转部位的润滑及紧固各部位螺栓，调整振荡器内弹簧片，更换分装机头上控制装量的两个扭簧。

（2）大修。清洗、检修送瓶机的传动机构，清洗、检修分装机机头、计量装置等分盘、分度定位机构，清洗、检修压塞机各传动部位及轨道、输送机构；清洗、检修减速机，检修或调整振荡器。

（3）常见故障及处理措施见表 6－4。

表 6 - 4　分装机常见故障及处理

故障现象	产生原因	排除办法
电动机不能启动	电动机损坏	更换电动机
	安全微动开关失灵	调整或更换微动开关
	线路问题	检修线路
锅体漏粉	密封圈损坏	更换密封圈
	下料气缸未到位	调整气压，更换气动元件
	锅体上升不到位	调整油压，更换油泵阀件
锅体上下卡死	液压件损坏	更换液压件
	导轨保养不佳	加强维护保养，检查润滑
锅体上下摆动或冲击	导轨间隙过大	调整导轨间隙
	油管内有空气	油管排气
电气控制失灵	电器元件损坏	更换电器元件

2. 灌装机维护与保养

（1）灌装机主要结构：见图 6 - 2。

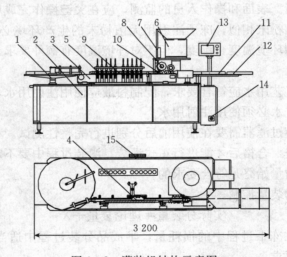

图 6 - 2　灌装机结构示意图

1. 进瓶转盘　2. 机架　3. 输送带　4. 灌装针头　5. 灌装陶瓷泵　6. 振荡器
7. 加塞轨道　8. 加塞机构　9. 灌装绞龙　10. 加塞绞龙　11. 出瓶输送带
12. 接瓶盘　13. 操作箱　14. 电气箱　15. 分液通管（或储液桶）

（2）灌装机维护与保养：灌装机使用超过 10 d，要进行小修；超过半年要进行大修；注重对设备进行维护。

① 小修。包括检查各连转部位之润滑及紧固各部位螺栓；检查压缩空气及真空管道的快接头是否有泄漏；检查灌装陶瓷泵各密封件密封情况，陶瓷泵连接硅胶管是否有泄漏；检查缺瓶不灌装的电磁铁运动情况，检查跟踪灌装凸轮及灌装针头插入情况；调整胶塞振荡器内弹簧片及胶塞轨道落塞位；检查并更换下塞轨道内弹片是否断裂；检查压塞轮及压塞绞龙

位置是否配合完好；校正并清洗下胶塞轨道；检查及清理输送链和送瓶拨盘，并调整其位置；检查灌装绞龙及灌装针头运行位置。

针对出现的故障进行排除。

② 大修。包括小修内容；清洗、检修送瓶机构中输送链、转盘及传动部分；更换陶瓷泵内连接部分硅橡胶管；更换或检查灌装绞龙及压塞绞龙；清洗、检修箱内分度凸轮机构、凸轮、链轮、齿轮等传动机构；清洗并校正灌装绞龙及压塞绞龙；清洗、检修压塞机构中各传动部位及轨道、输送部分；检查电动或气动元件，必要时修理或更换；检查清洗并校正下胶塞轨道；清洗和消毒与药液、胶塞直接接触的部件；组装、调试、试车。

③ 每生产班次保养。包括对设备进行巡回检查，并作好运转记录；开机前及运转中按规定对各润滑点进行润滑；灌装柱塞泵及下胶塞轨道部分每批号生产后应拆卸、清洗一次。

④ 常见故障及排除方法。

a. 主机无法启动：重新设置变频器为0，联机运行时机器入口缺瓶，主传动过载。

b. 碎瓶：绞龙错位，输送带倒瓶，过瓶通道太窄，加塞轮高度不对，卡塞。

c. 计量不准：计量调节机构螺钉松动，药液不够，活塞漏气，进液软管松动，进液软管内有气泡未排除。

d. 滴漏：活塞漏气，进液软管松动。

e. 缺塞：振荡斗螺旋通道卡塞，振荡出口有侧立塞，振荡出口与送塞轨道接口不顺，送塞轨道内卡塞，振荡速度太慢，剔除不合格塞子，振荡器螺钉松动。

f. 戴塞不好：调节出塞位置。

第三节　冷冻干燥

【技能要求】

熟悉并掌握注射用无菌粉末冻干机的工作原理、组成、冻干程序及冻干曲线的制订相关知识；能够制订和调整冷冻曲线、冻干工艺参数及分析解决冻干过程中出现的问题。

一、冻干机工作异常情况处理

1. 油分离器分离效果不好

（1）系统太脏，污物将过滤网或顶针堵死，导致不能回油或回油不够。

（2）油分离器进出气管由于都是焊接连接，由于振动加上高温高压氟利昂气体，焊接部位以及油分离器进气管根部容易造成裂缝，导致泄漏。

2. 循环压力不够

（1）导热油里残留有空气，空气未排放干净，导致压力不稳定。

（2）导热油量不够，由于热胀冷缩，导热油在较低温室，若量不够，会导致压力不够。导热油量应在平衡桶视液镜的1/2左右。正常情况下循环压力在$1\,kg/cm^2$左右。

3. 蝶阀（蘑菇阀）**不能打开**　在正常情况下，液压系统稳定可靠工作时，大蝶阀均能正常打开。但若前后箱压差太大液压油进水被乳化，液压油太脏，以及油路有泄漏情况下，大蝶阀不能正常打开。

4. 压缩机在运行时自动停机

(1) 在运行时高压报警、油压差报警、电子热保护、水压力报警至少有一个报警。

(2) 运行时交流接触器故障、过载保护、压缩机电机忽然烧掉。

(3) 运行时出现液击，出现活塞或曲轴咬死。

(4) 运行时控制程序出现瞬间不稳定，忽然没有输出。

5. 真空不理想

(1) 真空泵性能下降。先观察真空泵油位及油是否被污染，若真空泵油质量明显下降，有乳化现象后，立即更换，并查明原因；若真空泵吸入少量水分，可打开气镇阀，1 h后观察真空泵油是否改善，真空度是否下降；若真空泵经多次换油仍无明显改观，可视为真空泵故障，需对真空泵进行检修。

(2) 系统有泄漏。检查漏点、阀门、相关密封圈。

(3) 箱体内部有水。冷凝器化霜不彻底，水没有排干，导致在箱体底部的水不断的挥发而影响抽真空。

(4) 真空规管出现问题。

6. 制冷系统的制冷效果不好

(1) 膨胀阀开启过大或过小，调节膨胀阀，使压缩机达到最佳工况。

(2) 制冷系统堵塞不畅，如过滤器堵塞，膨胀阀堵塞、相关阀门未开或未开足，电磁阀失灵等。找到堵塞部位及时进行清洗。

(3) 制冷剂不够，补充适量的制冷剂。

(4) 压缩机阀板上部或汽缸下部的纸垫被击穿或破裂或压缩机吸排气阀片破碎，更换新的纸垫或排气阀片。

二、冻干曲线、冻干工艺参数制订与调整

1. 冻干工艺　冻干注射用无菌粉末产品的常用冷冻干燥生产过程可分为以下两种基本的方法。

(1) 玻璃小瓶冻干制剂：是注射剂中的一种常见的冻干制剂。通常的制备方法是：药液的配制→除菌过滤→灌装→冻结真空干燥→密封容器。

(2) 预灌装注射器冻干制剂：是将冻干制剂和助溶剂，由密闭材料隔断并组合在一起的制剂。使用时，推注射器针筒使助溶剂进入冻干注射用无菌粉末的空间，并迅速溶解成为注射液的制剂。其主要工艺过程为：药液的配制→除菌过滤→灌装→冻结真空干燥→注射器中部密封→溶解液灌装在与冻干产品存放腔室相邻的腔体内→注射器密封。

2. 冻干曲线　在冻干过程中，把产品和板层的温度、冷凝器温度和真空度对照时间划成曲线，叫做冻干曲线。一般以温度为纵坐标，时间为横坐标。不同的产品采用不同的冻干曲线。同一产品使用不同的冻干曲线时，产品的质量也不相同，冻干曲线还与冻干机的性能有关。典型的冻干曲线将搁板升温分为两个阶段，在大量升华时搁板温度保持较低，根据实际情况，一般可控制在−10 ℃～+10 ℃之间。第二阶段则根据制品性质将搁板温度适当调高，此法适用于其熔点较低的制品。若对制品的性能尚不清楚，机器性能较差或其工作不够稳定时，用此法也比较稳妥。

3. 冻干曲线、冻干工艺参数制订与调整

（1）预冻速度：预冻速率的快慢，对产品冻结中晶粒的大小、活菌的存活率和升华的速率均有直接的影响。一般，慢冻晶粒大，外观粗糙、不容易损伤活菌，但升华速率快，而速冻则与此相反。通常冻干机是不能调节冻结速率的。如需冻结得快一些，则先将干燥室（箱）预冷至较低温度，再将制品入箱冻结。若使干燥箱与制品一起降温，其冻结速率较慢。在多数情况下，制品的预冻速度，不可能通过设备有效地控制。因此，只能以预冻温度的装箱时间来决定预冻的速度。

（2）预冻的最低温度：取决于制品的共熔点温度，应低于该制品的共熔点温度。根据预冻方法不同而略有差异。一般来说，搁板温度应低于制品共熔点 $5\sim10\ ℃$。

（3）预冻时间：根据具体条件而定，原则是使产品的各部分完全冻牢。一般，制品装量多，分装的容器底不平，托盘与搁板接触传热不良，或不采用把制品直接放在冻干箱板层上，冻干机制冷能力小，产品的过冷度小，搁板间的温差大等均要预冻时间长一些。反之预冻时间短。通常搁板式冻干机，干燥箱的搁板从室温 30 ℃ 降到－40 ℃约需 $2\sim4\ h$，在制品温度降到预定的最低温度后，还需在此温度下保持 $1\sim2\ h$，才能升华。

（4）冷凝器降温的时间：在系统抽真空开始之前什么时间对冷凝器降温，需由冻干设备的降温性能来决定。一般要求在产品预冻结束前 $30\sim50\ min$ 就应使水汽凝结器降温。温度降到－40 ℃左右，起动真空泵抽真空，当产品表面压力降至 $10\sim20\ Pa$ 以下，起动加热循环泵，给产品供热升华。

（5）抽真空的时间：预冻结束开始抽真空，要求在 0.5 h 左右的时间真空度能达到 10 Pa。

（6）预冻结束的时间：预冻结束就是停止冻干箱板层的降温，通常在抽真空的同时或真空抽到规定要求时停止板层的降温。

（7）开始加热时间：一般认为开始加热的时间始于抽真空，是在真空度达到 10 Pa 之后，有些冻干机利用真空继电器自动接通加热，即真空度达到 10 Pa 时，加热便自动开始；有些冻干机是在抽真空之后半小时开始加热，这时真空度已达到 10 Pa 甚至更高。

（8）真空报警工作时间：由于真空度对于升华是极其重要的，新式的冻干机均设有真空报警装置。工作时间在加热开始之时到校正漏孔使用之前，或从开始一直到冻干结束。一旦在升华过程中真空度下降而发生真空报警时，一方面发出报警信号，另一方面自动切断冻干箱的加热。同时启动冻干箱的冷冻机进行降温，保护产品不致发生熔化。

（9）真空控制的工作时间：真空控制的目的是为了改进冻干箱内的热量传递，通常在第二阶段干燥时使用，待产品温度达到最高许可温度之后即可停止，继续恢复真空状态，使用时间的长短由产品的品种、装量和真空度决定，也可第一阶段干燥时使用。

（10）冻干的总时间：冻干的总时间是预冻时间，加上升华时间和第二阶段工作的时间。总时间确定，冻干结束时间也确定。冻干总时间根据产品的品种、瓶子的品种、装箱方式、装量、机器性能等来决定，一般冷冻工作的时间较长，在 $18\sim24\ h$ 左右。

4. 冻干曲线、冻干工艺参数制订的影响因数

实际上，冻干曲线的形状与产品的性能、装量、分装容量的种类、设备条件等许多因素有关。制订冻干曲线、冻干工艺参数要考虑下列因素：

（1）产品的品种：产品受冷冻影响的大小不同，共熔点低的产品要求预冻的温度低，加

热时板层的温度亦相应要低些；残余水分含量要求低的产品，冻干时间需长些。残余水分含量要求高的产品，冻干时间可缩短。

（2）装液量：装液量多则冻干时间长，冻干 0.5～2 mL 的药液，可用 2 mL 或 5 mL 的西林瓶。微粒在 18 h 内升华干燥完毕，产品厚度不宜超过 10 mm，最多不应超过 15 mm。

（3）容器的品种：底部平整则传热较好。底部不平或玻璃较厚则传热较差，后者显然冻干时间较长。

（4）冻干机性能：生产厂家不同，冻干曲线也不完全一样。生产中应根据各自的具体条件，从试验中制订出最佳的冻干曲线和冻干参数。

三、冻干过程质量问题分析解决

冻干注射用无菌粉末产品在冻干过程中经常会出现起泡、分层、表面不平整和变色、制品水分偏高等质量问题，详细问题及分析解决方法如下：

1. 水分偏高　液层过厚，大于 15 mm；解析干燥温度低或时间短；瓶塞与干燥层的流动阻力大，水蒸气不易逸出；盘冻时出箱环境湿度高、温度高，制品吸潮。控制液层在 10～15 mm 之间。

2. 冻结分层　没有预冻好，升华过快；下调一次升华温度，并延长升华时间和干燥时间。

3. 表面起皮　抽真空时，表面起了很多小泡，冻干后表面一层脱离；真空度达到要求之前物料表面已部分解冻预冻不好，水没有完全冻结，抽真空时水外溢形成气泡；加强预冻，延长升华段温时间。

4. 冻干挂壁　主要因药液性质和灌装速度引起，对药液性质进行研究，在工艺允许的条件下进行调整，同时性适当降低灌装速度。

5. 冻干气泡　主要影响因素有冻结不牢固、药液性质、真空度、加热的程等；加强预冻，在工艺允许的条件下进行调整，调整真空。

6. 冻结　主要影响因素有药液厚度、赋形剂等，调整药液厚度和赋形剂。

【相关知识】

一、冻干机的工作原理及性能

1. 冻干机的工作原理与组成　冻干机的工作原理是将被干燥的物品先冻结到三相点温度以下，然后在真空下使物品中的固态水分（冰）直接升华成水蒸气，从物品中排除，使物品干燥。冻干机按系统分，由制冷系统、真空系统、加热系统、和控制系统四个主要部分组成。按结构分，由冻干箱、冷凝器或称水汽凝集器、冷冻机、真空泵和阀门、电气控制元件等组成（图 6-3）。

冻干箱是冻干机的主要部分，产品放在箱内分层的金属板层上，对产品进行冷冻，并在真空下加温，使产品内的水分升华而干燥。冷凝器同样是一个真空密闭容器，内部有一个较大表面积的金属吸附面，吸附面的温度能降到 -40 ℃以下，并能恒定地维持这个低温。冷凝器的功用是把冻干箱内产品升华出来的水蒸气冻结吸附在其金属表面上。

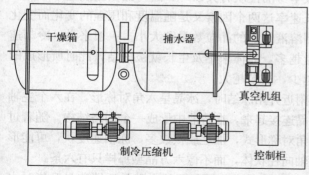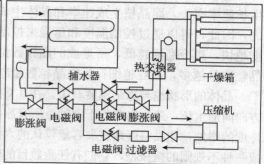

图 6-3　冻干机的组成示意图

冻干箱、冷凝器、真空管道和阀门，再加上真空泵，便构成冻干机的真空系统。真空系统要求没有漏气现象，真空泵是真空系统建立真空的重要部件。

制冷系统由冷冻机与冻干箱、冷凝器内部的管道等组成。冷冻机可以是互相独立的两套，也可以合用一套。冷冻机的功用是对冻干箱和冷凝器进行制冷，以产生和维持它们工作时所需要的低温，它有直接制冷和间接制冷两种方式。

加热系统对于不同的冻干机有不同的加热方式。有的是利用直接电加热法；有的则利用中间介质来进行加热，由一台泵使中间介质不断循环。加热系统的作用是对冻干箱内的产品进行加热，以使产品内的水分不断升华，并达到规定的残余水分要求。

控制系统由各种控制开关，指示调节仪表及一些自动装置等组成。

2. 冻干程序　一般冻干程序包括 3 个阶段：预冻、升华干燥、解析干燥。

（1）预冻：即将溶液中的自由水固化，赋予冻干后产品与干燥前相同的形态，防止抽空干燥时起泡、浓缩和溶质移动等不可逆变化发生，尽量减少由温度引起的物质可溶性减少和生命特性的变化。

① 预冻的方法：冻干箱内预冻法和冻干箱外预冻法 2 种。

a. 箱内预冻法：把产品放置在冻干机内的多层搁板上，由冻干机的冷冻机进行冷冻，大量的小瓶进行冻干时为了进箱和出箱方便，一般把小瓶分放在若干金属盘内，再装进箱子。为了改善热传递，有些金属盘制成可抽活底式，进箱时把底抽走，小瓶直接与冻干箱的金属板接触；对于不可抽底的盘子，要求盘底平整，以获得产品的均一性。

b. 箱外预冻法：有 2 种方法，利用低温冰箱或酒精加干冰来进行预冻。另一种是专用的旋冻器，它可把大瓶的产品边旋转边冷冻成壳状结构，然后再进入冻干箱内。

② 预冻过程：溶液温度降到一定时，根据溶液共晶浓度，浓度低的溶液就开始结冰，这个温度就叫结冰点。一般来说结冰点受浓度的支配与浓度一起下降。溶液温度低于结冰点时，溶液中的一部分会结晶析出，剩下的溶液浓度将会上升，就这样结冰点下降，接着继续冷却，冰结晶随着冷却而增加。可是温度降到某一点时剩下的溶液就全部冻结，这时的冻结物里混杂着冰晶体，这时的温度就是共晶点。

溶液需过冷到冰点以后，其内产生晶核以后，自由水才会开始以冰的形式结晶，同时放出结晶热使其温度上升到冰点，随着晶体的生长，溶液浓度的增加，当浓度达到共晶浓度，温度下降到共晶点以下时，溶液就会全部冻结。

溶液结晶的晶粒数量和大小除了与溶液本身的性质有关以外，还与晶核生成速率和晶体生长速率有关。而晶核生成速率和晶体生长速率这两个因素又是随温度和压强的变化而变化的，因此，可以通过控制温度和压强来控制溶液结晶的晶粒数量和大小。一般来说，冷却速度越快，过冷温度越低，所形成的晶核数量越多，晶体来不及生长就被冻结，此时所形成的晶粒数量越多，晶粒越细；反之晶粒数量越少，晶粒越大。

晶体的形状也与冻结温度有关。在 0 ℃附近开始冻结时，冰晶呈六角对称形，在六个主轴方向向前生长，还会出现若干副轴，所有冰晶连接起来，在溶液中形成一个网络结构。随着过冷度的增加，冰晶将逐渐丧失容量辨认的六角对称形式，加之成核数多，冻结速度快，可能形成一种不规则的树枝型，它们有任意数目的轴向柱状体，而不像六方晶型那样只有六条。

溶液结晶的形式对冻干速率有直接的影响。冰晶升华后留下的空隙是后续冰晶升华时水蒸气的逸出通道，大而连续的六方晶体升华后形成的空隙通道大，水蒸气逸出的阻力小，因而制品干燥速度快，反之干燥速度慢。此外，冻结的速率还与冻结设备的种类、能力和传热介质等有关。

（2）升华干燥：也称为第一阶段干燥。将冻结后的产品置于密封的真空容器中加热，其冰晶升华成水蒸气逸出使产品脱水干燥。干燥从外表面开始逐步向内推移，冰晶升华后残留下的空隙变成升华水蒸气的逸出通道。已干燥层和冻结部分的分界面称为升华界面。当全部冰晶除去时，第一阶段干燥就完成了，此时约除去全部水分的 90% 左右。

产品在升华干燥时要吸收热量，1 g 冰全部变成水蒸气大约需要吸收 2 805 J 的热量。因此升华阶段必须对产品进行加热。当冻干箱内的真空度降至 10 Pa（可根据制品要求而定）以下，就可以开始给制品加热，为产品升华提供能量，且冻干箱内的真空度应控制在 10～30 Pa 之间最有利于热量的传递，利于升华的进行。

第一阶段升华干燥是冷冻干燥的关键阶段，大部分的水在这一阶段被升华。控制不好，会直接影响产品的外观质量和冻干时间。搁板的温度过高，向产品提供的热量大于水分升华所吸收的热量，则产品温度持续上升，当产品温度超过其共熔点时，则产生喷瓶或瓶底变空的现象，影响产品的外观质量。赋形剂的选择和用量对冻干升华产品的外观影响很大。由于各个产品的性质不相同、配方不同、离子浓度各不相同，对赋形剂选择和用量要求各不一样，若控制不好，冻干后的产品外观成为不易溶解的蜂窝状或粉状，而不能成为结构疏松、易于溶解的网状结构，影响产品的外观质量。由于产品升华时，升华面不是固定的，而是在不断地变化，并且随着升华的进行，冻结产品越来越少，因此造成对产品温度测量的困难。利用温度计来测量均会有一定的误差，可以利用气压测量法来确定升华时产品的温度，把冻干箱和冷凝器之间的阀门迅速地关闭 1～2 s 的时间。然后又迅速打开，在关闭的瞬间观察冻干箱内的压强升高情况，计下压强升高到某一点的最高数值。从冰的不同温度的饱和蒸汽压曲线或表上可以查出相应数值，这个温度值就是升华时产品的温度。产品的温度也能通过对升华产品的电阻测量来推断。如果测得产品的电阻大于共熔点时的电阻数值，则说明产品的温度低于共熔点的温度；如果测得的电阻接近共熔点时的电阻数值，则说明产品温度已接近或达到共熔点的温度。

第一阶段干燥结束判断现象：①干燥层和冻结层的交界面到达瓶底并消失；②产品温度上升到接近产品共熔点的温度；③冻干箱的压力和冷凝器的压力接近，且两者间压力差维持不变；④当关闭干燥室与冷凝器之间的阀门时，干燥室压力上升速率与渗漏相压器泄露速率相近；⑤当在多歧管上干燥时，容器表面上的冰或水珠消失，其温度达到环境温度。通常还要延长 30～60 min 的时间再转到第二步干燥，保证没有残留的冰。

（3）解析干燥：也称第二阶段干燥。第一阶段干燥结束后，产品内还存在 10% 左右的水分吸附在干燥物质的毛细管壁和极性基团上，这一部分的水是未被冻结的。当它们达到一定含量，就为微生物的生长繁殖和某些化学反应提供了条件。为了改善产品的贮存稳定性，延长其保存期，需要除去这些水分。这就是解析干燥的目的。这一部分水分是通过范德华力、氢键等弱分子力吸附在产品上的结合水，因此要除去这部分水，需要克服分子间的力，需要更多的能量。可以把制品温度加热到其允许的最高温度以下（一般为 25～40 ℃），维持一定的时间（由制品特点而定），使残余水分含量达到预定值，冻干过程结束（图 6-4）。

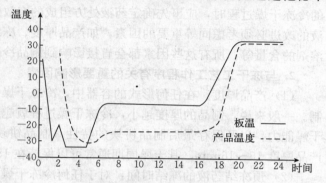

图 6-4　冻干曲线示意图
1. 降温阶段　2. 第一阶段升温　3. 维持阶段
4. 第二阶段升温　5. 最后维持阶段

如果制品共晶点较高，系统的真空度也能保持良好，凝结器的制冷能力充裕，则也可采用一定的升温速度，将搁板温度升高至允许的最高温度，直至冻干结束，但也需保证制品在大量升华时的温度不得超过共晶点。

在解析干燥阶段由于产品内逸出水分的减少，冷凝器温度的下降又引起系统内水蒸气压力的下降，这样往往使冻干箱的总压力下降到低于 10 Pa，这就使冻干箱内对流的热传递几乎消失。为了改进冻干箱传热，使产品温度较快地达到最高允许温度，以缩短解析干燥阶段时间，要对冻干箱内的压强进行控制，控制的压强范围在 15～30 Pa 之间。

产品温度到达许可温度之后，为了进一步降低产品内的残余水分含量，需要恢复高真空度，同时，冷凝器由于负荷减少也达到了极限低温，这样冻干箱和冷凝器之间水蒸气压力差达到了最大值。这种状况非常有利于产品内残余水分的逸出。

控制冻干产品中的残留水分，关键在于第二阶段再干燥的控制。温度要选择能允许的最高温度；真空度的控制尽可能提高，有利于残留水分的逸出；持续的时间越长越好，一般过程需要 4～6 h；对自动化程度较高的冻干机可采取压力升高试验对残留水分进行控制，保证冻干产品的水分含量少于 3%。

二、冻干曲线、冻干工艺参数的影响因素

影响产品冻干曲线、冻干工艺曲线的主要因素包括以下两方面内容。

1. 与产品有关的主要影响因素

（1）主要有效成分的浓度：药液重量容积的浓度影响冻干时间，也影响到最后产品的稳定性。药液的浓度一般较高，用以提高干燥效率，增加冻干机干燥箱体内部的装载能力，并可减小干燥箱体的尺寸。如果药液的浓度增加得太多，会促使制品融化，使冻干品结块，难以控制成品中的含水量及有机物的残留。而药液的浓度太低时，会出现制品成型差，生产效率低等问题。因此，通常建议将冷冻干燥的药液浓度确定在 4%～25%。

（2）赋形剂与有效成分的组成：赋形剂的作用只在于帮助产品在冻干过程中成型，尤其是处方剂量小、冷冻干燥中难以形成最小产品块的药物。因此，赋形剂目的是增加浓度，得出较密实的饼块，通过赋形剂的加入改善和调整药液的共熔点。但加入赋形剂会影响到冷冻干燥的效率以及制品中最后残余水分。赋形剂在配制处方中的恰当比例限度通常不能预先确定，不同情况下，其数值会有变化，须通过一系列的试验过程来确定。

冷冻干燥中，产品的配液处方组成和它所含的主要有效成分是联系在一起的。选择最佳的冷冻干燥过程时，应事先确定药液处方组成的有效成分，不能再改变溶液的配方。配制溶液的改进必须考虑同等重要的因素，如产品厚度、冻结的程度、冻结形式、装载方法、有机溶剂的含量等。所有这些因素都会直接影响到制品冷冻干燥的最后结果。

2. 与冻干工艺工作程序有关的重要影响因素

（1）产品厚度：在任何形式的容器中，冷冻干燥生产的制品厚度都必须尽可能地加以限制。一般来说，制品的厚度越小，冷冻干燥过程就越短。制品厚度也可能制约冻干机的冷冻干燥能力，以及保存最后制品饼块的特性（制品饼块均匀性、溶解度和残余水分）。通常，产品厚度 15～16 mm，其干燥周期通常可以保持在 18 h 以内。

（2）预冻结药液的冻结时间：对于任何冷冻干燥过程，都具有极其特殊的重要性。相当多的药物在冻结过程中都会有一定程度的结晶现象出现。药物的结晶形式通常会决定制品饼块的结构、外形极其残余水分、成品的溶解度以及继之而来的干燥时间长短。除非是产品的稳定性或溶解性等有特殊的需要，通常，要采用完全均匀的溶液，尽量避免晶体的生长而更多地形成无晶型的冷冻干燥制品。此外，当同一容器内冷冻干燥两种或两种以上性质不同的溶液时，采用多层冻结的方法，即先把一种溶液冻结后，再把另一种溶液加进去冻结，冻结实后连续使其干燥，使两种液相基本不接触。由于溶液分层冻结，这个方法称为"多层冻结"。费用较大，只有在确实必要时，才采用这种方法。

三、冻干的基本原理

冻干无菌注射用粉末产品冻干的基本原理是将配制的溶液，在冰冻状态下通过低压升华和解吸附的方法，使制品内水分减少到使其在长时间内无法维持生物学或化学反应的水平。按照这个工艺，制品的原料溶液，即药液首先被冷冻，制品及溶液中的自由水被冻结成冰晶体，制品的有效成分被限制在冰晶之间。在维持冻结状态的同时，冰冻物质置于水蒸气分压力低于水的三相点压力的低气压（真空）中蒸发。

物质的状态与其温度和压力有关，图 6-5 中 OA、OB、OC 三条曲线分别表示冰和水、冰和水蒸气、水和水蒸气两相共存时压力和温度之间的关系。分别称为溶化线、升华线和沸腾线，将图

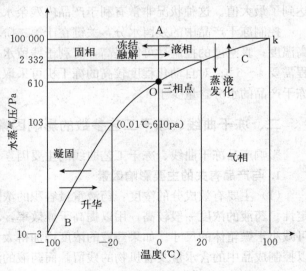

图 6-5 水的状态平衡图

面分为Ⅰ、Ⅱ、Ⅲ三个区域，分别称为固相区、液相区和气相区。箭头1、2、3分别表示冰溶化成水，水汽化成水蒸气和冰升华成水蒸气的过程。曲线OC的顶端有一点K，其温度为374 ℃，称为临界点。水蒸气的温度高于其临界温度374 ℃时，无论怎样加大压力，水蒸气也不能变成水。三曲线的交点O，为固、液、汽三相共存的状态，称为三相点，其温度为0.01 ℃，压力为610 Pa。在三相点以下，不存在液相。若将冰面的压力保持低于610 Pa，且给冰加热，冰就会不经液相直接变成汽相，这一过程称为升华。

四、冻干过程异常情况及处理方法

冻干产品在冻干过程中经常会出现喷瓶、冻结速度过快/慢、真空度异常等异常情况，详细问题及分析及处理方法如下：

1. 喷瓶　可能的原因有：预冻时温度没有达到制品共熔点以下，制品冻结不实；升华干燥时升温过快，局部过热，部分制品溶化成液体，在高真空度条件下，少量液体从已干燥固体表面穿过孔隙喷出。

2. 冻结速度过快/慢　冻结速度快，则晶核多，晶型小，冻品结构均一，升华速度慢，产品的外观细腻，易于保持原有的结构，且复水性好；冻结速度慢，则晶核少，晶型大，冻品结构的均一性差，升华速度快，冻干后产品的外观较粗糙，表面常有一层薄膜或硬壳。

3. 升华干燥阶段的温度失常　理想的升华干燥阶段的温度的确定应能保证传递到制品的热能与升华所耗热能相平衡。如果传递到制品上的热量太多，则过多的吸热将导致制品温度明显升高，引起制品融化，在真空条件下沸腾，或发生崩解，使产品在外观上起泡或成泥状。

4. 二次干燥阶段的温度过高　二次干燥阶段是指当冰晶体全部升华后，制品的温度逐渐增加，将制品块状物表面残余的吸附水除去的过程。如果该阶段品温过高，持续时间过长，虽可降低产品的水分含量，但往往会造成产品的严重分解或变色。

5. 真空度异常　真空度高，可促进升华的进行。但对一些冰块较厚的产品，则需向冻干箱内充注气体，破坏真空，形成对流导热来向制品供热。否则，由于供热不足，升华减缓，通过搁板接触传导的热量相对过剩，从而产生崩解或沸腾，影响产品的外观质量。

第四节　验　　证

【技能要求】

掌握设备验证基础知识和工艺知识，能进行非最终灭菌注射剂生产工艺、设备和清洁验证并对验证工艺参数进行整理分析，编写产品工艺验证方案、报告。

一、设备验证操作

非最终灭菌注射剂生产设备的相似设备验证前文已有论述，这里针对冻干机验证进行论述，冻干机主要验证内容如下，但可根据冻干机情况适当调整。

1. 报告概述

2. 验证目的

3. 验证范围

4. 验证小组成员及职责

5. 验证步骤

（1）安装确认：检查确认设备资料，检查确认设备组装部件及随机附件，设备主要材质和本体安装的确认，检查确认设备配套公用工程系统，检查确认设备计量器具的校验，检查设备的 SOP，检查确认人员的培训，安装确认的总结。

（2）运行确认：设备控制系统的功能确认，设备漏点测试，安全保护性能测试和记录打印功能测试，搁板温度分布均匀性及控温能力确认，搁板降温速率和最低温度测试，冷凝器降温速率和最低温度测试，抽气速率和极限真空度测试，搁板升温速率和最高温度测试，系统真空泄漏率测试，最大补水量测试，在位清洗系统功能测试，在位灭菌系统功能测试，运行确认总结。

（3）性能确认：

① 结果分析与评价。

② 最终批准。

③ 再验证周期。

④ 附录（验证过程中的各种证书、记录数据等资料）。

二、工艺验证操作

以冻干注射用无菌粉末为例，工艺验证具体内容如下：

1. 验证内容简述 如表 6-5。

表 6-5 冻干注射用无菌粉末工艺模拟验证方案

文件号： 总页数： 页

生效日期： 年 月 日

	部门	职务	签名	日期
起草人				年 月 日
生产审核人				年 月 日
质量审核人				年 月 日
批准人				年 月 日

（1）目录。

（2）引言。包括模拟生产工艺简介、模拟验证日期及产品批号。

（3）验证概要。包括验证范围、验证目的、再验证时间安排、相关参考文件及规程、术语及定义和介绍等。

（4）验证工艺简介。包括模拟工艺流程简介、简明工艺流程图、厂房平布图、纯化水系统图、注射用水系统图、设备一览表、计量仪器一览表和质量标准等。

（5）工艺验证前的检查与确认。包括生产设备确认、计量仪器的校验、纯化水和注射用水系统、人员培训和人员模拟等。

（6）冻干注射用无菌粉末工艺模拟验证过程中各项验证内容的确定。

（7）冻干注射用无菌粉末工艺模拟生产过程验证方法与内容。

① 无菌生产准备。

② 与工艺模拟验证同时进行的各重要生产环节的验证及监测：包括西林瓶洗涤干燥和灭菌、胶塞洗涤干燥灭菌、铝盖洗涤干燥灭菌和无菌服的洗涤干燥灭菌等。

③ 生产工艺过程中各控制点的验证：包括模拟分装用培养基准备、模拟验证过程、模拟操作和停风试验等。

④ 与模拟验证同时进行的生产要素的监测：包括温湿度测定、压差测定、环境的检测（尘降菌检测、浮游菌检测、尘埃粒子检测）、生产过程中人员所穿无菌服和所戴手套的微生物检测、无菌室设备表面及墙面、地面的微生物检测、生产过程中操作人员所用器具的微生物检测等。

（8）本次模拟验证与正式生产过程对比。

（9）本次验证中关键参数确认。

（10）再验证周期。

（11）风险识别。

（12）验证结论。

2. 冻干注射用无菌粉末工艺模拟验证内容

（1）引言。

① 模拟生产工艺简介：在生产周期末，厂房不进行熏蒸消毒等最差条件下进行模拟生产。将胰酶酪胨大豆液体培养基进行配料、除菌过滤后的用分装机分装于西林瓶内，进行半加塞后，成盘放入冻干柜，放置 12 h 后，抽真空加塞、轧盖、目检，经轨道进入包装工序进行收集，送入 QC 进行培养观察，以确认无菌分装过程的可靠性。

② 模拟验证日期及批号。

验证日期	批　号
年　月　日	

（2）验证概要。

① 验证范围。培养基模拟生产过程料液的配制、过滤与分装，西林制瓶的洗涤干燥与灭菌、胶塞的洗涤干燥与灭菌、铝盖的灭菌、无菌服的洗涤与灭菌、模拟冻干、扣塞、轧盖等工序，包括生产操作过程中的环境控制与监测。

② 验证目的。

a. 确认生产的无菌产品在确定的生产环境、工艺和操作下，能有效地防止微生物的污染，保证所提供产品的无菌保证水平达到可接受的合格标准。

b. 在最差生产条件、最差人员状态、最差生产环境、人员最多等最差条件下所采用的各种方法和各种规程以防止微生物污染的水平达到可接受的合格标准的能力，或提供保证所生产产品的无菌保证水平达到可接受的合格标准的证据。

③ 相关参考文件及规程。

文件名称	文件编号	存放地点
冻干无菌注射用粉末配料操作规程	…	…
冻干无菌注射用粉末料液的过滤操作规程	…	…
…	…	…

④ 术语及定义。

a. 系统要求：生产设施、环境条件、公用系统、规程、原辅料设备和人员等。

b. 生产工艺变量：生产过程中可能变化的条件或因素，而这些条件或因素的变化也可能会涉及最终产品的质量。

c. 可以认可的标准：基于必须达到的法定标准，由各有关部门共同规定验证标准范围，以认可检验或评价的结论，即验证结果必须达到标准范围。

d. 方案介绍：本方案第一部分是引言；第二部分是对验证方案的简要介绍，其中包括必要的相关资料术语的介绍，以助于对本方案的理解及实施；第三部分是对模拟验证情况介绍和本次工艺模拟验证计划；第四部分是对生产过程的设备、物料、生产文件、环境进行检查和确认，排除工艺以外的因素干扰；第五部分是生产工艺验证过程中各项验证内容的确定；第六部分是工艺生产过程验证方法与内容，阐述了本次工艺模拟验证的详细过程，是本次验证的主体部分；第七部分是模拟验证与正式生产过程对比；第八部分是本次验证中关键参数确认；第九部分再验证周期；第十部分是风险识别；十一部分是验证结论。

（3）验证工艺简介。

① 模拟工艺流程简介。

a. 操作过程：模拟实际生产过程，本次验证模拟分装三个批次，每批不少于 6 300 支，将培养基按使用说明书在浓配间进行浓配后，粗滤至稀配间，经过无菌过滤在无菌层流保护下，定量分装于洁净并经高温灭菌、干燥的西林瓶内，进行半加塞后，开启冻干机，抽真空 15 min，调整冻干机箱板温度控制在 33 ℃，放置 12 h，抽真空轧塞；进入轧盖间轧盖，后送 QC 实验室进行无菌检测。以确认整个无菌操作过程的可行性。

b. 工艺所用的原料：胰酪胨大豆胨肉汤培养基、纯化水、注射用水。

c. 模拟最差生产状态。

生产条件：在生产周期末，厂房不进行熏蒸消毒，冻干机用过滤的注射用水清洗但不灭菌，西林瓶进行清洗灭菌。

人员方面：车间日常操作人员人数为：B 级区**人，C 级区**人，D 万级区**人。为了模拟本次验证人员的最差条件，将人员变动如下：参与验证的人员除操作人员外，增加车间验证技术人员、QA 人员（模拟生产质量出现异常时可能进入调查原因的 QA 监督员进入后进行的现场检查）、车间维修人员（模拟分装异常时维修人员的维护动作），多于正常生产时的人员数量，同时正常生产存在人员交替进入情况，为此，模拟过程中，增加内部人员退出，外部人员交替进入的程序，在保持洁净区最大人员限度**人的同时，整个模拟再验证过程中至少**人交替进入。

设备、物料、包装材料及其他方面：按照 SOP 要求，对于直接接触料液的部件进行拆卸清洗并在 180 ℃、120 min 或是 121 ℃、30 min 的条件进行干热或是湿热灭菌，为最大限度模拟正常生产最差状态，这些部件将在接近有效期末使用；按照 SOP 要求，日常生产过程中，每**批更换一次除菌滤芯，为了模拟最差条件，本次验证将使用替换下来的、过滤了**批料液的除菌滤芯；为模拟正常无菌操作持续的时间，计划模拟验证当天早上人员全部进入进行设备模拟运行，并制造正常生产人员移动、物品移动、人员退出、进入、人员交替工作等正常生产动作，模拟验证每批培养基的配料、过滤、分装、冻干、出箱、压盖、清场整个过程大约进行 8 h；配料时用纯化水代替注射用水。

　　最大限度地模拟人为中断/干预：包括整个生产过程中所有行为/情况的过程，如：生产过程中的环境监测，物品移动、人员走动等动作；正常生产过程中，每柜料液分装时间约为**小时，模拟分装过程中减慢分装速度，使料液暴露和分装时间和实际生产接近；料液微生物负载因为是培养基配料，因此产品料液微生物负载要高，参考值每 100 mL 为 50 CFU，正常生产中每 100 mL 小于 10 CFU；正常配料温度低于 10 ℃，模拟灌装配料料液温度在 30～35 ℃，为最适合微生物生长的范围；正常装箱时箱板温度低于 0 ℃，模拟灌装装箱温度为 33 ℃，为最适合微生物生长的范围；三批的模拟工艺操作的同时，同步进行人员、物料、用具、环境系统的微生物监测；在进行关键操作（如出箱、分装）时停电 30 s，来电后空调恢复正常、压差恢复正常后净化 30 min 继续进行操作；三批的模拟工艺操作在第一批出箱的同时，进行第二批的分装，增加了人员的交替和人员数量。

　　② 简明工艺流程图：液体培养基配料、滤过、分装、模拟冻干出箱、压盖、包装（图 6 - 6）。

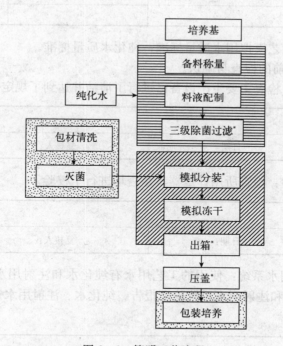

图 6 - 6　简明工艺流程

图例说明：
▨ D级洁净区　▤ C级洁净区　▥ B级洁净区　*局部A级洁净区

　　③ 厂房平布图（附录）。
　　④ 纯化水水系统图（附录）。

⑤ 注射用水水系统图（附录）。

⑥ 设备一览表。

设备名称	设备材质	安装地点	备　注
配料罐	316 L 不锈钢	浓配、稀配	容量**L，厂家：**
冻干机	316 L 不锈钢	冻干	型号**，厂家：**
分装机	316 L 不锈钢	无菌室	厂家：**
过滤器	316 L 不锈钢	配料	孔径：0.22 μm，厂家：**
胶塞清洗机		洗塞间	生产能力：**，厂家：**
…	…	…	…

⑦ 计量仪器一览表。

型号、名称	生产厂家	校验日期	有效期至
**尘埃粒子计数器			
**可见异物检测仪			
**酸度计			
…	…	…	…

⑧ 质量标准。包括艺模拟用水质量标准，纯化水质量标准。

（4）工艺模拟验证前的检查与确认。

① 生产设备确认：检查主要生产设备已进行了清洁并达到了规定要求。

检查结果：			
检查人：	日期：	复核人：	日期

② 计量仪器的校验：检查所用计量器具是否均进行了校验。

检查结果：			
检查人：	日期：	复核人：	日期

③ 纯化水和注射用水系统：使用的工艺用水有纯化水和注射用水，该系统均已做了验证，具体内容见纯化水和注射用水系统验证报告。纯化水、注射用水每周依照取样及检验操作规程全检一次。

检查结果：			
检查人：	日期：	复核人：	日期

④ 人员培训：参与本次验证员工均为正常生产时的员工，按照企业培训大纲的要求，定期进行生产的安全知识，兽药 GMP 知识、产品管理法、微生物知识及工艺规程、岗位标准操作规程、设备操作规程等培训。具体培训情况见培训记录。

培训人员姓名	培训卡号	检查人	复核人

⑤ 人员模拟：本次验证过程中，进入洁净区的人员数量比日常的人员数量多（规定人员数量 B 级区不得超过**人，日常生产操作为**人；C 级区不得超过**人，日常生产操作为**人；D 级区不得超过**人，日常生产操作为**人），主要参加验证的人员为车间操作人员、车间技术人员及 QA 人员，并且在模拟生产操作时十万级区**人、车间技术人员**人、QA 人员**人、维修人员**人分别替换到百级区继续进行操作，维修人员进入百级区后进行制粒机的安装，模拟一下设备维修操作，主要是验证最差条件下，人员没有污染到产品的质量。

（5）工艺模拟验证过程中各项验证内容的确定。

① 针对冻干注射用无菌粉末工艺的特殊性，只有通过生产过程中严格的兽药 GMP 管理和科学的工艺环节控制，不断地层层消除、杀灭微生物，来保证实现产品无菌和生产符合要求。本验证决定针对冻干注射用无菌粉末工艺对各个工艺环节进行验证，采用目前可以实施的验证方法，进行验证和确认。

② 由于工艺验证的核心是对在工艺状态下无菌生产的模拟验证，而此过程验证应当在灭菌系统、公用系统、无菌环境系统的同时，对冻干注射用无菌粉末生产和其他工艺环节进行验证。本次验证结果可以说明此状态下进行的无菌生产是否符合要求。

③ 本验证计划进行三批胰酪胨大豆胨肉汤培养基的生产验证。同时进行人员、物料、用具、方法、环境系统的微生物确认。通过对生产中各环节的监测和试验，确定冻干注射用无菌粉末生产工艺是否符合无菌要求。

据以上讨论，本工艺模拟验证内容包括：

a. 与模拟验证同时进行的各生产环节的监测。

b. 模拟验证期间的环境和人员监测等。

工艺模拟验证过程	与模拟验证同时进行的各生产环节的监测	检查纯化水、注射用水的可见异物
		洗净及灭菌后的西林瓶、胶塞和铝盖的可见异物检测
		液体除菌过滤器起泡点试验
		料液过滤完成后对除菌滤器起泡点的检测
		胰酪胨大豆胨肉汤培养基配制后过滤前微生物负载检测
		胰酪胨大豆胨肉汤培养基过滤后的微生物检测
		模拟分装后料液的无菌检测
		剩余料液过滤后滤芯的无菌检测
		模拟出箱后培养基半成品的无菌检测试验
	与模拟验证同时进行的生产要素的监测	温湿、压差度测定
		环境监测（沉降菌、浮游菌、表面菌、尘埃粒子检测）
		生产中及结束后人员用无菌服和手套的微生物检测
		生产结束后设备表面及墙面、地面的微生物检测
		生产结束后操作人员所用器具的微生物检测

（6）工艺模拟生产过程验证方法与内容。

① 无菌生产准备。

a. 目的：用文字及数据概念阐述生产系统符合无菌生产准备的工艺要求，从而保证按此系统所生产的产品符合要求。

b. 评价生产人员的培训情况：查阅操作者的技能培训表，了解是否已对操作者进行了无菌生产准备和灭菌用设备操作方法及各类工艺过程和标准操作程序的培训。还要进行本次验证方案的培训。

c. 检查工作人员工作服装穿戴情况和进入洁净区的净化情况。

d. 评价所用西林瓶、胶塞、铝盖、工艺用水的质量，无菌分装所用西林瓶、胶塞、铝盖、工艺用水等物料和工作人员无菌服的质量检测与工艺验证过程同时进行。

e. 检查所用设备、仪器、计量器具及分析仪器的校验和验证情况。

f. 评价操作间的清场：在每批无菌工艺验证之前，检查各操作间的清场情况，所有房间应无任何物料、文件及前一批的污染物。

g. 评价设备清洗：在每批生产之前，检查洗瓶机、胶塞清洗机、隧道烘箱、分装机、热风循环烘箱、配料罐、冻干机、压盖机的清洗、清洁情况，所有的设备都是按 SOP 清洁的，设备处于待用状态。

h. 评价空气质量（温湿度、尘埃粒子数）：在每批生产之前及生产过程中检查并记录各操作间的温湿度并在生产过程中按验证方案进行定期监测。在模拟验证之前及生产过程中，每天检测洁净区的尘埃粒子数情况。

i. 评价环境中浮游菌数、沉降菌数，在生产之前及生产过程中进行浮游菌、沉降菌检测。

② 工艺模拟验证同时进行的各重要生产环节的验证及监测。

a. 西林瓶洗涤、干燥和灭菌。

准备：确认洗瓶机设备验证已完成并性能符合要求；隧道烘箱分布已验证完毕，并符合工艺要求；隧道烘箱已清洁并符合要求；设备各类仪表均已校验并符合要求；确认设备动力运行系统试运行正常；本工序所需各类操作 SOP 文件均已备好；取样用具确认已备好并符合清洁要求；验证所用记录表已备好，随时可进行记录；生产前，检查纯化水、注射用水、各管道、喷头是否畅通，压力是否符合要求。

检查项目	检查结果	检查人	检查日期	复核人	复核日期

工艺过程：在洗瓶的过程中监测纯化水、注射用水，检测结果见批记录；用洁净的不锈钢盘和镊子，从洗瓶机出瓶轨道口的不同位置抽取 20 只洗净瓶，每只倒入经可见异物检测合格的注射用水 5 mL，在灯检仪下进行洁净瓶的可见异物检测，每批抽取 4 次，每批的最先洗净和最后洗净的瓶子中各抽取一次，其他 2 次随机抽取；用确认洁净的不锈钢盘和镊子，每批从隧道烘箱出瓶口 5 个不同位置各抽取 20 只洗净瓶，用确认洁净的锥形瓶，取经可见异物检测合格的注射用水，每只倒入经可见异物检测合格的注射用水 5 mL，在灯检仪

下进行洁净瓶的可见异物检测，每批抽取 4 次，每批要在最先和最后被灭菌的瓶子中抽取，取样时要兼顾前后内外不同的位置，其他 2 次随机抽取。

可见异物检查要求：明显可见异物不得有，微细可见异物不得超过 1 个。

产品批号	编号	检测结果	检测人	检测日期	复核人	复核日期
	1					
	2					
	3					
	4					

b. 胶塞洗涤干燥灭菌。

准备：确认胶塞清洗、灭菌、烘干机验证已完成并符合要求；设备各类仪表均已校验并符合要求；设备动力运行系统真空系统试运行正常；本工序所需各类操作 SOP 文件均已备好；取样用具确认已备好并符合清洁要求；验证所用记录表已备好，随时可进行记录；生产前，检查纯化水、注射用水压力是否符合要求。

检查项目	检查结果	检查人	检查日期	复核人	复核日期

工艺过程：在洗胶塞的过程中监测纯化水、注射用水，检测结果见批记录；取洗净的胶塞 20 个放入 250 mL 的洁净碘量瓶并注入合格的注射用水 200 mL，充分摇动后，将冲洗水倒入洁净锥形瓶中进行可见异物检测，每批取样 4 次，在灯检仪检测；取灭菌后的胶塞 20 个胶塞放入 250 mL 的洁净碘量瓶并注入合格的注射用水 200 mL，充分摇动后，将冲洗水倒入洁净锥形瓶中进行可见异物检测，每批取样 4 次，在灯检仪检测。

可见异物检查要求：明显可见异物不得有，微细可见异物不得超过 1 个。

产品批号	编号	检测结果	检测人	检测日期	复核人	复核日期
	1					
	2					
	3					
	4					

c. 铝盖的洗涤干燥灭菌。

准备：确认热风循环烘箱热分布试验结果符合工艺要求，烘箱温度、压力系统经过校验符合要求，热风循环烘箱程序控制系统正常，所有仪表经过校验符合要求，本工序所需各类操作 SOP 文件均已备好，验证用各类器具已备好并符合清洁要求，验证所用记录表已备好，随时可进行记录。

检查项目	检查结果	检查人	检查日期	复核人	复核日期

工艺过程：在洗铝盖的过程中监测纯化水、注射用水，检测结果见批记录；取洗净的铝盖 20 个放入 250 mL 的洁净碘量瓶并注入合格的注射用水 200 mL，充分摇动后，将冲洗水倒入洁净锥形瓶中进行可见异物检测，每批取样 4 次，在灯检仪检测；取灭菌后的 20 个胶塞放入 250 mL 的洁净碘量瓶并注入合格的注射用水 200 mL，充分摇动后，将冲洗水倒入洁净锥形瓶中进行可见异物检测，每批取样 4 次，在灯检仪检测。

可见异物检查要求：明显可见异物不得有，微细可见异物不得超过 1 个。

产品批号	编号	检测结果	检测人	检测日期	复核人	复核日期
	1					
	2					
	3					
	4					

d. 无菌服洗涤灭菌。确认灭菌柜热分布试验结果符合工艺要求，灭菌柜温度、压力自动记录系统经过校验符合要求，所有仪表经过校验符合要求，本工序所需各类操作 SOP 文件均已备好，验证用各类器具已备好并符合清洁要求，验证所用记录表已备好，随时可进行记录。

检查项目	检查结果	检查人	检查日期	复核人	复核日期

③ 工艺模拟生产工艺过程中各控制点的验证。

a. 模拟分装用胰酪胨大豆胨肉汤培养基配制。250 g/瓶胰酪胨大豆胨肉汤培养基干粉，按照每 30 g 加入 1 000 mL 纯化水比计算，每瓶培养基干粉加入 8 300 mL 纯化水。

b. 胰酪胨大豆肉汤液体培养基微生物生长性能试验。

合格标准：在 30～35 ℃和 20～25 ℃培养箱中培养 14 d，14 d 内至少 50％以上接种的各西林瓶的胰酶酪胨培养基中应出现明显的所接种的微生物生长。

测试过程：将用于模拟分装的培养基根据标准操作规程制备并灭菌，将灭菌后的培养基分装于无菌的 100 支西林瓶中，分成两份，在一份即 50 支西林瓶中接种枯草杆菌，接种量＜100 CFU；在另一份 50 支西林瓶中接种白色念珠菌，接种量＜100 CFU。接种后盖塞、封口并分别在 30～35 ℃和 20～25 ℃培养箱中培养 14 d，14 d 内至少 50％以上接种的各西林瓶的胰酶酪胨培养基中应出现明显的所接种的微生物生长。

培养基微生物性能生长试验观察结果：

批号：

观察日期	培养数量（支）	培养数量（支）	被污染样品编号	培养温度	观察人

检查人：	日期：		复核人：		日期：

c. 模拟验证过程。

准备：经本次验证方案培训的工作人员（操作人员）已明确验证各自的工作任务，按相关操作程序进行清洁、净化，进入洁净室，工作服穿戴符合要求；配料罐、过滤器、冻干机、分装机等设备运行确认和性能测定已完成并符合要求；各类仪表已经校验并符合要求，压缩气体系统压力符合工艺要求；检查设备是否按清洁规程已进行清洁，并处在待用状态；准备按配料量所需的原辅料；验证用各类无菌用具、器具、包材等已清洁和灭菌并确认清洁灭菌效果符合要求；各种操作程序文件已在现场备好，验证用所有记录表格已备好；生产前即将使用的直接接触产品的包材可见异物的监测，包材的可见异物应符合要求；注射用水的可见异物检测，水的可见异物应符合要求。

检查项目	检查结果	检查人	检查日期	复核人	复核日期

料液的配制：操作前校验电子计价称、称重显示器，并填写记录；操作前核对物料情况；生产前核对配料罐中的纯化水加入的体积是否符合要求；将称量好的培养基**kg，然后将培养基平行分为 3 份，每罐培养基量为**kg，按照培养基的说明（每 30 g 加入 1 000 mL 纯化水）进行配料，总体积为**L，每罐底水为**L（底水≈总体积－物料数量×0.7），开启搅拌，将罐温控制到 30～35 ℃，操作人员将准备好的物料投入到已加入底水的配料罐中，操作投料完毕以后，用 5 L 纯化水冲洗罐壁上的料粉，用标尺计量体积，用纯化水定体积为**L。调节搅拌变频器为 10 Hz，直至培养基完全溶解后进行过滤分装。进料分装结束后按照清洁操作规程进行操作。

检查项目	检查结果	检查人	检查日期	复核人	复核日期

除菌过滤器验证：组装完成过滤系统对除菌滤器的完整性测试；确认生产使用的药液过滤器孔径与工艺规定使用的孔径相符，并且除菌过滤器完好无泄漏；试验方法按《无菌冻干注射剂过滤器滤芯安装、更换及除菌过滤器完整性测试 SOP》进行；在料液除菌过滤前，对使用**次替换下来的三级除菌过滤器进行加强泡点测试，要求起泡点压力≥50 Psi

（0.38 MPa）、每 0.762 m 的除菌滤芯在 23 ℃，压力为 40 Psi 时的扩散率不高于 39.9 mL/min 为合格。

批号	检测日期	三级滤器		结论	检测人	复核人
		起泡点（Psi）	扩散流（mL/min）			

将组装好并且检测合格的滤器系统按《无菌冻干注射剂除菌过滤器灭菌 SOP》进行在线灭菌，灭菌结束后按《无菌冻干注射剂过滤器滤芯安装、更换及除菌过滤器完整性测试 SOP》进行除菌过滤器加强泡点测试要求起泡点压力≥50 Psi（0.38 MPa）、每 0.762 m 的除菌滤芯在 23 ℃，压力为 40 Psi 时的扩散率不高于 39.9 mL/min 为合格。

批号	检测日期	三级滤器		结论	检测人	复核人
		起泡点（Psi）	扩散流（mL/min）			

料液过滤完成后对除菌滤器完整性检测，在每批料液除菌过滤后，对过滤器进行增强泡点测试，起泡点压力≥50 Psi（0.38 MPa）、每 0.762 m 的除菌滤芯在 23 ℃，压力为 40 Psi 时的扩散率不高于 39.9 mL/min 为合格。

批号	检测日期	三级滤器		结论	检测人	复核人
		起泡点（Psi）	扩散流（mL/min）			

培养基溶解后微生物负载检测及除菌过滤后的无菌检测，在配料到终点时，在二级过滤后三级除菌过滤前取料液 300 mL 密封送 QC 进行料液的微生物负载检测（一个 100 mL 计数细菌、一个 100 mL 计数真菌，一个 100 mL 做阳性对照）；在每批过滤将近结束时三级除菌过滤后取料液 100 mL 密封，送 QC 进行滤后料液的无菌检测。过滤前培养基料液的微生物负载为参考值 50 CFU/100 mL（产品滤前料液的微生物负载必须达到不超过 10 CFU/100 mL），过滤后的培养基料液进行无菌检测应符合规定。

日期	批次	时间	取样量	检测结果
		过滤前		
		过滤后		

d. 模拟分装过程：将配制过滤后的培养基通过管道运输到分装间，按分装机操作规程进行分装，以每支基准装量 7 mL 的标准进行调量分装，每批计划分装 63 000 支，分装后的半成品进行半加塞后，接入托盘后，成盘放入冻干机，模拟冻干过程，抽真空 15 min，调节箱板温度 33 ℃，放置 12 h 后，加塞，出冻干机，传至轧盖间，经过轧盖、目检，经轨道进入包装工序进行收集在盘子内，送 QC 培养。

培养方式：先放入 20～25 ℃的恒温培养箱中，培养 7 d；然后放入 30～35 ℃的恒温培养箱中，培养 7 d。

判断标准：培养 14 d，应无菌落生长为合格。

模拟分装结果评估：模拟分装结果是判断无菌工艺验证是否符合要求的依据，而正确理解验证合格标准又是对验证结果作出科学评估的关键要素。此项验证试验中选择分装样本每批大于 3 000 瓶，可信限为 95％时，产品的污染概率不超过千分之一，从质量保证角度考虑，必须更为严格的控制污染率。

参考目前国际上认可的培养基分装试验合格标准为：

批分装数量（瓶）	3 000	4 750	6 300	7 760	9 160
允许阳性数量（瓶）	0	<2	<3	<4	<5

若有≥3 瓶不合格，不能通过验证。在调查原因的基础上，重新进行验证，直至通过。

因车间已进行分装机及分装工艺验证，在此对于分装机装量及分装速度不再进行验证。应选用经验丰富，无菌操作熟练的人员从事此项工作，防止在此过程中发生误操作，而干扰结果的判断，培养记录和培养温度观察结果如下：

批号	培养温度	实际分装数量（支）	破损数（支）	所用培养基数量（mL）	培养数量（支）	污染数量（支）

结论：

检查人：　　　　　日期：　　　　　　复核人：　　　　　日期：

e. 剩余物品的处理：剩余少量的培养基，经物流通道退出无菌室，做废物处理；废品先去铝盖，倒出后作废物处理。

f. 模拟操作：分装过程中，模拟洁净区生产状态，增加人员走动、物品移动频次，同时模拟正常生产状态下，人员在生产过程中存在替班上卫生间等情况，为模拟正常生产情况，按照模拟计划无菌室模拟生产操作约 8 h，交替更换至少 ** 人，均远大于正常生产。

为模拟最差生产条件，模拟分装用西林瓶、胶塞、铝盖在生产前一天准备，并在接近 24 h 效期使用。参加验证的非生产人员使用的无菌服在生产前一天准备，并在接近 24 h 效期使用。

正常生产过程中，每柜料液分装时间约为 ** h，模拟分装过程中减慢分装速度，使料液暴露和分装时间和实际生产接近。

g. 停风试验（模拟最差条件）：空调系统如果出现异常断电或者其他异常送风情况，新风口将自动关闭阀门、回风末端手动关闭阀门，大约需要 20 s 完成，因此在培养基分装期间人为停空调风机 30 s，空调恢复后 30 s 内进行压差检查，应恢复至范围内，压差检查结果如下：

日期：			空调停机时间：			

空调系统：停电 30 s 后恢复测试仪器：***型压差仪

测试过程						
高压区		低压区		静压差（Pa）	结论	检查人
房间	区域级别	房间	区域级别			

评定标准：洁净区与一般生产区的静压差须≥10 Pa；洁净级别不同的区域的静压差须≥10 Pa

h. 轧盖松紧度检验：在模拟验证中每批至少检验 4 次，在轧盖过程之后进行。

取样方法：于轧盖机出瓶轨道处，双手抓取连续的 100 支样品，取 4 次。

检验方法：左手拿瓶，右手三指直立，轻轻拧动，不松动为合格。记录检验情况。

评定标准：合格率应≥98%。

日期	批次	不合格数量（瓶）				检验人	复核人	结果
		第一次	第二次	第三次	第四次			

i. 轧盖后目检工序对轧盖质量的检验本次检测只对轧盖情况进行考察，检查轧盖后的样品铝盖边缘是否光滑平贴，是否有毛刺，轧坏盖，偏盖，如有，及时通知操作人员进行设备调整，以保证验证工作的顺利进行。

批号	检查结果	检查人	复核人	日期

④ 与模拟冻干生产同时进行的生产要素的监测。

a. 温湿度的测定：温湿度仪已经过校验符合要求。每批至少 3 次从温湿度仪上读取数据，记录关键房间的温湿度变化，应符合要求。温度：18～26 ℃；湿度：30%～65%。

批次	工序	时间	温度	湿度	时间	温度	湿度	监测人	复核人	结果
	配料间		℃	%		℃	%			
	出柜间		℃	%		℃	%			
	压盖间		℃	%		℃	%			

b. 压差测定：确认压差计已经过校验符合要求，每批两次监测关键房间与相邻不同级别洁净区的压差变化情况，应符合要求。

日期：

空调系统：处于正常生产运行状态测试仪器：***型压差仪

测试过程						
高压区		低压区		静压差（Pa）	结论	检查人
房间	区域级别	房间	区域级别			

评定标准：洁净区与一般生产区的静压差须≥10 Pa；洁净级别不同的区域的静压差须≥10 Pa

c. 工艺验证时环境检测（浮游菌、沉降菌、尘埃粒子的检测）。

浮游菌检测：浮游菌取样点的位置、数量同日常浮游菌检测方法一样，依据《洁净室（区）浮游菌监测 SOP》进行。

沉降菌检测：取样点的位置、数量同日常沉降菌检测方法一样，将预培养好的培养基平皿按照房间面积在工作开始时进行放置，工作结束后，由环境监测人员收回，并包扎严密传出无菌室，倒置于培养室的恒温培养箱中 35 ℃培养 5 d。

尘埃粒子检测取样点、数量同日常检测方法一样，依据《洁净区（室）空气中尘粒数计数检查法 SOP》进行。

d. 工作结束后人员所穿无菌服及所戴手套的微生物检测：操作结束后，对操作人员的无菌服进行微生物检测，用预培养好的凸面培养基接触其无菌服的头部、肘部、胸部及所戴手套等，检测完毕后立即盖上平皿盖，密封，然后倒置于培养箱内 30～35 ℃培养 5 d。检验标准参见下表，以下为不同洁净级别细菌允许值（CFU/24～30 cm²）。

检测部位	A 级		B 级	
	警戒线	行动线	警戒线	行动线
头套				
胸部				
肘部				
腰部				
膝部				
手套				

e. 无菌室设备表面及墙面、地面的微生物检测：每班工作结束时对百级区及万级区的器具及表面（设备、墙、地面）等进行微生物检测，用预培养好的凸面培养基接触测试部位。完毕后立即盖上平皿盖，倒置于培养箱内 30～35 ℃培养 5 d。判定标准：

洁净级别	表面的类型	表面菌（CFU/24～30 cm²）	
		警戒线	行动线
A 级	所有表面		
B 级			

f. 生产过程中操作人员所用器具的微生物检测：操作结束后，将操作人员所用的取样勺、不锈钢铲子、称量勺等分别进行微生物检测。用预培养好的凸面培养基接触所测器具，完毕后立即盖上平皿盖，倒置于培养箱内 30～35 ℃培养 5 d。由于以上用具均为不锈钢用具，选取一种做无菌培养。观察结果，应无菌落生长为合格。

检测日期	产品名称	产品批号	检测对象	观察人	复核人	结果

（7）本次模拟验证与日常生产过程对比。

项目	正常生产过程	模拟生产	说明问题
洁净区人员	**人	大于正常生产人数	风险大于正常生产
除菌滤芯	正常生产滤芯**批更换一次	本次验证使用的是使用**批后的滤芯	风险大于正常生产
工艺用水	注射用水	纯化水	增加料液的微生物负载，增加除菌过滤器的负载
料液	**产品	培养基	使用无抑菌性更易染菌的培养基代替产品
配料温度	5～10 ℃	30～35 ℃	更适宜微生物的生长增加除菌滤器的负载
装箱温度	−20 ℃以下	33 ℃	更适宜微生物的生长，增加无菌风险
预冻温度	0 ℃以下	33 ℃	更适宜微生物的生长，增加无菌风险
过滤前微生物负载限度	≤10 CFU/100 mL	参考值 50 CFU/100 mL	增加微生物负载
出箱工艺	正常生产过程中，人员除了工艺生产操作外，尽可能避免人员的走动、物品移动等	本次模拟验证过程中人为地制造人员频繁走动、物品移动	无菌风险大于正常生产
生产工具、包装材料和无菌服	灭菌后存放效期为 24 h	灭菌后存放 18～26 h 使用	存放时间接近甚至超过最长存放效期

（续）

项目	正常生产过程	模拟生产	说明问题
灌装时空调系统模拟停风	无	停风 30 s	无菌风险高于正常生产
出箱时空调系统模拟停风	无	停风 30 s	无菌风险高于正常生产
分装机故障	无	模拟分装机变频器报警，维修人员复位维修后，进行分装	无菌风险高于正常生产

结论：

记录人：　　　　　日期：　　　　　复核人：　　　　　日期：

（8）验证中关键参数确认。

① 目的：确认验证中关键参数均控制在工艺要求范围内。

② 验证方法：生产车间严格按照已批准的方案进行生产，根据下表所列的关键参数进行确认，并将本次模拟生产过程中所得的实际参数填写下表。包括模拟验证期间进行最差条件的工艺参数的确认。

工艺过程	监测变量	评价方法	可接受标准	实际测试情况（批号）		
灌装	过滤时间	检阅批生产记录，记录过滤的时间				
	灌装模拟停洁净区空调停风	模拟空调系统停风 30 s，送风后记录各主要房间的压差	各房间均在工艺要求范围内			
模拟冻干	冻干温度	查阅冻干记录	模拟冻干温度控制在 30～35 ℃			
	冻干真空	查阅冻干记录	模拟冻干真空控制在 $-0.05\sim 0.06$ MPa			
除菌过滤前	除菌过滤器的完整性	使用＊＊＊完整性测试仪检测过滤器的完整性	滤器的泡点不小于 50 Psi，扩散流不高于 39.9 mL/min			
除菌过滤后	第三级过滤器的完整性	使用＊＊＊完整性测试仪检测过滤器的完整性	滤器的泡点不小于 50 Psi，扩散流不高于 39.9 mL/min			
出箱	出箱时间	检阅批生产记录，记录出箱的时间	出箱时间要比日常的出箱时间长			
	出箱模拟停电停洁净区空调	模拟空调系统停风 30 s，送风后记录各主要房间的压差	各房间均在工艺要求范围内			
压盖	压盖时间	查阅批生产记录，记录压盖的时间				

（续）

工艺过程	监测变量	评价方法	可接受标准	实际测试情况（批号）		
外准备	冻干盘的清洗灭菌	冻干盘的清洗时间及压力	记录冻干盘的时间	清洗时间为** s			
		清洗后可见异物检测	取冻干盘最后一遍冲洗水，灯检				
		干热灭菌时间	查阅干热灭菌记录				
		干热灭菌温度	查阅干热灭菌记录	大于 180 ℃			
	西林瓶清洗灭菌	西林瓶的清洗时间及压力	记录西林瓶在洗桶机上的时间	清洗时间为			
		可见异物检测	洁净锥形瓶取注射用水，灯检合格后倒入被抽检的瓶中，充分晃动后，灯检可见异物				
		干热灭菌时间	查阅干热灭菌记录	5 min			
		干热灭菌温度	查阅干热灭菌记录	大于 300 ℃			
		灭菌后可见异物检测	每批四次灭菌后西林瓶检查可见异物				
	铝盖清洗灭菌	可见异物检测					
		干热灭菌时间	查阅干热灭菌记录	120 min			
		干热灭菌温度	查阅干热灭菌记录	大于 180 ℃			
		灭菌后可见异物检测					
	胶塞清洗灭菌	可见异物检测					
		湿热灭菌温度	查阅湿热灭菌记录	121 ℃以上			
		湿热灭菌时间	查阅湿热灭菌记录	30 min			
		灭菌后可见异物检测					
结论							

结论：

确认人： 日期： 复核人： 日期：

（9）再验证周期。

① 当该生产工艺发生较大变化或批量发生变化以及关键原料及质量标准发生较大变化时重新进行验证。

② 当生产中使用的主要设备（如冻干机）参数发生较大变化、而对以后的工艺产生较大影响，可能影响产品质量等情况下。

③ 本次验证结束后再验证周期为 1 年。

（10）验证风险识别。

验证项目/参数	合格标准	风险识别（该项目出现问题或参数不符合要求时对于产品的影响）	风险级别	备注
注射用水的可见异物	符合要求	该项目不合格，将影响包装材料的可见异物，导致模拟产品的可见异物不合格	中	
洗净后的西林瓶的可见异物	符合要求	该项目不合格，将影响模拟产品的可见异物，导致模拟产品的不合格	中	
灭菌后西林瓶的可见异物	符合要求	该项目不合格，将影响模拟产品的可见异物，导致模拟产品的不合格	中	
洁净胶塞的可见异物	符合要求	该项目不合格，将影响模拟产品的可见异物，导致模拟产品的不合格	中	
洁净铝盖的可见异物	符合要求	该项目不合格，将影响模拟产品的可见异物，导致模拟产品的不合格	低	
液体除菌过滤器完整性测试	符合要求	该项目不合格，将影响产品的无菌，将达不到除菌过滤的效果，导致模拟验证的失败	高	
料液过滤完成后除菌滤器完整性测试	符合要求	该项目不合格，将影响该批产品的无菌效果，保证不到产品的无菌，导致模拟验证的失败	高	
除菌过滤的过滤效果的验证	过滤后应无菌生产	该项目不合格，将影响产品的无菌，说明除菌过滤不符合要求，导致模拟验证的失败	高	
分装结束后培养基溶液的无菌检测试验	无菌落生长	该项目不合格，直接导致成品的无菌检测不合格，导致模拟验证的失败	高	
培养基微生物生长试验	无菌落生长	该项目不合格，直接导致成品的无菌检测不合格，导致模拟验证的失败	高	
温度、湿度测定	18～26 ℃，30%～65%	该项目不合格，影响产品的水分、可见异物等质量问题，导致模拟验证的失败	中	
压差测定	符合标准	该项目不合格，会导致生产环境的不合格，间接影响产品质量，导致模拟验证的失败	高	
沉降菌检测	符合标准	该项目不合格，影响产品的无菌性，可能导致模拟验证的失败	高	
浮游菌检测	符合标准	该项目不合格，影响产品的无菌性，可能导致模拟验证的失败	高	
尘埃粒子检测	符合标准	该项目不合格，影响产品的无菌性，可能导致模拟验证的失败	高	
生产结束后人员所穿无菌服和所戴手套的微生物检测	符合标准	该项目不合格，影响产品的无菌性，可能导致模拟验证的失败	高	
生产结束后设备表面及墙面、地面微生物检测	符合规定	该项目不合格，影响产品的无菌性，可能导致模拟验证的失败	高	
生产结束后操作人员所用器具的微生物检测	无菌落生长	该项目不合格，影响产品的微生物检测，导致产品的不合格，导致模拟验证的失败	高	

（11）验证最终结果和评价。

① 验证失败后的措施：如果模拟灌装失败，对于在模拟灌装中发现的污染菌要依据 SOP 无菌检查阳性结果及车间洁净区生长微生物鉴定制度进行鉴别，并立即报告 QA，同时调查污染来源，调查必须形成详细的书面调查记录或报告；并且应评估最后一次成功模拟灌装后和发现模拟灌装失败的时间之间已经在该生产线生产的无菌产品的无菌风险。在找到污染原因并重新进行至少三批模拟灌装培养均符合要求前，不得继续进行产品的生产。对于之前已经生产或销售了的该生产线生产的产品，是否采取措施应基于公司 QA 对于上述调查信息的综合评价，其决定及其相关的支持信息均应作为验证报告的一部分书面存档。

② 偏差分析：按照验证方案对无菌生产过程进行各项测试及确认，在验证/测试和确认的过程中若出现不符合要求的情况，应进行分析，找出原因，进行纠正，并根据情况由 QA 决定是否需要进行再次模拟灌装。

③ 验证结论。

三、清洁验证操作

按照"最终灭菌注射剂生产"章节中"清洁验证"有关内容与要求进行，重点加强对灭菌方法和灭菌效果的验证，排除影响因素，保证生产的无菌条件。

【相关知识】

一、非最终灭菌注射剂生产工艺、设备和清洁验证内容和方法

1. 设备验证　非最终灭菌注射剂生产过程中常用的主要设备一般包括配液罐、洗瓶机、洗塞机、隧道烘箱、消毒柜、分装机、灌装机、冻干机、轧盖机等；这些直接或间接用于生产的设备应定期进行设备验证。其中涉及除菌、灭菌的设备、设施，如灭菌柜、干热灭菌烘箱、隧道烘箱、除菌过滤系统，至少每年进行一次验证；对于有特殊要求的灭菌柜，根据要求按更短的周期进行验证。其他的设备可 2～3 年进行一次全面的验证工作，根据生产的实际情况可以临时安排设备验证，洗瓶机、消毒柜、分装机、轧盖机等设备在其他类型的制剂中也有应用，其验证形式大多类似。因此，这里仅就冷冻干燥机的验证展开讨论。

（1）验证内容与方法。

① 在设计确认：设计冷冻干燥机应考虑：a. 设备上与制品活性成分接触的任何表面材料，必须具有化学惰性、不吸附、不会增加任何可能导致改变制品活性成分及制品组分的外来物质，不得降低制品质量。b. 制造和安装必须能为质量检查、拆卸、清洗和维修保养提供方便，必须保证其可靠性，能够避免操作过程带来的污染，保持整批产品的理化特性、内在质量、效价和纯度。c. 制造还必须符合国家的卫生保健和安全操作等各种法规要求。d. 需考虑设备使用的物品，如油、润滑油和热交换液等，均以不得改变制品的活性成分及其组分的理化特性、量、效价和纯度为原则。e. 冻干机能耗高，能源利用的指标也是衡量冻干机综合性能的一个重要内容。

② 安装确认：通过对随机文件、设备 SOP 以及文件培训等相关文件资料的确认；水、电、气等供给系统以及现场施工的确认，证明设备的安装是否符合要求；安装情况是否与图纸相符。

③ 运行确认：空机运行设备，检查真空冷冻干燥系统的运行情况，包括水、电、气的供给是否合格；操控系统是否灵敏；冻干机密闭情况是否严密、泄漏；板层温度均匀情况；报警装置是否灵敏等。

④ 性能确认：检测板层、冷凝器的升/降温速率以及极限温度，真空抽气速率和极限真空，真空泄漏率，压塞性能等。

板层的温度均不均匀直接影响到产品在冻干过程中均一性，如在冻结过程中可能使产品冻结速率不一致，或部分产品没冻结；干燥阶段同样会造成产品干燥速率不一致，甚至可能使部分产品温度超出共溶温度而使冻干失败。因此同一板层之间温度的均匀性和不同板层之间温度的均匀性尤为重要。除板层温度均匀性测试外，如冷凝器的升、降温速度等项目也应分别进行空载测试与负荷测试。

（2）设备验证方案。冻干机的验证方案一般包括以下内容：

① 概述：介绍冻干机的基本知识，包括型号、容量等。

② 验证目的、范围。

③ 安装确认：主要是对照设计安装图纸、检查设备的安装情况，如电气、控制、动力管道等，确认设备安装的地点、安装情况是否妥当，所有的计量仪表的准确性和精确度。设备的规格是否符合设计要求等。检查并登记设备生产的厂商名称、设备名称、型号、编号及生产日期、设备安装的有关工程图纸等。

a. 安装确认的目的：以文件的形式记录所确认的设备在安装方面的要求、合格标准。

b. 安装确认的合格标准：完成安装确认必测的项目，收集整理所有的数据。

c. 各有关部门的职责：设备安装确认需有关部门合作才能完成，方案中须明确各部门的责任。如工程部门、验证小组责任、质量保证部门等。

d. 设备的描述：描述设备的功能和运行条件，工作原理、使用操作过程，设备特点等适当的信息。

④ 运行确认：证明设备能按照规定的技术指标和使用要求运行，对设备的每一部分和整体进行空载试验，确认设备运行参数的波动情况，仪表的可靠性及运行的稳定性，确保设备能在要求的范围内正确运行并达到规定的技术指标。

⑤ 性能确认：在设备模拟生产运行或实物生产运行中观察设备运行的质量、设备功能的适应性、连续性和可靠性。监测计划设备运行时的产品质量，确认各项性能参数的符合性。检查设备质量保证和安全保护功能的可靠性，观察设备操作维护情况，操作安全性能是否良好，急停按钮、安全阀是否灵敏。

性能验证项目：a. 真空冷凝器的抽真空速度和极限压力；b. 真空冷凝器最低温度；c. 真空冷凝器的捕水能力；d. 搁板的降温速度和最低温度；e. 搁板加热时间；f. 搁板温度分布均匀性；g. 真空泄漏率。还可根据各类冻干机的特性添加相应项目。

⑥ 验证结论。

（3）设备验证报告。根据验证实施情况，记录验证操作、数据结果以及验证过程中的异常情况与调查分析，完成验证报告。验证实施过程中的偏差或验证方法的变更均需记录在验证报告中。

① 冻干机运行确认实施步骤。

a. 检查仪器仪表的情况：指出需监控的参数，可接受的范围和限制界限。所有重要的测量和监控装置，用文件记录其运行状况；以文件记录所有校准测试。

b. 运行操作检查：列出设备运行的操作标准或参数，关键的操作参数对设备的功能以及是否能满足工艺条件可以通过挑战性试验来证明此功能的适合性。

c. 功能测试：如控制开关功能的可靠性、设备传感器功能的可靠性、试验安全和报警装置、设备的运行结果是否与期望值一致，是否达到了应有的功能。

② 冻干机性能确认实施。

a. 真空冷凝器的抽真空速度和极限压力：使用新真空泵油，在空载状态下开启机器，记录压力下降速度；压力应达到 1 Pa 以下后，记录观察到的极限压力。

b. 真空冷凝器的最低温度：分别在空载和水负荷两种运行状态下观察并记录真空冷凝器可达到的最低温度。

c. 真空冷凝器的捕水能力：将冻干机板层托盘内加入一定量的纯化水，按设备 SOP 运行设备，停车后对托盘内的水进行测量，计算冻干机的捕水能力。

d. 搁板的升/降温速度和最高/低温度：分别在空载状态与负荷状态下运行设备，记录相应的温度变化。

e. 搁板温度分布均匀性：此项类似灭菌柜的热分布测试。

f. 真空泄漏率：在冻干箱完全干燥的情况下，对整个系统抽真空至极限真空后，保持一段时间后关闭真空阀，并从阀门关闭起每分钟记录压力读数，共记录 3 min 或根据实际情况而定。

③ 再验证周期验证报告中应制订下次验证时间。

一般来说，再验证周期应根据各企业的具体情况及维修变更情况制订，通常建议再验证的周期为：a. 仪表校正应每个季度进行 1 次，或根据具体情况及企业内部有关校验周期的规定校正；b. 真空度试验应每年进行 1 次；c. 泄漏率试验应每年进行 1 次；d. 热分布试验应每年进行 1 次。

2. 工艺验证 产品工艺验证的验证范围包括新工艺与现行工艺。所有新工艺必须经过验证方可交付正式生产，现行工艺除有特殊原因表明需要进行正式验证外，一般可通过对历史资料的回顾总结来实现。

无菌工艺中，产品/环境/容器和封闭系统首先分别使用无菌方法处理，然后在严格的环境下进行操作完成最后的制剂产品，不再进行灭菌操作。无菌保证水平通常为 $10^{-3} \sim 10^{-6}$。无菌工艺涵盖更多的工艺变量，各个组成部分的灭菌方法不尽相同，引入偏差的环节比较多，而且任何人为操作过程都是潜在的污染源。为了确保无菌生产工艺系统无菌的可靠性和适应性，需通过一定的验证方法来对其进行验证。

非最终灭菌注射剂的工艺验证是着重于证明所生产的无菌产品在确定的生产环境、工艺和操作下，能有效地防止微生物的污染，保证所提供产品的无菌可靠性达到可接受的合格标准。因而对于非最终灭菌注射剂来说，除常规的工艺验证外，无菌工艺验证是十分必需的。这是兽药 GMP 对非最终灭菌无菌制剂生产的基本要求，也是无菌制剂工艺验证的主要内容。

无菌工艺验证大部分都采用培养基灌装模拟产品来进行验证，又称为培养基模拟灌装试验。培养基模拟灌装试验尽可能模拟常规的无菌生产工艺，包括所有对无菌结果有影响的关键操作，及生产中可能出现的各种干预和最差条件。培养基模拟灌装试验的首次验证，每班次应当连续进行 3 次合格试验。空气净化系统、设备、生产工艺及人员重大变更后，应当重复进行培养基模拟灌装试验。培养基模拟灌装试验通常应当按照生产工艺每班次半年进行 1 次，每次至少一批。

（1）非最终灭菌注射剂工艺验证方案基础知识。设计方案时需考虑生产过程中所有的潜在的污染源，评估工艺控制有效性，考虑最差的情景模拟，挑战极端的环境等。验证持续的时间尽可能按照实际无菌工艺的运行时间进行模拟。验证的批量设计须考虑以下两个主要因素：一是符合统计学要求，即在 95% 的置信限下，批量足以至少能检出千分之一的污染率。通常在验证试验中选择分装样本 >3 000 瓶，可信限为 95% 时污染率 ≤0.1% 的指标作为合格标准是可以被认可的。二是须考虑被验证工艺的日常实际生产批量，与验证时间相关。培养基灌装程序还必须充分解释生产期间的生产速度范围。冻干注射用无菌粉末的验证还应包括冻干机的模拟。最差生产条件也必须包含在无菌工艺验证中，包括有代表性的中断操作、干预操作、无菌灌装时间、生产环境以及其他可设置的最差条件。

（2）非最终灭菌注射剂工艺验证内容与方法。一般包括以下内容：

① 验证方案的批准、签名。

② 验证目的、范围：证明在非最终灭菌注射剂分装过程中所采用的各种方法和各种规程以防止微生物的水平达到可接受的合格标准的能力，或提供保证所生产产品的无菌性的可信限度达到可接受的合格标准的证据。

③ 背景介绍及说明：包括与该产品相关的生产工艺规程；生产过程中使用的关键设备、公用系统的适用性生产的环境，如洁净级别、温湿度及其他兽药 GMP 要求条件；阐明是整个工艺过程的验证，还是进行某一工艺过程的验证；有被验证产品的工艺流程图、主要工艺过程的描述；有原料，辅料、半成品、成品的质量标准；阐明验证过程中的取样计划。

④ 工艺验证之前应对生产的其他环境条件进行检查和确认，包括确认主要生产设备均经过验证并合格；各种仪器经过校验合格；厂房及各项公用工程设施经过验证并合格。

⑤ 确认所用的全部原料、辅料按照质量标准经过了检验并合格。工艺用水经过了检验并合格。确认参加验证人员均经过了培训并符合要求。

⑥ 工艺验证的方法及步骤：用培养基代替产品，模拟整个工艺过程的试验。通常冻干注射用无菌粉末验证时即直接以培养基液体代替产品，而分装注射用无菌粉末则可分装干粉培养基，然后加入注射用水进行模拟。培养液灌装体积为了保证有足够数量的培养基与容器的内表面充分接触，便于观察到微生物的生长状况，在灌装培养基时，每个容器的灌装体积最好不少于其总容积的三分之一，可以将容器单元倒转或彻底旋转混匀。分装不宜低于 100 mg/mL。每次培养基灌装操作必须评估一个生产线速度，必须对选择的速度进行合理的解释。

⑦ 最差条件设计：如无菌灌装时间设计，应考虑可造成潜在污染的相关因素；过滤后存放在储罐内的培养基到实际生产时产品的最长储存时间后再灌装；最保守的设计应在培养基灌装中模拟用时最长的瓶子满批量生产需要的时间，其中包括正常的干扰时间。

⑧ 环境监测：在验证过程中环境的质量至关重要，应在恶劣的环境下进行操作，但又不能使产品染菌。一般采用增加操作人员数量的办法劣化环境。应对环境进行监测以评价验证过程，暴露产品的操作都应监测本区域的环境，包括无菌室的温湿度、换气次数、尘埃粒子、沉降菌、浮游菌、人员和表面微生物。

⑨ 验证方案中应写明可接受标准：连续三批均合格；在 95% 的置信限度下，污染率不得超过 0.1%；

不出现长菌。培养基模拟试验的目标是不出现长菌，且遵循以下原则：

a. 灌装少于 5 000 支时，不应检出污染品。

b. 灌装在 5 000 至 10 000 时有 1 支污染需进行调查，并考虑重复培养基灌装试验；2 支污染需进行调查，并可即视作再验证的理由。

c. 灌装超过 10 000 支时有 1 支污染需进行调查；2 支污染需进行调查，并可即视作再验证的理由。

d. 发生任何微生物污染时，均应进行调查。

(3) 非最终灭菌注射剂工艺验证报告。在培养基模拟工艺验证实施前，需确认内容：①通风系统（HVAC）的确认；②洁净室环境监测达到设计要求；③设备的性能；④清洗和消毒效果与周期；⑤湿热、干热灭菌工艺；⑥容器/胶塞密闭性测试（CCIT）；⑦除菌过滤的验证；⑧空气过滤器的完好性检测；⑨人员培训、人员更衣程序确认。

按照验证方案实施验证，无菌溶液分装，一般程序为：培养基配制→灭菌→灌装→冻干。无菌粉末分装一般有两种方法：a. 无菌粉末分装→用注射器将灭菌培养基注入西林瓶中；b. 无菌培养基粉末分装→用注射器将灭菌注射用水注入西林瓶中。同时进行环境监测。

验证结果，出现不合格情况，必须进行调查，并记入验证报告。同时验证报告需注明再验证时间。除正常的设备、空调系统等进行了重大变更或维修后需进行再验证。建议再验证周期为：新建的生产线，必须经至少连续三批合格的培养基灌装试验后方可证明被验证工艺的可靠性；常规生产条件下再验证频率，每年至少两次，每次至少灌装一批。

3. 清洁验证　参考"最终灭菌注射剂生产"章节中"清洁验证"有关内容。

二、验证数据的处理、记录、规定等知识

参考"口服固体制剂生产"章节中"验证数据的处理、记录、规定等知识"相关内容。

第七章　培训与指导

第一节　培　训

【技能要求】

熟悉培训相关知识，掌握培训方案、培训讲义编制要求并能进行编制，能运用案例教学等多种教学法对受训者进行培训。

一、培训方案的编制

培训方案是培训目标、培训内容、培训指导者、受训者、培训日期和时间、培训场所与设备以及培训方法的有机结合。培训方案的设计编制主要包括：培训需求分析、组成要素分析、培训方案的评估及完善过程 3 个部分。

1. 培训需求分析　培训需求是指特定工作的实际需求与任职者现有能力之间的距离，即理想的工作绩效—实际工作绩效＝培训需求。培训需求分析必须在组织中的三个层次上进行，首先它必须在工作人员个体层次上进行；第二个层次是培训需求的组织层次，培训需求的第三个层次是战略分析。

2. 培训方案组成要素分析　在培训需求分析的基础上，要对培训方案的各组成要素进行具体分析，主要包括培训目标的确定、培训内容的选择、培训指导者的确定、培训对象的确定、培训方法的选择、培训场所和设备的选择等。

3. 培训方案的评估和完善　从培训需求分析开始到最终制订出一个系统的培训方案，并不意味着培训方案的设计工作已经完成，还需要不断测评、修改。只有不断测评、修改，才能使培训方案逐渐完善。

二、培训讲义的编写

培训讲义是依据培训方案确定的内容进行整理、编写，可供培训者有效实施培训的系统性资料，包括提纲、文字、影音、道具等内容。基本要求应纲要简明扼要、内容具体准确、层次清晰、重点突出等。编写培训讲义先是做好编写前的准备工作，后是具体制订讲义的内容和要求。

在编写讲义时，应依据学习的内容，目标和学习者的情况而变，没有千篇一律，固定不变的格式。从"教为主导，学为主体，以学为本，因学论教"的原理出发，遵循循序渐进的原则，有步骤、分层次地从知识、能力到理论的运用逐步加深。

三、案例教学法的应用

案例教学法起源于 1920 年代，由美国哈佛商学院（Harvard business school）所倡导，当时是采取一种很独特的案例形式的教学，这些案例都是来自商业管理的真实情境或事件，透过此种方式，有助于培养和发展学生主动参与课堂讨论，实施之后，颇具绩效。案例教学法是一种以案例为基础的教学法（Case-based teaching），案例本质上是提出一种教育的两难情境，没有特定的解决之道，而教师于教学中扮演着设计者和激励者的角色，鼓励学生积极参与讨论。案例和案例教学的意义在于，通过编选的具有真实的、完整的、典型的、启发的教学事件和故事，让学生参与案例的调查、阅读、思考、分析、讨论和交流，引导学生独立、主动地学习，进而掌握分析、解决问题的方法和能力，实现自身的可持续发展。

案例教学法在实际应用过程中分步实施，一般实施步骤如下：

1. 学员自行准备　一般在正式开始集中讨论前一到两周，就要把案例材料发给学员。让学员阅读案例材料，查阅指定的资料和读物，搜集必要的信息，并积极地思索，初步形成关于案例中的问题的原因分析和解决方案。培训者可以在这个阶段给学员列出一些思考题，让学员有针对性地开展准备工作。注意这个步骤应该是必不可少而且非常重要的，这个阶段学员如果准备工作没有作充分的话，会影响到整个培训过程的效果。

2. 小组讨论准备　培训者根据学员的年龄、学历、职位因素、工作经历等。将学员划分为由 3～6 人组成的几个小组。小组成员要多样化，这样他们在准备和讨论时，表达不同意见的机会就多些，学员对案例的理解也就更深刻。各个学习小组的讨论地点应该彼此分开。小组应以他们自己有效的方式组织活动，培训者不应该进行干涉。

3. 小组集中讨论　各个小组派出自己的代表，发表本小组对于案例的分析和处理意见。发言时间一般应该控制在 30 min 以内，发言完毕之后发言人要接受其他小组成员的讯问并作出解释，此时本小组的其他成员可以代替发言人回答问题。小组集中讨论的这一过程为学员发挥的过程，此时培训者充当的是组织者和主持人的角色。此时的发言和讨论是用来扩展和深化学员对案例的理解程度的。然后培训者可以提出几个意见比较集中的问题和处理方式，组织各个小组对这些问题和处理方式进行重点讨论。这样做就将学员的注意力引导到方案的合理解决上来。

4. 思考总结　在小组和小组集中讨论完成之后，培训者应该留出一定的时间让学员自己进行思考和总结。这种总结可以是总结规律和经验，也可以是获取这种知识和经验的方式。培训者还可让学员以书面的形式作出总结，这样学员的体会可能更深，对案例以及案例所反映出来各种问题有一个更加深刻的认识。

【相关知识】

一、培训方案、讲义编制方法

1. 培训方案编制方法

（1）培训需求分析：培训需求分析是指在规划与设计每项培训活动之前，由培训部门采取各种办法和技术，对组织及成员的目标、知识、技能等方面进行系统的鉴别与分析，从而确定培训必要性及培训内容的过程。培训需求分析需要进行工作分析，分析学员取得相应资质所必须掌握的知识和技能。再进行个人分析，将学员现有的水平与预期未来对学员技能的要求进行比照，看两者之间是否存在差距。培训需求分析就是采用科学的方法弄清谁最需要培训、为什么要培训、培训什么等问题，并进行深入探索研究的过程。它具有很强的指导性，是确定培训目标、设计培训计划、有效地实施培训的前提，是现代培训活动的首要环节，是进行培训评估的基础，对培训工作至关重要，是使培训工作准确、及时和有效的重要保证。

（2）培训方案组成要素分析：

① 培训目标的确定。确定培训目标会给培训计划提供明确的方向。有了培训目标，才能确定培训对象、内容、时间、教师、方法等具体内容，并在培训之后对照此目标进行效果评估。确定了总体培训目标，再把培训目标进行细化，就成了各层次的具体目标。目标越具体越具有可操作性，越有利于总体目标的实现。

② 培训内容的选择。一般来说，培训内容包括三个层次，即知识培训、技能培训和素质培训。

知识培训是培训中的第一个层次，员工听一次讲座或者看一本书，就可能获得相应的知识。知识培训有利于理解概念，增强对新环境的适应能力。技能培训是第二个层次，招进新员工、采用新设备、引进新技术等都要求进行技能培训，因为抽象的知识培训不可能立即适应具体的操作。素质培训是企业培训中的最高层次。素质高的员工即使在短期内缺乏知识和技能，也会为实现目标有效、主动地进行学习。

究竟选择哪个层次的培训内容，是由不同受训者的具体情况决定的。一般来说，本书偏向于知识培训和素质培训。

③ 培训指导者的确定。培训资源可分为内部资源和外部资源。内部资源包括企业的领导、具备特殊知识和技能的员工，外部资源是指专业培训人员、公开研讨会或学术讲座等。外部资源和内部资源各有优缺点，应根据培训需求分析和培训内容来确定。

④ 培训对象的确定。根据培训需求、培训内容，可以确定培训对象。

⑤ 培训方法的选择。企业培训的方法有很多种，如讲授法、演示法、案例分析法、讨论法、视听法、角色扮演法等。各种培训方法都有其自身的优缺点。为了提高培训质量，达到培训目的，往往需要将各种方法配合起来灵活运用。

⑥ 培训场所和设备的选择。培训场所有教室、会议室、工作现场等。培训设备包括教材、模型、幻灯机等。不同的培训内容和培训方法最终决定培训场所和设备。

总之，培训是培训目标、培训内容、培训指导者、培训对象、培训方法和培训场所及设备的有机结合。授课人要结合实际，制订一个以培训目标为指南的系统的培训方案。

（3）培训方案的评估和完善：

① 从培训方案本身的角度来考察，看方案的各个组成要素是否合理，各要素前后是否协调一致；看培训对象是否对此培训感兴趣，培训对象的需要是否得到满足；看以此方案进行培训，传授的信息是否能被培训对象吸收。

② 从培训对象的角度来考察，看培训对象在培训前后行为的改变是否与所期望的一致，如果不一致，找出原因，对症下药。

③ 从培训实际效果的角度来考察，即分析培训的成本收益比。培训的成本包括培训需

求分析费用、培训方案的设计费用、培训方案实施费用等。若成本高于收益，则说明此方案不可行，应找出原因，设计更优的方案。

2. 培训讲义编写方法

(1) 培训讲义编写准备：

① 钻研大纲、教材，确定教学目的。在钻研大纲、教材的基础上，掌握教材的基本思想，确定课程的教学目的。教学目的一般应包括知识方面和技能方面。教学目的要订得具体、明确、便于执行和检查。制订教学目的要根据教学大纲的要求、教材内容、学员素质、教学手段等实际情况为出发点，考虑其可能性。

② 确定教学重点、难点。在钻研教材的基础上，明确重点和难点。所谓重点，是指关键性的知识，学员理解了它，其他问题就可迎刃而解。因此，不是说教材重点才重要，其他就不重要。所谓难点是相对的，是指学员常常容易误解和不容易理解的部分。不同水平的学员有不同的难点。

(2) 培训讲义内容和要求的制订：

① 教学目的：所谓教学目的是指教师在教学中所要达到的最终效果。教师只有明确了教学目的，才能使"教"有的放矢，使"学"有目标可循。教学目的在教案中要明确、具体、简练。一般应选定 1～3 个教学目的。

② 教学重点和难点：教学重点和难点是整个教学的核心，是完成教学任务的关键所在。重点突出，难点明确，利于学员掌握教学总体思路，便于学员配合教师完成教学任务。

③ 教学内容：教学内容是课堂教学的核心。准备讲义时，必须将教学内容分步骤分层次地写清楚，必要时还应在每一部分内容后注明所需的时间。这样，可以使所讲授的内容按预计时间稳步进行，不至于出现前松后紧或前紧后松的局面。

二、教学法

1. 概述　从传统上说，教学法只指教学的艺术和实践而言；但因为对儿童和成人的学习程序不断地进行科学研究以及对教育目的和学校课程不断地进行分析探讨，它现在还包括"教学的科学"概念。20 世纪中叶以来，世界上所出现的各种教学方法，并处于不断更新状态。

2. 教学法分类

(1) 发现学习法：所谓发现学习，就是通过学习者的独立学习，独立思考，自行发现知识，掌握原理原则。发现，并不局限于寻求人类尚未知晓的事物。发现学习的基本过程是：掌握学习课题、制订设想、提出假设、验证假设、发展和总结。譬如，在化学实验室里，你可能"发现"一条职业化学家早已熟知的原理，但由于事先没有人告诉过你，也没有从自己手头的书看到（尽管它早已写在有关的书上），这就是你自己的发现，是千真万确的发现。这一条你自己发现的原理，要比你通过学习别人的发现理解深刻得多，记忆牢固得多。

(2) 探究—研讨法：这是建立在现代教育和心理科学研究成果基础上的一种教学方法，它是在教师指导下，学生通过对有结构的材料的操作探究，再进行研讨，共同得出结论。这是按学生认识规律，通过学生主客观的相互作用，由学生自己掌握知识的过程。实施阶段一般概括如下：

①　确定教学目标，布置操作内容。

②　操作探究：在布置任务之后。学员以小组或个人为单位进行探索概念和规律的操作活动。

③　组织研讨：研讨的目的是让学员把在探究中获得的语言思维通过语言表达出来，教师要观察学生在研讨中的表现和反应，以判断学生达到的认知水平，据此引导他们最后形成概念。

④　共同得出结论：通过充分研讨，学生意见趋于一致，这时教师应不失时机地加以引导得出结论。

（3）纲要图式教学法：所谓纲要图式教学是一种由字母、单词、数字或其他信号组成的直观性很强的图表，教学中以这种图表为辅助依据，通过各种信号提纲挈领，简明扼要地把需要重点掌握的知识表现出来，从而使教学有效的贯彻理论知识起主导作用的原则。实施阶段一般概括如下：

①　按照教材内容详细讲解教学内容。

②　出示纲要信号图式，把小型的"图式"发给每个学生进行消化。

③　要让学生课下按"图式"进行复习。

④　让学生在课堂上按图式回答问题。

（4）暗示教学法：暗示教学法一词，又称启发教学法，它是保加利亚暗示学专家格奥尔基·洛扎诺夫在 60 年代中期创造的，被称为是一种"开发人类智能，加速学习进程"的教学方法。采取与传统教学法完全相反的做法，上课如同游戏、表演。暗示教学，就是对教学环境进行精心的设计，用暗示、联想、练习和音乐等各种综合方式建立起无意识的心理倾向，创造高度的学习动机，激发学生的学习需要和兴趣，充分发挥学生的潜力，使学生在轻松愉快的学习中获得更好的效果。

（5）范例教学法：是指教师在教学中选择基础本质的知识作为教学内容，通过"范例"内容的讲授，使学生达到举一反三掌握同一类知识的规律的方法。运用此法的目的在于促使学生独立学习，而不是要学生复述式地掌握知识，要使学生所学的知识迁移到其他方面，进一步发展所学的知识，以改变学生的思维方法和行动的能力。

范例教学即教师利用"范例"材料教育学生的一种教学方法。范例是针对学科教学内容而言，可以称为"范例"的内容具有三个特点：基本性、基础性和范例性。

在教学要求上，范例教学有四个统一：教学与教育相统一，解决问题的学习与系统知识的学习相统一，掌握知识与培养能力相一致，学习的主体学习的客体相统一。

范例教学分四个步骤：范例的学习"个"，即通过范例的、典型的、具体的、单个实例来说明事物的特征；范例的学习"类"，在第一步学习的基础上进行归纳、推断，认识这一类事物的特征；范例的掌握规律和范畴，要求在前面学习的基础上，进一步归纳事物发展的规律性；范例的获得关于世界关系和切身经验的知识，使学生不仅了解客观世界，也认识自己，提高行为的自觉性。

（6）非指导教学法：传统指导教学法是以教师为中心，注重知识和技能，采取比较固定的步骤；而非指导教学则以学生为中心，不重视技术，只重视态度，主要是移情性理解，无条件尊重和真诚。非指导性教学模式指罗杰斯"非指导性"教学模式，其含义应是较少有"直接性、命令性、指示性"等特征，而带有"较多的不明示性、间接性、非命令性"等特征。这种自我评价使学生更能为自己的学习负起责任，从而更加主动、有效、持久地学习。

非指导性教学模式的理论假设使学生乐于对他们自己的学习承担责任。学习的成功取决于师生坦率地共享某些观念和具有相互之间真诚交流思想的愿望。罗杰斯相信，积极的人际关系能使人成长，所以教学应以人际关系的概念而不是以教材的概念、思想过程或其他理智来源为基础。

三、案例教学法

案例教学法是通过具有真实、典型、启发性的事件或故事案例进行教学，引导学员进行思考、分析掌握分析解决问题的方法，案例的选择至关重要，也是本教学法的关键所在，对于案例的要求可概括如下：

1. 案例真实可信　案例是为教学目标服务的，因此它应该具有典型性，且应该与所对应的理论知识有直接的联系。但它一定是经过深入调查研究，来源于实践，决不可由教师主观臆测，虚构而作。尤其面对有实践经验的学员，一旦被他们发现是假的、虚拟的，于是便以假对假。把角色扮演变成角色游戏，那时锻炼能力就无从谈起了。案例一定要注意真实的细节，让学员犹如进入企业之中，确有身临其境之感。这样学员才能认真地对待案例中的人和事，认真地分析各种数据和错综复杂的案情，才有可能搜寻知识、启迪智慧、训练能力。为此，教师一定要亲身经历，深入实践，采集真实案例。在培训前期，授课者收集和总结公司发生的典型案例最具有说服力。

2. 案例客观生动　真实固然是前提，但案例不能是一堆事例、数据的罗列。教师要摆脱乏味教科书的编写方式，尽其可能调动些文学手法。如采用场景描写、情节叙述、心理刻画、人物对白等，甚至可以加些议论，边议边叙，作用是加重气氛，提示细节。但这些议论不可暴露案例编写者的意图。更不能由议论而产生导引结论的效果。案例可随带附件，诸如该企业的有关规章制度、文件决议、合同摘要等，还可以有有关报表、台账、照片、曲线、资料、图纸、当事人档案等一些与案例分析有关的图文资料。当然这里所说的生动，是在客观真实基础上的，旨在引发学员兴趣的描写。应更多地体现在形象和细节的具体描写上。这与文学上的生动并非一回事，生动与具体要服从于教学的目的，舍此即为喧宾夺主了。

3. 案例多样化　案例应该只有情况没有结果，有激烈的矛盾冲突，没有处理办法和结论。后面未完成的部分，应该由学员去决策、去处理，而且不同的办法会产生不同的结果。假设一眼便可望穿，或只有一好一坏两种结局。这样的案例就不会引起争论，学员会失去兴趣。从这个意义上讲，案例的结果越复杂，越多样性，越有价值。

第二节　指　　导

【技能要求】

具有本职业相应资格证书或相关专业相应专业技术职务资格，掌握技能操作与相关知识、本职业资格晋级要求，能对被指导者进行业务和资格晋级指导。

一、本职业中级和高级制剂工指导人员资格

1. 培训指导中级制剂工的教师　应具有本职业高级及以上职业资格证书或相关专业高级及以上专业技术职务任职资格。

2. 培训指导高级制剂工的教师　应具有本职业技师职业资格证书或相关专业技师任职资格。

二、本职业中级和高级制剂工指导项目与内容

1. 理论指导　对被指导者进行职业技能有关教材内容和相关知识的指导，提升被指导者的理论知识水平，增强被指导者分析解决问题能力。

2. 技能操作指导　对被指导者进行职业技能操作标准化指导，发现实际操作问题、及时提出解决办法并成功实施，通过指导不断提升被指导者的技能操作，使被指导者的操作达到职业技能要求的标准化和规范化。同时，能引导被指导者关于操作的发散思维能力，增强针对操作过程中不确定因素的应对灵活性。

3. 资格晋级指导　就本职业资格晋级的理论、技能和资格相关规定和要求，对被指导者进行有效的指导，确保被指导者根据相关要求进行资格晋级考评。

【相关知识】

一、本职业中级和高级制剂工晋级要求

1. 中级制剂工晋级要求　具备以下条件中任何一条即可晋级。

（1）连续从事本职业工作 3 年以上，经本职业中级制剂工培训达规定标准学时数，并取得结业证书。

（2）连续从事本职业工作 5 年以上。

（3）取得经人力资源和社会保障行政部门审核认定的、以中级技能为培养目标的中等以上职业学校本职业（专业）毕业证书。

2. 高级制剂工晋级要求　具备以下条件中任何一条即可晋级。

（1）取得本职业中级职业资格证书后，连续从事本职业工作 3 年以上，经本职业高级制剂工正规培训达规定标准学时数，并取得结业证书。

（2）取得本职业中级职业资格证书后，连续从事本职业工作 5 年以上。

（3）取得高级技工学校或经人力资源和社会保障行政部门审核认定的、以高级技能为培养目标的高等职业学校本职业（专业）毕业证书。

二、本职业中级工和高级工指导要求

（1）根据本职业技能对被指导者的要求，能从理论和实际操作正确指示教导、指点引导被指导者掌握更好的学习方法和操作技能。

（2）指导应具有激发作用，指导者要通过交流与被指导者建立相互信任的关系，并运用一定的方法激发被指导者努力向上的愿望、积极的学习态度，以获得更佳的效果。

（3）以帮助为主，以示范为指引，用正确的示范行为来指引，帮助被指导者纠正错误，

提高工作技能。

（4）注重针对性和实际效果，指导者必须能够准确发现、指出被指导者存在的问题，根据被指导者的实际状况提出具体的解决办法，并督促被指导者学习、改进，取得实际效果。

（5）激励、引导被指导者能自主学习，互相学习，团队学习，形成良好持续性的学习习惯。

第三部分

高级技师

第八章 口服固体制剂生产

（颗粒剂/片剂）

第一节 制粒、干燥与整粒

【技能要求】

能够掌握颗粒剂的产品处方和生产工艺建立与改进的理论基础，能够组织、指导颗粒剂新产品、新工艺等试生产，能够编写制粒生产工艺规程，能够编写制粒、干燥与整粒岗位标准操作规程。

一、颗粒剂产品处方和生产工艺

1. 颗粒剂概念 颗粒剂系指提取物与适宜辅料或饮片细粉制成具有一定粒度的干燥颗粒状制剂。除另有规定外，颗粒剂中大于 1 号筛（2 000 μm±70 μm）的粗粒和小于 5 号筛（180 μm±7.6 μm）的细粒的总和不超过 15%。颗粒剂可直接吞服，也可冲入水中饮服。颗粒剂的分类包括：可溶颗粒（通称颗粒）、混悬颗粒、泡腾颗粒、肠溶颗粒、缓释颗粒和控释颗粒等。

2. 颗粒剂常用物料

（1）填充剂：淀粉、乳糖、糊精、糖粉、硫酸钙、蔗糖、甘露醇、微晶纤维素、葡萄糖等。

（2）黏合剂：淀粉浆、预胶化淀粉、糊精、聚维酮、乙基纤维素、羟丙基纤维素等。

（3）润湿剂：纯化水、乙醇等。

（4）崩解剂：淀粉、羧甲基淀粉钠、微晶纤维素、交联羧甲基纤维素钠、低取代-羟丙基纤维素、枸橼酸、聚山梨酯-80 等。

（5）润滑剂：硬脂酸、硬脂酸钙和硬脂酸镁、滑石粉、氢化植物油、聚乙二醇、十二烷基硫酸钠、微粉硅胶、滑石粉、氢氧化铝凝胶、氧化镁、石蜡、白油、甘油、甘氨酸等。

3. 颗粒剂处方设计思路 一般颗粒的处方组成：①主药；②填充剂；③黏合剂；④崩解剂；⑤润湿剂。

4. 常规的湿法制粒工艺 主要包括以下工艺过程：

（1）粉碎、过筛、混合。

（2）制软材：药物与辅料混合均匀，加入适量的黏合剂制软材。

（3）制湿颗粒：将软材挤压通过筛网，得湿颗粒。

（4）颗粒的干燥：常用的厢式干燥法、流化床干燥等方法。

（5）整粒与分级：干燥后的颗粒需进行整粒与分级，使结块、粘连的颗粒散开，获得具有一定粒度分布的颗粒，常用过筛法整粒。

（6）质量检查与分剂量：制得的颗粒经质量检查后，按剂量分装、包装，颗粒剂应密封、置于干燥处贮存。

二、颗粒剂新产品、新工艺试生产

（1）能在质量监督部门、工艺研发部门等有关人员的指导下组织新产品、新工艺的试生产。

（2）组织对新产品、新工艺等试生产过程进行监督，对处方、生产工艺、质量标准、设备、物料、人员等有关的文件资料进行审核。

（3）新产品、新工艺试生产过程中，需要严格执行既定的新产品处方和试生产工艺。

（4）新产品、新工艺试生产过程中，如果发现异常，需要汇报质量监督部门、工艺研发部门等有关人员，组织解决。

（5）关于物料使用、工艺技术变更、相关设备改造等方面有新的观点及改进意见，需要提出书面意见，并组织分析讨论。

（6）新产品、新工艺试生产过程中的原始资料需要整理归档。

三、制粒生产工艺规程的编写

（1）工艺规程是规定生产一定数量某一产品所需原辅料和包装材料的数量，以及加工工艺、加工说明、注意事项，包括生产过程控制的一整套文件；是对产品设计、处方、工艺、质量规格标准、质量监控以及生产和包装的全面规定与描述；是生产管理和质量监控的基准性文件，是制订批生产指令、批生产记录、批包装指令的重要依据。

（2）工艺规程的制订应当以法定标准及兽药 GMP 规范为依据。

（3）工艺规程的内容至少应当包括：规程依据、批准人签章、生效日期，版本号、页数，产品特性描述，产品处方，工艺流程图，生产过程及工艺条件（包括操作步骤和工艺参数），中间控制方法及标准（详细操作、取样方法及标准），待包装产品、印刷包装材料的物料平衡计算方法和限度，物料及产品的质量标准，关键工序质量监控项目、监控标准、监控频次及监控执行文件的名称等，工艺卫生要求、制药用水质量标准，关键设备名称及生产能力，技术安全、劳动保护。

（4）工艺规程编制后，组织质量管理部门、生产管理部门、工艺研发部门等相关人员进行审核和批准执行。

（5）工艺规程在执行之前要组织相关人员培训。

（6）工艺规程不得任意更改。如需更改，应当按照相关的操作规程修订、审核、批准。

四、制粒、干燥与整粒岗位标准操作规程的编写

1. 一般要求

（1）标准操作规程一般是企业为了方便管理，将一些操作记录下来，制订一个标准的流程，员工可以按照这样的规程去操作，避免发生错误或给公司带来不必要的损失。

（2）岗位标准操作规程的制订应当以产品工艺规程、设备操作规程、兽药 GMP 规范及安全生产法规为依据。

（3）岗位标准操作规程的内容至少应当包括：岗位操作过程，关键操作控制点，复核、复查制，安全和劳动保护，工艺卫生与环境卫生。

（4）岗位标准操作规程编制后，组织质量管理部门、生产管理部门等相关人员进行审核和批准执行。

（5）岗位标准操作规程在执行之前要组织相关人员培训。

（6）岗位标准操作规程不得任意更改。如需更改，应当按照相关的操作规程修订、审核、批准。

2. 常见制粒、干燥与整粒岗位操作规程

（1）准备工作：

① 了解本岗位制粒药物的量以及操作过程中的注意事项。

② 检查清场记录副本，复核上批次卫生清场情况，了解本班制粒品种、数量以及操作过程中的注意事项。

③ 从工具存放区取出准备好的桶（或专用袋）、不锈钢舀等生产用工器具，并检查状态标志，是否清洁。

④ 复核原辅料批号、品名、数量，确认无误后将原辅料移到制粒岗位，并在物料交接上签字。

（2）称量、配制：称取原辅料，采取两人复核制，不得一人单独操作，称量好的半成品放在工作间的指定位置，一切准备完毕即可生产。

（3）制软材：

① 检查混合制粒机是否清洁，及其能否正常运行。

② 首先开启制粒机，使其空转 3～5 min，然后投入混合后的物料与处方量的黏合剂，再次开启制粒机，将原辅料混合制成软材。

（4）制粒：

① 检查筛网是否完好，且筛网周围安装紧密，与两端端盖间无缝隙。

② 开启摇摆制粒机，将制好的软材均速通过摇摆制粒机的筛网。

③ 制出的湿颗粒，通过负压输送至沸腾干燥机中。

④ 当输送完毕后，制粒结束，关闭制粒机电源。

（5）干燥：

① 将制粒好的湿颗粒输送至沸腾干燥机内沸腾干燥。

② 岗位操作人员在干燥过程中要注意干燥机的进风温度、出风温度，防止颗粒熔融、变质。

③ 干燥后的颗粒储存于移动仓内，做好标记，填写批号、名称、数量。

（6）整粒：

① 首先检查筛网是否完好，确认筛网无损坏后，打开电源试机。检查机器能否正常工作，齿轮部分有无摩擦，若有则需要进行润滑。

② 把存有干燥好的颗粒的移动仓，安装至提升整粒机中，反转，开启整粒机，直至颗粒全部通过为止。

③ 整粒后的颗粒进入移动混合罐中，待混合。

（7）总混：

① 检查移动混合罐是否洁净，打开电源进行试机，检查设备是否能正常工作，有无异响、摩擦，是否需要加润滑油，关闭混合机。

② 打开移动混合罐的料斗盖，将整粒过的颗粒投入罐中，装量应不超过罐的总容积的2/3，盖上料斗盖，合上保险销。

③ 移动混合罐组合至提升混合机中。

④ 开机，工作，按照各产品的工艺规程分钟进行混合，至颗粒混合均匀。

⑤ 关闭混合机，质保部取样检查，等检查报告出来，符合要求后，做好标识，转移至分装间，待分装。

（8）工作结束：

① 根据《产品清场管理 SMP》对设备、生产操作间进行清洁、清场。

② 按《清洁器具管理 SMP》对清洁工具进行清洁处理。

③ 将在制粒过程中使用到的工器具全部收集后转移到工具清洗室，按《容器、工器具管理 SMP》方法进行清洗后备用。

④ 质量监督人员进行清场检查，检查合格后，签写清场合格证后方可离岗。

（9）重点操作复核、复查制度：

① 制粒岗位操作制度。

a. 制粒操作过程所用用具应事先清洁干净，使用已清洁的工器具。

b. 药粉在料斗中的高度不低于 1/2。

c. 制得的颗粒要求颗粒松紧一致。

d. 换品种时要彻底清场，防止混药，QA 员检查合格后方可进行下一品种的生产。

② 复核、复查制度。

a. 领取半成品、原辅料时一定要复核重量，称量一定要两个操作人员进行复核。

b. 制粒岗位不得同时生产不同品种、不同批次、不同规格的产品。

c. 半成品对颗粒的性状、粒度、水分、溶化性、药物含量等进行检查。

（10）安全劳动保护：

① 操作前要穿戴好相应的防护用品。

② 严禁用湿手关电源，防止触电。

（11）异常情况的处理和报告：

① 中间品如有异常现象，应停止使用并报告车间。

② 主要设备如有故障或损坏现象，应及时维修，以免耽误生产，并由车间查明原因，制订防范措施。

（12）工艺卫生与环境卫生：

① 不随地吐痰，上岗不得使用各种化妆品或佩戴首饰。

② 地面、墙壁、门窗清洁无尘土。

颗粒剂车间制粒岗位原始记录如表 8-1 所示。

表 8 - 1　颗粒剂车间制粒岗位原始记录

品　　名		生产批号	
班　　次		生产日期	
计量器具编号		包装规格	

生产关键控制点	1. 主要成分名称（需测含量组分）： 2. 制软材 低速搅拌（20 Hz）时间： 高速搅拌（50 Hz）时间： 3. 制粒 筛网孔径： 4. 干燥 干燥温度： 干燥时间： 风机运行频率： 5. 整粒 整粒频率： 筛网孔径： 6. 整粒完成后总混时间：		

生产前检查	是否有清洁、清场合格标志	□合格　□不合格
	执行标准文件是否齐全，有关记录是否齐全	□合格　□不合格
	计量器具是否符合要求	□合格　□不合格
	物料品名、数量、标识是否符合要求、合格报告单是否齐全	□合格　□不合格
	各类设备、管道是否清洁完好	□合格　□不合格

物料名称	投料量（kg）	生产厂家	批号	检验报告单号

	制粒设备编号	
	干燥设备编号	
	整粒设备编号	
	混合设备编号	

制粒过程	第一亚批颗粒		第二亚批颗粒	
	制粒间温湿度（制粒前期）	温度（℃）： 相对湿度（%）：	制粒间温湿度（制粒前期）	温度（℃）： 相对湿度（%）：
	制粒间温湿度（制粒后期）	温度（℃）： 相对湿度（%）：	制粒间温湿度（制粒后期）	温度（℃）： 相对湿度（%）：
	制软材｜低速搅拌起止时间	—	制软材｜低速搅拌起止时间	—
	高速搅拌起止时间	—	高速搅拌起止时间	—
	总投料量（kg）		总投料量（kg）	
	可见损耗（kg）		可见损耗（kg）	

（续）

制粒过程	干燥	干燥起止时间	—	干燥	干燥起止时间	—
		进风温度（℃）			进风温度（℃）	
		出风温度（℃）			出风温度（℃）	
		风机频率（Hz）			风机频率（Hz）	
		可见损耗（kg）			干燥可见损耗（kg）	
	整粒	整粒起止时间	—	整粒	整粒起止时间	—
		整粒机频率（Hz）			整粒机频率（Hz）	
		可见损耗（kg）			可见损耗（kg）	
	混合	混合间温湿度（混合前期）	温度（℃）： 相对湿度（%）：			
		混合间温湿度（混合后期）	温度（℃）： 相对湿度（%）：			
		混合起止时间	—			
		混合亚批包括				
		可见损耗（kg）				
	制得颗粒量总计（kg）					
	制粒过程可见损耗（kg）					
	中间体测定	测定项目		测定结果		
备注						
操作者		复核者		技术员/QA		

【相关知识】

一、颗粒剂的概念、特点与分类

1. 颗粒剂概念　颗粒剂系指提取物与适宜的辅料或饮片细粉制成的具有一定粒度的颗粒状制剂。

2. 颗粒剂的特点

（1）分散性、附着性、团聚性、引湿性等较小。

（2）服用方便，并可加入添加剂如着色剂和矫味剂，提高病人服药的顺应性。

（3）通过采用不同性质的材料对颗粒进行包衣，可使颗粒具有防潮性、缓释性、肠溶性等。

（4）通过制成颗粒剂，可有效防止复方散剂各组分由于粒度或密度差异而产生离析。

3. 颗粒剂的分类　颗粒剂可分为可溶颗粒（通称为颗粒）、混悬颗粒、泡腾颗粒、肠溶颗粒、缓释颗粒和控释颗粒等。

（1）混悬颗粒：指难溶性固体药物与适宜辅料制成一定粒度的颗粒状制剂。临用前加水或其他适宜的液体振摇，即可分散成混悬液供口服。

（2）泡腾颗粒：指含有碳酸氢钠和有机酸，遇水可放出大量气体而呈泡腾状的颗粒剂。泡腾颗粒中的药物应是易溶性的，加水产生气泡后应能溶解。

（3）肠溶颗粒：系指采用肠溶材料包裹颗粒或其他适宜方法制成的颗粒剂。肠溶颗粒耐胃酸，可防止药物在胃内分解失效，避免对胃的刺激。

（4）缓释颗粒：系指在规定的释放介质中缓慢地非恒速释放药物的颗粒剂。

（5）控释颗粒：系指在规定的释放介质中缓慢地恒速释放药物的颗粒剂。

二、颗粒剂生产质量控制要点及质量评价项目

1. 颗粒剂的质量要求

（1）药物与辅料应均匀混合。含药量小或含剧毒药物的颗粒剂，应根据药物的性质采用适宜方法使药物分散均匀。

（2）凡属挥发性药物或遇热不稳定的药物在制备过程应注意控制适宜的温度条件，凡遇光不稳定的药物应遮光操作。

（3）除另有规定外，挥发油应均匀喷入干燥颗粒中，密闭至规定时间或用包合等技术处理后加入。

（4）根据需要颗粒剂可加入适宜的辅料，如稀释剂、黏合剂、分散剂、着色剂以及矫味剂等。

（5）为了防潮、掩盖药物的不良气味等，也可对颗粒进行包薄膜衣。必要时，对包衣颗粒应检查残留溶剂。

（6）颗粒剂应干燥、颗粒均匀、色泽一致，无吸潮、软化、结块、潮解等现象。

（7）颗粒剂的微生物限度应符合要求。

（8）根据原料药物和制剂的特性，颗粒剂的溶出度、释放度、含量均匀度等应符合要求。

（9）除另有规定外，颗粒剂应密封，置干燥处贮存，防止受潮。

2. 颗粒剂的质量检查项目

（1）颗粒剂不能通过1号筛与能通过5号筛的总和一般不得过15%。

（2）除另有规定外，中药颗粒剂水分不得过6.0%。

（3）溶化性要求，可溶颗粒应全部溶化，允许有轻微浑浊，混悬颗粒应能混悬均匀。颗粒剂均不得有焦屑等异物。

3. 生产工艺规程编写

（1）产品特性。

① 产品名称和产品代码。

② 原材料要求。

③ 制法。

④ 性状。

⑤ 功能主治。

⑥ 用法与用量。

⑦ 贮藏。

⑧ 包装规格。

（2）规程依据、批准人签章、生效日期。

（3）版本号、页数。

（4）工艺流程图。

（5）生产过程及工艺条件（要求参数准确，术语科学、规范、明确、精炼）。

① 对生产场所和所用设备的说明（如操作间的位置和编号、必要的温湿度要求、设备型号和编号等）。

② 详细的生产步骤和工艺参数说明。

a. 生产步骤：物料的核对，预处理，加入物料的顺序等。

b. 中药材的投料量。

c. 辅料用量。

d. 浸润时间。

e. 片型，如薄片、厚片、丝、段等。

f. 如需炒制标明温度、时间、火候。

g. 如需蒸煮，标明蒸煮时间及压力。

③ 中间控制方法及标准。

④ 根据中药材的质量、投料量、生产工艺等因素，制订收率限度范围；关键工序制订物料平衡参数。

⑤ 待包装产品的贮存要求，包括容器、标签及特殊贮存条件。

⑥ 需要说明的注意事项。

（6）包装操作要求。

① 以最终包装容器中产品的数量、重量或体积表示的包装形式。

② 所需全部包装材料的完整清单，包括包装材料的名称、数量、规格、类型以及与质量标准有关的每一包装材料的代码。

③ 印刷包装材料的实样或复制品，并标明产品批号、有效期印制位置。

④ 需要说明的注意事项，包括对生产区和设备进行的检查，在包装操作开始前，确认包装生产线的清场已经完成等。

⑤ 包装操作步骤的说明，包括重要的辅助性操作和所用设备的注意事项、包装材料使用前的核对。

⑥ 中间控制的详细操作，包括取样方法及标准。

⑦ 待包装产品、印刷包装材料的物料平衡计算方法和限度。

（7）物料及产品的质量标准（可直接引用各项标准的文件名称、编号），包括：原料、辅料、包装材料、中间产品、成品。

（8）关键工序质量监控项目、监控标准、监控频次及监控执行文件的名称。

（9）工艺卫生要求、制药用水质量标准。

（10）关键设备名称及生产能力。

第二节　压　片

【技能要求】

能够建立与改进片剂的产品处方和生产工艺，能够组织、指导片剂新产品、新工艺等试生产，能够编写压片工艺规程，能够编写压片岗位标准操作规程。

一、片剂产品处方和生产工艺的建立与改进

1. 片剂的概念　片剂系指提取物、提取物加饮片细粉或饮片细粉与适宜辅料混匀压制或用其他适宜方法制成的圆片状或异形片状的制剂。片剂以口服普通片为主，也有咀嚼片、分散片、泡腾片、阴道片、速释或缓释或控释片与肠溶片等。

2. 片剂常用辅料

（1）填充剂：淀粉、糖粉、糊精、乳糖、可压性淀粉、微晶纤维素、无机盐类、甘露醇等。

（2）黏合剂：水、乙醇、淀粉浆、羧甲基纤维素钠、羟丙基纤维素、甲基纤维素和乙基纤维素、羟丙基甲基纤维素等。

（3）崩解剂：干淀粉、羧甲基淀粉钠、低取代羟丙基纤维素、交联聚乙烯吡咯烷酮、交联羧甲基纤维素钠等。

（4）润滑剂：硬脂酸镁、微粉硅胶、滑石粉、氢化植物油、聚乙二醇类等。

除了上述四大辅料以外，片剂中还加入一些着色剂、矫味剂等辅料以改善口味和外观，但无论加入何种辅料，都应符合药用标准要求，都不能与主药发生反应，也不应妨碍主药的溶出和吸收。因此，应当根据主药的理化性质和生物学性质，结合具体的生产工艺，通过体内外实验，选用适当的辅料。

3. 片剂处方设计思路

（1）提高片剂的稳定性、塑性：可以通过添加淀粉（玉米淀粉、预胶化淀粉）、MS（硬脂酸镁）、CMS-Na（羧甲基淀粉钠）等解决。

（2）调节片剂稳定性、疏水性：可以通过添加稳定剂（酸、抗氧剂）、乳糖、纤维素类（L-HPC、PVP、微晶纤维素）等解决。

（3）改进难溶性药物成分的片剂溶解性：可以添加：纤维素类崩解剂（L-HPC、PVP、PVPPXL-10、ADS）、增溶剂（K12、聚山梨酯-80）等。

（4）脆碎度：需要考虑水分、塑性（HMPC替代淀粉浆、预胶化淀粉替代部分淀粉、糖粉或乳糖引入）、颗粒度（破碎产生新表面能）、润滑剂、压力）等因素。

（5）崩解时限：水溶性药物增加孔隙率、难溶性药物增加膨胀作用（崩解剂）以及增溶作用。

（6）溶出度：一次崩解、二次溶出，增加L-HPC、表面活性剂、主药微粉化能促进二次崩解溶出，减少易形成胶团（直链玉米淀粉、糊精等）。

（7）大剂量与小剂量：通过片重不一样（大少、小多）实现。

4. 片剂的处方组成

（1）主药。

（2）填充剂。

（3）崩解剂：内加，必要时 5%～10%。

（4）稳定剂、矫味剂。

（5）黏合剂：淀粉浆 5%～20%、HPMC 2%～4%、CMC 2%～5%、PVP 2%～10%。

（6）崩解剂：外加，5%以内。

（7）润滑剂：滑石粉 3%、MS0.5%、预胶化淀粉 PEG 等。

5. 片剂基本生产工艺流程　其生产工艺流程如图 8-1。

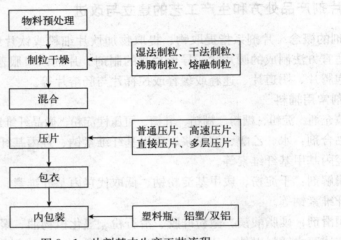

图 8-1　片剂基本生产工艺流程

二、片剂新产品、新工艺试生产

（1）能在质量监督部门、工艺研发部门等有关人员的指导下组织新产品、新工艺的试生产。

（2）组织对新产品、新工艺等试生产过程进行监督，对处方、生产工艺、质量标准、设备、物料、人员等有关的文件资料进行审核。

（3）新产品、新工艺试生产过程中，需要严格执行既定的新产品处方和试生产工艺。

（4）新产品、新工艺试生产过程中，如果发现异常，需要汇报质量监督部门、工艺研发部门等有关人员，组织解决。

（5）关于物料的使用、工艺技术的变更、相关设备改造等方面有新的观点及改进意见，需要提出书面意见，并组织分析讨论。

（6）新产品、新工艺试生产过程中的原始资料需要整理归档。

三、片剂生产工艺规程的编写

以某企业八珍片生产工艺规程为例。

八珍片生产工艺规程

1　产品名称及剂型

1.1　剂型：片剂。

1.2　产品名称：八珍片。

1.3　汉语拼音：Bazhen Pian。

2 产品概述

2.1 性状：本品为灰褐色片。

2.2 功能：益气健脾，补血养血。

2.3 主治：脾胃虚弱，血虚体弱。

2.4 用法与用量：一次量，每1kg体重，仔猪3片，一日2次，连用3日。

2.5 规格：每1片相当于原生药0.3g。

2.6 贮藏：密封。

3 处方和依据

3.1 依据：《兽药质量标准》（2017年版）中药卷。

3.2 工艺处方与批处方。

物料名称	处　　方	最小批处方	最大批处方
党参	60 g	2.4 kg	9.6 kg
白术（炒）	60 g	2.4 kg	9.6 kg
茯苓	60 g	2.4 kg	9.6 kg
炙甘草	30 g	1.2 kg	4.8 kg
熟地黄	45 g	1.8 kg	7.2 kg
当归	45 g	1.8 kg	7.2 kg
白芍	45 g	1.8 kg	7.2 kg
川芎	30 g	1.2 kg	4.8 kg
淀粉（配制成15%淀粉浆）	适量	适量	适量
制成	1 250 片	50 000 片	200 000 片

3.3 制法：以上8味，粉碎，过筛，混匀，制粒，干燥，压制成1 250片，即得。

4 八珍片生产工艺流程图（略）

5 八珍片工艺过程描述

根据生产设施、设备和产品工艺情况，本工艺流程包括9个工序，各个工序主要操作叙述如下。

工序1：粉碎、过筛

至净药材仓库领取党参、白术（炒）、茯苓、炙甘草、熟地黄、当归、白芍、川芎饮片，检查核对药材标志、品名、批号、数量、生产厂家、合格证等，按照规定的脱包程序脱包进入中药材前处理车间，粉碎机组选择安装100目筛网，将各药材分别投入粉碎机组，按照规定的粉碎程序将各药材进行单独粉碎，粉碎后的物料分别装入物料盛放容器中，密封好，计算好收率。

关键工艺参数：

筛网目数：100目。

药材检查核对：药材标志、品名、批号、数量、生产厂家、合格证复核正确无误。

中间控制：

粉碎过程各药材投入速度应保证粉碎机组粉碎顺畅。

筛网通过完整性检测。

物料收率：粉碎后根据各药材投料量与收料量，计算各自收率，为96％～100％。

工序2：称量、配料

至中药前处理车间领取粉碎后的中药材粉末，至原辅料量仓库领取淀粉，按照规定的脱包程序脱包进入称量、配料间，核对原辅料的品名、批号、数量、合格状态等，双人复核称量批处方量的物料，按照规定的称量、配料程序进行配料。

关键工艺参数：

原辅料检查核对：原辅料品名、批号、数量、合格状态复核正确无误。

称量及复核：准确无误。

中间控制：无。

工序3：制粒

配料完成后，将中药粉投入槽型混合机中，按照规定的混合程序进行混合，混合均匀后，再缓缓加入淀粉浆（黏合剂），混合均匀至物料干湿松紧程度适宜。制粒机中装入24目筛网，将混合后的物料投入摇摆式颗粒机中，按规定的制粒程序进行制粒，湿颗粒盛放于物料周转容器中。

淀粉浆配制：取淀粉150 g，加入200 mL纯化水，搅拌均匀，加新煮沸的热水，边加边搅拌，配制成1 000 mL，即得。

关键工艺参数：

黏合剂及配制要求：15％淀粉浆，临用新配。

制粒机筛网目数：24目。

中间控制：

黏合剂加入方法及量：黏合剂应缓缓加入，保证物料混合均匀，加入量根据物料混合程度和制粒需要确定。

混合时间与物料混合程度：先将中药粉混合均匀一致，加入适当黏合剂混合至物料处于"握之成团，触之即散"的状态。

制粒加料控制：加料量适宜，保证制粒顺畅，颗粒松紧一致，大小均匀。

筛网通过完整性检测。

工序4：干燥

将湿颗粒加入喷雾干燥制粒机原料容器内，开启设备，使原料容器与设备密封；开启压缩空气、蒸汽阀门，设定进风温度为75～90 ℃，控制蒸汽压力为0.4～0.6 MPa。按照规定的干燥程序进行干燥3 h，控制颗粒水分≤4.0％，干燥后的颗粒盛放于物料周转容器中，密封好。

关键工艺参数：

干燥温度、时间、蒸汽压力、压缩空气压力：进风温度为75～90 ℃，干燥时间为3 h，蒸汽压力为0.4～0.6 MPa。

颗粒水分：≤4.0％。

中间控制：干燥过程应控制和调节相关控制阀及设置，保证干燥在工艺要求参数下顺利进行。

工序5：整粒

三元旋振筛上下层选择安装20目数和80目数的筛网，加入干燥后的颗粒，按照规定的整粒程序进行整粒，筛取通过上层筛网和不能通过下层筛网的颗粒。整粒后的颗粒盛放于物料周转容器中，密封好。

关键工艺参数：

筛网目数：上层 20 目，下层 80 目。

中间控制：筛网通过完整性检测。

工序 6：总混

将颗粒投入混合机中，按照规定的混合程序进行混合，设定混合机转速为 13 r/min，混合时间为 20 min。混合后应对颗粒外观进行检测，合格后的颗粒装入物料周转容器中，密封好。

关键工艺参数：

混合机转速、混合时间：混合机转速为 13 r/min，混合时间为 20 min。

颗粒外观：颗粒均匀、色泽一致，无软化、结块。

中间控制：

混合后物料检测，包括性状、外观均匀度等。

物料收率：混合后根据投料量与收料量，计算收率，为 98.5%～100%。

工序 7：压片

将总混后的颗粒投入压片机料斗中，压片机转速设置为 25～35 r/min，根据产品规格确定片重，调好填充量，然后调节压力，使压出的片重为 0.3 g，按照规定的压片程序进行压片，压片过程中，每隔 10 min 检查一次片重量差异，随时检查片外观。压好的片装入双层药用低密度聚乙烯袋中，密封好，计算好收率，移入待验区。填写请验单，QA 取样送检，按照半成品检验标准操作规程进行检测，合格后可进行分装、封口。

关键工艺参数：

片重：0.3 g。

压片机转速：25～35 r/min。

片包装：双层药用低密度聚乙烯袋密封。

重量差异检查：每次取 20 片，重量差异限度应为 ±5%，超出重量差异限度的不得多于 2 片，并不得有 1 片超出限度 1 倍；每 10 min 检查一次。

中间控制：

外观检查：片表面应光洁、色泽均匀，无花斑、毛面等。

物料收率：压片后根据投料量与收料量，计算收率，为 98.5%～100%。

工序 8：分装、封口

至包装材料仓库领取内包装材料，领取物料时复核品名、批号、数量、生产厂家、合格证等，双人复核标签印制内容正确无误，经脱包进入分装间；至片剂半成品暂存区领取半成品，复核品名、批号、数量、合格状态等。开启平板式泡罩包装机，设定压缩空气压力为 0.7 MPa，冲模温度为 100 ℃，热封温度为 190 ℃，按照规定的泡罩包装程序进行分装、封口。

关键工艺参数：

内包装材料检查核对：品名、批号、数量、生产厂家、合格证复核正确无误；双人核对标签印制内容正确无误。

分装规格：每板 10 片。

压缩空气压力、冲模温度、热封温度：压缩空气压力为 0.7 MPa，冲模温度为 100 ℃，热封温度为 190 ℃。

中间控制：

冲模成型检查：模孔应饱满、平滑。

填料检查：片准确均匀填充各模孔中，无漏填。

热封检查：铝箔与聚酰胺/铝/聚氯乙烯冷冲压成型固体药用复合硬片热合牢固，平整，无皱折。

待分装物料检查核对：品名、批号、数量、合格状态复核正确无误。

包装材料物料平衡、利用率：物料平衡为 100%；利用率为 98%～100%。

工序 9：包装

至包装材料仓库领取包装材料，领取物料时复核品名、批号、数量、生产厂家、合格证等，双人复核标签和说明书印制内容正确无误，经脱包进入包装间进行装盒、贴签、装箱，同时采集兽药产品追溯码生产信息，包装完成后移入待验区，QA 取样送检，并对包装现场产品外包装进行检查，样品按照成品检验标准操作规程进行检测，合格后入库。

关键工艺参数：

外包装材料检查核对：品名、批号、数量、生产厂家、合格证复核正确无误；双人核对标签和说明书印制内容正确无误。

装盒、箱数量：每盒装 2 板，每箱装 200 盒。

贴签：位置准确，粘贴方正、牢固。

中间控制：

待包装物料检查核对：品名、批号、数量复核正确无误。

包装材料物料平衡、利用率：标签类物料平衡为 100%，其他包装材料物料平衡为 99%～100%；包装材料利用率为 98%～100%。

成品收率：包装后根据实际成品量和理论产量，计算收率，为 95%～100%。

6　生产管理、记录汇总审核

物料干燥或混合后暴露工序应控制操作环境湿度为 30%～45%；

尾料和剩余物料按《尾料管理制度》和《剩余物料管理规程》处理；

按各岗位清场 SOP 进行清场，经 QA 员现场检查合格发放清场合格证后，方可离开岗位；

各岗位生产相关记录由岗位操作人员按要求填写，生产完成后由车间主任收集该批产品的批生产记录，进行整理后进行初审，初审合格后交生产部。

7　八珍片关键工艺参数

序　号	工序名称	工艺参数	控制范围	备　注
1	粉碎、过筛	药材检查核对	药材标志、品名、批号、数量、生产厂家、合格证复核正确无误	
		筛网目数	100 目	

（续）

序　号	工序名称	工艺参数	控制范围	备　注
2	称量、配料	原辅料检查核对	原辅料品名、批号、数量、生产厂家、合格状态复核正确无误	
		称量及复核	准确无误	
3	制粒	黏合剂及配制要求	15%淀粉浆，临用新配	
		制粒机筛网目数	24目	
4	干燥	干燥温度、时间、蒸汽压力、压缩空气压力	进风温度为75~90℃，干燥时间为3 h，蒸汽压力为0.4~0.6 MPa	
		颗粒水分	≤4.0%	
5	整粒	筛网目数	上层20目，下层80目	
6	总混	混合机转速、混合时间	混合机转速为13 r/min，混合时间为20 min	
		颗粒外观	颗粒均匀、色泽一致，无软化、结块	
7	压片	片重	0.3 g	
		压片机转速	25~35 r/min	
		重量差异检查	每次取20片，重量差异限度应为±5%，超出重量差异限度的不得多于2片，并不得有1片超出限度1倍，每10 min检查一次	
		包装	双层药用低密度聚乙烯袋密封	
8	分装、封口	内包装材料检查核对	品名、批号、数量、生产厂家、合格证复核正确无误；双人核对标签印制内容正确无误	
		分装规格	每板10片	
		压缩空气压力、冲模温度、热封温度	压缩空气压力为0.7 MPa，冲模温度为100℃，热封温度为190℃	
9	包装	外包装材料检查核对	品名、批号、数量、生产厂家、合格证复核正确无误；双人核对标签和说明书印制内容正确无误	
		装盒、箱数量	每盒装2板，每箱装200盒	
		贴签	位置准确，粘贴方正、牢固	

8　八珍片生产质量控制要点

工　序	控制项目	控制要点	检测频次
粉碎、过筛	领料	药材标志、合格证、数量、批号、品种复核	每批
	过筛	筛网目数	

（续）

工 序	控制项目	控制要点	检测频次
称量、配料	投料	原辅料品名、批号、数量、生产厂家、合格状态	每批
	称量	复核	
制粒	混合	黏合剂及配制要求、物料混合程度	每批
	制湿颗粒	筛网目数	
干燥	干燥	干燥温度、时间、蒸汽压力	每批
	物料	水分	
整粒	粒度	整粒机筛网目数	每批
	环境	湿度	随时
总混	混合	混合时间、混合机转速	每批
	物料	颗粒外观	
压片	压片	压片机转速	每批
	物料	片重	
		片重检查	每 10 min
		包装	每批
分装、封口	内包材	核对品名、批号、数量、生产厂家、合格证、标签和说明书印字内容	每批
	分装	分装规格	随时
		压缩空气压力、热封温度、冲模温度	
		冲模成型	
		填料	
		热封	
	环境	湿度	
包装	外包材	核对品名、批号、数量、生产厂家、合格证、标签印字内容	每批
	装盒	数量、批号	随时
	装箱	数量、批号、装箱单、封箱牢固	每箱
	贴签	位置、粘贴牢固性	
	兽药追溯信息	采集及时、准确、完整	每批
入库	成品	分区、分批、分品种、状态标志	每批
清洁、清场	环境、卫生	清场、清洁、状态标志、检查监督	每批
经济技术指标	物料收率	计算方法	每批
	包装材料物料平衡		
	包装材料利用率		

9　八珍片内控质量标准项目与参数

9.1　八珍片成品内控质量标准项目与参数。

序 号	项 目	标准规定
1	性状	本品为灰褐色片
2	鉴别	（1）显微鉴别：石细胞斜方形或多角形，一端稍尖，壁较厚，纹孔稀疏。草酸钙针晶细小，长 10～32 μm，不规则地充塞于薄壁细胞中。不规则分枝状团块无色，遇水合氯醛液溶化，菌丝无色或淡棕色，直径 4～6 μm。纤维束周围薄壁细胞含草酸钙方晶，形成晶纤维。薄壁细胞纺锤形，壁略厚，有极微细的斜向交错纹理。草酸钙簇晶直径 18～32 μm，存在于薄壁细胞中，排列成行，或一个细胞中有数个簇晶。薄壁组织灰棕色至黑棕色，细胞多皱缩，内含棕色核状物
		（2）薄层鉴别（白术）：供试品色谱中，在与对照药材色谱相应的位置上，显相同颜色的斑点
		（3）薄层鉴别（当归、川芎）：供试品色谱中，在与对照药材色谱相应的位置上，显相同颜色的荧光斑点
3	水分	不超过 6.0%
4	重量差异	重量差异限度应为±5%，超出重量差异限度的不得多于 2 片，并不得有 1 片超出限度 1 倍
5	崩解时限	应在 30 min 内完全崩解
6	贮藏	密封

9.2　八珍片半成品内控质量标准项目与参数。

序 号	项 目	标准规定
1	性状	本品为灰褐色片
2	鉴别	（1）显微鉴别：石细胞斜方形或多角形，一端稍尖，壁较厚，纹孔稀疏。草酸钙针晶细小，长 10～32 μm，不规则地充塞于薄壁细胞中。不规则分枝状团块无色，遇水合氯醛液溶化，菌丝无色或淡棕色，直径 4～6 μm。纤维束周围薄壁细胞含草酸钙方晶，形成晶纤维。薄壁细胞纺锤形，壁略厚，有极微细的斜向交错纹理。草酸钙簇晶直径 18～32 μm，存在于薄壁细胞中，排列成行，或一个细胞中有数个簇晶。薄壁组织灰棕色至黑棕色，细胞多皱缩，内含棕色核状物
		（2）薄层鉴别（白术）：供试品色谱中，在与对照药材色谱相应的位置上，显相同颜色的斑点
		（3）薄层鉴别（当归、川芎）：供试品色谱中，在与对照药材色谱相应的位置上，显相同颜色的荧光斑点
3	水分	不得过 5.0%
4	重量差异	重量差异限度应为±5%，超出重量差异限度的不得多于 2 片，并不得有 1 片超出限度 1 倍
5	崩解时限	应在 30 min 内完全崩解
6	贮藏	密封

10 技术经济指标计算方法及物料平衡

10.1 计算公式：

$$物料收率（\%）=\frac{实际产量/收料量}{理论产量/投料量}\times100\%$$

$$包装材料物料平衡（\%）=\frac{使用数量}{领用数量-报废数量-剩余数量}\times100\%$$

$$包装材料利用率（\%）=\frac{使用数量}{领用数量-剩余数量}\times100\%$$

10.2 经济指标与物料平衡标准。

序 号	项 目	单 位	控 制 范 围
1	成品收率	%	95～100
2	其他各工序物料收率	%	96～100
3	包装材料利用率	%	98～100
4	标签物料平衡	%	100
5	标签外包材物料平衡	%	99～100

四、压片岗位标准操作规程的编写

压片岗位操作规程（示例）

编码：

文件属性：（ ）新订；（ ）确认；（ ）修订，第 次，替代：

起草人： 起草日期：

审核人： 审核日期：

批准人： 批准日期：

颁发部门：质量管理部

颁发日期：

生效日期：

分发部门：质量管理部1份，生产部2份，行政人事部1份，共印4份

1 目的：为了使压片岗位的操作过程规范化，特制订该操作法。

2 适用范围：适用于压片岗位。

3 责任人：压片操作人员、班组长、质管部QA。

4 正文

4.1 清理设备、模具、容器、工具、工作台、调试天平，将设备、工具按使用前消毒程序消毒。

4.2 仔细检查设备，打开电源，空机运转2min，注意设备是否有故障和异常响声，若有一般故障则自己排除，自己不能排除则通知机修员。

4.3 根据生产指令单，从中间站领取原料，注意核对品名、批号、规格、净重、合格证等。

4.4 待操作间的温度和相对湿度达到规定要求时，开始压片，并严格按生产指令和安全生产相关要求操作。

4.5 在压片的过程中要求 15～20 min 称量一次，1 h 做一次装量差异，并填写好记录；并由 QA 按半成品检验方法抽样检查装量差异，并填写好记录。

4.6 在生产中有异常情况应及时报告生产部负责人，并会商解决。

4.7 下班前填写好生产记录，清洁设备、工具、容器、工作台等的卫生并按定置管理要求摆放。

4.8 换品种或停产 3 d 以上，操作间要彻底清场、消毒，填写记录，并由 QA 检查合格张贴清场合格证。

4.9 按要求填写生产记录和清场记录。

生产结束后对压片机进行清洁及《洁净区清洁标准操作规程》对压片操作间进行清洁。

5 附件：无

6 相关 GMP 文件：《洁净区清洁标准操作规程》

【相关知识】

片剂生产注意事项

（1）片剂应在洁净度不低于 D 级的环境中配制生产。

（2）原料药与辅料应充分混合均匀。

（3）制备含药量小或含毒、麻药物的片剂时应采用适宜方法使药物分散均匀。

（4）凡属挥发性或对光、热不稳定的药物在制片过程中应避光、避热，以免成分损失或失效。

（5）压片前的物料或颗粒应适当地控制水分，以满足压片需要和防止片剂在贮藏期间发霉、变质或失效。

（6）为了隔离空气、防湿、避光、增加药物稳定性、掩盖药物不良臭味、改变片剂外观等，可对片剂包衣。

（7）片剂外观应光洁、色泽均匀。

（8）片剂应具有一定的硬度，对于非包衣片，应符合片剂脆碎度检查法的要求，防止包装贮运过程中发生磨损或碎片。

第三节 验 证

【技能要求】

能够编写口服固体制剂的生产工艺验证方案及报告，能够编写设备确认方案，能够编写设备清洁确认方案，能够对口服固体制剂生产工艺确认、验证提供技术指导，能够编写口服固体制剂、设备、设备清洁等确认、验证报告。

一、口服固体制剂生产工艺验证方案及报告的编写

1. 工艺过程验证的前提 在产品生命周期的所有阶段，应保证与工艺有关的信息收集和评价一致性，并在其后的产品生命周期中，提高这些信息的可获得性。捕捉获取科学知识的良好项目管理和归档将使得工艺过程验证更为有效和更具效率。在整个产品生命周期，可启动不同的研究、发现、观察、关联或确认有关产品和工艺的信息。所有的研究，应根据可

靠的科学原则来计划和进行，妥善记录，并按照适用于生命周期阶段的既定程序予以批准。工艺过程验证的前提条件包括：

（1）已经批准的主生产处方、基准批记录（Master Batch Record，原版空白批记录）以及相关的 SOP。

（2）基准批记录的建立应基于配方和工艺规程，应有专门、详细的生产指导和细则，须建立与验证方案起草之前，并在工艺过程验证开始前得到批准。基准批记录中需规定主要的工艺参数。例如：

① 活性原料和辅料的量，包括造粒和包衣过程需要溶液的量。

② 确定关键工艺过程的工艺参数范围。

（3）设备确认（包括实验室设备） 在生产工艺过程验证前，所有参与验证的设施、设备、系统（包括计算机化系统）都必须完成设备确认。设备确认完成的情况应包括在工艺验证方案中。

（4）可能影响工艺验证的支持性程序（如设备清洁、过滤、检查和灭菌）都须事先经过确认或验证；关键仪表的校准。

（5）终产品、过程中间控制检测、原料和组成成分都应该具备经过批准的标准。

（6）购买、储存并批准工艺验证所需的原料和组成成分。

（7）使用经过验证的检验方法。

（8）参加验证的人员须在工作前进行培训，并将培训记录存档。

2. 工艺验证的主要考察内容 在整个生产周期中，使用基于风险的决策的说明周期方法进行工艺验证，若将相关因素按关键程度进行分类，则关键程度视为连续态而不是非此即彼的二元态更为有用。所有的相关因素，如属性（例如质量、产品、组分）和参数（如工艺、操作和设备），应从其在工艺中发挥的作用和对产品或在加工物料的影响的角度进行评估，应该与其对工艺和工艺输出的风险相称，即对风险较高的属性或参数，更高程度的控制是恰当的。

工艺验证应对可能影响产品质量的关键因素进行考察，这些因素通常包括但不限于如下内容：

（1）起始物料：一般起始物料如果具备下列特点，则被认为是关键起始物料。

① 起始物料的波动可能对产品质量产生不良影响。

② 起始物料决定了产品的关键特性（例如：缓释制剂中影响药物释放的材料）。

应对产品配方中的所有起始物料进行评估，以决定其关键性。应尽可能在工艺验证的不同批次中使用不同批的关键起始物料。

（2）工艺变量：如果工艺变量的波动可能对产品产生显著影响，则被认为是关键的工艺变量。在验证方案中，应对每一个关键变量设计设置特定的接受标准。关键工艺变量应通过风险评估进行确定，整个生产过程从起始物料开始，到产品结束都需要包含在风险评估中。常见的关键工艺变量包括，但不限于：时间，温度，压力；电导率；pH；不同工艺阶段的产率；微生物负荷；已称量的起始原料、中间物料和半成品的储存时间和周期；批内的均匀性，通过适当的取样和检验进行评估。

针对固体产品中间体（混合粉或颗粒）的均匀性测试，目前通常的做法是通过特殊的取样装置在终混容器中的不同位置（至少 10 个取样点）对中间体进行取样，通过含量均匀度的方法进行测试。

此外，还有一些关键变量是与剂型和具体操作过程相关的。在实例分析章节中列出了一些常见剂型生产、包装工艺中常见的中间过程控制项目，仅供参考。

（3）中间过程控制：在工艺验证中应对重要的工艺变量进行监控，对结果进行评估。在实例分析章节中列出了一些常见剂型生产、包装工艺中常见的中间过程控制项目，仅供参考。

（4）成品质量测试：成品质量标准中所有的检测项目都需要在验证过程中进行检测。测试结果必须符合相关质量标准或产品的放行标准。

（5）稳定性研究：所有验证的批次都应通过风险分析评估是否需执行稳定新考察，以及确定稳定性考察的类型和范围。

（6）取样计划：工艺验证过程中所涉及的取样应按照书面的取样计划执行，其中应包括取样时间、方法、人员、工具、取样位置、取样数量等。通常，工艺验证采用比常规生产更严格的取样计划。

（7）设备：在验证开始之前应确定工艺过程中所涉及设备，以及关键设备参数的设定范围。验证范围应包含"最差条件"，即最有可能产生产品质量问题的参数设定条件。

此外，对验证结果进行评估时间采取对比的方式识别质量方面的波动。例如，首次验证所生产的产品应与申请时所生产的产品（关键批货生物等效批）质量进行对比；由于工艺变更引起的再验证，验证产品应与变更前的产品质量进行比较。

3. 工艺验证文件

（1）验证方案内容：

① 验证方法的描述。如预验证、回顾性验证、同步性验证，并带有对所选方法理由的说明。

② 产品描述。包括产品名称、剂型、适用剂量和待验证基准批记录的版本。

③ 过程流程图表，说明关键过程步骤以及监控的关键过程参数。

④ 原料列表。包括参考标准和物料代码（如物料清单）。

⑤ 参与验证的设备和设施列表以及是否经过确认。

⑥ 所有用于验证的测试设备仪表都应该在校验有效期内。

⑦ 产品的定义。终产品的标准，中间过程控制标准，已有药品的相等性。

⑧ 关键过程参数和操作范围：包括对其范围的理由说明或包含理由说明的其他参考文件。

⑨ 可接受标准。

⑩ 取样计划。包括形式、量和样品数，附随特殊取样及操作要求。

⑪ 稳定性测试要求。若无要求方案需包含对这一决定的评估理由。

⑫ 记录和评估结果的方法（如统计分析）。

⑬ 对均匀性研究的要求或现行研究的参考。

⑭ 验证方案需清楚定义试验条件并且说明在验证中如何达到这些条件。

（2）验证报告内容：

① 题目、批准日期和文件编号。

② 验证目标和范围。

③ 实验实施的描述。

④ 结果总结。

⑤ 结果分析。

⑥ 结论。

⑦ 偏差和解决方法。

⑧ 附件（包括原始数据）。

⑨ 参考资料（包括验证方案号和版本号）。

⑩ 对需要纠正缺陷的建议。

4. 生产工艺再验证

生产工艺再验证主要针对以下两种情况：

（1）当发生可能影响产品质量的变更或出现异常情况时，应通过风险评估确定是否需要进行再验证以及确定再验证的范围和程度。可能需要进行再验证的情况包括但不局限于情况：

① 关键起始物料的变更（可能影响产品质量的物理性质如密度、黏度或粒度分布）。

② 关键起始物料生产商的变更。

③ 包装材料的变更（例如塑料代替玻璃）。

④ 扩大或减小生产批量。

⑤ 技术、工艺、或工艺参数的变更（例如混合时间的变化或干燥温度的变化）。

⑥ 设备的变更（例如增加了自动检测系统）：设备相同部件的替换通常不需要进行再验证，但可以影响产品质量的情况除外。

⑦ 生产区域和公用系统的变更。

⑧ 发生返工或再加工。

⑨ 生产工艺从一个公司、工厂或建筑转移到其他公司、工厂或建筑。

⑩ 反复出现的不良工艺趋势或 IPC 的偏差、产品质量问题、或超标结果（这些情况下应先确定并消除影响质量问题的原因、之后再进行再验证）。

⑪ 异常情况（例如，在自检过程中或工艺数据趋势分析中发现的）。

（2）周期性再验证：要确保工艺处于持续验证状态，应收集和评估关于工艺性能的数据和信息，可使发现非预期的工艺波动成为可能。此外，生产工艺在完成首次验证之后，应定期进行再验证以确定它们仍保持验证状态并仍能满足要求，再验证的频率可以由企业根据产品、剂型等因素自行制订。周期性再验证可以采用同步验证的方式、回顾的方式或二者相结合的方式进行，方式的选择应基于品种和剂型的风险。如果采用回顾的方式，回顾时应考虑以下内容：

① 批生产过程记录和批包装过程记录。

② 过程控制图表。

③ 以往数据资料。

④ 变更控制记录（如工艺过程仪器、设备和设施）。

⑤ 工艺过程的性能表现（如工艺能力分析）。

⑥ 已完成产品的数据：包括趋势和稳定性结果。

⑦ 前次验证中定义的改正或预防性措施。

⑧ 工艺验证状态的变更。

⑨ 召回、严重偏差以及确定的由相应工艺导致的超标结果（放行时或稳定性测试中）、合理的投诉以及退货也应进行评估。

⑩ 放行测试、稳定性考察及中间过程控制的数据趋势。

⑪ 与工艺相关的质量标准限度、检验规程、验证文件的当前状态。

通常如果通过回顾可以证明工艺的受控状态时，可以采用回顾的方式进行周期性再验证；但关键工艺过程（如灭菌）的周期性再验证不建议采用回顾的方式，而应重复（或部分重复）首次验证中的测试内容。

5. 重要工艺变量及中间过程控制项目　如表 8-2。

表 8-2　工艺变量及中间过程控制项目

固体制剂	工艺变量/中间过程控制项目
制粒	1. 水分残留（相对/绝对湿度）或颗粒的溶剂残留 2. 粒径/或粒度分布 3. 产率
混合	1. 混合均匀度（粉末混合均匀度） 2. 产率
压片	1. 片重差异/含量均匀度 2. 硬度，脆碎度，厚度/高度 3. 崩解时限，溶出速率/曲线 4. 外观 5. 产率
胶囊灌装	1. 重量差异/含量均匀度 2. 崩解时限，溶出速率/曲线 3. 产率
粉末转移	1. 混合均匀度（过程粉末混合均匀度） 2. 粒径和/或粒度分布 3. 微生物
（薄膜）包衣	1. 片重差异/含量均匀度 2. 厚度/高度 3. 崩解时限，溶出速率/曲线 4. 外观 5. 产率 6. 微生物
灌装（粉末）	1. 混合均匀度（过程粉末混合均匀度） 2. 灌装重量的重现性
灌装（药片）	灌装重量的重现性
包装	1. 初级包材的完整性（例如：密封质量，轧盖，螺帽紧密度，药管折叠） 2. 包装过程本身造成的缺陷（破漏，小孔，花边，破裂等） 3. 贴签的质量（例如：位置，方向） 4. 可变数据的打印质量（可读性） 5. 盒外观和说明书的折叠

二、设备确认方案及报告的编写

设备确认包括设计确认（DQ）、安装确认（IQ）、运行确认（OQ）和性能确认（PQ）。

1. 设计确认 新的厂房、设施、设备确认的第一步为设计确认（DQ）。设计确认是有文件记录对厂房、实施、设备等的设计所进行的审核活动，目的是确保设计符合用户所提出的各方面需求，经过批准的设计确认后继续确认活动（如安装确认、运行确认、性能确认）的基础。通常设计确认中包括以下的项目：

（1）用户需求说明文件（User Requirement Specification，URS）：用户需求说明文件是从用户角度对厂房、实施、设备等所提出的要求。需求的程度和细节应与风险、复杂的程度相匹配，其中可以针对待设计的厂房、实施、设备等考虑以下内容：

① 法规方面的要求（兽药 GMP 要求、环保要求等）。

② 安装方面的需求和限制（尺寸、材质、动力类型、洁净级别等）。

③ 功能方面的要求。

④ 文件方面的要求（供应商应提供的文件及格式要求，如图纸、维护计划、使用说明、备件清单等）。

（2）技术标准文件（Technical Specification，TS）：技术标准文件是从设计者角度对厂房、实施、设备等怎样满足用户需求所进行的说明。技术标准应根据用户需求说明文件中的条款准备，其中应包括必要的技术图纸等。

（3）对比用户需求说明和技术标准：可采用表格的方式将需求条款与设计条款进行逐条的比对并将对比的结果进行记录。为了方便对比以及对相应条款进行应用，建议对每一条需求和技术规格单独编号。

（4）风险分析：应通过风险分析确定后续确认工作的范围和程度，并制订降低风险的措施。降低风险的措施可以是确认中的某项具体测试或者增加相应的控制或检查规程等，这些措施的执行情况需在后续的确认活动中进行检查。

风险分析可采用不同的方法进行，具体建议可参见"质量风险管理"章节的建议。

对于标准化的设备，"设计"在很多情况下仅仅是对不同型号进行选择的活动。在这样的情况下，设计确认的内容可以根据设备的复杂程度以及"客户化"的程度相对简化。例如，标准的或"低风险"的设备，可以将需求文件在采购文件之中进行描述，不需要单独建立用户需求说明或技术说明。

2. 安装确认 应对新的或发生改造之后的厂房、实施、设备等进行安装确认；设备、实施、管路的安装以及所涉及的仪表应对照工程技术图纸及设计确认文件进行检查；供应商提供的操作指导、维护和清洁的要求等文件应在安装确认过程中收集并归档；新设备的校准需求和预防性维护的需求应在这一阶段定义。

安装确认应包括但不局限于以下检查项目：

（1）到货的完整性：

① 将到货的实物与订单、发货单、DQ 文件等进行对比。

② 检查设计确认文件中所规定的文件（如操作说明、设备清单、图纸等）是否齐全。

（2）材质和表面：

① 检查直接接触产品的设备材质类型和表面的光滑程度。

② 检查可能对产品质量产生影响的其他物质（如润滑剂、冷却剂等）。

（3）安装和连接情况：

① 对照图纸检查安装情况（机械安装、电器安装、控制回路等）。

② 加工情况（如焊接、排空能力、管路斜度、盲管等）。

③ 设备等的标识（内部设备编号的标识、管路标识等）。

④ 检查设备设施等与动力系统（如供电）的连接情况。

⑤ 检查设备设施等与公用设施（如压缩空气系统、冷却水系统等）的连接情况。

（4）初始清洁。

（5）校准：

① 应对厂房、设备、设施等的控制或测量用的仪表灯进行校准需求的评估。

② 对需校准的仪表灯建立校准方法。

③ 完成初始校准。

（6）文件：

① 收集及整理（归档）由供应商提供的操作指导、维护方面的要求。

② 建立设备设施等的工作日志（logbook）。

③ 技术图纸等的审核（确认为最新状态）。

3. 运行确认 运行确认应在安装确认完成之后进行。其中的测试项目应根据对于工艺、系统和设备的相关知识而定制；测试应包括所谓的"最差条件"即操作参数的上下限度（例如最高和最低温度）而且测试应重复足够的次数以确保结果可靠并且有意义。

运行确认应包括但不局限于以下内容：

（1）功能测试：

① 设备的基本功能。

② 系统控制方面的功能（如报警，自动控制等）。

③ 安全方面的功能（如设备的急停开关功能，安全连锁功能等）。

（2）培训：在运行确认结束之前，应确认相关人员的培训已经完成，其中应至少包括设备操作、维护、以及安全指导方面的内容。

（3）检查 OQ 中所使用到的测量用仪器：必须确保运行确认中所使用的测量用仪器仪表灯都经过校准。

（4）检查相关文件的准备情况（以下文件都应待运行确认结束前完成）：

① 操作规程。与设备设施操作、清洁相关的操作规程应在运行确认过程中进行完善和修改并在运行确认结束之前完成。

② 预防性维护计划。新设备已加入企业预防性维护计划中。

③ 校准计划。

④ 检测计划。

4. 性能确认 性能确认应在安装确认和运行确认成功完成之后执行，尽管将性能确认作为一个单独的活动进行描述，在有些情况下也可以将性能确认与运行确认结合在一起进行。性能确认通过文件证明当设备、设施等与其他系统完成连接后能够有效地可重复地发挥作用，即通过测试设备、设施等的产出物（例如纯化水系统所生产出的纯化水、设备生产出的产品等）证明它们正确的性能。

（1）可以使用与实际生产相同的物料，也可以使用有代表性的替代物料（如空白剂）。

（2）测试应包含"最差条件"，例如在设备最高速度运行时测试。

5. 再确认 厂房、设施、设备等完成确认之后应通过变更管理系统进行控制，所有可能影响产品质量的变更都应正式的申请、记录并批准。当厂房、设施、设备等发生的变更并可能影响成品质量时，应进行评估，其中包括风险分析。通过风险分析确定是否需要再确认以及再确认的程度。

厂房、设施、设备等的初次确认完成后，应对他们的确认状态进行维护。

在没有发生较大的变更的情况下，可以通过对维护、校准、工作日志、偏差、变更等的定期回顾确保厂房、设施、设备等的确认状态。周周期性的回顾可视为再确认。

当发生改造、变更或反复出现故障时，需通过风险评估确定是否进行再确认，以及再确认的范围和程度。

三、清洁验证方案及报告的编写

1. 清洁验证的一般要求 清洁验证是通过文件证明清洁程序有效性的活动，他的目的是确保产品不会受到来自同一设备上生产的其他产品的残留物、清洁剂以及微生物污染。

为了证明清洁程序的有效性，在清洁验证中至少执行连续三个成功的清洁循环。

对于专用设备，清洁验证可以不必对活性成分进行考察，但必须考虑清洁剂残留以及潜在的微生物污染等因素，对于一些特殊的产品，还应考察降解产物。

对于没有与药品成分接触的设备（如加工辅料用的流化床或包衣片所使用的包装设备），清洁验证可以不必对活性成分进行考察，但必须考虑清洁剂残留及微生物污染的因素。

清洁验证中需对下列放置时间进行考察，进而确定常规生产中设备的放置时间。

（1）设备最后一次使用与清洁之间的最大时间间隔（"待清洁放置时间"）。

（2）设备清洁后至下一次使用的最大时间间隔（"清洁后放置时间"）。

2. 清洁验证的前提条件

（1）清洁程序已批准，其中包括关键清洁程序的参数范围。

（2）完成风险评估（对于关键操作、设备、物料包括活性成分、中间体、试剂、辅料、清洁剂以及其他可能影响到清洁效果的参数）。

（3）分析方法经过验证。

（4）取样方式已经批准，其中包括取样方式和取样点。

（5）验证方案已经批准；其中包括接收标准（根据不同设备制订）。

3. 测试项目 清洁验证中涉及的测试项目应根据产品的类型通过风险分析而定，通常需考虑以下内容：

（1）目测检查。

（2）活性成分残留。

（3）清洁剂残留。

（4）微生物污染。

（5）难清洁并可能对后续产品造成不良影响的辅料（如色素或香精）。

4. 取样 清洁验证中应用的取样方法应详细规定并且经过批准，选择取样方法时应考虑残留物和生产设备的特性。

（1）化学成分残留取样：应根据残留物的性质以及生产设备的特点选择取样和测试方法。常用的取样方法包括擦拭法和淋洗法。由于残留物在设备表面并不是均匀分布的，因此，选择取样点时应考虑"最差条件"，例如最难清洗的材质或位置。

① 擦拭法是通过使用棉签等取样工具蘸取适当的溶剂对规定面积的设备表面进行擦拭的取样方法。

② 淋洗法是通过使用适当溶剂对设备表面淋洗之后收集淋洗液的取样方式，其中包括收集清洁程序的最终淋洗水或清洁后使用额外溶剂淋洗的方式。

收集最终淋洗水的方法适用于淋洗水能够接触到全部设备表面的清洁方法，如在位清洁（Cleaning In Place，CIP）方法。采用额外溶剂淋洗法的方法因较难控制取样面积，不推荐最为首选的取样方法（尽量选择擦拭法）。

（2）微生物污染取样：根据生产设备和环境条件，可采用擦拭法（使用无菌棉签）、接触平皿法或淋洗法进行微生物取样。取样点中应包括最差条件，如最难清洁的位置或最难干燥的位置。

5. 接受标准 国内外的相关法规中都未对清洁验证的接受标准进行明确规定，企业可以根据产品、剂型等实际情况制订清洁验证的接收标准，一般有以下的方式：

（1）目测标准：设备清洁后无可视残留（包括所有类别的外来物质：如水、试剂、溶剂、化学物质等）。

（2）活性成分残留水平：

① 制剂产品。活性成分的接受标准应根据前一产品的药理活性、毒素以及其他的潜在污染因素确定。常见的方法有以下 3 种：一般标准、基于日治疗量的计算标准、基于独行数据的计算标准。其中一般标准和基于日治疗量的计算标准较为常见，也可以采取从其中选择最严格的限度。

a. 一般标准。通常待清除产品（前一产品）活性成分在后续产品中出现应不超过 10 mg/kg。

b. 基于日治疗量的计算标准。如果后一产品以及待清除的活性成分的日剂量已知，则最大允许携带量〔Maximum Allowable（Acceptable/Allowed）Carryover，MACO〕可以通过前一产品的最小单剂量（Minimum Single Dose，MSD）与后一产品的最大日服用量（Maximum daily dose，MDD）根据下列公式计算。如后一产品为 Y，前一产品为 X，则：

$$MACO = \frac{MSD(X) \times 1\,000\,000}{MDD(Y) \times SF}$$

式中　MACO——最大允许携带量（mg/kg）；

　　　MSD(X)——最小单剂量（mg）；

　　　MDD(Y)——最大日服用量（mg/kg）；

　　1 000 000——mg 与 kg 的换算因子；

　　　　　SF——安全因子。

根据后续生产的产品类型和应用方式（如口服、外用或注射用）确定安全因子。作为推荐，制剂的安全因子可设为 1 000。当 SF=1 000 时，可接受的最大允许携带量为后一产品日最大剂量中前一产品最小单剂量的 1/1 000。

c. 基于毒性数据的计算标准。安全量（也称为无作用量）〔No Observable（Observed）Effect Level，NOEL〕可基于前一产品（X）的 LD_{50}（半数致死量）按照下列公式计算：

$$NOEL = \frac{W \times LD_{50}(X)}{2\,000}$$

式中　NOEL——安全量（mg）；

$\quad LD_{50}(X)$——半数致死量（mg/kg）；

$\quad\quad W$——动物平均体重（kg）；

$\quad\quad 2\,000$——安全参数。

基于 NOEL，计算前一产品的可接受的每日摄入量（Acceptable Daily Intake，ADI）

$$ADI = \frac{NOEL}{SF} - \frac{0.000\,5 \times W \times LD_{50}(X)}{SF}$$

式中　ADI——可接受的每日摄入量（mg）；

$\quad\quad SF$——对于药品，安全因子为 $1\,000$。

如后一产品（Y）最大日剂量（MDD）已知，后一产品（Y）最大日服用量（MDD）中允许携带的前一产品 X 的最大量（MACO）按以下公式计算：

$$MACO = \frac{ADI \times 1\,000\,000}{MDD(Y)}$$

式中　MACO——最大允许携带量（mg/kg）；

$\quad\quad ADI$——可接受的每日摄入量（mg）；

$\quad\quad 1\,000\,000$——mg 与 kg 的换算因子；

$\quad\quad MDD(Y)$——最大日服用量（mg）。

以上 3 种方法计算出的标准都是每千克产品中所允许含有的前一产品的质量（mg/kg）。通过后一产品的批量以及接触产品的设备表面积，则可以换算出单位面积的设备表面上所允许存在的残留量限度。

$$单位面积设备表面残留限度（mg/m^2）= \frac{MACO \times MBS}{A_{total}}$$

式中　MACO——最大允许携带量（mg/kg）；

$\quad\quad MBS$——后一产品最小批量（kg）；

$\quad\quad A_{total}$——所有与产品接触的设备总表面积（m^2）。

在计算限度时，各参数可考虑从可选的数值中选择"最差条件"，例如设备总表面积选择最大的数值，而后一产品的批量选择最小的数值，这样计算出的限度也是最严格的。

② 活性成分或活性成分中间体。制订活性成分或活性成分中间体的残留限度也可以参考上述的 3 种方法。但需注意，用于计算的 MDD 应为最大日服量中的活性成分量，而安全因子，可以基于产品的风险评估在 100~1 000 范围内进行选择。

③ 辅料。通常针对辅料的清洁限度使用目测标准即可（见上文）。

④ 清洁剂。计算清洁剂的残留限度时，较常用的计算方法是毒性数据计算法。具体计算方法可以参考下文：

最大允许携带量〔Maximum Allowable（Acceptable/Allowed）Carryover，MACO〕可通过清洁剂的安全量（也可称为无作用量）〔No Observable（Observed）Effect Level，NOEL〕和可接受的每日摄入量（Acceptable Daily Intake，ADI）计算。

$$NOEL=\frac{W\times LD_{50}（清洁剂）}{2\,000}$$

式中 NOEL——安全量（mg）；

LD$_{50}$（清洁剂）——清洁剂的半数致死量（mg/kg）；

W——动物平均体重（kg）；

2 000——安全参数。

基于 NOEL，计算清洁剂的可接受的每日摄入量（ADI）：

$$ADI=\frac{NOEL}{SF}=\frac{0.000\,5\times W\times LD_{50}（清洁剂）}{SF}$$

式中 ADI——可接受的每日摄入量（mg）；

SF——安全因子。

如后一产品（Y）最大日剂量（MDD）已知，后一产品（Y）最大日服用量（MDD）中允许携带的清洁剂残留的最大量（MACO）按以下公式计算：

$$MACO=\frac{ADI\times1\,000\,000}{MDD(Y)}$$

式中 MACO——最大允许携带量（mg/kg）；

ADI——清洁剂可接受的每日摄入量（mg）；

1 000 000——mg 与 kg 的换算因子；

MDD(Y)——最大日服用量（mg）。

用于计算 ADI 的安全因子应根据参考文献分别制订。如果参考文献中没有相关数据，也可以使用下列推荐值：

a. 外用制剂：10～100。

b. 固体制剂：100～1 000。

c. 注射剂：1 000～10 000。

此外，如果经风险评估认为合理，清洁剂的残留限度可以用 NOEL 和 ADI 之外的方法计算（例如，通过限度测试，如最终淋洗水的总有机碳或电导率）。

（3）可接受微生物限度：企业制订清洁验证的微生物限度时可以考虑产品、剂型、清洁方法的特点以及环境级别等因素。如果没有其他特殊考虑因素，建议根据生产区域的洁净级别选用表 8-3 表面微生物限度。

表 8-3 洁净度级别与表面微生物

洁净度级别	表面微生物
	接触碟（ϕ55 mm）（CFU/碟）
A	<1
B	5
C	25
D	50

6. 测试和结果的评估 清洁验证中应采用验证过的分析方法对残留物或污染物进行测试，接受限度应根据所涉及的产品的特性而定。

应使用专属性的分析方法（如色谱法）对残留物进行测试。

如果使用非专属性的测试方法如总有机碳法、电导率法或紫外吸收法，应证明结果与专属方法的测试结果等或者采用最差条件对结果进行评估（例如：使用总有机碳法测量淋洗液中活性成分残留量时，无法区分测试到的碳来自前一产品活性成分、辅料还是清洁剂。这种情况下，最差条件意味着，测试出的总有机碳全部认为来自前一产品的活性成分）。

计算单位面积污染物的残留量时，设备的总面积应为后一产品生产所涉及所有设备面积之和。

因为受到设备表面的类型和特性（材料、粗糙程度）、取样（包括取样方法和取样材料）和分析方法等的影响，残留物的测量值通常低于真实值。因此应通过真实值与测量值之间的比例关系计算出真实值，从而将计算结果修正到更接近真实值的水平（对结果进行补偿）。这个比例关系被称作回收因子（Recovery Factor，RF）。

回收因子为污染物（活性成分或清洁剂）残留量的实际值与残留量的测试值之间的比值（回收因子总≥1）。

$$RF = \frac{残留量的真实值}{残留量的测试值}$$

回收因子应通过分析方法验证而得到，在方法验证时应针对不同的取样方法以及不同的表面材质分别测试回收因子。如果测得的回收因子＞2，通常应考虑选择其他更适合的取样和分析方法。

残留量（mg/m^2）应按照下列公式计算：

$$X = \frac{RF \times RP}{AP}$$

式中　X——残留量（修正值）（mg/m^2）；

　　　AP——取样面积（m^2）；

　　　RP——样品中检出的残留量（测量值）（mg/m^2）；

　　　RF——回收因子。

7. 分组概念　同一个清洁程序可能会应用在不同的产品、工艺和设备上。在清洁验证时不必针对每个独立的因素分别进行测试，而可以选择一个"最差条件"（例如最难清洁的产品或最难清洁的设备），通过只对"最差条件"进行测试而推断清洁方法对于其他条件同样有效。这样的操作方式称为"分组"。

分组时可以考虑以下因素，但不局限于：剂型，活性成分的含量（例如配方相同但活性成分的含量不同的产品），生产设备（如将相同或相似的设备进行分组），清洁方法（如对使用相同清洁方法的几个相似产品进行分组）。

最差条件的选择包括，但不局限于：待清洁物质的溶解性（如最难清除的活性成分）、待清洁物质的毒性、设备尺寸和结构（如最大的接触面积或最难清洁的表面）。

8. 文件

（1）清洁验证方案：清洁验证方案应经过质量部门正式批准。清洁验证方案中应规定清洁程序验证的细节，其中应包括以下内容：

① 验证的目的。

② 执行和批准验证的人员职责。

③ 对所用的设备的描述。

④ 生产结束至开始清洁的时间间隔（待清洁放置时间）。

⑤ 每个产品、每个生产系统或每个设备所使用的清洁规程。

⑥ 需连续执行的清洁循环的数量。

⑦ 常规监测的要求。

⑧ 取样规程：包括选择特定取样方法所依据的原则。

⑨ 明确规定取样位置。

⑩ 计算结果时所用的回收因子。

⑪ 分析方法：包括检测限度和定量限度。

⑫ 接受标准：包括设定标准的原则。

⑬ 根据分组原则，验证可以涵盖的其他产品、工艺或设备。

⑭ 再验证的时间。

（2）清洁验证报告：验证之后应起草最终的清洁验证报告，其中应包括清洁程序是否通过验证的明确结论。应在报告中确定对于验证过的清洁程序的使用限制。报告应经过质量部门的批准。

9. 再验证 已验证过的清洁程序通过变更程序管理进行控制。当下列情况发生时，需进行清洁程序再验证：

（1）当清洁程序发生变更并可能影响清洁效果时（如清洁剂的配方发生变化或引入新清洁剂或清洁程序参数发生改变时）。

（2）当设备发生变更并可能影响清洁效果时。

（3）当分组或最差条件发生变化并可能影响到验证结论时（如引进新产品或新设备而形成了新的"最差条件"时）。

（4）当日常监测中发现异常结果时。

（5）定期再验证：每个清洁程序应定期进行再验证，验证的频率由企业根据实际情况制订。对日常清洁程序监测结果的回顾可以作为周期性再验证，与在位清洁系统相比，手工清洁方法应采取更高频率的再评估。

第九章 口服液体制剂生产

第一节 配液与过滤

【技能要求】

能够编写口服液体制剂配液与过滤工艺规程、配液岗位标准操作规程，能够指导口服液体制剂的配液与过滤操作，指导新产品、新工艺配液岗位试生产。

一、口服液体制剂配液工艺过程

1. 技术要求 配制之前，应该对工艺器皿和包材进行清洁、消毒和灭菌以最大程度降低混合操作给后续工艺带来的微生物污染和内毒素。配制操作盒传递运输操作同样要考虑空气洁净度的要求和交叉污染的预防。

配制过程应重点关注以下内容：

（1）尽可能减少物料的微生物污染程度。

（2）配制的准确定性（包括组分的准确性、最终浓度的准确性、pH、溶解澄清度等）。

（3）工艺的规范性。

（4）混合的均匀性。

（5）应有防污染的措施避免粉尘飞扬。

（6）配制过程有时限规定。

（7）应设计合适的配液罐。

2. 执行配制

（1）按照每批的批生产记录对每一工序进行目测控制，确保仪器和过滤器的清洗以及灭菌步骤正确执行，标签正确，而且负责操控的操作人员应在记录的指定位置签名。溶剂通常按照重量或体积计算后，事先放入配料罐中。

（2）每当一个操作步骤完成后，应有操作人员的即时签名以确保操作步骤的完成，见本节最后部分（表9-1和表9-2），天平或称量仪器的任何打印记录都应附在批生产记录上。

（3）应有两人（操作及复核）检查、监测、复核确认将事先称量好一个批次的原辅料进行投料，并配以各物料配制、溶解程序以及特定参数、方法和某一时间下的数据（如温度、搅拌时间、搅拌器旋转频率、压力、反应时间、取样和测量值（如pH或密度）是否符合要求。

（4）生产工艺中随后的生产步骤可以按照相同的方式列出并进行。在生产结束时，将实际值与处方的目标值进行比较，就算收率百分比。收率必须在预先规定的目标范围内，如果不在此范围内，应对偏差做出合理的解释。此原则同样适用于物料平衡。

（5）固体物料在加入配料罐时应最大限度地减少产尘（加大排风，消除交叉污染）。如果成分的流动性和管路直径允许，应采用吸料技术。当用管路传输药液时，由于可能存在的密封问题和颗粒脱落物，宜采用过滤后的氮气或压缩空气。

（6）药液配制的 SOP 不仅应描述连续的操作与活动，还应有对设备和部件上一步操作进行检查的要求。任何异常和偏离规范的现象必须记录并加以讨论。

（7）在药液配制过程中，所有设备和工器具的准备、标识以及功能的可靠性尤为重要。如果出现故障，应有清洁且经消毒的可替换设备。经验表明，在生产过程中，这种情况要耗费较长时间，批生产的工艺流程不能符合预定的时间要求时，要作为偏差处理。

如果在生产的最初阶段就给予重视，将会对整个工艺流程的可靠性产生决定性影响。负责配制的管理人员，在这段时间内应在生产现场，以便解决生产中出现的问题。

3. 药液的配制流程

（1）检查所有要求的设备（称量和检测仪器）、容器和起始物料是否齐全，且符合规定。溶剂供应时检查所有中间控制实验室数据。

（2）投入起始物料，确保配制顺序正确，投料顺序、方式、参数符合规定，调至设定温度，确认标签或名称无误。

（3）溶解持续时间：完全溶解/中控实验室数据完整（必要时）。

（4）如必要，添加调节（pH、密度、含量等）用的成分。

（5）中控：在规定温度下，对产品使用过滤设备过滤，过滤后应做过滤器完整性测试。

（6）计算收率和物料平衡。

（7）生产结束后要进行清场，各设施、设备、工器具拆卸、清洗并消毒。

二、口服液体制剂过滤工艺过程

1. 过滤器的选型与采购　应对关键过滤器供应商资格进行相应审核。供应商审计程序应参考原辅材料及设备供应商审计流程进行。

2. 存放　过滤器采购后应该分型号按日期登记入库，应遵循分类存放，先进先出原则。

3. 领用与确认　根据包装盒标签上的产品编号，确认相关产品的"用户指南""合格证"等文件。

4. 拆箱　将滤芯从单独包装取出时，应佩戴无粉手套。应根据相关批记录进行型号确认，并填写领用记录。

5. 型号确认　由操作者在使用前核对，并在批记录应该注明每步工艺所使用的过滤器型号及批号。

6. 安装

（1）套筒安装：

① 按照方向指示小心安装，不应将套筒反装。药液的正常流动方向应是从外向内。

② 应在易于过滤芯安装拆卸的地方安装套筒并保持套筒顶部清洁。

③ 确保套筒进出接口与系统管道的符合性。

④ 安装压差表和压力传感器，以便监控过滤压力和压差。

（2）过滤芯的安装：

① 确保安装了正确的过滤芯。验明并记录过滤芯外标签上的产品编号符合工艺规程。将包装盒中的合格证存档。

② 记录过滤芯的"身份"号码。除菌过滤芯一般都印有产品编号和批号。有的过滤芯的系列号热熔在滤芯柱上。

③ 打开过滤器套筒。

④ 用纯水或注射用水浸润套筒底座和 O 型圈。

⑤ 确保过滤芯的卡口上清洁无污物，降过滤芯接头垂直向下紧紧插入套筒底座接口，轻轻旋转并向下加压直到接口完全同底座吻合，然后拿掉塑料袋。安装时切勿倾斜，以免损坏接头或 O 型圈。

⑥ 关上套筒筒身，重新放好卡箍，注意检查套筒密封垫是否到位，用卡箍夹收紧套筒。

7. 过滤器的灭菌要求　对过滤器的灭菌是实施除菌过滤的一个先决条件。灭菌方法不适当，滤膜及其他部件将会受到热量、机械、化学或物理等因素的影响而损坏。损坏的原因包括温度过高、压差过大等。由此，建议在供应商推荐的方法下，对过滤器执行灭菌。并根据预定用途对其验证，以评估这一过程对过滤器的影响，例如稳定性，析出物和滤出物等。过滤器常见灭菌方法有辐射灭菌法和蒸汽灭菌法和在线灭菌法等。

（1）辐射灭菌法：这种灭菌法有几种优势：较高的无菌保证等级，无残留气体存在，滤器保持干燥，减小了包装组分对灭菌过程的干扰等。然而，它也存在一些缺点：一些滤器中的组分不适合辐射灭菌，一些用于过滤器制造的聚合物不完全耐受辐射灭菌。所以与其他方法一样，需要通过验证确保过滤器无菌和过程稳定性。另外，这种灭菌工艺也不像其他方法那样方便获得。

（2）蒸汽灭菌法：最普遍使用的过滤器灭菌方法。它通常是将过滤器放在高压灭菌柜内进行灭菌或进行原位灭菌（在线灭菌 SIP）。很多因素造成了过滤器灭菌的复杂性，例如，热量在塑料组分上的传递能力较差，过滤器上存在大量的微孔会造成"气体塌陷"；另外在蒸汽穿透过滤器时道路非常曲折；最后，灭菌温度提升时，材料可能出现不稳定性的情况等。所以，要对过滤器的灭菌过程进行验证，证明灭菌周期结束后，过滤器的有菌概率不高于 10^{-6}。

在过滤器灭菌设计过程中，应该认真考虑蒸汽灭菌过程的参数并在过滤器供应商的文献中获得更多信息。

灭菌釜灭菌要求：

① 选择灭菌釜方式。对过滤器灭菌时，必须要考虑过滤器生产商提供的技术参数。大多数无菌过滤器都适合在至少 121 ℃蒸汽下灭菌，有时甚至可以达到 130～135 ℃。温度过高可能导致过滤器上许多塑料材质不稳定，并可能影响过滤器的物理完整性或者提高析出物水平。

② 灭菌前过滤器装配非常重要。应有一个微生物屏障既能防止微生物污染又能使蒸汽穿透，从而对过滤器进行彻底灭菌。过滤器的进口端和出口端都应能透气，这样在灭菌过程中的不同阶段就不会产生较大压差，使过滤器损坏。

③ 用灭菌釜灭菌所碰到的主要困难是如何排除冷空气。通常的做法是脉动真空或引入流动蒸汽从而有效地清除空气。较大的过滤器，附有长管道的过滤器，再或者连着辅助设备的过滤器都可能需要适当的调整灭菌参数。无论哪种应用，灭菌效果都应经过验证。

（3）在线灭菌法（SIP）：

① 压差要求。灭菌时，压差不能超过供应商为这种型号的过滤器所设置的压差范围。

② 冷凝水排出要求。对于 SIP 来说，从过滤器或设备中排除冷凝水是非常重要的。系统设计时，确保排水畅通和排除冷凝水是非常关键的。虽然一些过滤器允许反向蒸汽灭菌但在通常情况下还是建议灭菌时，蒸汽正向流动，以减少过滤器损坏的概率。蒸汽压力必须缓慢逐渐增加，以减少对过滤器的热冲击，并有利于冷凝水的排出。为了控制过滤器和系统内部的灭菌温度，压力调节器必须适当地调节以达到设定的灭菌温度并是过滤器上下游的压力差最小。在整个灭菌周期中，在排气阀处维持一个很小的连续的蒸汽流非常有益的。

③ 冷却要求。灭菌完成后，一般通过引入空气或其他适合气体对系统进行降温。降温时，保持正压非常关键。如工艺需要一个干燥的滤器系统，这种气体就要能够顺利流过所有冷凝水排放点，直到系统干燥并冷却至工作温度。冷却过程中，储罐上的疏水性呼吸器应能允许气体自由穿过。如气体无法自由流动，可能导致储罐和设备的破坏。

8. 完整性测试 滤器需进行完整性测试，测试结果合格方能投入使用。

9. 过滤过程

（1）标准操作规程的制订：在过滤过程的 SOP 中应制订压差、温度、流速、过滤时间的范围。这些参数必须根据过滤器验证中（细菌截留、析出物、兼容性等）的最差条件而制订。例如，生产过程中所允许的最大压差应不大于细菌截留验证中的最大压差。生产过程的最长过滤时间应不得长于验证中的最长过滤时间。SOP 中还应含有压差、流速、温度、过滤时间等关键参数超标时的处理措施。

（2）装置：

① 过滤系统应有观察压差的装置，最好有自动控制压差，压差报警和记录压差的装置。

② 过滤系统应含有记录过滤时间的装置。

③ 过滤系统应含有记录温度范围的装置。

（3）过滤操作者应经过适当培训。

三、口服液配液岗位标准操作规程的编写

1. 编制一般要求 与前章节各剂型岗位操作规程的编制要求一致。

2. 常见口服液配液岗位操作规程

（1）准备工作：按照生产指令，岗位负责人提前 12～24 h 内备好生产用原辅料，按照《物料进入洁净生产区管理 SMP》程序进行操作。

① 检查清场记录副本情况，复核上班清场情况和各种状态标志卡是否符合要求。

② 认真核对生产指令与领用的各种物料的品名、规格、数量，了解本班配制药品的量以及操作过程中的注意事项。

③ 检查温度、湿度，并做好记录。从工具存放室取出准备好的量杯、不锈钢舀、不锈钢桶等生产用工器具。

④ 检查原辅料是否有合格报告单，有检验合格单者才可取用，否则拒绝取用。确认无误后将其转移到称量间。

⑤ 按照生产指令和工艺规程分则，再次计算所需原辅料的量，并对领取的原辅料进行复称，在计算和称量过程中要两人复核，不得一人单独操作（称量前要确认秤和天平已进行

自校且已回零）。称量好的原辅料放在配制间的制订操作区备用。

⑥ 取配料用纯化水进行部分项目检测，如性状、酸碱度、Cl^- 等，合格后方可投料。

a. 性状：为无色的澄清液体，无臭。

b. 酸碱度：取本品 10 mL，加甲基红指示液 2 滴，不得显红色；另取 10 mL，加溴麝香草酚蓝指示液 5 滴，不得显蓝色。

c. Cl^-：取纯化水 25 mL，加入硝酸银试液 3 滴，不得混浊。

（2）配制操作：

① 配制操作前，首先打开过滤器，将钛棒装入过滤器内，确保安装严密，无漏液。

② 向需进行配料操作的配制罐中加入 300～350 L 纯化水，然后开启蒸汽阀门，将罐内纯化水煮沸，保持至少 15 min。

③ 然后开启循环，循环时间不低于 5 min，循环结束后开启压缩空气或泵，将沸水打至灌装间的中转罐，将纯化水由中转罐放出 100 L 左右即可，其余可由配制罐放出。

④ 按照各产品工艺规程分则要求在配制罐内加入适量的纯化水，将称量好的原辅料按操作要求依次加入。

⑤ 打开搅拌器，进行搅拌，再补足剩余需要加入纯化水的量。

⑥ 加入后继续搅拌（具体时间依各品种定），使药液均匀后关闭搅拌器，盖上密封盖，取样检测。

⑦ 检测合格后，用压缩空气或泵将药液从配料罐中通过滤器送到灌装岗位进行灌装，同时填写交接单交灌封岗位。

⑧ 配制全过程中应及时做好记录。

（3）结束工作：

① 清洗配料罐及过滤系统：生产完毕，通过万向喷淋球向配料罐内加入 200～300 L 的纯化水喷冲刷配料罐内壁，开启循环开关，使纯化水在罐内循环 10 min，然后打开罐底部放药阀门，将罐内纯化水全部放净。

② 第二遍清洗时，仍旧通过万向喷淋球向配料罐内加入 200～300 L 的纯化水喷冲刷配料罐内壁，开启循环开关，使纯化水在罐内循环 10 min，循环结束后，用压缩空气或泵打至灌装岗位，对药液中转罐进行冲刷，最后将纯化水从送药管道中流出，如此重复两遍，最后检查冲洗水需符合纯化水要求。

③ 生产结束后钛棒/滤芯的处理。

a. 洗罐结束后，将过滤钛棒/滤芯取出放入 4% HCl 中浸泡 4 h 以上。

b. 取出后超声清洗至少 30 min，再用纯化水冲洗至中性、检查 Cl^- 合格。

c. 将冲洗合格的钛棒传入干燥室内，放入低温臭氧烘干箱内。在烘干箱中 50～60 ℃干燥，然后放在密封保存于工具柜中，再次使用时用新鲜纯化水冲洗 5 min 后使用。

④ 将在配制过程中使用到的工器具全部收集后转移到工具清洗室，用纯化水冲洗干净，淋去表面水，存放在工具间内的指定位置，做好状态标志备用。

⑤ 根据《产品清场管理 SMP》《洁净区清洁 SOP》和《洁净区环境消毒 SOP》的有关规定将生产废弃物从传递窗传出，并对生产操作间进行相应清洁和消毒。

⑥ 清洁工具的清洁：将不同的清洁抹布分别清洗，即先用清洁剂搓洗一遍，再用纯化水冲洗干净，拧干悬挂于清洁工具存放间的相应位置，详见《口服液清洁工具的管理

SMP》。

　　⑦ 将洗涤池和地漏擦干净，将地漏内放适量消毒液盖好盖子即可。

　　⑧ 及时填写清场原始记录下班前交给车间批记录审核人员，待 QA 人员检查合格后，岗位人员按照《人员进出洁净区管理 SMP》程序依次退出。

　　⑨ 制罐、管道上各类阀门、卡箍以及各类工器具每周用消毒液消毒一次，其中卡箍需每周大清洁时用消毒液浸泡。

　　⑩ 清洗配料罐过程中液位计旋钮打开，每遍冲洗结束需将液位管中的液体单独放出。

　　（4）重点操作及复核、复查：

　　① 配制重点操作。

　　a. 连续生产同一品种至少一周消毒一次。

　　b. 配药用具在使用前应再次用纯化水洗刷，淋净刷洗水后方可使用。

　　c. 配制好的药液，在供灌装前应混合均匀。

　　d. 在配制结束取样检验后一定要将配制罐密封。

　　e. 技术员每日上班前将本车间所用的称、天平等需进行自校，自校合格后方可使用。

　　f. 每个产品由投料混合至灌装完成需在规定时限内完成，具体时限参见每个品种的工艺规程分则。

　　② 配制复核、复查。

　　a. 配制用原辅料的计算和称量一定要一个操作一人进行复核，实行二人复核制。

　　b. 在配制岗位不得同时配制不同品种、不同批号及不同规格的产品。

　　c. 配制前操作者必须认真检查原辅料的包装情况，如发现异常现象（变色、异常气味、结块或是受到污染）等，应停止使用并及时报告车间负责人。

　　③ 物料传递。配制岗位人员将原辅料在脱包间脱去外包后，用酒精喷壶在内包装上喷洒酒精，进行消毒处理。然后通过传递窗由清洁间传入洁净区区时，需注意传递窗的使用：打开传递窗清洁间一侧的门（另一侧的门处于关闭状态），将原辅料放入传递窗内，关闭门后方可通知配制岗位另一人员。配制岗位十万级区内人员接到通知后，打开本区域一侧的门，取出原辅料后立即关闭传递窗的门。同样方法直至将所用原辅料均传入配制岗位暂存间为止。

　　（5）安全劳动保护：

　　① 操作前要穿戴好相应的防护用品，防止手被划破。

　　② 严禁用湿手关电源。

　　（6）异常情况的处理和报告：

　　① 原辅料如有异常现象，应停止使用并报告车间。

　　② 搅拌装置如有异常现象，要及时处理。

　　③ 配制罐等主要设备如有故障或损坏现象，应及时维修，以免耽误生产，并由车间查明原因，制订防范措施。

　　（7）工艺卫生与环境卫生：

　　① 不随地吐痰，上岗不得使用各种化妆品或佩戴首饰，不留长发和胡须，勤洗手、勤洗澡。

　　② 工作服穿着符合工艺要求，头发不外露。

③ 操作人员在操作过程中严禁裸手接触药液和有可能接触药液容器的内壁。

④ 门窗、配制罐严密，防止异物进入污染药液等。

⑤ 地面、墙壁、门窗清洁无尘土，地漏清洁。

整个配制岗位生产检查记录和原始记录如表9-1和表9-2。

表9-1 配制岗位生产前检查记录

生产品种		生产批号		检查日期	年　月　日
检查项目	检查内容			检查结果	
前产品	确认生产前一个产品的名称			名称：	
人员情况	1. 着装整洁、规范，正确佩戴劳保护具 2. 人员数量满足岗位工作需要：至少2人 3. 人员经过培训，熟悉岗位操作			合格□　不合格□	
清场状态	1. 是否有清洁、清场合格标志 2. 设备、管道、器具是否清洁完好			合格□　不合格□	
规程文件	1. 生产指令、工艺卡 2. 配制岗位SOP 3. 设备运行SOP：配制系统设备运行SOP 4. 清洁消毒SOP：配制系统清洁消毒SOP 5. 其他标准文件：无			合格□　不合格□	
生产记录	1. 生产有关记录是否发放齐全，包括：配制岗位原始记录、投料监控表、物料交接单、半成品请验单、清场原始记录、配制 2. 岗位生产前检查记录			合格□　不合格□	
设备设施	1. 设备可以正常运行，无影响生产的设施、设备故障 2. 设备标识牌、门牌（生产状态标识）是否填写正确，并正确悬挂 3. 现场5s标识正确 4. 计量器具确认是否正常、合格 5. 空调运行正常，压差显示符合规定，物料传递窗处的压差显示大于10 Pa			合格□　不合格□	
物料情况	1. 物料品名、规格、数量是否符合要求 2. 物料均合格（合格报告单是否齐全） 3. 物料自身标识齐全正确：品名、批号、数量、厂家			合格□　不合格□	
备注					
检查人			复核人		

表 9-2 液体制剂车间配制岗位生产原始记录

生产品种			生产批号		
生产日期	年 月 日				
生产量			规 格		
设备编号					

<table>
<tr>
<td rowspan="15">关键控制参数</td>
<td colspan="5">
1. 本产品主要成分名称（需测含量组分）：
2. 配制药液需要加热
　恒温温度（℃）：
　恒温时间（min）：
3. 配制完成后搅拌时间：
4. 是否需要过滤：□是 □否
　过滤装置：
　过滤孔径：
5. 配制间温湿度标准：温度 18～26 ℃；湿度 30％～65％。
6. 主要成分
　成分 1：　　　　　　溶解溶剂：
　成分 2：　　　　　　溶解溶剂：
　成分 3：　　　　　　溶解溶剂：
　成分处理其他主要操作信息：
</td>
</tr>
</table>

原辅料名称	生产厂家	批号	含量	报告单号

	配制岗位操作起止时间	——
配制	①（配制罐代号：　　）	
	定容后搅拌起止时间	——
	加热开始至规定温度时间	——
	恒温起止时间	——
	降温起止时间	——
	②（配制罐代号：　　）	
	定容后搅拌起止时间	——
	加热开始至规定温度时间	——
	恒温起止时间	——
	降温起止时间	——

配制过程：

备注	
操作者	复核者 　　　　　　QA/技术员确认

第二节 验 证

【技能要求】

能够编写口服液体制剂生产工艺验证方案及报告，能够编写口服液体制剂设备确认方案，能够编写口服液体制剂设备清洁消毒验证方案，对口服液体制剂生产工艺验证提供技术指导，编写口服液体制剂生产工艺等确认、验证报告，根据工艺验证结果改进口服液体制剂生产工艺相关参数。

一、口服液体制剂生产工艺验证方案及报告

1. 验证方案及报告一般性要求 见"口服固体制剂生产"验证章节相关内容。

2. 重要工艺变量及中间过程控制项目 如表9-3。

表9-3 工艺变量及中间过程控制项目

口服液体制剂	工艺变量/中间过程控制项目
混合/溶解	1. 活性成分以及功能性辅料的含量均匀性 2. 异物/不溶性微粒 3. 活性成分和辅料的溶解：温度范围 4. 溶液的可见异物、密度、pH
灌装	1. 单剂量包装中活性成分和功能性辅料的均一性 2. 异物/不溶性微粒 3. 可视异物检查 4. 分装装量（体积/重量） 5. 分装装量重现性（分装精度） 6. 微生物控制 7. 产率
包装	1. 初级包材的完整性（例如：密封质量，轧盖，螺帽紧密度，药管折叠） 2. 包装过程本身造成的缺陷（破漏，小孔，花边，破裂等） 3. 贴签的质量（例如：位置，方向） 4. 可变数据的打印质量（可读性） 5. 盒外观和说明书的折叠

二、口服溶液剂生产工艺流程图及关键质量控制点

口服溶液剂生产工艺流程图及关键质量控制点如图9-1。

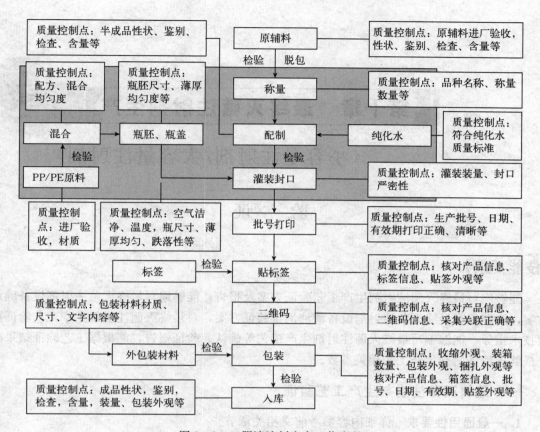

图 9-1 口服溶液剂生产工艺流程

图例说明：

▨ D级洁净区 ☐ 一般生产区

第十章 最终灭菌注射剂生产

（小容量注射剂/大容量注射剂）

验 证

【技能要求】

能够编写最终灭菌注射剂生产工艺验证方案及报告，能够编写最终灭菌注射剂设备确认方案，能够编写最终灭菌注射剂设备清洁消毒验证方案，对最终灭菌注射剂生产工艺验证提供技术指导，能够编写最终灭菌注射剂生产工艺等确认、验证报告，能根据工艺验证结果改进最终灭菌注射剂生产工艺相关参数。

一、最终灭菌注射剂生产工艺验证

1. 一般通用性要求 详细内容参考前文相关章节。

2. 最终注射剂生产工艺验证基本内容

（1）前验证确认内容：

① 设备与共用工程（PW、WFI、HVAC、N2 等）确认。前验证规定起草文件来证明中药注射剂设计以及设备与各公用工程系统的性能符合设计要求。此文件包括工程技术、安装、检查与测试。此类文件是所有系统调试/确认活动共有的，特殊包括如下内容：

a. 说明设计图描述。

b. 系统概略图。

c. 编写规定。

d. 详细的设计图纸。

e. 供应商手册和图纸。

f. 现场检查和检测报告。

g. 系统确认测试结果。

② 工艺验证。

a. 工艺验证十大原则：

充分的验证准备工作。

工艺验证并非试验。

必须对验证工艺深刻理解。

确定验证对象和范围。

确定关键工艺参数。

确定验证批次。

确定取样计划。

确定测试项目。

明确责任。

讨论。

b. 工艺验证的先决条件：

验证所需的系统、设施和设备的确认工作已经完成，设备科满足工艺要求。

验证所需所有计量仪表的确认工作已经完成，均合格有效。

其他系统的验证工作已经完成，并得到确认。

中间体、半成品、成品质量标准必须建立，并得到批准。

取样规程得到批准。

原辅料检测符合质量标准要求。

有批准的验证检验方法。

与验证相关的文件已经建立。

c. 工艺验证必须注意的事项：

工艺验证的生产规模应与已定的工业化生产一致。

工艺验证批数应充分，能反映出各工序各工艺参数、质量指标的正常范围和变化趋势，通常情况下，同一工艺生产的最终产品连续 3 批各指标均合格是可以接受的。

工艺验证批的测试样品数量和项目远大于正常生产批，增加额外的检测项目和工艺控制指标是必要的。

工艺验证时应覆盖所有工艺参数，对关键工艺参数做重点考查。

工艺验证应能反映出工艺最坏情况，最好做挑战性试验。

验证中对所有偏差进行记录，并建立有效的预防措施。

确认已建立合适的可接受标准。

③ 产品验证。

可与工艺验证同步。

（2）再验证确认内容：

① 法规强制要求再验证/确认内容。药监部门或法规要求注射剂强制性再验证项目，如灭菌柜/釜，高效过滤器检漏等其他决定或影响产品质量的项目。

② 各类变更要求的验证/确认。发生变更时的"改变"性再验证需要提出变更申请，组织开展验证确认/验证工作，完成确认/验证结论，质量部门批准，形成文件。对于某些项目，则需提出申报注册，提交相关资料给监管部门审查备案。

③ 内部规定的定期验证/确认。每隔一段时间进行的"定期"再验证。

3. 最终灭菌产品的重要工艺变量及中间过程控制项目　如表 10-1。

表 10-1 工艺变量及中间过程控制项目

工艺步骤	工艺变量/中间过程控制项目
溶液制备	1. 活性成分以及特定的功能性辅料的含量均匀度 2. 异物/不溶性微粒 3. 活性成分和辅料的溶解：温度范围 4. 溶液的可见异物、密度、pH 5. 生物负荷量（微生物、热源、内毒素等） 6. 生产/放置时间
过滤/除菌	1. 生物负荷量 2. 过滤器完整性 3. 压差 4. 流速 5. 过程时间
初级包装材料的准备	1. 清洁 2. 灭菌 3. 除内毒素/除热源
最终灭菌	1. 灭菌工艺应适于去除微生物、内毒素和病毒，同时保证产品稳定性 2. 二次灭菌时应考虑对含量和降解产物进行测试 3. 灭菌时应优先选择使用蒸汽灭菌，气体灭菌只适用于通透性包装材料
霉菌（通用变量）	1. 从配制到待灭菌产品、到最终灭菌的时间 2. 最长放置时间之后的生物负荷量 3. "最难灭菌"装载模式的确定和测试 4. 所有生物指示剂的灭活（阳性对照除外） 5. 无菌保证水平（Sterility Assurance Level，SAL）至少达到 10^{-6} 6. 容器的密封性 7. 灭菌后的产品测试，例如，颜色、含量、降解产物、不溶性微粒、pH
蒸汽灭菌	1. 灭菌工艺参数（温度、时间、压力） 2. 温度分布/穿透 3. 冷点的位置
外观检查	1. 可见异物检查 2. 容器缺陷 3. 内容物缺陷（如微粒、装量） 4. 密封缺陷（如轧盖、熔封）

二、最终灭菌小容量注射剂通用工艺规程案例

1. 产品简介 包括产品名称（通用名、商品名）、批准文号、剂型、规格和包装等，必须以国家法定质量标准或国家兽药行政管理部门所批准的为依据标准。

2. 工艺流程及环境区域划分 如图 10-1 所示。

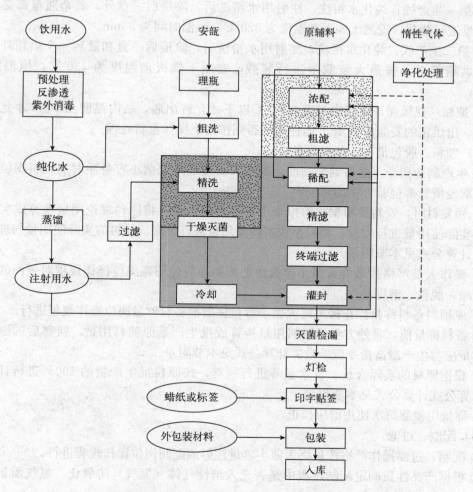

图 10-1 工艺流程及环境区域划分

图例说明：

▨ D级洁净区　▦ C级洁净区

3. 处方和依据

（1）处方：根据具体产品处方而定，详见产品工艺规程。

（2）依据：根据具体产品执行标准而定，详见产品工艺规程。

4. 操作过程及工艺条件

（1）瓶处理：

① 批生产制造指令下达后，操作人员按最终灭菌小容量注射剂领料岗位操作规程，领取经质管部检验合格的安瓿。

② 操作人员严格按最终灭菌小容量注射剂瓶处理岗位操作规程、凉瓶岗位操作规程对领取的安瓿进行理瓶、瓶粗洗、瓶精洗、干燥灭菌和凉瓶操作。

③ 洗净的安瓿在存放和传送时，应有防止污染的措施。

④ 瓶处理工艺参数。

a. 第一生产线：纯化水粗洗、注射用水精洗后，除最后一盘外，其余瓶盘都必须按最大装载量进行装载，安瓿干燥灭菌温度为 320 ℃，恒温时间为 5 min。

b. 第二生产线：纯化水粗洗、注射用水精洗后，除最后一盘和最后一个烘箱外，其余瓶盘和烘箱都必须按最大装载量进行装载，安瓿干燥灭菌温度为 120 ℃，恒温时间为 180 min。

⑤ 凉瓶：热风循环烘箱内温度在 60 ℃以下才允许出瓶，瓶内温度在 40 ℃才允许送入灌封室，出烘箱的安瓿应在 48 h 内使用，否则按以上操作重新处理。

（2）领料、脱包消毒、备料称量：

① 生产制造指令下达后到配制前，操作人员按最终灭菌小容量注射剂领料岗位操作规程，领取经质管部检验合格的原辅料。

② 领发料时，发料员根据检验报告中各原料的含量，将原料理论用量换算成实际使用量，按实际使用量进行发放，领料员按实际使用量进行领取。辅料的实际使用量与理论用量一致，计算公式见本节附录。

③ 操作人员严格按最终灭菌小容量注射剂物净脱包消毒岗位操作规程对领回的原辅料进行物净、脱包、消毒操作。

④ 原辅料备料称量操作按最终灭菌小容量注射剂备料称量岗位操作规程进行。

a. 备料称量前，将处方量原辅料用量换算成批生产量原辅料用量，换算后的原辅料品种、数量应与生产制造指令应一致。计算公式见本节附录。

b. 根据原料的实际含量、含水量等进行换算，按原料批生产量的 100% 进行计算、称量，计算公式计算公式见本节附录。

c. 称量用衡器每次使用前应校正。

（3）配制、过滤：

① 配制、过滤操作严格按最终灭菌小容量注射剂配制岗位操作规程进行。

② 根据产品性质确定配制过程中是否充入惰性气体（氮气）防氧化。氮气质量、供应量应符合要求。

③ 每一配液罐应标明配制液的品名、规格、批号和配制量。

④ 配制全过程应严格按照具体产品工艺规程要求进行，每一种原辅料的加入和调制必须由复核人确认并作好记录。

⑤ pH 计应在使用前进行校正，并定期校验，做好记录。

⑥ 药液浓配后进行粗滤，稀配后进行精滤，在灌封室进行终端过滤，药液是否进行浓配和粗滤要依具体产品而定，详见产品工艺规程。

⑦ 药液粗滤、精滤、终端过滤的滤芯（滤膜）孔径大小由产品工艺规程确定。使用前微孔滤膜按《最终灭菌小容量注射剂微孔滤膜使用规程》进行处理。使用前后应检查微孔滤膜的完整性。

⑧ 盛装过滤液容器应密闭，并标明药液品种、规格、批号。

⑨ 在过滤过程中，如发现过滤压力突然下降或过滤速度突然加快，则应暂停过滤，重新检查测试滤芯（滤膜）的完好性。

⑩ 药液自配制至灭菌一般宜在 24 h 内完成。

（4）灌封：

① 操作人员按最终灭菌小容量注射剂灌封岗位操作规程进行操作。

② 灌封软管应不落微粒。

③ 根据产品性质，确定灌封过程中是否充入惰性气体（氮气）防氧化。

④ 灌封前，按产品工艺规程规定调整装量至规定范围。

⑤ 按产品工艺规程规定调节安瓿拉丝长度至规定范围。

⑥ 灌封过程中，每 30 min 检查一次装量，出现偏差时应及时进行调整。

⑦ 盛装灌封后半成品的瓶盘应标明产品名称、规格、批号、生产日期、灌封机号、操作者姓名。

（5）灭菌检漏：

① 操作人员按最终灭菌小容量注射剂灭菌检漏岗位操作规程进行灭菌检漏操作。

② 工艺参数：第一生产线灭菌柜最大装载为 49 盘，第二生产线灭菌柜最大装载量为 126 盘，除最后一盘和最后一灭菌柜外，其余瓶盘和灭菌柜都必须按最大装载量进行装载，半成品灭菌温度、恒温时间依具体产品而定，详见产品工艺规程。

③ 每批产品灭菌前，应核对品名、批号和数量，灭菌过程中应密切注意温度、压力和时间，如有异常情况应及时处理。

④ 灭菌后半成品必须检漏，检漏工艺参数依具体产品而定，详见产品工艺规程。

⑤ 灭菌结束出料后，仔细清除灭菌柜中遗漏的半成品，以防混入下一批。

⑥ 灭菌后产品应按批号分开存放，严防灭菌前后产品混淆。

（6）灯检：

① 操作人员按最终灭菌小容量注射剂灯检岗位操作规程进行灯检操作。

② 灯检时，室内避光。检查无色溶液的光照度为 1 000～1 500 lx，检查有色溶液的光照度为 2 000～3 000 lx，供试品至人眼距离为 20～25 cm。

③ 灯检人员视力应在 0.9 或 0.9 以上（不包括矫正后视力）、无色盲，每年检查一次，连续灯检 2 h 后闭目休息 20 min。

④ 检查后的半成品注明检查者的姓名或代号，由车间质检员抽查，不符合要求时应返工重检。

⑤ 灯检不合格品应及时分类记录，标明品名、规格、批号，置于密闭容器内移交废品处理员集中处理。

（7）印字贴签和包装：

① 从生产制造指令下达到贴签前，操作人员按最终灭菌小容量注射剂领料岗位操作规程进行操作，领取经质管部检验合格的包装材料。

② 操作人员按最终灭菌小容量注射剂印字贴签、包装岗位操作规程进行操作。

③ 按产品规格、包装要求对灯检合格半成品进行印字贴签和包装。

④ 每批生产结束的剩余标签、使用说明书、托盘、纸盒、中箱、外箱和装箱单等包装材料按车间剩余物料处理程序进行处理。

⑤ 必须是灯检合格品才能进行印字贴签，贴签、包装和装箱过程中随时检查说明书、装箱单及各层次包装的品名、生产批号、生产日期、有效期等是否相符。

⑥ 上批若有零盒，包装过程中首先对零盒进行拼箱操作，拼箱及本批零头的管理按拼

箱管理制度进行。

（8）入库：包装完毕的待验品放入包装室待验区或寄存于成品仓库待验区，检验合格后逐件贴上合格证，凭入库单、检验报告单和成品审核放行单办理入库手续，转入成品库合格品区。

（9）补（退）料：生产过程中原辅料或包装材料领用量与实际使用量有差异时，按申请补（退）料操作程序进行补料或退料操作。

（10）废品、不合格品管理：

① 各岗位废品应每批集中放在标有明显标志的专用容器内，操作结束后进行废品统计，由废品处理人员负责收集并处理。

② 灯检检出的不合格品及其他岗位的不合格品，根据实际情况，按不合格品管理制度进行报废处理处理。

③ 经质管部检验不合格的产品，车间应立即贴上不合格标记存放在不合格区。

（11）清场：

① 清场要求。

a. 地面无积尘，无积垢，门窗、室内照明灯、风管、墙壁、开关箱外壳无积水，室内不得存放与生产无关的杂品。

b. 工具、容器，应清洁，无异物，无前次产品的遗留物。

c. 设备内外无前次生产的遗留物、药品、油垢。

d. 非专用设备、管道、容器、工具按照规定拆洗清洁或灭菌。

e. 凡直接接触药品的机器、设备与管道、工具、容器，应每天或每批清洗或处理。

② 每批产品每一个生产阶段完成后，必须由生产操作人员按照清场管理制度和相应的清洁规程对生产现场进行清场，各工序负责人须作复核确认。生产间隔超出规定周期或其他异常情况，生产前也应按相应规定对生产现场进行清场操作。

③ 对工序负责人复核确认合格的工序，车间质检员按要求进行最后检查，检查合格后，现场悬挂"已清洁"标识牌和"清场合格证"副件。

④ 清场合格证分正本和副本，正本纳入该批生产记录，副本纳入下批生产记录。

（12）消耗定额和物料平衡检查：生产过程中，各产品每一阶段的消耗和物料平衡是否正常，应按本规程中"消耗定额、技术经济指标、物料平衡"以及各项指标的计算方法的要求进行控制，出现异常，应按异常情况及偏差处理制度进行处理。

（13）产品记录：

① 记录分类。产品记录包括产品批记录和产品非批记录。产品批记录是产品的批生产记录、批包装记录和批检验记录的总和，该记录是以批为记录单元；产品非批记录是除产品批记录以外的其他涉及该产品的记录，包括生产管理和质量管理环节与该批产品有关的各种计划、台账、卡、报表、辅助记录等，该记录是以时间为记录单元。

② 记录要求。

a. 产品记录的填写和管理应严格按原始记录填写制度、生产记录管理制度和质量检验记录管理制度等相关记录管理制度进行。

b. 生产管理和质量管理各环节产品记录平时应放在操作现场固定位置或悬挂于显眼位置，定期收集归档。

③ 记录管理流程。

a. 批生产记录、批包装记录管理流程，如图 10 - 2 所示。

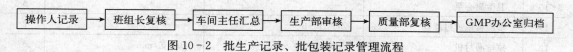

图 10 - 2 批生产记录、批包装记录管理流程

b. 批检验记录管理流程，如图 10 - 3、图 10 - 4 所示。

检验人记录 → 复核人复核 → 检验室负责人审核 → GMP办公室归档

图 10 - 3 检验记录管理流程

检验人记录 → 复核人复核 → 部门负责人审核 → GMP办公室归档

图 10 - 4 检验报告管理流程

c. 产品非批记录管理流程，如图 10 - 5、图 10 - 6、图 10 - 7 所示。

操作人记录 → 班组长复核 → 车间主任汇总 → GMP办公室归档

图 10 - 5 生产车间记录管理流程

检验人记录 → 复核人复核 → 部门负责人汇总 → GMP办公室归档

图 10 - 6 质管部记录管理流程

操作人记录 → 复核人复核 → 部门负责人汇总 → GMP办公室归档

图 10 - 7 其他部门记录管理流程

5. 设备一览表及主要设备生产能力 如表 10 - 2、表 10 - 3。

表 10 - 2 第一生产线设备一览表及主要设备生产能力

序号	设备名称	型 号	生产能力	数量
01	超声波洗瓶机	CBX	250～300 瓶/min	1
02	注水机	ALB	15 万～30 万支/班	1
03	甩水机	AS	430 转/min	2
04	远红外灭菌隧道烘箱	GLS - 700	0.1～0.5 m/min	1
05	夹层配料桶（浓配）	YJR30	300 000 mL/桶	1
06	夹层配料桶（浓配）	TGI300	300 000 mL/桶	1
07	筒式脱炭过滤器	——	——	2
08	夹层配料桶（稀配）	YJR50	500 000 mL/桶	2
09	夹层配料桶（稀配）	TGI500	500 000 mL/桶	2

（续）

序号	设备名称	型　号	生产能力	数量
10	卫生离心泵	——	——	5
11	多层板框式过滤器	ZHTY - 3	——	2
12	拉丝灌封机	ALG4/10	100 支/min	5
13	灭菌柜	YXQ. WF1. 4 - 2	1. 4 m³	2
14	自动跟踪热打码机	HP - 241K	180 次/min	2
15	斜卧式不干胶贴标机	WTB - C	80～200 瓶/min	2
16	输送台	2 000×100×700 mm	——	2
17	燃煤锅炉	DZL - 2 - 1. 25 - AⅢ	2 t/h	1
18	4T/H 纯化水系统	RO - 24000GPE	4T/H	1
19	纯化水贮罐	——	4 000 L	1
20	注射用水原水罐	SG4000	4 000 L	1
21	多效蒸馏水机	LD2000 - 5 A	2 000 L/h	6
22	注射用水贮罐	ZG3000	3 000 L	2
23	活塞式冷水机组	30HK065	制冷量 218 kW	1
24	空气压缩机	SE11 - 10	10 L/h	1

表 10 - 3　第二生产线设备一览表及主要设备生产能力

序号	设备名称	型　号	生产能力	数量
01	超声波洗瓶机	KCZP - Ⅱ	200～300 瓶/min	1
02	注水机	AAQ	15 万～20 万支/班	2
03	甩水机	AL	430 转/min	2
04	远红外热风循环烘箱	GMX -Ⅲ- C	0. 5 万～0. 9 万瓶/h	5
05	浓配罐	NG300	300 000 mL/桶	1
06	稀配罐	XG1000	1 000 000 mL/桶	3
07	卫生离心泵	LB - 50 - 170	——	4
08	不锈钢板框过滤器	TY - 1	——	3
09	安瓿拉丝灌封机	ALG4/10	100 支/min	8
10	智能检漏卧式矩形压力蒸气灭菌器	YXQ - WF22J - 2. 8	2. 8 m³	2
11	圆瓶贴标机	SML - 750	0～350 瓶/min	2
12	燃煤锅炉	DZL - 2 - 1. 25 - AⅢ	2 t/h	1
13	4T/H 纯化水系统	RO - 24000GPE	4T/H	1
14	纯化水贮罐	——	4 000 L	1
15	注射用水原水罐	SG4000	4 000 L	1
16	多效蒸馏水机	LD2000 - 5A	2 000 L/h	6

（续）

序号	设备名称	型 号	生产能力	数量
17	注射用水贮罐	ZG3000	3 000 L	2
18	组合式空调机组	TZK	35 000 m³/h	1
19	半封闭螺杆冷水机组	LSBLG187	制冷量 218 kW	1
20	空气压缩机	SE11 − 10	10 L/h	1
21	变压式吸附氮气系统	BXN − 10B	10 L/h	1

6. 技术安全、劳动保护及卫生要求

（1）技术安全：

① 一切设备的操作、维修保养，按岗位设备操作规程、维修保养规程进行，不得违章操作。

② 各种用电设备要经常检查，防止缺相、短路、漏电、接触不良、超负荷工作等事故发生。

③ 加强检修工作，发现隐患及时解决。系统、设备运行不正常应暂停使用。

④ 设备未停机之前不得用手或金属去接触机器转动部位，设备清洁时严禁带电和用水冲洗。

⑤ 严禁操作人员、维修人员酒后或精力不集中对设备进行操作、维修保养。

⑥ 度量器具、仪器仪表使用前已调试、校正合格，以确保正常使用并准确指示。

⑦ 在紫外线照射消毒时，眼睛不得直接与紫外线接触。

⑧ 在配制和使用消毒剂时，必须按消毒要求的浓度进行配制和使用。

⑨ 灌封操作时，防止燃气、氧气泄漏致使灌封室可燃气体浓度过高而发生火灾或爆炸。

（2）劳动保护：

① 操作人员要按规定穿戴好工作服、鞋、帽、口罩、手套及其他劳动保护用品。

② 随时保证局部排气系统运行正常，排除可能泄漏的气体和所产生的二氧化碳。

③ 各种动力、电器设备均有安全防护装置，并经常检查，以确保其安全有效性。

（3）卫生要求：

① 物流程序，如图 10 - 8。

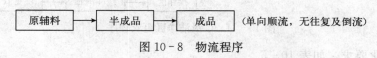

原辅料 ➝ 半成品 ➝ 成品 （单向顺流，无往复及倒流）

图 10 - 8 物流程序

② 物净程序，如图 10 - 9。

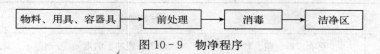

物料、用具、容器具 ➝ 前处理 ➝ 消毒 ➝ 洁净区

图 10 - 9 物净程序

③ 空气净化。

a. C级、D级洁净区利用层流式整体中央空调净化，恒温、恒湿，换气次数：C级为 20～40 次/h，D万级为 6～20 次/h。

b. 按规定方法进行静态尘粒测试：C 级≥0.5 μm 尘粒应小于 352 000 个/m³，≥5 μm 的尘粒应小于 2 900 个/m³；D 级≥0.5 μm 尘粒应小于 3 520 000 个/m³，≥5 μm 的尘粒小于 29 000 个/m³。

c. 按规定方法进行动态尘粒测试：C 级≥0.5 μm 尘粒应小于 3 520 000 个/m³，≥5 μm 的尘粒应小于 29 000 个/m³；D 级不做规定。

d. 按规定方法进行微生物动态监测（表 10-4）。

表 10-4　洁净度级别与微生物动态监测

洁净度级别	浮游菌 （CFU/m³）	沉降菌（φ90 mm） （CFU/4 h）	表面微生物	
			接触（φ55 mm） （CFU/碟）	5 指手套 （CFU/手套）
C 级	100	50	25	——
D 级	200	100	50	——

e. 初效过滤器每 3 个月清洗一次，中效过滤器为无纺布滤材，每 6 个月换洗一次，高效过滤器每 2 年更换一次。

④ 人净程序。

a. D 级洁净区更衣程序，如图 10-10。

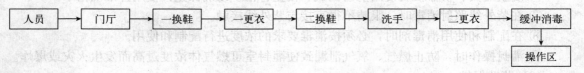

图 10-10　D 级洁净区更衣程序

b. C 级洁净区更衣程序，如图 10-11。

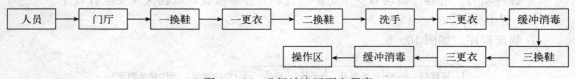

图 10-11　C 级洁净区更衣程序

⑤ 人员净化要求，如表 10-5。

表 10-5　人员净化要求

区　域	标准要求		
洁净区	更衣、裤、帽、鞋	洗手、缓冲、消毒	戴口罩、手套
一般生产区	更衣、裤、帽、鞋	洗手	——

⑥ 工作衣标准，如表 10-6。

表 10-6　工作衣标准

区域	衣、裤、帽	鞋	手套	处理方法
洁净区	白色	白色	白色	清洗、烘干、消毒
一般生产区	浅蓝色	蓝色	无	清洗、烘干

⑦ 消毒要求。

a. 按消毒剂配制及使用管理制度对消毒剂进行配制和使用。

b. 具体消毒方法按卫生管理制度和各清洁消毒规程中的消毒部分进行操作。

7. 包装要求、标签说明书管理与产品贮存方法

（1）包装要求：

① 配套包装材料见具体产品工艺规程。

② 包装材料应符合该产品有关包装材料质量标准，降级使用的包装材料应附有降级使用单。

③ 标签上打印（或印刷）生产批号，纸盒上打印生产批号、生产日期和有效期。

④ 包装层次要求。

a. 安瓿、托盘、纸盒、中箱等按包装的设计层次和摆放要求逐一进行摆放。

b. 安瓿、说明书及托盘摆放：平放的安瓿标签（或印字）面向上，方向一致，说明书正面朝上，纸盒内托盘的安瓿面向上，与纸盒正面一致。

c. 纸盒、中箱、装箱单摆放：平放的纸盒正面朝上，所有纸盒方向一致，竖放的纸盒应正立，所有纸盒方向一致，中箱摆放方向与纸箱一致，装箱单放纸箱内最上层，要求开箱即可看见。

⑤ 装箱单上打印产品名称、规格、包装、生产批号、生产日期、有效期、装箱员和装箱日期。

⑥ 装箱后，用专用封口胶将箱口封严，封口胶位置适中，长短适宜。

⑦ 质量部发放的合格证应统一贴在外箱侧面固定位置处，合格证上打印生产批号、生产日期、有效期及签证人。

（2）标签、说明书管理：

① 标签、说明书由车间专人领用和保管，领用后存放于暂存室标签说明书专柜内。

② 车间内标签、说明书的发放遵循标示材料管理制度要求，做到计数和数量平衡。

③ 印有批号的标签必须做报废处理，对报废的标签、说明书应集中统一销毁，剩余的合格标签、说明书应集中收集后及时退回仓库或按暂存要求存放于暂存室。

（3）产品贮存方法：

产品按规定条件进行贮存。待验品、合格品、不合格品分区存放并有明显标志。

8. 劳动组织与定岗定员

（1）劳动组织：

① 生产部部长根据生产计划下达生产制造指令给生产车间。

② 车间主任接受生产制造指令后组织各工序班组长及生产操作人员按质按量完成生产任务。

（2）定岗定员：

① 第一生产线定岗定员，如表 10-7。

表 10-7　第一生产线定岗定员

岗　　位	人　员	岗　　位	人　员
领料、脱包消毒、配制	2	灯　检	3
瓶　处　理	4	灭菌检漏	1
冷　瓶	1	外包装	7
灌　封	5	打码打包	2
车间主任	1	合　计	26

② 第二生产线定岗定员，如表 10-8。

表 10-8　第二生产线定岗定员

岗　　位	人　员	岗　　位	人　员
领料、脱包消毒、配制	2	灯　检	4
瓶　处　理	5	灭菌检漏	1
冷　瓶	1	外包装	10
灌　封	8	打码打包	2
车间主任	1	合　计	34

9. 产品质量标准　根据相关法定质量标准，制订了原料质量标准、辅料质量标准、工艺用水内控质量标准、半成品质量标准、成品内控质量标准和包装材料质量标准，产品质量标准详见具体产品工艺规程。

10. 各工序质量控制要点和检查方法

（1）质量控制要点：如表 10-9。

表 10-9　质量控制要点

工　序	质量控制点	质量控制项目	频　次
空气净化	温湿度监控	温湿度	1次/2 h
	压差监控	压差	1次/2 h
	洁净度监控	悬浮离子、沉降菌、浮游菌、表面微生物（D级洁净区）	1次/半年
		悬浮离子、沉降菌、浮游菌、表面微生物（C级洁净区）	1次/季度
工艺用水	纯化水	酸碱度、电导率	1次/2 h
		《中国兽药典》中纯化水全部检测项目	1次/周
	注射用水	pH、电导率	1次/2 h
		《中国兽药典》中注射用水全部检测项目	1次/周

（续）

工　序	质量控制点			质量控制项目	频　次
工艺用气（汽）	氮气（自制）			纯度、压力	1次/2 h
	氮气（购买）	质量		合格证	1次/罐
		供给		压力	定时/班
	氧气（购买）	质量		合格证	1次/罐
		供给		压力	定时/班
	蒸汽			温度、压力	1次/2 h
	天然气			天然气公司检验报告	定期/年
理瓶	原包装安瓿			合格证、清洁度	随时/班
洗瓶	过滤后注射用水			可见异物	定时/班
	洗净后安瓿			清洁度	定时/班
	最后一次淋洗水			pH、可见异物	定时/班
烘瓶	烘箱			温度、恒温时间	定时/班
冷瓶	冷却后安瓿			清洁度	1次/箱
	安瓿损耗率			是否在控制范围内	1次/班
	安瓿数量平衡			是否在控制范围内	1次/班
配制	原辅料			检验单号、异物、颜色、状态、重量	1次/班
	配制后药液			性状、pH、鉴别、主药含量	至合格
	过滤后药液			可见异物	随时/批
	过滤器材			完整性	定时/批
	半成品损耗量			是否在控制范围内	1次/班
灌封	冷却后安瓿			清洁度	随时/班
	灌封前药液			色泽、可见异物	随时/班
	灌封后半成品			药液装量、可见异物、色泽、长度、外观	随时/班
	安瓿损耗率			是否在控制范围内	1次/班
	半成品收率			是否在控制范围内	1次/班
	安瓿数量平衡			是否在控制范围内	1次/班
灭菌检漏	灭菌柜			标记、装量、温度、压力、时间、记录	定时/柜
	灭菌检漏前后半成品			外观、清洁度、标记、存放区	定时/批
灯检	灯检品			每盘标记、灯检者代号、存放区	随时/班
				合格品漏检率、不合格品错判率	随时/班
	安瓿损耗率			是否在控制范围内	1次/班
	半成品收率			是否在控制范围内	1次/班
	安瓿数量平衡			是否在控制范围内	1次/班

（续）

工　序	质量控制点	质量控制项目	频　次
包装	包装材料	检验单号、式样、内容、数量、使用记录	随时/班
	待包装品	每盘标记、灯检者代号	定时/盘
	印字贴签	内容、式样、清晰度、位置	随时/班
	纸盒打码	内容、式样、清晰度、位置	随时/班
	装盒装箱	包装层次、摆放、数量	随时/班
	封箱	外观、牢固	随时/班
	包材损耗率	是否在控制范围内	1次/班
	成品收率	是否在控制范围内	1次/班
	包材数量平衡	是否在控制范围内	1次/班
入库	待验品	分区、状态标志、贮藏条件	1次/班
	合格品	合格证、分区、状态标志、贮藏条件、货位卡	1次/班

（2）检查方法：

① 温湿度：岗位操作人员用温湿度计检查，车间质监人员不定期进行监督检查。

② 压差：岗位操作人员用压差表检查，车间质监人员不定期进行监督检查。

③ 悬浮离子：质量部微生物检验人员或 QA 人员采用专用仪器进行检查。

④ 沉降菌：质量部微生物检验人员用专用仪器进行检查。

⑤ 纯化水酸碱度、电导率：纯化水制备岗位操作人员采用仪器进行检查。

⑥ 纯化水全项检查：送质量部检查。

⑦ 注射用水 pH、电导率：注射用水制备岗位操作人员采用仪器进行检查。

⑧ 注射用水全项检查：送质量部检查。

⑨ 自制氮气的纯度、压力：氮气制备操作人员通过仪表进行感官检查。

⑩ 购买氮气合格证、压力：氮气管理员对氮气瓶和压力表进行感官检查。

⑪ 购买氧气合格证、压力：氧气管理员对氧气瓶和压力表进行感官检查。

⑫ 蒸汽温度、压力：蒸汽制备操作人员通过仪表进行感官检查。

⑬ 天然气检验报告：对天然气检验报告进行检查。

⑭ 理瓶过程中原包装安瓿的合格证和清洁度：理瓶操作人员感官检查。

⑮ 过滤后洗瓶注射用水可见异物：洗瓶操作人员感官检查。

⑯ 洗净后安瓿清洁度：精洗操作人员感官检查，现场质监人员复核检查。

⑰ 最后一次淋洗水 pH、可见异物：精洗操作人员通过仪器和感官检查。

⑱ 烘瓶时烘箱温度、恒温时间：烘瓶操作人员通过仪表和感官检查。

⑲ 冷却后安瓿清洁度：操作人员感官检查，现场质监人员复核检查。

⑳ 瓶处理损耗率、数量平衡：操作人员统计并计算检查。

㉑ 配制原辅料检验单号、异物、颜色、状态、重量：操作人员感官和称量检查。

㉒ 配制后药液性状：配制操作人员感官检查，送质量部进行复检。

㉓ 配制后药液 pH：配制操作人员仪器检测，送质量部进行复检。

㉔ 配制后药液鉴别、主药含量：送质量部检测。

㉕ 过滤后药液可见异物：由配制操作人员感官检查。

㉖ 过滤器材完整性检查：由配制操作人员感官检查。

㉗ 配制半成品损耗量：操作人员统计并计量检查。

㉘ 灌封前冷却安瓿的清洁度：由灌封操作人员感官检查。

㉙ 灌封前药液色泽、可见异物：由灌封操作人员感官检查，现场质监人员复核检查。

㉚ 灌封后安瓿长度：由灌封操作人员用游标卡尺测量、现场质监人员复核检查。

㉛ 灌封后药液装量：由灌封操作人员用已标定的规定容量量器抽查，现场质监人员复核检查。

㉜ 灌封后半成品可见异物、色泽、外观：由灌封操作人员感官抽查，现场质监人员复核检查。

㉝ 灌封安瓿损耗率、数量平衡、半成品收率：操作人员统计并计算检查。

㉞ 灭菌柜标记、装量、温度、压力、时间、记录：由灭菌检漏操作人员按照产品工艺规程进行感官检查，现场质监人员复核检查。

㉟ 灭菌检漏前后半成品的外观、清洁度、标记、存放区：由灭菌检漏操作人员感官检查，现场质监人员复核检查。

㊱ 在灯检品每盘标记、灯检者代号、存放区：灯检操作人员感官检查。

㊲ 灯检后合格品漏检率、灯检不合格品错判率：现场质监人员复核检查。

㊳ 灯检安瓿损耗率、数量平衡、半成品收率：操作人员统计并计算检查。

㊴ 包装材料检验单号、式样、内容、数量、使用记录：包装材料数量计数统计，其余项感官检查。

㊵ 待包装品每盘标记、灯检者代号：印字（贴签）操作人员感官检查。

㊶ 印字贴签内容、式样、清晰度、位置：印字操作人员感官检查，现场质监人员复核检查。

㊷ 纸盒打码内容、式样、清晰度、位置：打码人感官检查，现场质监人员复核检查。

㊸ 装盒装箱的包装层次、摆放、数量：操作人员感官和计数检查，现场质监人员复核检查。

㊹ 封箱的外观、牢固：操作人员感官检查、按压检查，现现场质监人员复核检查。

㊺ 包装包材损耗率、数量平衡、成品收率：操作人员统计并计算检查。

㊻ 待验成品分区、状态标志、贮藏条件：质监人员感官检查。

㊼ 合格成品合格证、分区、状态标志、贮藏条件、货位卡：质监人员感官检查。

11. 消耗定额、技术经济指标、物料平衡以及各项指标的计算方法

（1）消耗定额：

① 原辅料消耗定额。

a. 原料：为批生产量原料理论用量有效量的 100%。

b. 辅料：为批生产量辅料理论用量。

② 包装材料消耗定额。

$$包装材料计划用量＝包装材料理论用量×（1＋定额损耗率）$$

定额损耗率：见具体产品工艺规程。

实际损耗率计算公式：

$$包装材料实际损耗率（\%）＝\frac{工序包装材料损耗数（废品数）}{包装材料理论用量}×100\%$$

若下道工序中有本工序包装材料损耗数，则：工序包装材料损耗数＝本工序包装材料损耗数＋下道工序中属于本工序的包装材料损耗数。

（2）物料平衡：

① 半成品收率。

计算公式：

$$半成品收率（\%）=\frac{工序合格半成品数}{理论产出数}\times100\%$$

若下道工序中有本工序不合格半成品，工序合格半成品数＝本工序交下道工序数－下道工序中属于本工序的废品数。

限度范围：见产品工艺规程。

② 成品收率。

计算公式：

$$成品收率（\%）=\frac{合格成品产出数}{成品理论产出数}\times100\%$$

限度范围：见产品工艺规程。

③ 物料数量平衡

计算公式：

$$偏差（\%）=\frac{发放数（领用数）+上批存－合格使用数－报废数－本批存（退库）数}{合格使用数＋报废数}\times100\%$$

允许偏差范围：见产品工艺规程。

12. 产品相关验证的具体要求 如表 10-10。

表 10-10 产品相关验证的具体要求

内容类别	项 目		控制标准	方 法
洁净区空调净化系统	压差（不同洁净区相邻房间之间）		≥10 Pa（0.5 mm Hg 柱）	压差计检测
	压差（洁净区与非洁净区之间）		≥10 Pa（1.0 mm Hg 柱）	压差计检测
	压差（洁净区与室外大气之间）		≥10 Pa（1.2 mm Hg 柱）	压差计检测
	温度		18～26 ℃	温度计检测
	相对湿度（RH）		30％～65％	湿度计检测
	照度		≥200lx	照度计检测
	噪声		≤60 分贝	分贝计检测
	悬浮粒子	C 级	静态：≥0.5 μm 粒子：≤ 352 000/m³ ≥5 μm 粒子：≤2 900 个/m³	按《医药工业洁净室（区）悬浮粒子的测试方法》检测
			动态：≥0.5 μm 粒子：≤3 520 000/m³ ≥5 μm 粒子：≤29 000 个/m³	
		D 级	静态：≥0.5 μm 粒子：≤3 520 000/m³ ≥5 μm 粒子：≤29 000 个/m³	

（续）

内容类别	项目		控制标准	方法
洁净区空调净化系统	活微生物	C级	浮游菌：≤100（CFU/m³）	按《医药工业洁净室（区）浮游菌的测试方法》检测
			沉降菌（φ90 mm）：≤50（CFU/4 h）	按《医药工业洁净室（区）沉降菌的测试方法》检测
			表面微生物〔接触（φ55 mm）〕：≤25（CFU/碟）	按《洁净室（区）表面微生物检查法标准操作规程》检测
		D级	浮游菌：≤200（CFU/m³）	按《医药工业洁净室（区）浮游菌的测试方法》检测
			沉降菌（φ90 mm）：≤100（CFU/4 h）	按《医药工业洁净室（区）沉降菌的测试方法》检测
			表面微生物〔接触（φ55 mm）〕：≤50（CFU/碟）	按《洁净室（区）表面微生物检查法标准操作规程》检测
	换气次数	C级	20～40 次/h	风速计检测
		D级	6～20 次/h	风速计检测
工艺用水	纯化水		供水能力达设计标准，连续运行3周水质达到《中国兽药典》标准	按纯化水检验操作规程检查
	注射用水		供水能力达设计标准，连续运行3周水质达到《中国兽药典》标准，细菌内毒素＜0.25 EU/mL	注射用水检验操作规程检查
氮气系统	纯度		含量≥99.9%	设备仪表显示
	管道连接密闭性		不产生肥皂泡	肥皂水试验法
	水污染		镜面上无可见的液体、水	镜面试验法检测
	气味		未闻到异味	感官检查法检测
压缩空气	输气管道密闭性		不产生肥皂泡	肥皂水试验法
	水污染		镜面上无可见的液体、水	镜面试验法检测
	气味		未闻到异味	感官检查法检测
设备	远红外热风循环烘箱、远红外隧道烘箱		设备运行安全性合格	安全性试验
			控制系统的准确性为±5 ℃	准确性试验
			空载热分布测试温度平均值与最冷点温差为≤±1 ℃	空载热分布试验
			负载热穿透测试温度平均值与最冷点温差为≤±1 ℃	负载热穿透试验
	配制罐		液位精确性合格	准确性试验检测
			耐压性合格	耐压性试验检测
			密闭性合格	密闭性试验检测

内容类别	项 目		控制标准	方 法
设备	过滤系统		完整性合格	感官检查法检查
			滤液可见异物合格	可见异物检查法
			滤液微生物限度合格	微生物限度检查
	拉丝灌封机		灌封速度与标示一致	模拟生产试验检测
			装量精度≤3%	
			灌封稳定性合格	
			灌封合格率＞99.0%	
	灭菌柜		设备运行安全性合格	安全性试验
			控制系统的准确性为±5 ℃	准确性试验
			空载热分布测试温度平均值与最冷点温差为＜±1 ℃	空载热分布试验
			负载热穿透测试温度平均值与最冷点温差为≤±1 ℃、最冷点 F_0 值＞8	负载热穿透试验
			生物指示剂测试指示剂显紫色	生物指示剂测试
设备清洁	设备表面		无臭无味、无可见微粒、无滑腻感	感官检查法
			菌落数符合各洁净区要求	棉签擦拭取样法
			小于最大允许残留量	
	最终冲洗液		冲洗液前后 pH 一致、澄清度一致	最终冲洗液取样法
			冲洗液药物残留≤10 mg/kg	
生产工艺	瓶处理	最后一次淋洗水	可见异物符合规定	可见异物检查法
			pH 为 5.0～7.0；与最后淋洗水 pH 一致（±0.2 范围内）	pH 测定法
		烘干后安瓿	无菌	无菌检查法
		工序安瓿损耗率	符合产品工艺规程规定	数学统计法
		工序安瓿数量平衡	符合产品工艺规程规定	数学统计法
	配制及过滤	稀配后药液	性状、鉴别、pH、主药含量等项符合规定	按质量标准方法
		过滤后药液	性状、鉴别、pH、主药含量等项符合规定	按质量标准方法
			可见异物符合规定	可见异物检查标准
			细菌内毒素＜0.25 EU/mL	细菌内毒素检查法
		工序废液量	符合产品工艺规程规定	量器检测
	灌封	装量	装量符合要求	《中国兽药典》
		安瓿封口长度	符合产品工艺规程规定	游标卡尺测量法
		工序安瓿损耗率	符合产品工艺规程规定	数学统计法
		工序半成品收得率	符合产品工艺规程规定	数学统计法
		工序安瓿数量平衡	符合产品工艺规程规定	数学统计法

（续）

内容 类别	项　目		控制标准	方　法
生产 工艺	灭菌检漏	灭菌后半成品	性状、鉴别、pH、主药含量等项符合规定	按质量标准方法
			可见异物符合规定	可见异物检查标准
			F_0 值≥8.5	F_0 值监测仪显示
			无菌符合规定	无菌检查法
		工序检漏率	100%	数学统计法
	灯检	合格灯检品	漏检率≤0.6%	灯检操作规程
		不合格灯检品	错判率≤0.5%	灯检操作规程
		工序安瓿损耗率	符合产品工艺规程规定	数学统计法
		工序半成品收得率	符合产品工艺规程规定	数学统计法
		工序安瓿数量平衡	符合产品工艺规程规定	数学统计法
	包装	贴签质量	不合格率≤1.0%	数学统计法
		包装质量	外观、层次、数量符合规定	统计、感官检查
		包装材料损耗率	符合产品工艺规程规定	数学统计法
		成品收率	符合产品工艺规程规定	数学统计法
		包装材料数量平衡	符合产品工艺规程规定	数学统计法

13. 主要标准操作规程（SOP）及要求

（1）主要标准操作规程（SOP）：

① 岗位操作规程如表 10-11。

表 10-11　岗位操作规程

序　号	岗位操作规程名称	文件编码
01	最终灭菌小容量注射剂领料岗位操作规程	＊0707001
02	最终灭菌小容量注射剂物净脱包消毒岗位操作规程	＊0707002
03	最终灭菌小容量注射剂原辅料备料称量岗位操作规程	＊0707003
04	最终灭菌小容量注射剂瓶处理岗位操作规程	＊0707004
05	最终灭菌小容量注射剂冷瓶岗位操作规程	＊0707005
06	最终灭菌小容量注射剂配制岗位操作规程	＊0707006
07	最终灭菌小容量注射剂灌封岗位操作规程	＊0707007
08	最终灭菌小容量注射剂灭菌检漏岗位操作规程	＊0707008
09	最终灭菌小容量注射剂灯检岗位操作规程	＊0707009
10	最终灭菌小容量注射剂安瓿印字包装岗位操作规程	＊0707010
11	锅炉烘炉和煮炉操作规程操作规程	＊0707141
12	锅炉用水软化处理操作规程操作规程	＊0707142
13	锅炉运行中事故处理操作规程	＊0707143
14	纯化水制备岗位操作规程	＊0707144

（续）

序　号	岗位操作规程名称	文件编码
15	注射用水制备岗位操作规程	＊0707145
16	空气净化岗位操作规程	＊0707146
17	维修安全岗位操作规程	＊0707147
18	电工安全岗位操作规程	＊0707148
19	生产区洗衣岗位操作规程	＊0707149
20	洁净区空气熏蒸消毒岗位操作规程	＊0707150
21	高效过滤器检漏操作规程	＊0707151
22	不良品、尾数（料、液）、残液（料）处理操作规程	＊0707152
23	氮气制备岗位操作规程	＊0707153

② 生产设备操作规程如表 10 - 12。

表 10 - 12　生产设备操作规程

序　号	生产设备操作规程名称	文件编码
01	CBX 型超声波自动洗瓶机操作规程	＊0207001
02	CBX 型超声波自动洗瓶机清洁、消毒规程	＊0207002
03	CBX 型超声波自动洗瓶机维修、保养规程	＊0207003
04	甩水机操作规程	＊0207004
05	甩水机清洁消毒规程	＊0207005
06	甩水维修、保养规程	＊0207006
07	注水机操作规程	＊0207007
08	注水机清洁消毒规程	＊0207008
09	注水机维修、保养规程	＊0207009
10	GLS - 700 型远红外灭菌隧道烘箱操作规程	＊0207010
11	GLS - 700 型远红外灭菌隧道烘箱清洁消毒规程	＊0207011
12	GLS - 700 型远红外灭菌隧道烘箱维修、保养规程	＊0207012
13	ALG 型安瓿拉丝灌装机操作规程	＊0207013
14	ALG 型安瓿拉丝灌装机清洁消毒规程	＊0207014
15	ALG 型安瓿拉丝灌装机维修、保养规程	＊0207015
16	YXQ. WF1. 4 - 2 型灭菌柜操作规程	＊0207016
17	YXQ. WF1. 4 - 2 型灭菌柜清洁规程	＊0207017
18	YXQ. WF1. 4 - 2 型灭菌柜维修、保养规程	＊0207018
19	夹层不锈钢配液缸操作规程	＊0207019
20	最终灭菌小容量注射剂夹层不锈钢配液缸及配制输液管道清洁、消毒规程	＊0207020
21	筒式脱炭过滤器操作规程	＊0207021
22	筒式脱炭过滤器清洁消毒、维护保养规程	＊0207022

（续）

序　号	生产设备操作规程名称	文件编码
23	卧式多级离心泵操作规程	＊0207023
24	卧式多级离心泵清洁、维修保养规程	＊0207024
25	多层板框过滤器操作规程	＊0207025
26	多层板框过滤器清洁、维修保养规程	＊0207026
27	平板过滤器操作规程	＊0207027
28	平板过滤器清洁、维修保养规程	＊0207028
29	最终灭菌注射剂微孔滤膜使用规程	＊0207029
30	最终灭菌注射剂配制输液管道清洁消毒规程	＊0207030
31	KCZP－Ⅱ型超声波自动洗瓶机操作规程	＊0207031
32	KCZP－Ⅱ型超声波自动洗瓶机清洁规程	＊0207032
33	KCZP－Ⅱ型超声波自动洗瓶机维修、保养规程	＊0207033
34	GMX－Ⅲ－C远红外热风循环烘箱操作规程	＊0207034
35	GMX－Ⅲ－C远红外热风循环烘箱清洁消毒规程	＊0207035
36	GMX－Ⅲ－C型远红外热风循环烘箱维修、保养规程	＊0207036
37	YXQ－WF22J－2.8智能真空检漏卧式矩形压力蒸汽灭菌器操作规程	＊0207037
38	YXQ－WF22J－2.8智能真空检漏卧式矩形压力蒸汽灭菌器清洁规程	＊0207038
39	YXQ－WF22J－2.8智能真空检漏卧式矩形压力蒸汽灭菌器维修、保养规程	＊0207039
40	HP－241K自动跟踪热打码机操作规程	＊0207040
41	HP－241K自动跟踪热打码机清洁规程	＊0207041
42	HP－241K自动跟踪热打码机维修、保养规程	＊0207042
43	WTB－C斜卧式不干胶贴标机（数码）操作规程	＊0207043
44	WTB－C斜卧式不干胶贴标机（数码）清洁规程	＊0207044
45	WTB－C斜卧式不干胶贴标机（数码）维修、保养规程	＊0207045
46	输送台操作、维修、保养规程	＊0207046
47	SML－750型贴标机操作、清洁、维修保养规程	＊0207047
48	纯化水储罐、注射用水储罐及其管道操作、清洁消毒、维护保养规程	＊0207048
49	DZL－2－1.25－AⅢ型卧式快装链条锅炉安全操作规程	＊0207269
50	DZL－2－1.25－AⅢ型卧式快装链条锅炉清洁、维护保养规程	＊0207270
51	30HK065活塞式冷水机组安全操作规程	＊0207271
52	30HK065活塞式冷水机组清洁、维修保养规程	＊0207272
53	LSBLG187半封闭螺杆冷水机组安全操作规程	＊0207273
54	LSBLG187半封闭螺杆冷水机组清洁、维修保养规程	＊0207274
55	空气净化增压系统清洁、维修保养规程	＊0207275
56	冷却塔系统清洁、维修保养规程	＊0207276
57	空气压缩机操作规程	＊0207277

（续）

序　号	生产设备操作规程名称	文件编码
58	空气压缩机清洁、维护保养规程	＊0207278
59	热打码机操作规程	＊0207279
60	热打码机维修、保养规程	＊0207282
61	热打码机清洁规程	＊0207283
62	XQB42－1F 海棠智能型电脑全自动洗衣机操作规程	＊0207284
63	GYJ30－8 型小天鹅干衣机操作规程	＊0207285
64	ACS 电子计重秤操作规程	＊0207286
65	XK3100－B2 称重显示器操作、维修保养规程	＊0207289
66	RO－24000GPD 型纯化水系统操作规程	＊0207290
67	RO－24000GPD 型纯化水系统清洁、维护保养规程	＊0207291
68	LD2000－5A 列管式多效蒸馏水机操作、清洁消毒、维护保养规程	＊0207292
69	CM－350 臭氧灭菌柜操作、清洁、维护保养规程	＊0207293
70	SE11A－10 螺杆式空气压缩机设备操作规程	＊0207294
71	SE11A－10 螺杆式空气压缩机清洁规程	＊0207295
72	SE11A－10 螺杆式空气压缩机维修、保养规程	＊0207296
73	BXN－10B 变压吸附氮气设备操作规程	＊0207297
74	BXN－10B 变压吸附氮气设备清洁规程	＊0207298
75	BXN－10B 变压吸附氮气设备维修、保养规程	＊0207299
76	TZK 组合式空调机组操作、清洁消毒、维护保养规程	＊0207300
77	WI4531S 惠而浦全自动波轮式洗衣机操作规程	＊0207301
78	WI4531S 惠而浦全自动波轮式洗衣机清洁、维护保养规程	＊0207302
79	868 型台面式 pH 计操作、维修、保养规程	＊0207303
80	DDS－307 型电导率仪操作规程	＊0803128
81	DDS－11A 型电导率仪操作规程	＊0803129
82	pHS－3C 型精密 PH 计操作、维修保养规程	＊0803130

③ 清洁规程如表 10－13。

表 10－13　清洁规程

序　号	清洁规程名称	文件编码
01	进出一般生产区更衣规程	＊0407001
02	进出 D 万级洁净区更衣规程	＊0407003
03	进出 C 级洁净区更衣规程	＊0407004
04	物料进出一般生产区清洁规程	＊0407005
05	物料进出洁净区清洁消毒规程	＊0407006
06	一般生产区清洁规程	＊0407021

（续）

序　号	清洁规程名称	文件编码
07	D万级洁净区清洁消毒规程	＊0407023
08	C级洁净区清洁消毒规程	＊0407024
09	洁净区走廊、通道清洁消毒规程	＊0407025
10	更衣室清洁消毒规程	＊0407026
11	卫生间清洁规程	＊0407027
12	一般生产区设备清洁规程	＊0407041
13	一般生产区容器具清洁规程	＊0407042
14	D级洁净区设备清洁消毒规程	＊0407045
15	D万级洁净区容器具清洁消毒规程	＊0407046
16	C级（局部A级）洁净区设备清洁消毒规程	＊0407047
17	C级（局部A级）洁净区容器具清洁消毒规程	＊0407048
18	水针剂可见异物检测仪清洁规程	＊0407049
19	生产区灯具清洁规程	＊0407053
20	洁净区除尘罩、送回风罩清洁消毒规程	＊0407054
21	生产区电话机清洁消毒规程	＊0407055
22	洁净区水龙头、面盆清洁消毒规程	＊0407056
23	生产区推车清洁消毒规程	＊0407057
24	纯化水管道清洁、钝化、消毒规程	＊0407058
25	注射用水管道清洁、钝化、消毒规程	＊0407059
26	清洁工具清洁消毒规程	＊0407060
27	生产区地漏清洁消毒规程	＊0407061
28	传递窗（柜、门）清洁消毒规程	＊0407062
29	空气净化系统清洁规程	＊0407063
30	厂房外表及屋顶清洁规程	＊0407064
31	彩板吊顶顶部清洁规程	＊0407065

（2）主要标准操作规程（SOP）要求：

① 各岗位严格按工艺进行操作，生产过程随时自检自查。

② 班组兼职质监人员（班组长）认真执行质检制度，对本班组质量负责。

③ 车间主任、车间质监员随时监督检查各工序 SOP 执行情况。

14. 附录（常见理化常数、曲线、图表、计算公式及换算表等）

（1）原料实际使用量计算公式：

$$实际使用量（kg）=\frac{理论用量（kg）}{含量（\%）}\times100\%$$

$$原辅料批理论使用量（kg）=\frac{批生产量（mL）}{处方量（mL）}\times原辅料处方用量（kg）$$

（2）常用换算表：如表 10-14。

表 10 - 14　计量单位换算

长度单位换算	1 米（m）=10 分米（dm）=100 厘米（cm）=1 000 毫米（mm）
	1 毫米（mm）=10 微米（μm）
容量单位换算	1 立方米（m³）=1 000 升
	1 升（L）=1 000 毫升（mL）
	1 升（L）=1 立方分米（dm³）
	1 毫升（mL）=1 立方厘米（cm³）
质量单位换算	1 吨（T）=1 000 千克（kg）
	1 千克（kg）=1 000 克（g）
	1 克（g）=1 000 毫克（mg）
面积单位换算	1 平方米（m²）=100 平方分米（dm²）
	1 平方分米（dm²）=100 平方厘米（cm²）
温度单位换算	绝对温标（°K）=摄氏温标（°C）+273.15
	摄氏温标（°C）=5/9×（华氏温标°F-32）
	华氏温度（°F）=9/5×（摄氏温度°C+32）
频率单位换算	1 兆赫（MHz）=103 千赫（kHz）=106 赫兹（Hz）
时间单位换算	1 天（d）=24 小时（h）
	1 小时（h）=60 分（min）
	1 分（min）=60 秒（s）
压力单位换算	1 标准大气压（atm）=101 325 帕（Pa）
	1 毫米汞柱（mmHg）=133.322 帕（Pa）
	1 标准大气压（atm）=760 毫米汞柱（mmHg）
功率单位换算	1 马力=735.499 瓦（W）
热功单位换算	1 卡（cal）=4.186 8 焦耳（J）
	1 千瓦小时（kW·h）=3.6×106 焦耳（J）

15. 附页（变更记录）　如表 10 - 15。

表 10 - 15　变更记录

变更次数	版本号	变更原因	变更内容	生效日期

第十一章 非最终灭菌注射剂生产

（无菌粉针剂/冻干粉针剂）

第一节 配 液

【技能要求】

能够解决无菌配液过程中出现的异常情况及质量问题，能够编写非最终灭菌注射剂生产工艺规程和配液岗位标准操作规程。

一、非最终灭菌注射剂无菌配制工艺流程说明

1. 物料

（1）在外清室使用饮用水（纯化水）对物料外包装表面进行擦拭，房间进行送风保护，使房间内与外部环境保持正压，避免外部环境对房间的污染。

（2）擦拭后送入缓冲室，使用 75％酒精对原料外包装表面进行擦拭消毒，然后打开房间内的紫外灯进行紫外杀菌 15 min。

（3）杀菌结束后，将原料放入暂存室备用。

（4）物料称量。

① 为了避免在称量过程中原料粉末对环境造成污染，整个称量过程均在具有负压称量室内进行，负压称量室的安装环境为 B 级背景下的 A 级，由负压称量室结构原理图可以看出，在负压称量室内进行原料称量操作，完全能够避免粉尘对洁净环境的影响。

② 负压称量室实际配置。

a. 送风风速在 $0.36\sim0.54$ m/s 之间，配备相应的均流膜，使风速分布均匀，保证单点风速与平均风速相差在±20％以内。

b. 气流形式为垂直的单向流。

c. 系统设置初效、中效、高效过滤器，中、高效过滤器前后有压差监测功能。

d. 高效过滤器过滤等级为 H14，过滤效率达到 99.999％，可以过滤 $0.3\ \mu m$ 以上的尘埃粒子，环境洁净级别达到 A 级。

e. 负压称量室内照度达到 300 lx 以上。

f. 静压箱内带使 PAO 粒子均匀分布的装置，设发烟口、高效过滤器上游浓度检测口。

g. 风机采用变频控制，安装紫外杀菌灯，杀菌时间可进行设置（图 11-1）。

h. 系统运行过程中，对称量结果无影响。

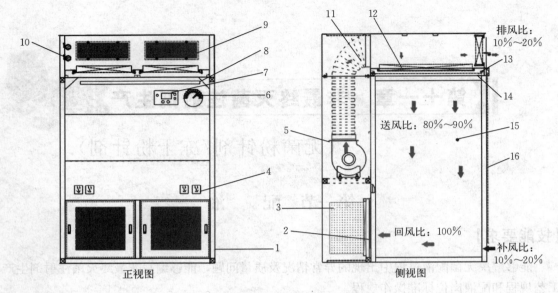

图 11-1　风机结构与功能

1. SUS304 箱体　2. 无纺布初效过滤器　3. 中效袋式过滤器　4. 备用 5 孔插座　5. 风机　6. 压差表
7. 控制器　8. 杀菌灯　9. 高效排风口　10. PAO 测试口　11. 送风风管　12. 液槽式送风高效过滤器
13. 照明灯　14. 均流膜　15. 侧面壁板　16. PVC 软帘

（5）配制。

① 配制系统由混合罐、无菌储罐 A、无菌储罐 B、移动罐、过滤系统、输送管路及控制系统组成，整个配制过程均在 B 级背景下的 A 级环境下进行。

② 两个无菌储罐在生产过程中一个使用，另一个备用，当料液经过滤系统输送至无菌储罐 A 后，如果滤芯完整性检测没有通过，可以将料液经另一套过滤器系统进行过滤后输送至无菌储罐 B，输送过程始终保持密闭正压，因此不存在系统无菌状态被破坏的风险，此种工艺设计可以最大限度降低因过滤系统失效导致料液废弃的风险，同时降低生产成本。

③ 所有罐体均做保温处理，罐体主体材料为 316 L 不锈钢，保温外表面材料为 304 不锈钢，罐体内、外表面做抛光处理，内表面 Ra≤0.4 μm，外表面 Ra≤0.6 μm，罐体耐受压力 0.3 MPa。

④ 混合罐主要用于物料的配制，罐底带有温度探头和 pH 计，可监测罐内产品温度和 pH，配有夹套，通入蒸汽或冷却水可以对罐内物料进行升温或冷却。

⑤ 混合罐、无菌储罐配、移动罐有注射用水、压缩气体、纯蒸汽、观察口、物料进口、人孔、压力传感器带现场显示、防爆接口，各功能口采用拔口工艺制作，连接采用卫生连接，方便 CIP 清洗。

⑥ 所有功能罐均配有低剪切力耐高温的磁力搅拌器，搅拌桨材质为 316 L 不锈钢，接触药液部分表面粗糙度为 Ra≤0.4 μm，搅拌速度可在 50～400 rpm 范围内调节。

⑦ 所有功能罐均通过称量模块进行物料重量计算，具有独立实时显示、去皮等功能，称量精度达到 0.01 kg。

⑧ 所有输送管路和阀门均为不锈钢 316 L 材质，内表面经电解抛光处理，阀门安装水

平方向倾斜 45°角，避免料液积存，管路安装水平有 0.3%～0.5%的坡度，每个最低点都有排放口，最大限度地保证系统内的无残留料液。

⑨ 料液输送管路要求如图 11-2。

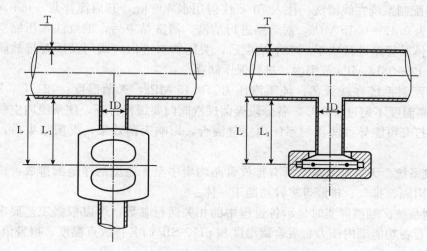

图 11-2　料液输送管路

a. 支路的公称直径大于等于 1″，L/D 应小于等于 3（D 为支路的内径）。

b. 支路的公称直径小于 1″，L/D 应小于等于 6（D 为支路的内径）。

⑩ 料液输送方式为压力输送，通过向罐内通入无菌压缩空气对料液进行输送，压缩空气依次经过 1.0 μm 和 0.22 μm 滤芯处理。

⑪ 过滤系统。

a. 过滤系统是实现无菌工艺的必要条件。

b. 料液在混合罐配制完成后，向罐内注入压缩空气（经过 1.0 μm、0.22 μm 过滤器过滤），压力为 0.12～0.15 MPa，将料液依次经过 1.0 μm、0.45 μm、0.22 μm 过滤器过滤后输送至无菌储罐。

c. 料液输送完成后，对 0.22 μm 滤芯进行完整性检测，检测合格料液才能向下一工序输送。

d. 亲水性滤芯采用起泡点检测法，检测标准：0.45 μm 滤芯检测标准为≤0.2 MPa，0.22 μm 滤芯检测标准为≤0.32 MPa。

e. 疏水性滤芯采用水浸入检测法，检测标准：0.22 μm 滤芯检测标准为 0.25 MPa 压力下流量≤0.38 mL/min。

f. 滤芯完整性检测完成后，使用 0.5～0.6 MPa 压缩空气对滤芯进行吹干，滤芯在使用前需要进行在线灭菌。

⑫ 在线清洗（CIP）/在线灭菌（SIP）。

a. 无菌配制系统按照分段 CIP 和 SIP 进行设计，能够对所有接触料液和可能对料液造成潜在污染的地方进行清洗和灭菌，确保清洗灭菌质量。

b. SIP 过程中可以通过各分段设置的排气阀和疏水阀有效去除各分段内的空气和冷凝水，避免空气和冷凝水在系统内累积，影响灭菌效果。

c. 各分段内的排放口均安装有 PT100 温度监测探头，测温范围 0～150 ℃，所有点温度均在触摸屏上显示，精度达到 0.01 ℃，可以随时对各点温度进行监测，在灭菌过程中如果有低于设定温度的点，系统自动进行报警，同时终止本次灭菌。

d. 无菌配制系统在线清洗：注入 70 ℃注射用水 400 kg，开启搅拌浆 5 min，注入压缩空气，压力为 0.12～0.15 MPa，对管路进行清洗，清洗结束后，继续注入压缩空气，持续 15 min 对罐体及管路进行吹干。吹干结束后，关闭物料进出口阀门及所有排放阀，保持罐内压力在 0.12～0.15 MPa 范围内，进行保压储存。

e. 无菌配制系统在线灭菌：纯蒸汽压力≥0.15 MPa，灭菌温度：121 ℃，灭菌时间：30 min，最高温度不超过 130 ℃，各分段灭菌进汽阀门要缓慢打开，使系统内空气能够平稳排出，快速打开可能导致蒸汽与系统内空气混合，影响灭菌效果，灭菌结束后，进行保压储存。

⑬ 排放系统。无菌配液系统所有排放管路均集中至无菌型洁净地漏排放，该地漏应集液封、空气阻隔、排气、排液等多种功能于一体。

⑭ 控制系统。触摸屏实时显示各过程中的相关运行参数，可以根据工艺要求调整搅拌浆转速，查看各功能罐内压力、混合罐温度和 pH、SIP 时各排放点温度、报警信息等内容。

2. 人员

（1）对于洁净度要求很高的生产环境来说，人作为最不可控的风险因素，为了避免人带来的污染，本生产工艺对人员进出洁净区流程进行了特殊规定。

（2）人员进入洁净区前必须进行淋浴，穿戴经过灭菌（脉动真空灭菌，条件 121 ℃、30 min）处理的内衣、帽，然后按照文件规定进出洁净生产区。

（3）人员进出洁净区流程如图 11-3。

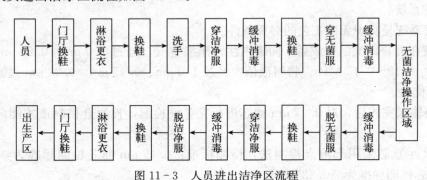

图 11-3　人员进出洁净区流程

二、非最终灭菌注射剂配液岗位标准操作规程

1. 备料程序

（1）原辅料准备的操作方法及有关规定：

① 由车间技术员根据生产计划下达批生产指令，配药组长根据批生产指令、原料报告单、车间结存情况及原辅料包装规格情况开具领料单，车间负责人复核领料单并签字后，交与领料人员领料。

② 接料。

a. 领料人员将原辅料转入去外包，按照包装规格进行处理。

可去外包装的原辅料（如双层包装袋物料、有内包装的桶装物料等），去外皮，用丝光毛巾将内包装外表面擦干净，同时贴物料信息卡：注明物料名称、代码、规格及生产厂家等。

不宜去外包装的原辅料（如单层包装物料，或桶装液体物料），用丝光毛巾将外表面擦干净。

b. 转入气闸室，在气闸室静放不少于 10 min 后，配药人员进入气闸室用粉红色丝光毛巾蘸 75％乙醇溶液对原辅料外表面擦拭消毒。气闸室设有黄色警戒线，进入气闸室的人员不得跨越黄色警戒线，配药人员领用物料时不得跨越黄色警戒线，以避免交叉污染。

c. 由配药人员对每种物料逐一称量，将其毛重填于物料信息卡后转入暂存处，并根据称量情况建立物料卡。固体物料要离地贮存，不同物料、不同批号要分开整齐摆放。核对领料单、物料信息卡并具有物料合格证。建立物料卡，与物料共同放置，并建立物料台账。

③ 填写原料备料计算单以及备料记录。根据批生产指令的理论投料量和报告单上原料的湿品含量计算本批的应投量。

$$应投量＝理论投料量÷湿品含量；备料量＝应投量$$

应投量为该批产品所投原料的净重，备料量是称的毛重；当湿品含量超过 100％时，按 100％计算。

（2）称量备料：

① 称量前准备。

a. 清场确认：确认前批清场合格，有清场合格证并查看状态标示确认清洁状态及有效期，确认设备已清洁并可以使用。

b. 计算和复核：按批生产指令及该品种处方对备料量进行计算复核，填写备料记录相关内容。

c. 衡器每天首次使用前需用标准砝码进行校准，并将校准结果记录于校准记录。在正常使用过程中对数据有质疑时可随时校准。

② 称量原则。先称辅料，再称原料；容器一般选用不锈钢桶或量筒（液体）和无菌袋（固体）；根据所称重量选择相应感量的电子秤。电子秤包括：A：0～60 kg；B：0～3 kg；C：0～6 kg；D：0～15 kg；E：0～1.2 kg。

③ 称量方法。开启排风，保持负压，打开电子秤，先调水平，待显示屏数字平稳显示后开始称量；根据原料备料计算单和备料记录中应投量称取相应数量的物料，并及时填写物料卡和称量记录。

a. 当原辅料用量较大，连内包装直接称量备料，投料时将皮重去掉，再补投上相应皮重的物料；

b. 当原辅料用量较小，可以直接用不锈钢容器称量，投完料后用注射用水涮洗后，将涮洗水一并倒入罐内。

④ 将称量好的物料扎口，粘贴填写"配料标签"。标明物料名称、代码、日期、重量、产品名称、产品批号、称量人、复核人等，移至配液室。

⑤ 若产品连续生产，可将剩余原辅料暂存。若该品种生产结束后，必须将剩余原辅料称其净重后恢复原包装，并贴封签，标记品名、代码、数量、批号、退货单位、封签人、封签日期等，并填写物料卡和物料台账，开具退库单连同合格证一并退回仓库。

（3）备料结束：

① 备料结束后，清除操作过程中产生的废物。

② 用蓝色洁净丝光毛巾擦拭电子秤、称量台三次，用黄色丝光毛巾擦拭墙壁、回风口及门三次。

③ 最后将地面用丝光拖布擦拭干净。

④ 换品种时，洁净丝光毛巾擦拭电子秤、称量台三次，用黄色丝光毛巾擦拭墙壁、回风口及门三次，再用消毒剂擦拭一次；地面用丝光拖把擦拭干净，不得有可见污迹，然后再用消毒剂进行消毒。

⑤ 所有需用的原辅物料（包含备料的和补称的皮重的）转移至配液室后，及时对称量间进行清场，配药组长检查合格后，由质监员确认并下发清场合格证。

（4）安全操作注意事项：

① 称量、配制有毒、有害、腐蚀性原辅料时，必须戴好胶皮手套及防尘口罩，防护眼镜。

② 浓盐酸、硝酸、硫酸为强腐蚀性液体，备料时须戴好胶皮手套及防护眼镜，防止灼伤。

③ 氢氧化钠为强腐蚀性固体，备料时须戴好胶皮手套及防护眼镜，防止灼伤。

（5）有关要求：

① 对易损坏的内包装（塑料袋、玻璃瓶）要小心搬运，以防损坏，造成污染和损失，如有损坏，落地物料应集中进行销毁。

② 备料过程如发现原辅料变色、异物、结块吸潮等异常情况及时向车间主任及相关负责人员报告。

③ 整个备料过程应一人操作，一人复核，最后确认后操作者和复核者均应在生产原始记录上签字。

④ 备料过程中及时收集掉在地上的粉末，集中进行销毁，不得再使用。

⑤ 称量过程尽量减少损耗和产生粉尘。

⑥ 称量过程中使用的转移工具（如不锈钢勺、铲以及量筒等）一次只能用于一个品种物料，不能同时取用其他物料，防止交叉污染。

⑦ 在称量间称量原辅料时应打开排风，以防止粉尘污染。

⑧ 药用炭必须在药用炭称量间称量，每次称量结束后，包装袋立即封口，防止药用炭吸潮变质。称量好的药用炭用注射用水润湿后，方可从称量间转移至配液室，以防止粉尘污染。

⑨ 禁止裸手接触原辅料，称量过程中要戴无菌胶皮手套。

2. 配制程序

（1）配制前的准备：

① 检查确认配液室上批次已清场合格，有清场合格证，确认设备已清洁且在清洁有效期内。

② 根据批生产指令，明确所配药液品名、规格、代码、批号、批量和生产线，认真阅读配制批生产记录，参照工艺规程，明确配药过程，操作注意事项及有关工艺要求。

③ 核对备好的原辅料名称、代码、批号及数量。

④ 检查确认配液罐上纯蒸汽管路阀门、罐底排水阀门、罐底循环阀门关闭。

⑤ 确认喷淋阀门、注射用水阀门彻底关闭，不能出现滴水现象。

⑥ 确认钛棒过滤器连接应完好，小循环、大循环及液位计的阀门均应灵敏且处于关闭状态。

（2）配制：

① 按工艺要求先放一定量注射用水或其他溶剂加温或降温至工艺要求温度，注射用水从加到药液配制完成不得超过 12 h。

② 按工艺规程的规定次序加入原辅料。加入时，由两人协同操作，互相复核确认操作无误。原料投料具体操作如下：

a. 原料直接用容器盛放的可以直接投料，然后将容器用注射用水涮洗，将涮洗水直接倒入罐内，保证原料完全投到罐内。

b. 原料用内包装袋备料的，投完原料后，将所有内包装袋统一称量即皮重，然后再称取相应皮重的原料，投到罐内。

c. 投料过程中计算并填写原料投料计算单。

③ 按照工艺要求开搅拌器搅拌，并及时记录搅拌时间，达到工艺要求所需要的时间后，用比色管取样约 50 mL 由质监员检查确认全部溶解。取样测定 pH，需调 pH 的根据工艺调整 pH，加到工艺规定温度的注射用水至总体积，为防止阀门处有死角，边搅拌边小循环药液，液位计处向洁净不锈钢桶中放药 3 次，每次 3 000 mL 以上，放完后倒入配液罐中。

（3）取样检验：

① 取样瓶用药液冲洗三次，方可从取样点取样；取样瓶不得反复使用，每个取样瓶只能用于一次取样，待配制结束后统一清洁。

取样瓶的清洁：取样瓶用 5%碳酸氢钠溶液洗涤，再用注射用水冲洗三次，检验确认冲洗液酸碱度合格。

② 通知质量部取样检测。

③ 如果测定含量在内控范围内并与理论量相比不超过 2%，则含量符合规定，如果测定含量与理论量相比超过 2%，报告车间主任、QA，查找原因：

a. 查看原料含量和以前相比有无异常。

b. 查看操作体积控制有无异常。

c. 分析标准品、滴定液、指示液及称量、配制过程有无异常。

d. 分析检验过程有无异常。

确认后按生产部指令处理，如果含量不在内控范围内，按内控标准补加原料或加注射用水，并重新测定含量。

④ 需要加冷却注射用水时，使用板式换热器使注射用水冷却至工艺要求的温度。

板式换热器使用前先试压以确保板式换热器完好。

试验方法：保持冷却水出水阀门、注射用水进水阀门在关闭状态，缓慢打开冷却水进水阀门，试压 3 min，观察注射用水出水口，若无水流出，则换热器可以正常使用，若有水流出，则不能使用，通知车间相关人员处理。

使用时先以正常流量排放 1 min，使用后将软管拆除，将板式换热器内的注射用水排放净，并将注射用水出水口用盲板密封。

⑤ 如需调整 pH，使用工艺要求的 pH 调节剂进行调节至符合内控标准，并记录调节过程。

⑥ 注射用水及原辅料的补加、pH 的调整，如实记录于生产记录中，调整过程须有人复核。

计算方法：

$$应加注射用水体积=\frac{实际标示含量-要求稀释标示含量}{要求稀释标示含量}\times实际药液体积$$

$$要求稀释体积=\frac{实际标示含量\times实际药液体积}{要求稀释标示含量}$$

$$补加原料量=\frac{(要求补加后的标示含量-实际标示含量)\times处方量\times实际药液体积}{原料湿品含量}$$

（4）过滤前准备：

① 按照工艺要求备好所用过滤器。

② 检查过滤器是否提前进行清洁处理、精过滤器是否进行完整性检查。

③ 贮液罐及输药管路清洁合格及无水，管路及滤器连接好，贮液室应有清场合格证。

（5）过滤、输送药液：

① 接到质量部中间产品检验报告确认药液合格后，配药人员关闭搅拌、循环电源开关和小循环阀门，并打开过滤循环阀门，打开循环泵电源开关，开始输送药液。每次开关阀必须两人确认。

② 在过滤快结束时，将氮气管路连接至粗过滤器前，慢慢打开氮气阀门，利用氮气压力将剩余药液尽可能地打至贮液罐。

③ 在贮液罐挂内容物标签，注明名称、规格、代码、批号、日期等，备灌封用，质检员确认相关项目合格同意放行后，配药人员填写"中间产品传递单"，填写药液品名、规格、代码、批号、数量等。传至灌装岗位。

④ 接药数量应以贮液罐读取数为准，读药液体积时，应两眼平视液位计，读凹液面所在的刻度线，不得俯视和仰视。

（6）配制有关规定：

① 及时与灌装联系，了解生产情况，确定下药时间。

② 配药过程中每步需严格确认，严格根据工艺要求控制配药工艺参数。

③ 同操作间间内不得同时配制不同品种或同品种不同批次、规格产品。

④ 取样检验的剩余药液报废处理，取样量不低于检验用量的 3 倍。

⑤ 配液罐加注射用水需降温时，打开冷却水，必须检查配液罐夹层是否存在跑、冒、滴、漏现象，发现后立即通知车间有关人员。

⑥ 因特殊原因剩余或报废的药液应集中处理，防止污染。

（7）配药安全操作注意事项：

① 使用热注射用水，应防烫伤。

② 使用乙醇时，严禁出现明火、接触高温体，严禁使用非防爆电气。

3. 清场

（1）配液室清洁消毒工作：

① 同品种连续生产时清洁消毒。

a. 用丝光毛巾和纯化水将高效过滤器送风口散流罩、回风管、回风罩、顶棚、墙壁、门用丝光毛巾蘸纯化水擦拭三次，目测应无可见污物。

b. 地面用湿拖把擦拭干净，目测应无可见污物。

c. 配液罐、过滤器套壳外壁用纯化水擦拭清洁三遍，目测应无可见污物。

② 停产 1 d 后再生产、同品种连续生产 3 d 或换品种时：按照"同品种连续生产时清洁消"进行毒清洁后，用消毒剂进行擦拭消毒。

（2）过滤器的处理：

① 钛滤棒的处理。

a. 同产品连续生产钛滤棒的处理。

加炭产品：当天生产结束后，打开粗过滤器，取出至容器具清洗间先用注射用水冲洗一遍，再用毛刷刷干净外壁，再用注射用水冲洗至干净，安装后在线清洗至可见异物合格。

不加炭产品：生产结束后，在线清洗至无可见污物。

b. 同品种连续生产 3 d 或更换品种时钛滤棒的处理。新滤棒先用毛刷刷干净钛棒外壁，再用注射用水反冲 10 min。在不锈钢桶中配制 0.5％氢氧化钠溶液，将钛棒浸泡于其中后，放入脉动真空灭菌器中 100 ℃ 煮沸 30 min，取出，用注射用水反复冲洗至酸碱度合格。121 ℃ 30 min 纯蒸汽灭菌。

c. 钛滤棒在生产结束处理要求。

生产结束后 2 h 内必须清洁。

刷洗钛滤棒时力度要轻，防止钛滤棒表面被刮坏。

清洗温度控制在 60 ℃ 以上，温度高，清洗效果好。

② 精过滤芯的处理。

a. 同产品连续生产每批结束后的清洁处理。打开精滤器出药端快接，接上临时用软管，在配液罐中加入足量注射用水，打开打药泵对滤芯在线清洁 10 min，放掉滤芯内部注射用水，冲洗完毕。

b. 同品种连续生产 3 d 或更换品种时滤芯的清洁处理。将新滤芯在线浸泡于 2％氢氧化钠溶液中 1 h，再用注射用水冲洗至酸碱度合格，然后拆下滤芯进行起泡点测试，合格后，放于脉动真空灭菌器中 121 ℃ 30 min 纯蒸汽灭菌，灭菌后备用。

c. 泡点测试。同品种连续生产 3 d 或更换品种时以及新滤芯生产前需做完整性测试，测试步骤如下：

检查气源。

连接好泡点测试管路。

将滤芯装入完整性测试套壳（已清洁）。

打开完整性测试仪，设定参数，开始测试。

测试结束，根据测试结果处理滤芯，清洁完整性测试用套壳。

d. 检测完毕后，将合格的滤芯安装回过滤器，不合格的报废处理。

（3）配制管路系统在线清洗与灭菌：

① 清洗灭菌时间、周期。

a. 每天生产两批及两批以上：批与批之间进行清洗。

b. 同一品种连续生产时，每天生产结束后进行清洗。

c. 首次生产前、同一品种连续生产 3 d 后、停用 1 d、更换品种时进行清洗灭菌。

② 在线清洗、灭菌流程。

配液罐（自身循环管道）→粗过滤器→（药液输送管道）→精滤器→（药液输送管道）→贮液罐（自身循环管道）→（药液输送管道）→高位罐→（药液输送管道）→终端过滤→（回流管道）→灌装机（图 11-4）。

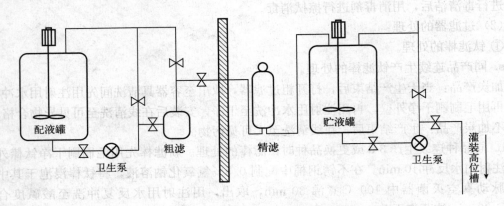

图 11-4　在线清洗、灭菌流程

③ 清洗灭菌方法。

a. 每天生产结束后的清洗。将配液罐、贮液罐排污阀打开，用注射用水通过 360°自动清洗球冲洗 5 min，重复 3 次，关闭排污阀。

加炭产品，将粗过滤器连接管路上快装紧固螺栓松脱，将粗过滤器拆下，移至器具清洗间拆卸清洗。钛棒用尼龙毛刷将表面刷洗干净，再接上注射用水反冲 5 min。冲洗完毕，将钛棒装入粗过滤器，将粗过滤器连接到管路上。

不加炭产品，粗过滤器进行在线冲洗。

将配液罐加注射用水喷淋清洗 2～3 次，再加入 200 L 注射用水，自身循环 5 min 后，关闭自身循环阀门，将输药管道连接贮液罐上方快装拆开，接一处理合格的临时软管，将冲洗水用循环泵通过粗过滤器、精过滤器后排放，直至冲洗水澄清。打开贮液罐注射用水喷淋阀，喷淋清洗 2～3 次，加入 100 L 注射用水喷淋贮液罐内部，自身循环 5 min 后，直至冲洗水澄清，从贮液罐中排掉。

b. 每天生产两批及两批以上批与批之间的清洁。将粗过滤器、精过滤器中残液放入贮药容器中，将贮液罐上方药液管道最近一快装拆开，接一经处理合格的临时用软管，管口向下。

将配液罐排污阀打开，用注射用水通过 360°自动清洗球冲洗 5 min，关闭排污阀。

向配液罐加入注射用水 200 L，打开粗过滤器、精过滤器排污阀，开动循环泵，将注射用水通过粗过滤器、精过滤器压出，至冲洗水澄清。

将贮液罐排污阀打开，用注射用水通过 360°自动清洁球冲洗 5 min，排净，关闭排污阀。

向贮液罐加注射用水 50 L，打开下药泵，将冲洗水通过药液管道下至高位罐，将剩余冲洗水从贮液罐排污阀中放掉。打开灌封机经针头排冲洗水 10 L 后，其余冲洗水从排污阀中放掉。

c. 首次生产前、停用 1 d 以上、同品种连续生产 3 d 或更换品种时的清洁。

配液罐及其管道系统的清洁与灭菌：按上文"配制管路系统在线清洗与灭菌"内容中"清洗灭菌方法"对配液罐及其管道系统进行清洁。其中，钛过滤棒拆下按上文"清场"内容中"钛滤棒的处理"方法进行处理。

将贮液罐上方药液罐到最近一快装拆开接一已经处理合格的临时软管。在配液罐中加入约 150 L 的注射用水，加入 3 kg 氢氧化钠，配成 2% 的氢氧化钠溶液，开动循环泵，使配液罐自身喷淋 15 min。喷淋完毕后，将冲洗液经粗过滤器、精过滤器后通过临时软管排出。打开配液罐、粗过滤器排液阀，放掉残液。精过滤芯在精过滤器中浸泡 1 h。

在配液罐中加入 100～150 L 注射用水，自身循环 5 min 后，关闭自身循环阀门，使冲洗水通过粗过滤器排放；重复 3 遍至检查酸碱度合格。

精过滤芯浸泡结束且冲洗水酸碱度检查合格后，连接好管路，使冲洗水经精过滤器通过临时软管排出，至检查冲洗水酸碱度合格。

将精过滤芯拆下，按上文"清场"内容中"精过滤芯的处理"方法处理。

灭菌：打开配液罐及其管道阀门，关闭排污阀，在精过滤器后的快装处安装好疏水阀和温度计，缓慢打开纯蒸汽阀门，121 ℃灭菌 30 min。

将灭菌处理合格的钛滤棒、精滤芯（起泡点合格）安装至过滤器中，连接好管道，排水检测易氧化物合格。

贮液罐及其管道系统的清洁与灭菌：按"配制管路系统在线清洗与灭菌"内容中"清洗灭菌方法"对贮液罐及其管道系统进行清洁。

在贮液罐中加入约 150 L 的注射用水，加入 3 kg 氢氧化钠，配成 2% 的氢氧化钠溶液，开动下药泵，使贮液罐自身循环 15 min，循环喷淋完毕后，打开下药阀门，开动下药泵，将冲洗用的 2% 氢氧化钠溶液通过药液管道下至高位罐，将剩余冲洗液从排液阀放掉。

在配液罐中加入 100 L 注射用水，开动下药泵，贮液罐自身循环喷淋 5 min，循环喷淋完毕后，将冲洗液排出，如此反复操作 3 次后，取样检测至酸碱度合格。向贮液罐中加注射用水 100～150 L，打开阀门下到灌封，打开灌封机经针头排水至检查酸碱度合格。

灭菌：打开贮液罐及各管道阀门，关闭排污阀，在精过滤器后的快装处安装好疏水阀和温度计，灌封人员微开缓冲罐放料阀，配药人员缓慢打开纯蒸汽阀门，121 ℃灭菌 30 min。

④ 做好清洗与灭菌记录。

（4）硅胶管的清洁与灭菌：纯化水和注射用水的硅胶管不得交叉使用，不得接触地面，每次使用前以正常流量排放 1 min，将出水端向上竖起来排水冲洗硅胶管外壁后，方可用于生产使用。使用完毕后将硅胶管中的水放掉，控干，拆卸用无菌袋装好后放于容器具间指定地点备用；每 3 d 或更换品种时用 5% 碳酸氢钠溶液进行搓洗，121 ℃纯蒸汽灭菌 30 min。

4. 车间及工器具清洁

安好《洁净区清洁工具的清洁、消毒、存放规程》和《洁净区清洁消毒管理规程》进行清洁、消毒和管理。

（1）洁净区空间消毒：按经验证的消毒要求使用氧发生器进行臭氧消毒。

（2）填写清洁记、消毒录。

（3）清洁效果评价：

① 地面清洁无积水，设备表面无污渍、药渍及生产遗留物，设备、管道见本色。

② 由质量部按规定周期检测尘埃粒子、尘降菌、浮游菌，应符合要求。

5. 注意事项

（1）配制检验合格的药液每批必须在经验证的时限内灌封完毕。

（2）填写记录时要字迹清楚、数据准确、填写及时、签名完整。

（3）使用的计量器具必须是在校验周期内。称量器具和玻璃容器要清洁，不得混用，以避免造成交叉污染。

（4）检测酸碱度方法：取冲洗水 10 mL 至试管中，滴入甲基红指示液 2 滴后显黄色为合格，显红色为不合格；滴入溴麝香草酚蓝指示液 5 滴后，显绿色为合格，显蓝色为不合格。

6. 培训要求 车间配制岗位员工均应参加培训，掌握配制岗位标准操作规程，并能正确的应用到生产过程中。

7. 变更历史 其变更情况如表 11 - 1。

表 11 - 1 变更历史记录

变更描述	变更后编码	生效日期	备注

【相关知识】

1. 浓配和稀配 采用浓配—稀配两步法，可加入活性炭以吸附分子量较大的杂质，如细菌内毒素。使用活性炭吸附工艺时应注意以下几点：

（1）活性炭中的可溶性杂质将进入药液不易除去。

（2）容易污染洁净区和空气净化系统。

（3）必须对活性炭的用量、加工程序、加热温度及时间进行控制和确认。

为了提高人员的工作效率，简化洁净区更衣室的设置，一些企业根据本企业的实际情况，将浓配—稀配两步法设置在 B 级洁净区进行，也是一个普遍可以接受的方案。

从风险评估的角度，更合理的配制工艺是一步配制。

2. 一步配制法 采用一步配制法的前提是原料生产企业采用可靠的去除细菌内毒素污染的工艺，如粗品溶解后加活性炭处理后结晶，使活性炭带入的可溶性杂质留在母液中。原料生产企业还应采取防止微生物污染的措施，能稳定可靠地供应细菌内毒素和微生物污染受控的原料。

基于以上对物料的控制，配制投料过程应通过收集核对物料标签等措施进行投料复核，保证原辅料按要求加入。

3. 执行配制

（1）按照每批的批生产记录对每一工序进行目测控制，确保仪器和过滤器的清洗以及灭菌步骤正确执行，标签正确，而且负责操控的操作人员应在记录的指定位置签名。溶剂通常按照重量或体积计算后，事先放入配料罐中。

（2）每当一个操作步骤完成后，应有操作人员的即时签名以确保操作步骤的完成，见附表，天平或称量仪器的任何打印记录都应附在批生产记录上。

（3）应有两人（操作人及复核人）检查、监测、复核确认将事先称量好一个批次的原辅料进行投料，并配以各物料配制、溶解程序以及特定参数、方法和某一时间下的数据（如温度、搅拌时间、搅拌器旋转频率、压力、反应时间、取样和测量值）是否符合要求。

（4）用于注射剂生产以及设备和容器最终清洗用的注射用水，应通过在注射用水的制水间和取水点的检测来证明注射用水符合质量标准。配料罐中注射用水内毒素的快速检测结果（细菌内毒素残留限度<0.25 EU/mL），可为配料罐的清洁度提供依据。

（5）生产工艺中随后的生产步骤可以按照相同的方式列出并进行。在生产结束时，将实际值与处方的目标值进行比较，计算收率百分比。收率必须在预先规定的目标范围内，如果不在此范围内，应对偏差做出合理的解释。此原则同样适用于物料平衡。

（6）固体物料在加入配料罐时应最大限度地减少产尘（加大排风，消除交叉污染）。如果成分的流动性和管路直径允许，应采用吸料技术。当用管路传输药液时，由于可能存在的密封问题和颗粒脱落物，宜采用过滤后的氮气或压缩空气。

（7）药液配制的 SOP 不仅应描述连续的操作与活动，还应有对设备和部件上一步操作进行检查的要求。任何异常和偏离规范的现象必须记录并加以讨论。

（8）在药液配制过程中，所有设备和工器具的准备、标识以及功能的可靠性尤为重要。如果出现故障。应有清洁且经消毒的可替换设备。经验表明，在生产过程中，这种情况要耗费较长时间，批生产的工艺流程不能符合预定的时间要求时，要作为偏差处理。

（9）如果在生产的最初阶段采用严格的质量控制，将会对整个工艺流程的可靠性产生决定性影响。负责配制的管理人员，在这段时间内宜在生产现场，以便解决生产中出现的问题。

与第二章口服液体制剂生产第一节配液与过滤中"执行配制"基本相同。

第二节　除菌过滤

【技能要求】

熟悉除菌过滤工艺及系统设计，能够指导组织除菌过滤验证，掌握除菌过滤器、系统的使用。

一、过滤工艺及系统设计

1. 过滤工艺的设计　过滤工艺设计时，应根据待过滤介质属性及工艺目的，选择合适的过滤器并确定过程参数。

（1）除菌过滤工艺应根据工艺目的，选用 0.22 μm 或更小孔径的除菌级过滤器，0.1 μm 的除菌级过滤器通常用于支原体的去除。

（2）对无菌生产的全过程进行微生物控制，避免微生物污染。最终除菌过滤器前，待过滤介质的微生物污染水平一般应在 100 mL 小于等于 10 CFU。

（3）选择过滤器材质时，应充分考察其与待过滤介质的兼容性。过滤器不得因与产品发生反应、释放物质或吸附作用而对产品质量产生不利影响。除菌过滤器不得脱落纤维，严禁使用含有石棉的过滤器。

（4）合理的过滤膜面积需要经过科学的方法评估后得出。面积过大可能导致产品收率下降、过滤成本上升；过滤面积过小可能导致过滤时间延长、中途堵塞甚至产品报废。

（5）应注意过滤系统结构的合理性，避免存在卫生死角。过滤器进出口存在一定的限流作用。应根据工艺需要，选择合适的进出口大小。

（6）选择过滤器时，应根据实际工艺要求，确定进出口压差范围、过滤温度范围、最长过滤时间、过滤流速、灭菌条件等工艺参数，并确认这些参数是否在可承受范围内。

（7）在选择除菌过滤器供应商时，应审核供应商提供的验证文件和质量证书，确保选择的过滤器是除菌级过滤器。应将除菌过滤器厂家作为供应商进行管理，例如进行文件审计、工厂现场审计、质量协议和产品变更控制协议的签订等。

2. 过滤系统的设计

（1）在设计除菌过滤系统时，应充分认识除菌过滤工艺的局限性（例如不能将病毒或支原体全部滤除）。尽可能采取措施降低过滤除菌的风险，例如宜安装第二个已灭菌的除菌过滤器再次过滤药液，最终的除菌过滤器应当尽可能接近灌装点。

（2）如果使用冗余过滤系统，需要在最终除菌过滤器前增加一个除菌级过滤器。增加的这个除菌级过滤器即为冗余过滤器，在此种情况下，过滤前的微生物污染水平应在 100 mL 小于等于 10 CFU，且两个过滤器之间必须确保无菌。

（3）为了防止在高风险区域释放有菌气体或液体，除菌过滤器系统中的首级滤器应尽可能安置在无菌区域外。而第二级过滤器可根据产品批量大小、管路长短、灭菌和安装方便性等，安置在与工艺相适应的洁净区域内。

（4）对于高风险的无菌工艺过程，应采取措施控制过滤前待过滤介质的微生物负荷，缩短过滤时间。例如在除菌过滤后设置无菌储罐。

（5）过滤系统设计时，应考虑过滤器完整性测试的方便性及其给系统带来的微生物污染风险。过滤器灭菌后，接触其下游系统的气体和冲洗液体必须是无菌的。

（6）除菌过滤系统设计时，应充分考虑系统灭菌的安全性和方便性。使用在线灭菌方式时，应考虑系统内冷空气及冷凝水的排放问题，从而保证系统温度最低点也能达到预期的 F_0 值。采用离线方法灭菌时，应充分考虑转移和安装过程风险。例如：应注意气流方向及操作人员的无菌操作过程。

（7）一次性过滤系统若需进行使用前完整性测试或预冲洗，在设计时需额外考虑如下因素：上游连接管路的耐压性、下游的无菌性、下游能提供足够的空间（比如安装除菌级屏障过滤器或相应体积的无菌袋）进行排气排水。如果使用一次性无菌连接装置，该装置应经过相应的微生物挑战试验。

二、除菌过滤验证

1. 除菌过滤验证概述　除菌过滤验证包含除菌过滤器本身的性能确认和过滤工艺验证两部分。除菌过滤器本身的性能确认一般由过滤器生产商完成。主要的确认项目包括微生物截留测试、完整性测试、生物安全测试（毒性测试和内毒素测试）、流速测试、水压测试、多次灭菌测试、可提取物测试、颗粒物释放测试和纤维脱落测试等。此处所述的过滤工艺验证是指针具体的待过滤介质，结合特定的工艺条件而实施的验证过程。除菌过滤器性能确认和过滤工艺验证，两者很难互相替代，应独立完成。

过滤工艺验证一般包括细菌截留试验、化学兼容性试验、可提取物和浸出物试验、安全性评估和吸附评估等内容。如果过滤后，以产品作为润湿介质进行完整性检测，还应进行相关的产品完整性测试。除菌过滤工艺验证可以由过滤器的使用者或委托试验检测机构（例如：过滤器的生产者或第三方试验室）完成，但过滤器使用者应最终保证实际生产过程中操作参数和允许的极值在验证时已被覆盖，并有相应证明文件。

不同过滤器生产商的验证文件一般是不能相互替代的。如果在生产过程中有两个或以上不同生产商提供同一材质或者不同材质的过滤器，验证应该分别进行。

2. 细菌截留试验 细菌截留试验的研究目的是模拟实际生产过滤工艺中的最差条件，过滤含有一定量挑战微生物的产品溶液或者产品替代溶液，以确认除菌过滤器的微生物截留能力。

缺陷型假单胞菌是除菌过滤验证中细菌截留试验的标准挑战微生物。在有些情况下，缺陷型假单胞菌不能代表最差条件，则需要考虑采用其他细菌。如果使用其他细菌，应保证该细菌足够细小，以挑战除菌级过滤器的截留性能，并能代表产品及生产过程中发现的最小微生物。

在除菌过滤验证中使用滤膜还是滤器，取决于验证的目的。如果微生物截留试验的目的是验证过滤工艺中特定膜材的细菌截留效能，那么使用滤膜是能满足需要的。微生物截留试验中所用的滤膜必须和实际生产中所用过滤器材质完全相同，并应包括多个批次（通常三个批次）。其中至少应有一个批次为低起泡点（低规格）滤膜。为了在微生物挑战试验中实施最差条件，一般需要使用完整性测试的数值非常接近过滤器生产商提供的滤器完整性限值的滤膜（例如亲水性滤膜起泡点限值 90%～100%）。如果在验证中没有使用低泡点滤膜，那么在实际生产中所使用的标准溶液滤膜/芯起泡点值，必须高于验证试验中实际使用的滤膜的最小起泡点值。

微生物截留试验应选择 0.45 μm 孔径的滤膜作为每个试验的阳性对照。挑战微生物的尺寸需要能够穿透过 0.45 μm 的滤膜，以证明它培养到合适的大小和浓度。三个不同批号的 0.22 μm（或 0.2 μm）测试滤膜和 0.45 μm 的对照滤膜都需在一个试验系统中平行在线进行挑战试验。

应尽可能将挑战微生物在药品中直接培养。如果使用替代溶液进行试验，需要提供合理的解释。对于同一族产品，即具有相同组分而不同浓度的产品，可以用挑战极限浓度的方法进行验证。过滤温度、过滤时间、过滤批量和压差或流速会影响细菌截留试验的结果。

3. 可提取物和浸出物 浸出物存在于最终药品中，通常包含在可提取物内，但由于分离和检测方法的限制以及浸出物的量极小，很难被定量或定性。应先获得最差条件下的可提取物数据，将其用于药品的安全性评估。可提取物反映了浸出物的最大可能，无论是否要做浸出物试验，可提取物的测试和评估都非常重要。

在选择模型溶剂之前必须对产品（药品）处方进行全面的评估。用于测试的模型溶剂应能够模拟实际的药品处方，同时与过滤器不应有化学兼容性方面的问题。通常应具有与产品相同或相似的理化性质，如 pH、极性及离子强度等。如果使用了模型溶剂或几种溶液合并的方式，则必须提供溶液选择的合理依据。

可提取物试验影响因素包括灭菌方法、过滤流体的化学性质、工艺时间、工艺温度、过滤量与过滤膜面积之比等。使用最长过滤时间、最高过滤温度、最多次蒸汽灭菌循环、增加伽马辐射的次数和剂量都会增加可提取物水平。可提取物试验应使用灭菌后的过滤器来完成。用于试验的过滤器不能进行预冲洗，可以用静态浸泡或循环流动的方法。

可提取物和浸出物的检测方法包括定量和定性两类。如非挥发性残留物（NVR）、紫外光谱、反相高效液相色谱法（RP-HPLC）、傅立叶变换红外光谱法（FTIR）、气相色谱-质谱（GC-MS）、液相色谱-质谱（LC-MS）、总有机碳分析（TOC）等。为了保证分析方法的可靠性，需对分析方法进行验证。选择哪几种分析方法，取决于实际的药品和生产工艺以及过滤器生产商对过滤器的充分研究。

在完成可提取物或者浸出物试验后，应针对过滤器可提取物或浸出物的种类和含量，结合药品最终剂型中的浓度、剂量大小、给药时间、给药途径等对结果进行安全性评估，以评估可提取物和浸出物是否存在安全性风险。

4. 化学兼容性　化学兼容性试验用来评估在特定工艺条件下，过滤装置与待过滤介质的化学相容性。

化学兼容性试验应涵盖整个过滤装置，不只是滤膜。试验的设计应考虑待过滤介质性质、过滤温度和接触时间等。试验过程中的过滤时间应达到或者超过实际生产过程的最长工艺时间，过滤温度应达到或者超过生产过程的最高温度。

化学兼容性试验检测项目一般包括：过滤器接触待过滤介质前后的目视检查，过滤过程中流速变化，滤膜重量/厚度的变化，过滤前后起泡点等完整性测试数值的变化，滤膜拉伸强度的变化，滤膜电镜扫描确认等。应基于对滤膜和滤芯材料的充分了解，综合选择上述多种检测方法。

5. 吸附　待过滤介质中的某些成分黏附在滤膜上的过程，可能影响待过滤介质的组成和浓度。过滤器中吸附性的材料包括滤膜、硬件和支持性材料。流速、过滤时间、待过滤介质浓度、防腐剂浓度、温度和 pH 等因素都可能影响吸附效果。

6. 产品完整性试验　应明确过滤器使用后完整性测试的润湿介质。如果采用的润湿介质为药液，则应进行产品相关完整性标准的验证以支持该标准的确定。实验室规模下按比例缩小的研究是产品完整性试验的第一部分，第二部分是在实际工艺条件下定期监测最低产品泡点或者最大产品扩散流的趋势，作为验证的一部分。

7. 再验证　完成过滤工艺的验证之后，还应当定期评估产品性质和工艺条件，以确定是否需要进行再验证。产品、过滤器、工艺参数等变量中任何一个发生改变，均需要评估是否需要再验证。至少（但不限于）对以下内容进行评估，以决定是否需要开展再验证。

（1）单位面积的流速高于已验证的流速。

（2）过滤压差超过被验证压差。

（3）过滤时间超过被验证的时间。

（4）过滤面积不变的情况下提高过滤量。

（5）过滤温度变化。

（6）产品处方改变。

（7）过滤器灭菌条件或者灭菌方式改变。

（8）过滤器生产商改变，过滤器生产工艺的变更，或者过滤器的膜材或结构性组成发生改变。

8. 气体过滤器验证 对于气体过滤器的验证，过滤器使用者应首先评估过滤器生产商的验证文件是否已经能覆盖实际生产中的不同应用。应对气体过滤器的使用寿命以及更换频率进行验证。验证应从下面几个考虑：过滤器完整性、外观、灭菌次数、工作的温度、使用点等。

9. 一次性过滤系统验证 一次性过滤系统除过滤器外，通常还包含其他组件。在验证时应充分考虑其他组件对工艺和产品的安全性及有效性的影响。

三、除菌过滤器（系统）的使用

1. 除菌过滤器（系统）使用要求

（1）过滤器安放位置应便于其安装、拆卸、检测等操作。过滤器与支撑过滤器的设备、地面、墙面等连接应牢固可靠。过滤器各部件间应接合紧密，密封良好，能够耐受生产操作压力，且无泄漏、变形。滤芯、滤膜安装前应确认其规格、型号、外观符合要求。组装过程中，应尽量避免污染。应按照过滤器的使用说明进行安装。如果现场有多种规格过滤器时，应有第二人对过滤器信息进行复核确认，复核应有记录。

（2）为了减少过滤器产生的颗粒及其他异物影响产品，可对安装好的除菌过滤系统进行必要的预冲洗。应结合供应商提供的方法进行冲洗。冲洗方法应经过验证。在正常操作时，冲洗量应不低于验证的最低冲洗量。冲洗后应采用适当方法排除冲洗液。

（3）除菌过滤系统需进行密闭性确认。过滤器上游系统密闭性可通过压力保持和在线完整性测试等方式确认。过滤器下游密闭性可通过压力保持进行确认，相关参数应经过验证。

（4）为保证除菌过滤的有效性，应对影响除菌过滤效果的关键参数进行监控和记录。监控项目应包括除菌过滤温度、时间、压力、上下游压差等；系统的灭菌参数、无菌接收容器的灭菌参数；以及过滤器完整性测试结果等。

（5）使用中除了过程参数，还应对滤器的关键信息进行记录（如：货号、批号和序列号，或其他唯一识别号），以利追溯。

（6）应制订企业的培训计划，除菌过滤器的相关培训应纳入年度培训计划中。培训内容包括理论知识及操作技能。理论知识培训包括过滤器生产商提供的使用说明、工作原理、相关参数及滤芯、过滤系统相关验证要求；操作技能培训包括相关滤芯使用的标准操作规程，如完整性测试培训、清洗灭菌、干燥、保存等操作培训、产品除菌过滤参数培训、系统密闭性测试培训等。应对人员进行理论和实际操作考核，考核合格后上岗。当系统或参数发生变更，相关的标准操作规程内容修订后，应对人员进行再培训。

（7）除菌过滤工艺过程发生偏差时，应进行深入的调查，以找到根本原因并采取纠偏措施。对发生偏差的产品应进行风险评估。

2. 除菌过滤器（系统）灭菌 使用前，除菌过滤器必须经过灭菌处理（如在线或离线蒸汽灭菌、辐射灭菌等）。

在线蒸汽灭菌的设计及操作过程应重点考虑滤芯可耐受的最高压力及温度。灭菌开始前应从滤器及管道设备中排出系统内的非冷凝气体和冷凝水。灭菌过程中，过滤系统内部最冷点应达到设定的灭菌温度。在整个灭菌过程中，滤芯上下游压差不能超过滤芯可承受的最大压差及温度。灭菌完成后，可引入除菌的空气或其他适合气体来对系统进行降温。降温时应维持一定的正向压力以保持系统的无菌状态。

使用灭菌釜进行灭菌时，通常应采用脉动真空灭菌方法。灭菌过程应保证过滤器能被蒸汽穿透，从而对过滤器进行彻底灭菌。不论采用滤芯加不锈钢套筒还是囊式过滤器的形式，过滤器的进口端和出口端都应能透过蒸汽。应参考过滤器生产商提供的灭菌参数进行灭菌。温度过高可能导致过滤器上的高分子聚合物材质性质不稳定，并可能影响过滤器的物理完整性或增高可提取物水平。

除菌过滤中可能会用到过滤器、一次性袋子、软管等装置，这些物品可采用辐射灭菌的方式进行灭菌。已被辐射灭菌过的过滤器、袋子及软管等，由于累积剂量效应的缘故，通常不应被多次灭菌。如果再加以蒸汽灭菌，则可能增加可提取物水平，并有可能破坏过滤器完整性。

罐体呼吸器采用在线蒸汽进行灭菌时，可采用反向进蒸汽的方式，即蒸汽直接引入罐体，然后从呼吸器滤芯下游穿过滤芯，从上游排出。但应监控滤芯灭菌时的反向压差。此压差应保持在滤芯可耐受压差范围之内。反向灭菌时建议使用带有翅片的滤芯，不建议采用直插式滤芯。

3. 除菌过滤器（系统）完整性测试

（1）除菌过滤器使用后，必须采用适当的方法立即对其完整性进行测试并记录。除菌过滤器使用前，应当进行风险评估来确定是否进行完整性测试，并确定在灭菌前还是灭菌后进行。当进行灭菌后至使用前完整性测试时，需要采取措施保证过滤器下游的无菌性。常用的完整性测试方法有起泡点试验、扩散流/前进流试验或压力保持试验。

（2）进入 A 级和 B 级洁净区的消毒剂，应经除菌过滤或采用其他适当方法除菌。如果使用过滤方法除菌，应评估消毒剂与所选择滤器材质之间的化学兼容性。过滤器使用后需进行完整性测试。

（3）用于直接接触无菌药液或无菌设备表面的气体的过滤器，必须在每批（阶段性生产）生产结束后对其进行完整性测试。对于其他的应用，可以根据风险评估的结果，制订完整性测试的频率。气体过滤器的完整性测试，可以使用低表面张力的液体润湿，进行泡点或者扩散流/前进流的测试；也可以使用水侵入法测试。水侵入法可作为优先选择。

（4）对于冗余过滤，使用后应先对主过滤器进行完整性测试，如果主过滤器完整性测试通过，则冗余过滤器不需要进行完整性测试；如果主过滤器完整性测试失败，则需要对冗余过滤器进行完整性测试。冗余过滤器完整性测试结果可作为产品放行的依据。除菌过滤器使用前，应通过风险评估的方式确定测试哪一级过滤器或者两级过滤器都要进行检测，并确定在过滤器灭菌前还是灭菌后进行。灭菌后的检测，应考虑确保两级过滤器之间的无菌性。

（5）可根据工艺需要和实际条件，决定采用在线完整性测试或者离线完整性测试。但应注意，完整性测试是检测整个过滤系统的完整性，而非仅针对过滤器本身。在线测试能更好地保证上下游连接的完整性。当无法满足在线测试条件时，可选择进行离线完整性测试。此时应将过滤器保持在套筒中整体拆卸，并直接进行测试，不应将滤芯从不锈钢套筒拆卸单独测试。

（6）考虑到完整性测试结果的客观性以及数据可靠性，应尽可能在关键使用点使用自动化完整性测试仪。自动化完整性测试仪应在使用前，进行安装确认、运行确认和性能确认。应建立该设备使用、清洁、维护和维修的操作规程，以及定期的预防性维护计划（其中应当包含设备的定期校验要求）。

（7）对于标准介质（水或者某些醇类）润湿的除菌过滤器完整性测试，其参数的设定应以过滤器生产厂家提供的参数为标准，且该参数必须经过过滤器生产厂家验证，证明其与细菌截留结果相关联。通常该参数可在过滤器的质量证书上获得。

（8）如果实际工艺中，需要用非标准介质（通常为实际产品）润湿，进行除菌过滤器完整性测试，则完整性测试限值，如产品起泡点或者产品扩散流标准，必须通过实际产品作为润湿介质进行的验证获得。

（9）应建立完整性测试的标准操作程序，包括测试方法、测试参数的设定、润湿液体的性质和温度、润湿的操作流程（压力、时间和流速）、测试的气体、数据的记录要求等内容。

（10）对完整性测试结果的判定，不应该直接看"通过/不通过"，应该对测试结果的具体数值或者自动完整性测试仪报告中的过程数据进行完整记录并审核。

（11）如果完整性测试失败，需记录并进行调查。可考虑的影响因素有：润湿不充分、产品残留、过滤器安装不正确、系统泄漏、不正确的过滤器、自动化程序设置错误和测试设备问题等。再测试时，应根据分析结果采取以下措施，如加强润湿条件、加强清洗条件、用低表面张力液体如醇类进行润湿，重新正确安装过滤器，检测系统密闭性、核对过滤器的型号是否正确、检查自动化程序设置和检查设备等。再测试的过程和结果都应当有完备的文件记录。

4. 除菌过滤器（系统）重复使用　液体除菌过滤器在设计和制造时，一般只考虑了在单一批次中的使用情况，或者在连续生产周期内使用的情形。同一规格和型号的除菌过滤器使用时限一般不得超过一个工作日。但是在实际工作中，有时过滤器被使用在多批次、同一产品的生产工艺中。一般认为"液体除菌级过滤器的重复使用"可以定义为：用于同一液体产品的多批次过滤。以下情况都属于液体过滤器重复使用情况。

（1）批次间进行冲洗。

（2）批次间冲洗和灭菌。

（3）批次间冲洗、清洗和灭菌。

在充分了解产品和工艺风险的基础上，采用风险评估的方式，对能否反复使用过滤器进行评价。风险因素包括：重复使用带来的过滤器过早堵塞、过滤器完整性缺陷、可提取物的增加、细菌的穿透、过滤器组件老化引起的性能改变、清洗方法对产品内各组分清洗的适用性、产品存在的残留（或组分经灭菌后的衍生物）对下一批次产品质量风险的影响等。

5. 气体过滤器特殊考虑因素　由于滤膜的疏水性，气体过滤器可使气体自由通过。但由于系统或环境温度变化而产生的冷凝水则可能会导致气体过滤不畅，严重时会导致系统或过滤器损坏。如有必要，应在过滤管线上的合理位置安装冷凝水排放装置。对于罐体呼吸用过滤器，应根据实际风险决定是否安装加热套，以保证气体顺利通过滤芯。

6. 一次性过滤系统的使用　因为一次性过滤系统预灭菌的特殊性，在拆包装时需要确认：外包装是否完好，产品仍在有效期内，包装上具有预灭菌标签且能判断是否已经过预灭菌处理，以及组件正确性，是否破损、明显的异源物质等。

安装时需注意不能破坏系统下游的无菌性，鼓励采用无菌连接器以降低风险。

在决定一次性过滤系统使用前是否进行完整性测试时，应基于但不局限于以下因素进行风险评估。

（1）评估过滤器完整性失败的影响，包括将非无菌产品引入无菌区域的可能性。

（2）评估额外增加的组件和操作引入污染的风险。

（3）检测到潜在破损的可能性。

（4）进行使用前至灭菌后完整性测试时，破坏过滤器下游无菌的可能性。

（5）评估工艺介质阻塞过滤器的可能性（颗粒物或微生物负荷）。

（6）润湿液体是否会稀释产品或影响产品质量属性。

（7）额外增加的时间对于时间敏感型工艺的影响。

四、减菌过滤工艺

相对于除菌过滤，减菌过滤是通过过滤的方法将待过滤介质中的微生物污染水平下降到可接受程度的过滤工艺。

减菌过滤通常设计在终端灭菌工艺生产的无菌制剂的灌装前端或非最终灭菌工艺生产的无菌制剂的除菌过滤工序前端。减菌过滤的目的是使产品最终灭菌前或除菌过滤前的微生物污染水平符合预期。

减菌过滤系统应采用孔径 0.45 μm 以下的过滤器，以获得可接受的微生物污染水平。过滤系统的设计应以工艺参数和结果可控为目标，综合考虑过滤器的尺寸、过滤药液量、过滤时间、过滤压差、药液的接收和储存的方式和时间等要素。由于过滤前后的药液是非无菌的，设计时应注意药液中微生物污染水平的变化。

应通过验证来确认减菌过滤器不会对药液产生负面影响，减菌过滤工艺的验证可作为产品工艺验证的一部分。

减菌过滤系统的正常运行是保证产品最终灭菌前（或除菌过滤前）的微生物污染水平符合可接受程度的重要措施。应通过验证来确认减菌过滤器不会对药液产生负面影响，验证应包括化学兼容性，可提取物/浸出物及吸附等。应建立相应的标准操作规程来规范过滤器的安装、系统连接、消毒或灭菌、完整性试验等操作；应制订减菌过滤工艺的关键工艺参数，如过滤压差，过滤时间等。

重复使用过滤器滤芯时，也应进行清洗效果，最多灭菌次数等验证等。重复使用滤芯应对待过滤介质无不良影响，不增加产品污染和交叉污染的风险。重复使用的滤芯不得用于不同种类的产品，应制订标准操作规程管理重复使用滤芯的清洗、灭菌、储存、标识等重要事项。

【相关知识】

1. 冗余过滤系统　为降低除菌过滤的风险而采用的一种多级过滤系统。即在最终除菌过滤器之前安装一级已灭菌的除菌级过滤器，并保证这两级过滤器之间的无菌性。在冗余过滤系统中，后一级一般称为主过滤器。前面一级称为冗余过滤器。在符合冗余过滤的条件下，当主过滤器完整性测试失败时，冗余过滤器通过测试，产品仍可以接受。

2. 无菌连接技术　在非无菌环境下连接两个或多个独立的系统而不破坏系统无菌性的技术。

3. 屏障过滤器　同时含有疏水性和亲水性滤膜，可同时过滤气体和液体的过滤器。

4. 可提取物　在极端条件下（例如有机溶剂、极端高温、离子强度、pH、接触时间等），可以从过滤器及其他组件材料的工艺介质接触表面提取出的化学物质，可提取物能够表征大部分（但并非全部）在工艺介质中可能的潜在浸出物。

5. 浸出物　在存储或常规工艺条件下，从接触产品或非接触产品的材料中迁移进入药物产品或工艺流体中的化学物质。浸出物可能是可提取物的一个子集，也可能包括可提取物的反应或降解后产物。

6. 兼容性测试　对过滤器与被过滤介质之间有无不良的反应和相互作用的测试。

7. 有效过滤面积　可用于过滤工艺介质的过滤器总表面积。

8. 除菌级过滤器　用浓度大于等于 1×10^7 CFU/cm^2 过滤面积的缺陷型假单胞菌对过滤器进行挑战，可以稳定重现产生无菌滤出液的过滤器。

9. 模型溶剂　与实际药品成分的物理、化学性质相同或相似的萃取溶剂。实际药品的pH、合适浓度的有机溶剂和有机溶质均为模型溶剂选择的依据。

10. 完整性测试　与过滤器/过滤装置的细菌截留能力相关的一种非破坏性物理测试。

11. 最低起泡点　气体从被充分润湿的多孔滤膜中的最大膜孔被挤出并形成连续稳定或大量的气体时所需要的最小压力。

12. 扩散流/前进流　施加一个低于起泡点的气体压差，气体分子通过充分润湿的膜孔扩散至滤膜下游的气体流速。

13. 水侵入法测试　是在一定压力下，测量干燥疏水性滤膜对水润湿的抵抗力。即在低于水突破（水被压通过）压力下，测量少量但可测的过滤器结构被挤压而产生的液面下降所形成的"表观"水流量。

14. 压力保持测试　也可以称作压力衰减测试，在系统中或者过滤器上游输入一定压力的气体后，保持一段时间，检测气体压力的变化情况的测试。

15. 阶段性生产　中间不清洗，不灭菌的连续运行多批次的生产模式。

16. 一次性过滤系统　一种过滤工艺设备解决方案，通常由聚合材料组件装配而成，形成一个完整的过滤系统，用于单次或一个阶段性生产活动。

17. 吸附　待过滤介质中的某些成分黏附在滤膜（或滤器）上的过程，可能影响待过滤介质的成分和浓度。

18. 最终灭菌　系对完成最终密封的产品进行灭菌处理，以使产品中微生物的存活概率（即无菌保证水平，SAL）不得高于 10^{-6} 的生产方式。通常采用湿热灭菌方法的标准灭菌时间 F$_0$ 值应大于 8 min。流通蒸汽处理不属于最终灭菌。

19. 最差条件　导致工艺及产品失败的概率高于正常工艺的条件或状态，即标准操作规程范围以内工艺的上限和下限。但这类最差条件不一定必然导致产品或工艺的不合格。

20. 微生物污染水平　存在于原料、原料药起始物料、中间体、半成品或成品中微生物的种类及数量。

第三节　冷冻干燥

【技能要求】

能够解决冻干过程中出现的异常情况及质量问题，能对冻干参数的调整和冻干曲线的制订提供技术指导，能组织、指导非最终灭菌冻干制剂新产品、新工艺的试生产，能编写非最终灭菌冻干制剂生产工艺规程。

一、冻干工艺、参数及冻干曲线

1. 冻干工艺的技术要点　溶液的共晶点较为重要，是制订冻干工艺的主要依据。预冻时，产品必须冷冻到共晶点以下的温度；而升华时，又不能超过共晶点温度，因此共晶点温度是产品预冻阶段和升华阶段的最高许可温度。

另一个重要因素是溶液的浓度，能影响冻干的时间和产品的质量，浓度太高或太低均对冻干不利。因此，冻干产品的浓度一般应控制在 4%～25% 之间。

由于大多数药品都要求含有较低的残留水分，因此为了确保较低残留水分，冷凝器的极限温度必须低到一定的温度，例如 -70 ℃或以下。

冻干过程应按照产品的冻干工艺曲线进行冻干，如果产品数量和冻干机状态无较大变化，各关键控制点的数据应与冻干工艺曲线接近。在生产中，应密切关注搁板温度、制品温度、冷凝器温度、真空度等的变化，确保其符合相关要求；同时关注时间和温度的变化速率，尽可能选用自动控制模式。除自动记录外还应人工记录上述参数的设定和变化情况，并定时观察产品的变化情况以及冻干机的运行状况。

2. 冻干程序　冻干注射用无菌粉末的生产过程主要分为以下几个阶段。

（1）将需要冻干的制品分装在合适的容器内（通常为玻璃瓶），并进行半加塞。装量要均匀，单瓶蒸发表面尽量大而厚度尽量薄。

（2）将制品装入与冻干箱内搁板尺寸相适应的金属盘内放入冻干机，进行制品的预冻，将冷凝器降温，抽真空。

工业生产中采用的冻结方法大体有两种。常见的一种方法是缓慢冻结法，缓慢冷却，使之逐步达到最终冻结温度；另一种方式称为快速冻结法，快速冻结的优点是形成更多微小的晶核，因而同一体积的药液，其冻干升华的表面积较大。需根据产品的特点决定冻结的具体方式，使其有利于干燥。

在操作流程上，有些做法是将搁板预冻到冷冻药液所需的温度；而另一些做法将药瓶放到搁板上后在降温至所需温度。在前一种预冻程序中，进箱前搁板上是否结霜至关重要，预冻完成后，仍应保持产品原有的活性。

（3）待真空度达到一定的数值后（通常应达到 0.1 mbar 以上真空度），即可对冻干箱内制品进行加热升温干燥。

一般加热分两步进行，第一步加温不使制品的温度超过共晶点的温度，一般来说要低于共晶点温度 5～10 ℃，进行升华干燥（一次干燥/初次干燥）。

一次干燥时应控制制品温度和压力。而冻干工艺应注意的另一个温度则为崩解温度，当高于这个温度进行冻干时，冻干体会局部出现"塌方"，影响正常工艺过程的进行。

待制品内水分基本干完后进行第二步加温，这事可迅速使制品上升到规定的最高温度，进行解吸干燥（二次干燥）。需配备精确的温度和压力监控装置，确定二次干燥的终点。

（4）进行真空压塞或充氮压塞，如果是真空压塞，则在干燥结束后立即进行，如果采用充氮压塞，则需进行预放气，使氮气充到设定的压力（一般在 500～600 mmHg），然后压塞，压塞完毕后放气，直至达到大气压后出箱。出箱后进行扎铝盖、灯检、贴标签和包装的操作。

整个冻干的时间与制品在每个容器内的装量、总装量、玻璃容器的形状、规格、产品的种类、冻干工艺曲线及机器的性能等有关。

3. 冻干操作的要点

（1）在冷冻过程中，为了确保将水分由固态冰转化为水蒸气从产品中去除，药品层厚度不宜超过 2 cm。冻干的理想温度范围为 $-40 \sim -20$ ℃。

（2）在低浓度药液中，待干燥的溶液内不易形成外观均匀的"饼状物"，可采取如下措施。

① 加入甘露醇一类的"赋形剂"，使其形成供药物成分在上面均匀分布的基质。

② 增加固体物质含量的浓度，使"饼状物"在干燥阶段不会严重变形（破损、成块），还能确保在干燥后形成均匀的外观。

③ 根据溶液/固体物质的湿表面积/体积的比率选择容器。

（3）批次间要求的灭菌对于冻干机操作而言很重要。灭菌中最佳通过的介质是湿热，湿热灭菌的优点在于湿热环境容易形成、便于监控、有高渗透性，且对人体或产品无害。

4. 冻干工艺控制参数的确认 制品在进行试生产时，一般均具备一个由技术开发部门制订的参考冻干控制程序。但是，由于实际生产条件、使用的设备、器具及公用工程设施等与设计的程序不可能完全吻合，因此，需要在试生产中设计相应的试验来最终确定冻干程序。应设计足够次数的试验并抽取足量的样品进行外观检查和水分测定等，才能最终确定冻干程序的适用性和重现性。在确认中，应按照制造工艺的程序，逐项确认工艺参数的控制范围。

5. 冻干工艺与产品特性关系 根据产品特性设计或优化产品冻干工艺，需要收集如下信息。

（1）制品内晶核的温度。

（2）干粉层的最高温度。

（3）干燥工艺完成时的残留水分（考虑产品的解吸等温线）。

（4）冻干机（箱体/冷凝器）压力升降测试。

6. 制订冻干工艺曲线和工作时序

（1）预冻速度：预冻速度大部分机器不能进行控制，因此只能以预冻温度和进箱时间来决定预冻的速率，要求预冻的速率快，则冻干箱先降低温度，然后才让产品进箱；要求预冻的速率慢，则产品进箱之后再让冻干箱降温。

（2）预冻的最低温度：这个温度取决于产品共晶点的温度，预冻最低温度应低于该产品的共晶点温度。

（3）预冻的时间：产品装量多、使用的容器底厚而不平整、产品不是直接放在冻干箱搁板上冻干、冻干箱制冷能力差、搁板之间以及每一搁板的各部分之间温差大的机器，则要求预冻时间长些。为了使箱内每一瓶产品全部冻实，一般要求在样品的温度达到预定的最低温度之后再保持 $1 \sim 2$ h 的时间。

（4）冷凝器降温的时间：冷凝器要求在预冻末期，预冻尚未结束，抽真空之前开始降温。需要多少时间要由冷凝器的降温性能来决定。要求在预冻结束抽真空的时候，冷凝器的温度要达到 -50 ℃左右，一般在抽真空之前半小时开始降温。冷凝器的降温通常从开始之后一直持续到冻干结束为止。温度始终应在 -50 ℃以下。

（5）抽真空时间：预冻结束就是开始抽真空的时间，要求在半小时左右的时间真空度达到 0.1 mbar。抽真空的同时，也是冻干箱冷凝器之间的真空阀打开的时候，真空泵和真空阀门打开同样一直持续到冻干结束为止。

（6）预冻时间的结束：预冻结束就是压缩机停止给搁板制冷，通常在抽真空的同时或真空抽到规定要求时停止压缩机对搁板制冷。

（7）开始加热时间：一般认为开始加热的时间（实际上抽真空开始升华即已开始）。开始加热是在真空度达到 0.1 mbar 之后（接近 0.1 mmHg），有些冻干机利用真空规管测量后通过程序接通加热，即真空度达到 0.1 mbar 时，加热便自动开始；有些冻干机是在抽真空之后半小时开始加热，这时真空度已经达到 0.1 mbar，甚至更高。

（8）真空报警工作时间：由于真空度对于升华是极其重要，因此多数冻干机均设有真空报警装置。真空报警装置的工作时间在加热开始之时到校正漏孔（leak standard）（用于有限空气泄露法）使用之前，或从一开始一直使用到冻干结束。

如果升华过程中真空度下降而发生真空报警时，一方面发出报警信号，一方面自动切断搁板导热油的加热。同时还启动冻干箱的压缩机对产品进行降温，以保护产品不致发生融化。

（9）校正漏孔的工作时间：校正漏孔的目的是为了改进冻干箱内的热量传递，通常在第二阶段工作时使用，继续恢复高真空状态。使用时间的长短由产品的品种、装量和设定的真空度的数值所决定。

（10）产品加热的最高许可温度：搁板加热的最高许可温度根据产品来决定，在升华时搁板的加热温度可以超过产品的最高许可温度，因为这时产品仍停留在低温阶段，提高搁板温度可促进升华；但冻干后期搁板温度需下降到与产品的最高许可温度相一致。由于传热的温差，搁板的温度可比产品的最高许可温度略高少许。

（11）冻干的总时间：冻干的总时间是预冻时间加上升华干燥时间和解吸干燥阶段工作的时间，冻干总时间根据产品的品种、瓶子的品种、进箱方式、装量、机器性能等来决定，一般冻干的总时间在 18～24 h 左右，有些特殊的产品需要几天的时间。

二、冻干过程常见问题分析解决

冻干过程常见问题原因分析与解决措施如表 11-2。

表 11-2 冻干过程常见问题分析解决

问题项目	原因分析	解决措施
产品抽真空时有喷瓶现象	产品还没有冻实就抽真空，预冻温度没有低于共晶点温度，或者已低于共晶点温度，但是预冻时间不够，产品的冻结还没有完全结束	降低预冻温度或者延迟预冻时间
产品有干缩和鼓泡现象	加热太高或局部真空不良使产品温度超过了共晶点或崩解点温度	降低加热温度和提高冻干箱的真空度，控制产品温度，使它低于共晶点或崩解温度 5～10 ℃
无固定形状	产品中的干物质太少，产品浓度太低，没有形成骨架，甚至已干燥的产品被升华气流带到容器的外边	增加产品浓度或添加赋形剂比例

（续）

问题项目	原因分析	解决措施
产品干燥不完全	产品中还有冻结冰存在时就结束冻干，出箱后冻结部分融化成液体，少量的液体被干燥品吸走，形成一个"空缺"，液体量大时，干燥产品全部溶解到液体之中，成为浓缩的液体	增加热量供应，提高搁板温度或采用真空调节，也可能是干燥时间不够，需要延长升华干燥或解吸干燥时间
产品上层好，下层不好	升华阶段尚未结束，提前进入解吸阶段，这等于提前升温搁板温度，结果下层产品受热过多而融化。有些产品由于装载厚度太大，或干燥产品的阻力太大，当产品干燥到下层时，升华阻力增大，局部真空变坏也会引起下层产品的融化	延长升华阶段时间，调整制品装量高度，更换制品中赋行剂（更换为冻干后间隙疏松的赋形剂），加长冻干工艺中预冻时间，降低搁板温度和提高冻干箱的真空度
产品下层好，上层不好	冷冻时产品表面形成不透气的玻璃样结构，但未到回热处理，升华开始不久产品升温，部分产品发生融化收缩，产品的收缩使表层破裂，因此下层的升华能正常进行	预冻时做回热处理
产品水分不合格	解吸阶段的时间不够，或者解吸干燥时没有采用真空调节，或用了真空调节，但产品到达最高许可温度后未恢复高真空	延长解吸干燥的时间，使用真空调节并在产品到达最高许可温度后恢复高真空
产品溶解性差	产品干燥过程中有蒸发现象发生，产品发生局部浓缩，如产品内部有夹心的硬块，它是在升华中发生融化，产生蒸发干燥，产品浓缩造成	适当降低搁板温度，提高冻干箱的真空度，或延长升华干燥的时间
产品失真空	真空压塞时，瓶内真空良好，但贮存后不久即失真空，可能是瓶塞不配套或铝盖压得太松，漏气而失真空	更换瓶塞或调整压铝盖的松紧度，也可能是产品含水量太高，有水蒸气压力引起的失真空，解决方法是延长解吸阶段的时间

第四节 验 证

【技能要求】

能够编写非最终灭菌注射剂的生产工艺验证方案及报告，能够编写非最终灭菌注射剂的设备确认和清洁消毒验证方案及报告，能够对非最终灭菌无菌注射剂的各项验证提供技术指导。

一、非最终灭菌注射剂生产工艺验证方案及报告

1. 非最终灭菌注射剂验证方案及报告一般性要求 见前文"口服固体制剂生产"验证章节相关内容。

2. 重要工艺变量及中间过程控制项目 常见表 11-3。

表 11-3 工艺变量及中间过程控制项目

工艺步骤	工艺变量/中间过程控制项目
溶液配制	1. 活性成分以及功能性辅料的含量均匀性 2. 异物/不溶性微粒 3. 活性成分和辅料的溶解温度范围 4. 溶液的可见异物、密度、pH 5. 生物负荷量（微生物、热源、内毒素等） 6. 生产/放置时间
半成品灭菌/过滤除菌	1. 生物负荷量 2. 过滤器完整性 3. 最大压差 4. 流速 5. 工艺时间
过滤器验证	1. 微生物截流量 2. 除内毒素/除热源 3. 内毒素截流量 4. 析出物 5. 吸附 6. 过滤效率/性能指标 7. 过滤器完整性测试参数 8. 过滤能力
内包材的准备	1. 清洁 2. 灭菌 3. 除内毒素/除热源
内包装容器/分包装	1. 内包材在清洗，干燥后至灭菌/除热源可存放时间 2. 分装装量（体积/重量） 3. 分装装量重现性（分装精度） 4. 容器密封性 5. 轧盖力和轧盖质量 6. 滑动摩擦力（只适用于预填充注射剂） 7. 环境监测（微生物，粒子，空气流向，湿度，温度，如果产品对此敏感） 8. 分装产品的无菌性

二、非最终灭菌注射剂清洗消毒灭菌的设计及验证

1. 设备、器具清洗与灭菌工艺的设计思路 设备、器具清洗的关键是应具有"可重复性"，为得到可重现和一致的清洗效果，应将具体的清洁方法和接受标准列入文件，兽药 GMP 要求在生产过程中所有接触药品的部件（如玻璃器皿、容器、桶、管道、灌装部件等）都必须采用"可重复""能被记录"的清洁方式来去除残留杂质。

人工清洗无法验证和重复，所有直接或间接接触药液的容器具均采用在线清洗（CIP）

或器具清洗机清洗，以避免难以验证的手动清洗。

经过初步手工清洗后，放入器具清洗机进行清洗，然后进行装配，所有器具灭菌前，都应使用适用于蒸汽和环氧乙烷两种方法灭菌的呼吸材料进行适当无菌包装，再进入湿热灭菌柜灭菌。对需要传入 A/B 级洁净区使用器具也必须进行双层包装。

2. 典型工艺系统的清洗

（1）清洁方法。

① 在线清洗（CIP）：设备处于原位，通常可自动控制也可半自动，例如多个容器的洗涤采用洗涤 CIP 机组清洗。

② 离线清洗：适用于小型设备和工器具。

（2）取清洗残余水样确认。

（3）清洗效果参考标准。

① 残留物小于等于 10 mg/kg。

② pH：与原来注射用水一致。

③ 杂菌小于 25 CFU/mL。

④ 内毒素小于 0.25 EU/mL。

3. 清洁验证中常见参考方法

（1）加参考品法：加入容易测试（化合物）成分的方法，经清洁后检测残留量。

（2）限度试验法：在注射用水中加入理论计算量的组分，使之刚好是残留控制标准，然后将淋洗水样用同一方法进行比较。

（3）参照物增量法：将某个要控制组分的量加大，解决量小无法测试的问题，再检测清洁后的残留量。

（4）浓缩法：将样品浓缩，测试后计算。

4. 验证注意因素

（1）最难清洗产品。

（2）活性物质的溶解度（水/清洗剂）。

（3）剂型。

（4）活性物质在产品中的浓度。

（5）辅料的物理及化学性质。

（6）特殊的工艺过程（加热、匀化、混合等）。

（7）清洗工的经验。

（8）确定最难清洁部位和取样点。

（9）死角。

（10）清洁剂不易接触的部位。

（11）压力小、流速很低的部位。

（12）容易吸附残留物的部位。

（13）残留物限度的确定。

（14）最小批量。

（15）最具有活性的产品。

（16）最大日服用剂量。

第十二章　培训与指导

第一节　培　　训

【技能要求】

能够编写本职业高级、技师制剂工的培训教材和培训讲义，能够对本职业高级、技师制剂工的进行理论知识和操作技能的培训和指导。

一、培训方案的编制

培训方案是培训目标、培训内容、培训指导者、受训者、培训日期和时间、培训场所与设备以及培训方法的有机结合。培训方案的设计编制主要包括培训需求分析、组成要素分析、培训方案的评估及完善三个部分。

1. 培训需求分析　培训需求是指特定工作的实际需求与任职者现有能力之间的距离，即理想的工作绩效—实际工作绩效＝培训需求。培训需求分析必须在组织中的三个层次上进行，首先它必须在工作人员个体层次上进行；第二个层次是培训需求的组织层次，培训需求的第三个层次是战略分析。

2. 培训方案组成要素分析　在培训需求分析的基础上，要对培训方案的各组成要素进行具体分析，主要包括培训目标的确定、培训内容的选择、培训指导者的确定、培训对象的确定、培训方法的选择、培训场所和设备的选择等。

3. 培训方案的评估和完善　从培训需求分析开始到最终制订出一个系统的培训方案，并不意味着培训方案的设计工作已经完成，还需要不断测评、修改。只有不断测评、修改，才能使培训方案逐渐完善。

二、培训讲义的编写

培训讲义是依据培训方案确定的内容进行整理、编写，可供培训者有效实施培训的系统性资料，包括提纲、文字、影音、道具等内容。基本要求应纲要简明扼要、内容具体准确、层次清晰、重点突出等。编写培训讲义先是做好编写前的准备工作，后是具体制订讲义的内容和要求。

在编写讲义时，应依据学习的内容，目标和学习者的情况而变，没有千篇一律，固定不变的格式。从"教为主导，学为主体，以学为本，因学论教"的原理出发，遵循循序渐进的原则，有步骤，分层次地从知识，能力到理论的运用逐步加深。

三、案例教学法的应用

案例教学法起源于 20 世纪 20 年代，由美国哈佛商学院（Harvard business school）所倡导，当时是采取一种很独特的案例形式的教学，这些案例都是来自商业管理的真实情境或事件，透过此种方式，有助于培养和发展学生主动参与课堂讨论，实施之后，颇具绩效。案例教学法是一种以案例为基础的教学法（Case-based teaching），案例本质上是提出一种教育的两难情境，没有特定的解决之道，而教师于教学中扮演着设计者和激励者的角色，鼓励学生积极参与讨论。案例和案例教学的意义在于，通过编选的具有真实的、完整的、典型的、启发的教学事件和故事，让学生参与案例的调查、阅读、思考、分析、讨论和交流，引导学生独立、主动地学习，进而掌握分析、解决问题的方法和能力，实现自身的可持续发展。

案例教学法在实际应用过程中分步实施，一般实施步骤如下：

1. 学员自行准备 一般在正式开始集中讨论前一到两周，就要把案例材料发给学员。让学员阅读案例材料，查阅指定的资料和读物，搜集必要的信息，并积极地思索，初步形成关于案例中的问题的原因分析和解决方案。培训者可以在这个阶段给学员列出一些思考题，让学员有针对性地开展准备工作。注意这个步骤应该是必不可少而且非常重要的，这个阶段学员如果准备工作没有作充分的话，会影响到整个培训过程的效果。

2. 小组讨论准备 培训者根据学员的年龄、学历、职位因素、工作经历等。将学员划分为由 3～6 人组成的几个小组。小组成员要多样化，这样他们在准备和讨论时，表达不同意见的机会就多些，学员对案例的理解也就更深刻。各个学习小组的讨论地点应该彼此分开。小组应以他们自己有效的方式组织活动，培训者不应该进行干涉。

3. 小组集中讨论 各个小组派出自己的代表，发表本小组对于案例的分析和处理意见。发言时间一般应该控制在 30 min 以内，发言完毕之后发言人要接受其他小组成员的讯问并作出解释，此时本小组的其他成员可以代替发言人回答问题。小组集中讨论的这一过程为学员发挥的过程，此时培训者充当的是组织者和主持人的角色。此时的发言和讨论是用来扩展和深化学员对案例的理解程度的。然后培训者可以提出几个意见比较集中的问题和处理方式，组织各个小组对这些问题和处理方式进行重点讨论。这样做就将学员的注意力引导到方案的合理解决上来。

4. 思考总结 在小组和小组集中讨论完成之后，培训者应该留出一定的时间让学员自己进行思考和总结。这种总结可以是总结规律和经验，也可以是获取这种知识和经验的方式。培训者还可让学员以书面的形式作出总结，这样学员的体会可能更深，对案例以及案例所反映出来各种问题有一个更加深刻的认识。

【相关知识】

一、培训方案、讲义编制方法

1. 培训方案编制方法

（1）培训需求分析。培训需求分析是指在规划与设计每项培训活动之前，由培训部门采取各种办法和技术，对组织及成员的目标、知识、技能等方面进行系统的鉴别与分析，从而确定培训必要性及培训内容的过程。培训需求分析需要进行工作分析，分析学员取得相应资质所必须掌握的知识和技能。再进行个人分析，将学员现有的水平与预期未来对学员技能的要求进行比照，看两者之间是否存在差距。培训需求分析就是采用科学的方法弄清谁最需要培训、为什么要培训、培训什么等问题，并进行深入探索研究的过程。它具有很强的指导性，是确定培训目标、设计培训计划、有效地实施培训的前提，是现代培训活动的首要环节，是进行培训评估的基础，对培训工作至关重要，是使培训工作准确、及时和有效的重要保证。

（2）培训方案组成要素分析。

① 培训目标的确定：确定培训目标会给培训计划提供明确的方向。有了培训目标，才能确定培训对象、内容、时间、教师、方法等具体内容，并在培训之后对照此目标进行效果评估。确定了总体培训目标，再把培训目标进行细化，就成了各层次的具体目标。目标越具体越具有可操作性，越有利于总体目标的实现。

② 培训内容的选择：一般来说，培训内容包括三个层次，即知识培训、技能培训和素质培训。

知识培训是培训中的第一个层次，员工听一次讲座或者看一本书，就可能获得相应的知识。知识培训有利于理解概念，增强对新环境的适应能力。技能培训是第二个层次，招进新员工、采用新设备、引进新技术等都要求进行技能培训，因为抽象的知识培训不可能立即适应具体的操作。素质培训是企业培训中的最高层次。素质高的员工即使在短期内缺乏知识和技能，也会为实现目标有效、主动地进行学习。

究竟选择哪个层次的培训内容，是由不同受训者的具体情况决定的。

③ 培训指导者的确定：培训资源可分为内部资源和外部资源。内部资源包括企业的领导、具备特殊知识和技能的员工，外部资源是指专业培训人员、公开研讨会或学术讲座等。外部资源和内部资源各有优缺点，应根据培训需求分析和培训内容来确定。

④ 培训对象的确定：根据培训需求、培训内容，可以确定培训对象。

⑤ 培训方法的选择：企业培训的方法有很多种，如讲授法、演示法、案例分析法、讨论法、视听法、角色扮演法等。各种培训方法都有其自身的优缺点。为了提高培训质量，达到培训目的，往往需要将各种方法配合起来灵活运用。

⑥ 培训场所和设备的选择：培训场所有教室、会议室、工作现场等。培训设备包括教材、模型、幻灯机等。不同的培训内容和培训方法最终决定培训场所和设备。

总之，培训是培训目标、培训内容、培训指导者、培训对象、培训方法和培训场所及设备的有机结合。授课人要结合实际，制订一个以培训目标为指南的系统的培训方案。

（3）培训方案的评估和完善。

① 从培训方案本身的角度来考察，看方案的各个组成要素是否合理，各要素前后是否协调一致；看培训对象是否对此培训感兴趣，培训对象的需要是否得到满足；看以此方案进行培训，传授的信息是否能被培训对象吸收。

② 从培训对象的角度来考察，看培训对象培训前后行为的改变是否与所期望的一致，如果不一致，找出原因，对症下药。

③ 从培训实际效果的角度来考察，即分析培训的成本收益比。培训的成本包括培训需求分析费用、培训方案的设计费用、培训方案实施费用等。若成本高于收益，则说明此方案不可行，应找出原因，设计更优的方案。

2. 培训讲义编写方法

（1）培训讲义编写准备。

① 钻研大纲、教材，确定教学目的。在钻研大纲、教材的基础上，掌握教材的基本思想、确定课程的教学目的。教学目的一般应包括知识方面和技能方面。教学目的要订得具体、明确、便于执行和检查。制订教学目的要根据教学大纲的要求、教材内容、学员素质、教学手段等实际情况为出发点，考虑其可能性。

② 确定教学重点、难点。在钻研教材的基础上，明确重点和难点。所谓重点，是指关键性的知识，学员理解了它，其他问题就可迎刃而解。因此，不是说教材重点才重要，其他就不重要。所谓难点是相对的，是指学员常常容易误解和不容易理解的部分。不同水平的学员有不同的难点。

（2）培训讲义内容和要求的制订。

① 教学目的：所谓教学目的是指教师在教学中所要达到的最终效果。教师只有明确了教学目的，才能使"教"有的放矢，使"学"有目标可循。教学目的在教案中要明确、具体、简练。一般应选定1～3个教学目的。

② 教学重点和难点：教学重点和难点是整个教学的核心，是完成教学任务的关键所在。重点突出，难点明确，利于学员掌握教学总体思路，便于学员配合教师完成教学任务。

③ 教学内容：教学内容是课堂教学的核心。准备讲义时，必须将教学内容分步骤分层次地写清楚，必要时还应在每一部分内容后注明所需的时间。这样，可以使所讲授的内容按预计时间稳步进行，不至于出现前松后紧或前紧后松的局面。

二、教学法

参考"技师部分培训与指导"章节中"教学法"有关内容。

三、案例教学法

案例教学法是通过具有真实、典型、启发性的事件或故事案例进行教学，引导学员进行思考、分析掌握分析解决问题的方法，案例的选择至关重要，也是本教学法的关键所在，对于案例的要求可概括如下：

1. 案例真实可信 案例是为教学目标服务的，因此它应该具有典型性，且应该与所对应的理论知识有直接的联系。但它一定是经过深入调查研究，来源于实践，决不可由教师主观臆测，虚构而作。尤其面对有实践经验的学员，一旦被他们发现是假的，虚拟的，于是便以假对假，把角色扮演变成角色游戏，那时锻炼能力就无从谈起了。案例一定要注意真实的细节，让学员犹如进入企业之中，确有身临其境之感。这样学员才能认真地对待案例中的人和事，认真地分析各种数据和错综复杂的案情，才有可能搜寻知识、启迪智慧、训练能力。为此，教师一定要亲身经历，深入实践，采集真实案例。在培训前期，授课者收集和总结公司发生的典型案例最具有说服力。

2. 案例客观生动 真实固然是前提，但案例不能是一堆事例、数据的罗列。教师要摆脱乏味教科书的编写方式，尽其可能调动些文学手法。如采用场景描写、情节叙述、心理刻画、人物对白等，甚至可以加些议论，边议边叙，作用是加重气氛，提示细节。但这些议论不可暴露案例编写者的意图。更不能由议论而产生导引结论的效果。案例可随带附件，诸如该企业的有关规章制度、文件决议、合同摘要等等，还可以有有关报表、台账、照片、曲线、资料、图纸、当事人档案等一些与案例分析有关的图文资料。当然这里所说的生动，是在客观真实基础上的，旨在引发学员兴趣的描写。应更多地体现在形象和细节的具体描写上。这与文学上的生动并非一回事，生动与具体要服从于教学的目的，舍此即为喧宾夺主了。

3. 案例多样化　案例应该只有情况没有结果，有激烈的矛盾冲突，没有处理办法和结论。后面未完成的部分，应该由学员去决策、去处理，而且不同的办法会产生不同的结果。假设一眼便可望穿，或只有一好一坏两种结局。这样的案例就不会引起争论，学员会失去兴趣。从这个意义上讲，案例的结果越复杂，越多样性，越有价值。

第二节　指　　导

【技能要求】

能够指导本职业高级工、技师的工作。

一、本职业高级工和技师指导人员资格

培训指导技师的教师应具有本职业高级技师职业资格证书或相关专业高级技师任职资格。

二、本职业高级工和技师指导项目与内容

1. 理论指导　对被指导者进行职业技能有关教材内容和相关知识的指导，提升被指导者的理论知识水平，增强被指导者分析解决问题能力。

2. 技能操作指导　对被指导者进行职业技能操标准化指导，发现实际操作问题及时提出解决办法并成功实施，通过指导不断提升被指导者的技能操作，使被指导者的操作达到职业技能要求的标准化和规范化。同时，能引导被指导者关于操作的发散思维能力，增强针对操作过程中不确定因素的应对灵活性。

3. 资格晋级指导　就本职业资格晋级的理论、技能和资格相关规定和要求对被指导者进行有效的指导，确保被指导者根据相关要求进行资格晋级考评。

【相关知识】

一、本职业高级工和技师晋级要求

具备以下条件中任何一条即可晋级。

（1）取得本职业技师职业资格证书后，连续从事本职业工作 3 年以上，经本职业高级技师正规培训达规定标准学时数，并取得结业证书。

（2）取得本职业技师职业资格证书后，连续从事本职业工作 5 年以上。

二、本职业高级工和技师指导要求

（1）根据本职业技能对被指导者的要求，能从理论和实际操作正确指示教导、指点引导

被指导者掌握更好的学习方法和操作技能。

（2）指导应具有激发作用，指导者要通过交流与被指导者建立相互信任的关系，并运用一定的方法激发被指导者努力向上的愿望、积极的学习态度，以获得更佳的效果。

（3）以帮助为主，以示范为指引，用正确的示范行为来指引，帮助被指导者纠正错误，提高工作技能。

（4）注重针对性和实际效果，指导者必须能够准确发现、指出被指导者存在的问题，根据被指导者的实际状况提出具体的解决办法，并督促被指导者学习、改进，取得实际效果。

（5）激励、引导被指导者能自主学习，互相学习，团队学习，形成良好持续性的学习习惯。

图书在版编目（CIP）数据

兽用中药制剂工：技师、高级技师 / 中国兽医药品
监察所组编 . —北京：中国农业出版社，2020.5
ISBN 978 - 7 - 109 - 26795 - 4

Ⅰ. ①兽…　Ⅱ. ①中…　Ⅲ. ①中兽医学－中药制剂学
－技术培训－教材　Ⅳ. ①S853.73

中国版本图书馆 CIP 数据核字（2020）第 065685 号

中国农业出版社出版

地址：北京市朝阳区麦子店街 18 号楼
邮编：100125
责任编辑：王琦瑢
版式设计：王　晨　责任校对：刘丽香
印刷：北京通州皇家印刷厂
版次：2020 年 5 月第 1 版
印次：2020 年 5 月北京第 1 次印刷
发行：新华书店北京发行所
开本：787mm×1092mm　1/16
印张：20.75
字数：500 千字
定价：95.00 元